场地规划与设计 上
认知·方法

Site Planning and Design Ⅰ
Analysis and Planning

［美］盖里·哈克（Gary Hack） 梁思思 著
梁思思 译

中国建筑工业出版社

著作权合同登记图字：01-2019-3690号

图书在版编目（CIP）数据

场地规划与设计. 上：认知·方法 = Site Planning and Design Ⅰ Analysis and Planning /（美）盖里·哈克（Gary Hack），梁思思著；梁思思译. — 北京：中国建筑工业出版社，2021.6
ISBN 978-7-112-25786-7

Ⅰ.①场… Ⅱ.①盖… ②梁… Ⅲ.①场地选择－建筑设计 Ⅳ.①TU733

中国版本图书馆CIP数据核字（2020）第267449号

Site Planning International Practice
Gary Hack
© 2018 Gary Hack
ISBN 978-0-262-53485-7
Published by The MIT Press

Chinese edition © 2022 China Architecture & Building Press

China Architecture & Building Press is authorized to publish and distribute exclusively the simplified Chinese edition. This edition is authorized for sale in the Main land P. R. China. No part of the publication may be reproduced or distributed by any means, or stored in a database or retrieval system, without the prior written permission of the publisher.

本书中文简体字版由MIT出版社授权中国建筑工业出版社独家出版，并在中国大陆地区销售。未经出版者书面许可，不得以任何方式复制或发行本书的任何部分。

责任编辑：戚琳琳　徐　冉　孙书妍
责任校对：芦欣甜

场地规划与设计 上 认知·方法
Site Planning and Design Ⅰ Analysis and Planning
［美］盖里·哈克（Gary Hack）　梁思思　著
梁思思　译
*
中国建筑工业出版社出版、发行（北京海淀三里河路9号）
各地新华书店、建筑书店经销
北京锋尚制版有限公司制版
天津图文方嘉印刷有限公司印刷
*
开本：787毫米×1092毫米　1/16　印张：22¾　字数：404千字
2022年10月第一版　2022年10月第一次印刷
定价：199.00元
ISBN 978-7-112-25786-7
（37030）

版权所有　翻印必究
如有印装质量问题，可寄本社图书出版中心退换
（邮政编码100037）

建筑、场地及其所在的街区构成了城市建成环境的基本单元。场地规划和设计正是在土地之上开展设计的学科/专业。英文版《场地规划与设计：国际实践》(*Site Planning: International Practice*)为建筑师、规划师、城市设计师、景观设计师和工程师提供了一个全面、最新的场地规划设计指南。该英文版的前身是凯文·林奇（Kevin Lynch）和盖里·哈克（Gary Hack）在20世纪60~80年代先后撰写的多个版本（英文版书名为*Site Planning*，中文版书名为《总体设计》），在继承经典的基础上，本书进一步扩展了场地规划与设计的内涵和外延，并融入了信息革命浪潮下涌现的新技术、新方法和结合全球尺度下多样化的文化语境的思考。

英文版《场地规划与设计：国际实践》分为5个部分共计40章，为了便于更好的阅读和学习，我们将其中文版分为上、中、下三卷。其中，上卷《场地规划与设计 上 认知·方法》深入阐述了对场地规划与设计内涵的理解，全面剖析场地空间的各个要素，并涵盖了场地规划设计的方法、步骤和过程。中卷《场地规划与设计 中 要素·工具》围绕可持续发展理念，逐一剖析场地的各项基础设施——多样化交通、能源管网、电力设施、给水排水、供热制冷、通信系统、景观等方面。下卷《场地规划与设计 下 类型·实践》结合优秀实践案例，分类阐述了场地规划设计的范式和原型。

《场地规划与设计 上 认知·方法》
第1部分 场地规划与设计的艺术
第2部分 认知场地
第3部分 规划场地

《场地规划与设计 中 要素·工具》
第4部分 场地的基础设施

《场地规划与设计 下 类型·实践》
第5部分 场地规划与设计类型

中文版序

盖里·哈克教授是享有知名国际声誉的城市规划大师和著名学者，20世纪80年代起担任美国麻省理工学院城市研究和规划系主任，后又任美国宾夕法尼亚大学设计学院院长近十年。他曾师从西方城市设计领军人物凯文·林奇，担任林奇设计事务所的负责人。2015年盖里·哈克教授访问清华大学，彼时我正担任清华大学建筑学院院长，我们就中国的城市设计、场地规划和建筑设计的教育及实践展开深入的交谈，在谈话中，他也给我展示了一份极厚的书稿，语气颇为欣慰地提到这是最新一版书稿，不同于前三版（与凯文·林奇合著的《总体设计》）的是，新版本采用了更加国际和多维的视角来阐述场地规划与设计的内涵及其实践。三年后，英文版Site Planning: International Practice出版问世，在赠书的同时，他提及正启动中文版的撰写工作，并邀请我为中文版作序，我欣然应允。

盖里与中国、与清华大学有着深厚的渊源。1983年他作为美国麻省理工学院城市研究和规划系主任第一次访问清华大学建筑学院，在其与清华大学的共同推动下，1985年成功举办了第一届清华—MIT联合工作坊，这也是美国麻省理工学院与清华大学长达三十多年紧密合作的开端，并持续至今。在美国麻省理工学院和宾夕法尼亚大学任职期间，盖里着力推动两国在规划设计专业上的交流合作，支持了大批优秀教师和学生的访问、研究和学习。在从宾夕法尼亚大学设计学院院长卸任后，2011年，盖里又受聘为清华大学荣誉教授，十年来十数次访问中国，深度参与清华大学建筑学院的教学和研究工作，也受邀访问中国多个规划院校，并多次担任中国重要城市设计项目的评审专家。

盖里·哈克教授在城市设计与场地规划方面的教育和实践均具极高的见识和造诣。本书可以说是他最为知名的代表作。如果说前三版的《总体设计》(Site Planning)是自20世纪60年代以来的经典之作，第四版的《场地规划与设计：国际实践》(Site Planning: International Practice)则是一部全新的著作——跳出美国本土视野的局限，从国际视角围绕认知与方法、要素与工具、类型与实践等多个层面和维度系统梳理场地规划与设计工作。更为重要的是，该书也从物质空间维度的"场地"这一维度中衍生出更加丰厚的内涵，从人、空间、场地、经济、策划、设计等多方面阐述场所营造的要义。

本书在我国的引进出版恰逢其时，具有重要意义。当前，为了满足"人民日益增长的美好生活需要"，高品质的城市空间营造已经成为推动城市高质量发展的重要推动力之一。场地不仅是在规划设计流程上承接向下传导的城市设计和建筑实体的重要环节，同时也是在空间尺度上彰显城市影响力、公共形象、地区开发和城市活力的"最后一公里"的关键单元。改革开放近四十年来，我国为适应大规模快速建设活动而逐步建立起来的城乡建设方式，面对当前向精细化、高品质的转型，已经显示出越来越多的不适应性，亟需理论范式与优秀设计策略的指导。

值此之际，《场地规划与设计》中文版三卷的面世具有承前启后的意义。中文版的合作者为清华大学建筑学院的青年教师梁思思副教授，她曾获国家公派前往宾夕法尼亚大学设计学院学习，师从盖里·哈克教授，并出色地完成博士学业。学成回国后，她长期从事城市设计、场地规划设计等研究和实践工作，成绩喜人。在她的协助下，该书中文版本不仅有详实的翻译，还有更多切身结合中国当前大量城市建设研究和实践需求的响应和指南，这对于城市设计和场地规划层面的基础研究来说，不仅具有重要的理论价值，而且对于目前我国城乡建设中不断增长和涌现的多元设计建设实践建立起科学完善的范式体系，具有极强的借鉴意义。

我相信并期望《场地规划与设计》中文版三卷能够引发更多学者和规划设计人员的讨论，共同为我国的美好人居环境建设作出积极贡献。

庄惟敏
中国工程院院士
清华大学建筑学院教授
清华大学建筑设计研究院院长、总建筑师

2021年8月

英文版前言

《场地规划与设计：国际实践》(*Site Planning: International Practice*)一书是原《总体设计》(*Site Planning*)的国际版，延续了前几版《总体设计》一贯的传统，汇编了城市规划与设计的优秀案例和成功经验，旨在为规划设计相关专业的学生和从业人员提供参考。本书重点强调了可持续性、文化和新兴技术的重要性，这些因素对于应对当今社会发展面临的诸多挑战至关重要。场地本身，以及人们在场地内的居住和生活方式，共同滋养着我们必须留存和延续的本土主义精神。

在《城市规划：街道与场地设计参考》(*City Planning, with Special Reference to the Planning of Streets and Lots*)一书（美国第一本场地规划教科书）的前言中，查尔斯·马尔福德·罗宾逊（Charles Mulford Robinson）这样写道：

关于场地规划的书一定不会提供一种完美的理论。相反，它必须具备高度的实用性，才能得到广泛应用。（场地规划的知识）必须源于许多国家和城市的经验，以及众多规划设计者的思考；它的内容也必须反映出长期积累的实地调查、文献和记录。相比起反思式的研究，它更偏向于对城市建设实践者的研究。（罗宾逊，1916）

作为美国高校的第一位城市设计教授，罗宾逊从其城市设计半个多世纪的实践中汲取经验——从奥姆斯特德（Olmsted）1859年所设计的伊利诺伊州滨河地区，到美国中西部城市郊区随处可见的普通社区，都是他的研究素材。跟现在一样，那时也只有专业的咨询师掌握着土地规划知识；仅奥姆斯特德一家事务所就为美国各地做了50多处住区设计。《城市规划：街道与场地设计参考》以及罗宾逊更早些时候出版的《街道宽度与布局》(*The Width and Arrangement of Streets*)(1911)共同提供了一些最优秀的城市规划案例，这些案例也成为街道、场地、公园和各类中心的设计指南。此后，随着城市规划、景观设计、建筑学和土木工程从业人员数量的不断增长，这两本书也成为这些相关专业的教科书。

20世纪早期，欧洲的一些相关书籍在美国也得到了广泛参考，如雷蒙德·昂温（Raymond Unwin）基于田园城市理论和实践经验撰写的《实践中的城镇规划：城市与郊区设计概论》（*Town Planning in Practice: An Introduction to the Design of Cities and Suburbs*）一书等。紧跟罗宾逊的奠基之作，美国相继涌现出众多场地规划与设计方面的文献，极大地推动了城市规划设计行业的发展。F. 朗斯特莱斯·汤普森（F. Longstreth Thompson）的《实践中的场地规划》（*Site Planning in Practice*）（1923）总结了住宅开发建设中的突出问题，昂温曾为本书作序。这是第一本在标题中使用"场地规划"（site planning）一词的书，书的内容涵盖了地形要素、街道类型和规模、住区的形式与美学，以及场地基础设施等方面。

《住宅区设计》（*The Design of Residential Areas*）（1934）一书的作者托马斯·亚当斯（Thomas Adams）也是田园城市运动的实践者，他在书中也提及相似的要素内容，并介绍了加拿大和美国的案例，案例中包括他本人所做的新斯科舍省哈利法克斯市（Halifax, Nova Scotia）1917年大爆炸后的重建项目等。亚当斯还为麻省理工学院设计了新的城市规划课程大纲。20世纪30年代，"场地规划"被纳入美国大部分高校的建筑学和城市规划类专业必修课程，罗宾逊和亚当斯的著作是最受欢迎的教科书。1939年，美国政府也参与了《廉租房项目设计：场地规划》（*Design of Low-Rent Housing Projects: Planning the Site*）一书的编纂工作，并由美国住房管理部门出版，该书是一本极具影响力的参考书。

1949年，凯文·林奇作为青年教师到麻省理工学院任教，不久后，他就开始教授"场地规划"这门课程，并常与在哈佛大学教授相似课程的佐佐木英夫（Hideo Sasaki）交流。此外，林奇也深入研究并继承了德里沃·本德（Draveaux Bender）在场地基础设施规划方面多年积累的资料与经验。在此基础上，林奇在"场地规划"课程的教授中还逐渐融入了他本人对场地艺术价值的认知以及他对人文感知体验的持续关注。他的《总体设计》（*Site Planning*）一书第一版于1962年由麻省理工学院出版社出版，该书既充满了林奇致力于城市设计研究的感性和热情，同时也充分展现了场地规划的分析技法、经验准则，以及场地规划实践必备的技术细节等方面。1972年该书再版。而我则有幸协助他修订在1984年出版的第三版。在第三版中，我们希望本书能够拓展场地规划的知识体系。因为除场地本身的物质要素之外，场地规划还需要考虑经济因素、建造物流，以及社会公众参与等议题。第三版《总体设计》被翻译成多国语言，在其他国家得到广泛推广。然而，该书的一大遗憾在于，其内容主要根植于北美实践,并未考虑不同国家和城市之间的文化差异。因此,我希望能在该书的国际版中弥补这一遗憾,并对相关问题做出改进。

自《总体设计》(第三版)(英文版)问世至今,现实情况已经发生了很大变化。例如,当前气候变化带来的威胁日渐凸显,可持续性问题的重要性不言而喻;我们正在学习如何预测并尽可能减少场地建设带来的环境影响,减少能源、材料和水等不可再生资源的使用,这些已经成为场地建设和维护所面临的迫切问题;基础设施技术的显著提升大大减少了对大型公共系统的依赖。再如,我们对于人们对公共空间的使用和行为认知有了更深入的认识,也对影响公共场所活动的文化差异有了更准确的把握。在场地策划中,公众参与已成惯例,并且对场地影响的预评价也十分重要。此外,当前全球各地很多城市人口密度过高,人们也越来越倾向于工作、生活、购物和休闲等功能的混合使用。所有这些新趋势都需要我们重新思考场地建设。目前,在亚洲和南半球涌现出若干极具创新性的场地规划实践项目,这些城市地区的发展速度大大超过了西方一些传统的大城市。此外,如今规划者的工作方式也发生了变化,如数字化工具的运用、基于网络的资源搜索、信息化的合作方式,以及从场地数据采集到概念生成再到详细规划之间的无缝衔接等。很多30年前需要人工完成的任务如今已经可以通过应用软件进行操作,并在数秒之内显示结果。

因此,本书的体例设计也是对当前日新月异的场地规划实践的一种回应。英文版全书(*Site Planning: International Practice*)主要分成5个部分,包括场地规划的原则与目标、场地分析方法、场地规划流程、场地要素和场地规划类型;涵盖40章,每一章对应一个独立的主题。在这种模块化的编写方式下,将来的电子版和再版版本将能够不断加入新的信息和案例。我希望可以借鉴汽车模型的改进方式,使本书成为一本能够持续优化的场地规划指南。

英文版的出版得益于很多人的帮助和贡献。凯文·林奇将我引入场地规划这个领域,并教会我如何去教授这门课程,他毕生探索场地和城市设计意义及潜力的不懈努力至今仍深深激励着我前行。我在加拿大政府下属的住房和城市建设部门工作期间的另一位导师威廉·塔隆(William Teron)则教会了我不断创新和发展。在职业生涯中,我的合作伙伴斯蒂芬·卡尔(Stephen Carr)和詹姆斯·桑德尔(James Sandell)与我倾力合作了许多公共空间品质提升的项目,很多案例也被收录在本书中。多年来,在麻省理工学院和宾夕法尼亚大学与我共同教授场地规划、案例研究和规划设计等相关课程的同事们也为"场地规划"这门学科的发展作出了巨大贡献，他们是瑞克·兰姆（Rick Lamb）、史蒂夫·厄文（Steve Ervin）、丹尼斯·弗兰茨曼（Dennis Frenchman）、金基奈（Jinai Kim）、玛莎·兰普金-韦伯恩（Martha Lampkin-Welborne）、瓦尔特·拉斯科（Walter Rask）、汤姆·坎帕奈拉（Tom Campanella）、格雷格·海温斯（Greg Havens）、钟庆伟（Tsing-Wei Chung）、皮特·布朗（Peter Brown）、哈利德·塔拉比（Khaled Tarabieh）、林中杰（Zhongjie Lin）、梅丽莎·桑德斯（Melissa Saunders）、保罗·凯特伯恩（Paul Kelterborn）、梁思思，以及更早时期的各位老师们。宾夕法尼亚大学2010年"场地规划"课程的师生还将可持续基础设施技术和相关的应用技术编纂成指南手册，这也是英文版书中场地基础设施部分的内容原型。

本书的出版离不开场地规划与设计的先驱学者们在这一领域的不懈耕耘，书中引用并诠释了他们的研究成果。丹尼斯·皮埃普利兹（Dennis Pieprz）在Sasaki事务所做的设计极大地影响了本书，我也曾参与该事务所的很多项目。他的同事弗雷德·迈瑞尔（Fred Merrill）和玛丽·安娜·欧坎珀（Mary Anne Ocampo）也给予了我很多帮助。Stantec事务所的乔·盖勒（Joe Geller）、Perkins Eastman事务所的L.布拉德福德·珀金斯（L. Bradford Perkins），以及这两家事务所的同仁们提供了大量纽布里奇项目的图纸，有助于我更好地理解和分析该案例。SOM事务所的爱伦·罗（Ellen Lou）、钟庆伟，以及瑞安房地产公司的陈建邦（Albert Chan Kain Bon）和熊树鹏（Michael Hsiung Shu Pon）为我收集了上海太平桥项目的宝贵资料。此外，还有数百名规划设计师们授权我出版他们的设计图纸。在收集数据的过程中，没有任何一家公司或事务所拒绝我的请求。设计师们慷慨地允许我使用他们的照片，很多甚至没有收取任何费用。亚当·泰克扎（Adam Tecza）为本书绘制了精美的图表，这大大增强了文字的说服力。

在场地规划涉及的相关领域，我有幸邀请到更专业的人士阅读了有关章节的内容，并提出了很多建议。马丁·古尔德（Martin Gold）和约翰·基恩（John Keene）帮我理解国际土地制度；苏珊·范恩（Susan Fine）提供了土地管理方面的很多帮助；Stantec事务所的查克·隆斯波里（Chuck Lounsberry）和乔·盖勒（Joe Geller）拓展了我对如今在场地规划中广泛使用的数字技术的认识，他们提供了本书中的很多图片；彼时在EDAW事务所工作的芭芭拉·法伽（Barbara Faga）向我介绍了他们的工作方式，丰富了本书内容；Stantec事务所的唐娜·沃克维奇（Donna Walcavage）启发我去思考如何精简景观设计这个主题，集中关注选址问题；史蒂夫·提埃斯戴尔（Steve Tiesdell）和大卫·亚当斯（David Adams）为我和林娜·萨加林（Lynne Sagalyn）提供了宝贵机会，使我们得以探索城市设计导则和场地价值之间的关系，这部分研究成果被收录在他们2011年出版的《城市设计与房地产开发过程》（*Urban Design and the Real Estate Development Process*）一书中，本书第17章也收录了这项研究。

最后，要感谢麻省理工学院出版社的罗杰·康诺弗（Roger Conover）和维多利亚·欣德利（Victoria Hindley）所带领的卓越团队使这本书最终出版。我的编辑马修·艾倍特（Matthew Abbate）先生在我整理本书观点的过程中提供了宝贵帮助，并将本书内容精巧地组织起来。玛丽·莱利（Mary Reilly）负责插图工作，设计师艾米丽·谷森斯（Emily Gutheinz）为本书的图片和文字排版提供了创意。我深深感谢他们每一个人。此外，还有很多其他为本书出版提供帮助的人，囿于篇幅所限，在此无法一一列举。

在这样一本书的背后，是多年积累的资料和数据调查。在历经多年的实地考察、无数次与场地设计师的面谈，深入了解他们设计灵感的来源以及如何设计出具有长远价值的项目之后，本书最终得以完成。我深深感谢我的家人，在很多次旅行途中，我都特地绕道去实地考察各个项目，而他们对此都表示理解和宽容。大部分的旅途都是我的妻子兼学术伙伴林娜·萨加林陪我一同前往，向我解释项目背后潜在的经济因素，并耐心地和我沟通对于美学和物质环境的思考，正是她的鼓励让我终于完成本书。

最后，再次深深感谢每一位支持我的朋友。

盖里·哈克（Gary Hack）
2017年6月于大沃斯岛（Great Wass Island）

中文版前言

1　缘起

尽管一直以来我的求学专业是建筑设计和城市规划，但真正和场地规划深入接触却是缘起于我在美国宾夕法尼亚大学设计学院（如今的威兹曼设计学院）攻读博士期间，首次担任"场地规划"这门课程的助教——课程的主讲人正是我的博士生导师、时任宾夕法尼亚大学设计学院院长盖里·哈克教授。美国设计类院校的课程通常呈现三种类型：讲授（lecture）、研讨（seminar）和工作坊/设计指导（workshop/studio）。这门课程巧妙而用心地将这三种类型融合在一起：一个学期下来，约有2/5的讲授、2/5的设计指导和1/5的研讨汇报，并且各有侧重：讲授课提供基础理念和范式要点；设计指导以某特定类型街区和场地为实例，逐步推进规划设计方法；研讨汇报侧重研究专题。在我任助教的那两年中，课程中师生们共同聚焦的专题为"可持续场地规划与设计"，这也成为本书再版和改版的最大亮点之一。

四年在美跟随导师求学的经历，收获颇丰；幸运的是，这份缘分并没有随着我毕业回国之后而中断，相反，随着盖里被聘任为清华大学荣誉教授，几乎无缝衔接地，我们继续在中国进行着科研和教学的合作与探讨，至今已有十数年。在两校持续至今的紧密合作中，我也有幸参与其中，受到熏陶，开阔视野，也由此进一步坚定了研究和从事城市设计、场地设计、建筑设计的信心。

亦师亦友的缘分在本书中文版的编纂过程中得到进一步延续。正如盖里在英文版前言中所提及，近半个世纪以来，英文版的前三版 *Site Planning*（中文版书名为《总体设计》）是西方场地规划领域的权威教材，首先由城市设计学界泰斗凯文·林奇教授所著，后盖里加入其中，接棒编写再版。随着城市化和全球化的推进，盖里日感场地规划不应局限于原书中聚焦的美国本土实践，因此倾尽全力，对素材进行重新收集整理，对图文进行重新撰写和修订，在其晚年完成了第四版，也即国际版《场地规划与设计：国际实践》（*Site Planning: International Practice*），从篇幅上看，几乎是增加了三倍有余。我也有幸再次受邀，成为中文版的合作者，让更多的中文读者可以一窥此书。

2　深意

前三版经典著作 Site Planning（第一版，凯文·林奇，1962；第二版，凯文·林奇，1971；第三版，凯文·林奇和盖里·哈克，1984）以精炼简明的语言展现了在美国从事场地规划与设计所需要的理念、要素和步骤。其中第三版也由我国城市设计泰斗黄富厢先生等翻译引进至我国。在第三版中，黄先生将书名 "Site Planning" 翻译为 "总体设计" 一词，正是恰当而精准地概括出前几版书中主要聚焦的重点，即以开发为导向，在产权地块红线或一定数量产权地块集合所形成的范围内，对场地空间各要素进行规划组织，对功能展开布局设计，仍然局限于特定工程设计领域。这一工作是衔接了街区尺度的城市设计与具体地块的建筑设计的重要环节，严格来看，与我国注册建筑师考试大纲中所涵盖的 "总图设计" 相似度更高，因此黄先生所译的 "总体设计" 不可谓不精准。而本书之所以重又将 "Site Planning" 用中文的 "场地规划与设计" 进行替代，是由于第四版（国际版）的内容有着以下的创新和发展。

本书进一步扩展了场地规划与设计的空间整体性。当前我国现行城市规划建设中的 "场地" 层面规划设计工作的空间范围种类多，既有产权红线内的地块开发，也包括街道、公园、广场等中微尺度公共空间。在城市更新语境下，复杂的城市既有建成环境往往存在上述两种类型交织复合出现的场地规划工作，涉及多个公共部门以及私人开发主体。因此，对于场地规划设计工作的理解，已不能停留在狭义的工程设计领域的场地层面上，必须结合新型城镇化背景下城市更新对场地规划设计的客观要求，从实施和全局的角度，对场地规划设计的实施路径进行整体谋划。本书展现了场地规划和设计跨越多类空间尺度的工作要素，1300多张照片、图表和实践案例涵盖了场地规划设计法规、标准、理念、原则、技术、方法、范式、案例等各个方面，力图为读者提供对于场所营造的全景式阐述和解读。

本书进一步深化了场地规划与设计的价值内涵。在20世纪上半叶，场地规划与设计主要以 "视觉艺术" 为导向，重视城市空间的视觉质量和审美形式，倡导 "按照艺术原则进行城市设计"。伴随着20世纪中叶以来全世界范围内社会运动的蓬勃发展，人们开始转而关注人在公共空间中的状态，将其视为承载人们日常生活和交往的"容器"，典型的城市空间研究开始观察在广场上的人群行为，场地规划也逐渐开始从"社会使用"这一导向来思考公共空间。而实际的场所营造过程中，"物"和"人"往往密不可分，互为关联。本书在上卷开篇即对"场地"（Site）一词的价值内涵进行了阐述——既需要重视涵盖地形、方位、土壤、气候等物质属性的"风土"（terroir），也需要重视打造人在其中的"场所感"（sense of place）。中卷则围绕"可持续性"（sustainability），对各类基础设施要素和空间元素展开分析的同时，注重使用者的反馈、需求和感受。在下卷的多样化实践中，秉持"以人为本的美好空间场所营造"作为选取案例的标准，旨在分析物质空间的形体塑造和功能要素组织的设计技能基础上，深化场地规划与设计"为人"和"永续"的价值内涵。

本书进一步将案例和资料的视野从美国扩展至全球。场地规划与设计涉及的内容及要素广泛，其建成环境不仅包括室外场地上的公共空间，还包括了建筑本体、地下管网设施；不仅是土地细分后若干产权地块的合集，还涵盖了城市道路、景观环境、公共服务设施等多样空间。与前三版聚焦美国本土实践不同，在这一版中，我们将视野从美国扩展至全球，既有南美洲、非洲、东南亚若干发展中国家的实践，也有欧洲、北美洲、日韩等发达国家的案例。由于场地规划设计具有鲜明的本土性和在地性特征，案例尽可能覆盖了从热带、温带到寒带气候地区，并力求讲述"空间背后的故事"，结合城市和地区的人口、种族、生活方式、日常习惯等多方面，共同勾勒场所营造的全球优秀实践（Best Practice）。

本书进一步展现了场地规划与设计组织工作的多元化与多样化。在第四代工业革命浪潮的影响下，随着专业化分工和数字信息技术的迅猛发展，场地规划与设计也在不断拓展新的可能性，并且不断筛选最佳的解决路径。本书初看是一本面向规划师和设计师的专业指南，但同时也考虑了更广义上的受众和读者——例如，在中卷里，分析了各类设计竞赛的组织形式、各类组织分别适用的不同项目开发情况，以及投资方需要考量的要素等，以期为开发商、投资者、建造者等提供一定借鉴。此外，书中融入了空间策划、建筑策划、经济测算等方面，将场地规划与设计的外延扩展到更广泛的交叉学科。正如美国权威城市设计学家亚历山大·加文（Alexander Garvin）所评价，此书可被视为"每个设计师、开发商和积极参与改善城市的公民的图书馆"。

3　顿首

恩师于我的影响，不仅在于言传，更多来自身教。美好的城市空间需要用脚实地丈量，用心充分感受。在编写此书时，盖里教授已逾七十高龄，但他仍然几乎亲历了书中提到的每一处场所，拍摄下每一张场景照片，用随身携带的笔记本，记录下关于空间的所见、所闻、所感及其相关的信息和数据。教授以身作则地阐明了他严谨治学的态度，也让本书不仅是一个经典案例资料的编纂，更是通过深入的分析，挖掘出了场地规划与设计更加丰富的内涵。

城市是来自众人的创作，而非独行侠的狂欢。好的空间，一定离不开策划者、规划者、设计者、组织者、投资者、建造者、运维者、使用者等方方面面主体的共同参与和共同营造。盖里教授已在英文版前言中一一致谢了所有给予过帮助的人们，这里我再次向为中文版付梓提供了帮助的各位专家致谢，他们既有来自国内一线规划设计机构，如中国城市规划设计研究院、北京市城市规划设计研究院、清华同衡规划设计研究院等的专家，也有来自国内高校建筑学院，如清华大学、北京大学、同济大学、东南大学、天津大学、重庆大学、哈尔滨工业大学、华南理工大学、西安建筑科技大学等的老师学者。最后，中国建筑工业出版社的诸位同仁，为本书英文版权的引进及中文版的翻译、编写、校对付出了大量心力，在此深表感谢！

美好的场所应是为人的空间，在当下和未来日益重视"以人为中心"的城市建设和追求"日益增长的对美好生活的需要"的时代，我们由衷期盼，本书成为一本能够持续优化的场地规划指南，能够助力于美好场所营造和城市公共空间品质的有效提升。

梁思思
中文版合著者
2021年11月于清华大学

目录

中文版序 / 004
英文版前言 / 007
中文版前言 / 012

第1部分　场地规划与设计的艺术 / 018

第1章　价值与目标 / 021
第2章　场地规划与设计优秀案例 / 032

第2部分　认知场地 / 056

第3章　场地形态 / 059
第4章　自然系统 / 079
第5章　文脉与周边环境 / 106
第6章　产权属性 / 123
第7章　场地建设规范 / 135
第8章　场地分析 / 144

第3部分　规划场地 / 152

第9章　场地规划与设计的方法 / 155
第10章　各方及公众参与 / 164
第11章　了解用户 / 177
第12章　场地策划 / 193
第13章　场地规划与设计的工具媒介 / 202
第14章　设计方法 / 215
第15章　导则、标准及规范 / 231
第16章　土地细分与整合 / 256
第17章　场地的经济价值 / 271
第18章　影响评估 / 291
第19章　场地设计方案 / 307

场地规划与设计术语表 / 324

参考文献 / 339

第 **1** 部分

场地规划
与
设计的艺术

场地规划与设计是一门集建筑设计、活动功能以及配套基础设施规划于一体的艺术。从任何一个层面上看，场地规划与设计都非常重要。无论是布局一栋单独的建筑，还是创建一个建筑群，或是规划一个全新的社区，都离不开场地的规划与设计。这门学科既依托其几百年来积累的相关经验，同时又与当下的价值观和行为模式密切相关。场所营建的过程也许并不长，但营建而成的建筑和景观的价值却远远超越了设计师和建造者自身所处的时代。因而，设计师需要能够预测未来可能的变化，并营建一个能够适应该变化的场地。

场地规划与设计依赖于建筑师、工程师、景观设计师、城市规划者及其他多种专业人员的共同合作。在这个过程中，每位参与者都必须依赖他人进行工作，如某些人负责场地分区规划，某些人规划道路和市政设施，另一些人进行建筑选址和布局，还有其他人后续加入进行景观设计等。优秀的场所营造一定是各方共营共建的产物。当场地的土地、房产、建筑物、公共空间和公共设施等各设计要素在空间上相互融合并和谐交织时，就能迸发出层出不穷的创意和亮点。

综合统筹场地各要素涉及多方面的知识。场地是自然系统中的一部分，但又具有商品的经济属性；它是社区的一个重要元素，是道路和基础设施的空间延伸，又需要满足使用者和所有者的需求。在场地开发建设之前，需要处理好产权划分和归属等相关法律问题，并经过公众参与讨论和许可审批等较长的过程。场地建设也势必会对周围环境造成影响，出现诸如水、电、排污需求，交通量增加，儿童需要安置入学，场地汇水流入附近水系等问题。几乎所有的场地都会对周围环境产生影响，因此，在规划制定时就需要将这些问题纳入考虑并展开分析。

鉴于上述种种复杂性，对于如何规划与设计场地没有一个统一的方法。通过参考先例和经验技术，有助于我们分析场地规划与设计的效果和影响，而相关规范和优秀案例的实践手册也为场地规划提供了大致的方向和框架。我们可以通过遵循若干简略的原则来指导场地规划，但精巧地设计场地却是一门艺术。那些最优秀的场所往往是在一片土地上实现了独一无二的、伟大的发明创造，具有高度的前瞻性。此后的运营和使用也并不意味着场地规划的结束，因为使用者还将继续重塑他们继承的遗产。

第1章

价值与目标

我们通常在寒暄时会问的第一句话是:"你是哪里人?"通过对方的回答,我们往往就能形成若干判断。这是因为人们的成长会受到当地的气候、景观、生活方式、社交圈、经济状况等一系列因素的影响。诚然,人成长的复杂度远甚于此,我们绝不仅是故乡或者居住地的产物。但我们坚信,人类从根本上具有一种场所感(a sense of place),这一点极大地影响了我们对他人和周边环境的认知。

场所感是传统习俗、理想、价值观以及地理等种种要素共同塑造的产物,这些要素往往是当地居民公认的事实。勃艮第(Burgundian)山坡上的葡萄种植者们用"风土"(terroir)一词理解他们的葡萄园,这个词包括了地形、方位、土壤、基土、降雨和生长期。但葡萄酒的"风土"内涵还包括了人类活动,如绵延多年并不断改进的种植、收获、维护葡萄园和保存葡萄藤的技术,选取葡萄品种以及将果实酿造成葡萄酒的工艺等。例如,蒙哈榭(Le Montrachet)是勃艮第葡萄酒的最核心产区之一,在那里的大型酒庄里,自然因素和人类活动紧密交织,这同样适用于每一处精心规划的场地(Wilson 1999)。

在美国加利福尼亚州北部旧金山太平洋海岸的海滨农庄项目(Sea Ranch development)中,规划师依据当地独特的地形、地貌,以及当地人对自然的开发利用,营造了一种颇具特色的风土形态。多样化的生态环境为长期居民和季节性访客提供了可满足不同使用需求的建筑形态的条件。海边山岭起伏,房屋遍布,一直沿着海边到达森林茂密的山谷边缘,避开了曾经放牧羊群的丰美牧场。车行道与漫步道经过严谨规划,尽可能绕过牧场上已齐肩的草木。海岬的陡坡上覆盖着森林,林间散布着一座座架高于地面的房屋,减少了实际占地面积。马场和其他一些运动休闲场所设置在林间的空地上,尽可能将对地形的改变融入现有环境。住户们非常珍惜这里的价值,他们认为,加利福尼亚州海岸上任何其他地方都找不到

工具栏1.1

风土

在讨论特定产地的葡萄酒品质时,"风土"这一术语的意思与"场所"这个词基本相似。该词最初用于描述葡萄园的土地特性——土壤、地质、水系类型和地下水,还包括朝向、光照、降水、季节温差、昼夜温差,以及葡萄栽培传统。人类活动与自然特征彼此融合,而土地与文化也渐渐融为一体。

这种融合的趋势在勃艮第的蒙哈榭葡萄园表现得最为明显,它横跨普里尼(Puligny)和夏山(Chassagne)两个产酒村,这里出产全球最顶尖的白葡萄酒。蒙哈榭葡萄园占地面积仅为7.99hm^2,却分成了18个地块,每一个地块都因为其独特的风土特征而产生不同的葡萄酒品质。这种独特性首先表现在土壤和地质上,由蒙哈榭西南坡上的石灰岩在侵蚀作用下形成。蒙哈榭葡萄园中,顶级霞多丽葡萄的种植地坡度约为3%。地质断层带将附近顶级的葡萄园彼此分隔开来,两种不同的风土特征分别出产巴塔-蒙哈榭(Batard-Montrachet)(坡度小于1%)和骑士-蒙哈榭(Chevalier-Montrachet)(坡度大于15%)葡萄酒。

场地规划师也应该像蒙哈榭的葡萄种植者那样了解他们的场地。对一个地点的风土人情的充分了解可以创造出独一无二的特色,并留给人们足够的空间去诠释。

图 1.1 蒙哈榭葡萄园图(Jonathan Caves/Wikimedia Commons)

图 1.2 蒙哈榭地区山地截面图(Catherine Ponst-Jacquin/James E. Wilson 提供)

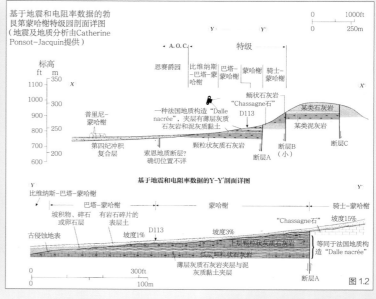

这样融入自然又富有生活气息的社区（Halprin 2002; Lyndon and Alinder 2014）。

认识到场所（place）的价值（value）对于场地规划与设计是至关重要的。那么，在规划与设计场地时，应当遵循哪些价值原则呢？

可持续性

场地规划始于对场地的欣赏和认知，只有做到这一点才能生成对未来的预期和愿景。从可持续（sustainable）的角度挖掘场所的潜力，应作为最高价值原则进行引导。

在我们使用场地时，哪怕采取了最大措施去保护某种景观，对场地的改变仍无法避免。一块处女地的改变从建设的那一刻就开始了：硬质屋顶、道路和车行道替代了原本可吸收降雨的天然地表。因此，自然的排水系统也随之改变；清理场地的一部分也会影响剩余树木的风力稳定性。场地平整还意味着必须要安置多余的土方，而破坏土壤表层可能会导致水土流失。我们通常会认为需要去保护一个场地的自然生态系统，但实际上这并不太可能做到；在改造场地时，我们的目标是形成新的平衡的生态系统（balanced ecology），以便人类和其他生物能够共存，且保证自然生态系统的和谐。

可持续规划通常会将场地视为一个闭环（closed loop）。在这个闭环中，物质、能量和水的进出循环被最小化。理想情况下，建筑产生的副产品能够合理循环或转化，同时又能最大化地利用场地。例如，场地是否可以利

图 1.3　加利福尼亚州海滨农庄鸟瞰（Breaks Inn 提供）
图 1.4　海滨农庄平面示意（Lawrence Halprin Collection, The Architectural Archives, University of Pennsylvania 提供）
图 1.5　海滨农庄地区，溪流两旁树木茂密，房屋散布，草场空阔
图 1.6　海滨农庄山间小屋

用风力或光伏阵列发电、生热来产生能量，还是可以通过开发地热资源，抑或是收集工业生产过程和排污过程中的废热等；还可以考虑堆肥废弃物或焚烧发电的方法。此外，在后续修建和维护过程中，选取能耗低、化学肥料需求小、对其他外来资源依赖性低的材料也同样重要（Wheeler and Beatley 2014）。

可持续性还需要考虑到场地的韧性（resilience）。规划是否考虑了场地有相应的能力，能够抵御极端天气、长期干旱或如地震之类的自然灾害？是否能够抵抗如附近河流或海滨发生洪水，抑或是滑坡等外来的灾害？是否会由于降低对风暴潮的抵抗能力、减少湿地面积或开发利用淤泥等，而对周围地区造成危害？场地的开发建设会使该地区更容易发生山火吗？

场地的可持续性可通过各种指标衡量，其中，尽可能减少温室气体（greenhouse gas, GHG）（主要是二氧化碳和甲烷）的排放（emission）至关重要，目前也已有若干衡量排放影响的方法。尽管并非所有能源种类的碳足迹（carbon footprint）都相同，但尽量降低能耗也不失为一种有用的替代办法。比起传统的电网输出电能，利用光伏阵列或当地的风能发电对大气的影响要小得多。温室气体还可在场地内进行回收利用，如将地下垃圾填埋场生成的甲烷加以利用，或者通过植树造林来进行转化（sequestered）。

提升可持续性的一个重要目标是形成零净准则（zero net criterion）。例如，一个地区的排水量不应超过开发前的数量（以总流量或径流率为标准），不可造成土壤流失或淤积，应再次利用原有建筑拆除后的材料，场地开发后新增的交通流量应与场外减少的交通流量相抵消（如通过混合功能开发减少交通出行量）。尽管几乎不可能实现温室气体的零排放，但通过场地外交通流

图 1.7 温哥华东南福斯溪（Southeast False Creek）邻里的社区能源供应系统
图 1.8 英国萨顿（Sutton）贝德泽德（BedZed）生态村，意在实现能源零消耗（Bill Dunster/Ted Chance, Wikimedia Commons）
图 1.9 瑞典斯德哥尔摩哈马碧湖城（Hammarby Sjöstad），收集并过滤地表降水后二次利用

量减少来抵消场地开发带来的温室气体排放，确实能有效减少场地内活动的碳足迹。若要真正实现可持续，这些措施缺一不可。

效率

场地必须满足所有者和居住者的需求。有时双方的目标一致，但更多情况下，土地所有者和开发商的主张往往超越了使用者的长期需求。有效利用（efficient use）场地十分重要，对效率的衡量有时更像是一门艺术而非科学：效率意味着在场地内外都需要尽可能实现人和商品必要的出行距离的最小化（minimizing the distance），因而需要采用最大化来提高开发密度、混合功能开发和集群发展等方式。此外，以共享停车场或装卸平台等手段来提高某些昂贵基础设施的使用率（promoting multiple use）也不失为一种好办法。另外，效率也意味着优化开发过程（optimizing the development process），如缩短首批设施的施工时间，场地内各部分的施工互不干扰等。在确定某一场地的规划目标时，设计师需要对"效率"做出可操作性的定义。

图 1.10 温哥华莱斯（The Rise）地区，将大型商区与社区便利店、居住功能结合，是混合功能开发的完美诠释（Grosvenor Americas提供）

图1.11

图1.12

图1.13

图1.14

提高效率通常意味着缩减所需基础设施的成本（economizing on the infrastructure），并尽可能减少运营和维护支出（minimizing operating and maintenance expenditures）。但这并不意味着一定要削减初期花费，因为过于保守的初期投资反而会导致额外的生命周期成本（life cycle costs）。规定隐性或明确的贴现率（discount rate）很重要，这样能够有效折算未来节约的成本，以便与当前的成本进行比较（见第17章）。例如，对于那些计划在项目建成后就退出的开发商而言，他们并不怎么考虑未来所能节约的成本，所以他们可能降低项目建设品质，自己的名声也因此受损。为了预防这一点，公共投资主体通常会采用极低的贴现率，并把在场地投入使用后提高建筑的耐久性和降低基础设施维护费用也作为公共责任之一。

人的需求

尽管场地规划必须考虑开发商的经济诉求，但最终还是要以满足使用者的需求为目标。其中，室外空间是人际交往（human contact）的重要场所。在公共场合与人见面，哪怕仅仅是观察周围的行人，都能丰富我们的社会接触、维持友谊，还有助于形成社群。道路流线的规划、公共空间的使用频率和密度等，都会影响人与人的偶然交往，也会对购

图1.11 纽约巴特利公园城的洛克菲勒公园吸引众多游客和居民来此，进行主动或随意的休憩活动
图1.12 多伦多一处社区商业街，增加"街道眼"的同时促进社会交往
图1.13 西雅图奥林匹克雕塑公园，在一片被铁道和高速公路割裂的土地上，创意性地设计上下坡步道，并成功连接各片区（WEISS/MANFREDI Architecture/Landscape/Urbanism/Ben Benschneider photo 提供）
图1.14 芝加哥千禧公园在市中心创造了一片自然美景，同时满足临时活动和固定活动的需求

物、就餐地点选择等经济活动产生重要影响。在创意园区，不经意的交往和接触往往还是灵感与创新的关键助力。

如我们所知，场地的空间要素组成大大影响了人们的安全感（safety）和场所的安全性（security）。尽管感知在很大程度上受文化影响，但比起人流密集的街道，人们绝不会认为荒凉阴森的地方是安全的。场地规划通常会划分出私人区域、半公共区域和公共区域，进而我们可以确定每个部分适合的用途。在日常场所中，我们也会用规划手段隔离开危险因素，如行人和飞速车流的分隔、散步道和湍急水流之间的护栏，或者公共场所的紧急撤离路线等。清晰而精准的规划能够帮助我们营造安全的生活环境。

儿童和老人的活动能力受限，因而场地布局对他们的影响最大。合理的场地规划可以保证这些运动能力有限（或超常）的人群能在场地内自由活动。适合老人的步行道往往也适合带孩子出行的父母。对儿童来说，附近的环境需要能够刺激并促进他们大脑和肢体能力的发展。不同年龄段儿童的需求会有所变化，有时这些需求很简单，如为街头曲棍球或其他运动所空出的一片安全区域；但对于年幼的孩子而言，则需要在场地内设置固定设施，或者区别于常规游戏器材的创造性玩耍场所。一方面，儿童活动区需要便于监管；但另一方面，对于青少年群体而言，又往往需要不被监管的自由场所，在我们的场地规划中往往容易忽略青少年这一群体的需求。

在日常环境中彰显和感受美（beauty）是人类的最高需求。但是，尽管艺术家的作品有助于打造场所特色，这并不意味着要在环境中大量点缀公共艺术。相反，捕捉环境所传达情感的本质才是关键。以曼哈顿时代广场为例，在满是人群和活动的地方，与这种情感刺激产

图 1.15　缅因州赫斯塔克山学校（Haystack Mountain School）坐落于起伏平缓、岩石遍布的山坡上，建筑之间以平台相连

图 1.16　西班牙卡塞雷斯（Cáceres）古城刷成白色，城镇各处一致的同时也凸显了当地的自然形态

生共鸣才是场所令人难忘的原因所在。而要在闹市中打造休憩喘息之所，则需要屏蔽噪声、减少干扰，让人感受到阳光明媚的自然。令人难忘的街道两旁往往绿树成荫，增强行人行走其中的行进感；市镇公地（通常是中心公园）周围布置着重要设施，则能强化人们对该场所的印象。只有以追求美、创造美为目标的场地规划才能达到良好的效果。

协调性

没有场地是孤立存在的。一方面，几乎所有的场地都是大环境中的一部分，如河边、山谷、小镇、城市社区或特色区域。场地规划的一个重要目标就是与周围环境保持协调，但环境的协调性却很难定义和评判。另一方面，我们又希望场地具有其独特性和自身特色，而不是泯然于众。

在人迹稀少的地区，与周围自然环境协调（compatibility）应成为主要目标。通常该场地会以自然环境为主，这一特质应得到保留，我们也不希望削弱它最重要的特质。如果场地坡度大、地势陡，树木植被对保持水土非常关键的话，那么建筑和道路规划必须保证顺应地势，同时还应具有较开阔的视野。建筑高度低于林木线，并避免山顶建设，场地的自然感就能得到保留。尽管有时建筑与自然的反差会强化人们对自然的体验，但我们应当尊重自然的地形和地貌。

在城市地区，场地规划的准则通常是和周围建成环境保持协调，具体而言，和周围建成环境的要素保持协调。大部分城市都会有多种典型的场所特征，并可以归纳为一定的原则。例如，从街道和建筑物的流行模式开始，它们是狭长形还是矩形？街区是否留出足够空间来建造庭院或者私人室外空间？当地传统也往往反映在城市的形态之中，我们需要寻找能够定义城市风貌的元素，如统一的街墙、建筑高度、建筑元素、材料、颜色或行车规则等。良好的对内、对外和贯穿的视野通达也是场地尊重周边环境的一个重要要求；而多种行为路线和习惯，如人行道、道路结构、交叉口位置以及公交站点等也会影响社区的肌理。

但如果场地的周围环境形态较为混乱不堪，或者正处于改造整治之中，我们又该怎么办呢？这种情况通常出现在当前很多正处于快速城市化的郊区和远郊地区。面对这种情况，规划师有责任创造出一种可供推广的模式，因为"协调"有时也意味着需要为未来的建设开发提供可适用和与之匹配的形态范本。

场地与周边环境协调也意味着需要处理一些由于建设导致的不利影响（impact），如防止周边社区出现交通拥堵，或者车辆随意停放等情况；避免一些脆弱的商业区面临过大的竞争压力；保持公共服务投入增加与当地政府收入增长之间的平衡；以及其他一系列可能引发"邻避问题"（NIMBY）的隐患等。矛盾的化解须从场地空间布局和空间策划两方面共同入手。

经济价值

从市场经济学角度来看，场地就是经济单元（economic units），即劳动力、资本和土地三要素中的一个元素。在土地公有的国家，场地甚至是主要依赖地区生产力（productivity of locations）的经济的重要组成部分。场地的空间布局需要密切考虑场地的经济要素。

场地的经济价值深受场地布局和场所形态的影响。一旦某场地内兴建一座公园，周围的资产价值将迅速攀升，拥有河景或山景的房产和办公区的租金也会大幅上涨，混合功能开发建设区内布置商业功能通常也会增加场地的经济价值。合理的场地布局也能降低成本，如某停车场白天可供在此上班的白领使用，晚间则提供给在此用餐的食客，夜间则为住宿酒店的客人提供泊车（Hack and Sagalyn 2011）。

大多数场地所有者都在寻求资产经济价值的最大化，但在实际操作过程中采取的手段则千差万别。在场地规划中集聚居住、商业和办公等多种功能会比单一功能区开发更有利，因为前者有助于更快出售场地。而对另一类追求长期利益的开发商而言，稳步推进地块开发可能更为合适。开发商如何看待场地的商业价值，取决于其持有场地的时间长短。而场地的最终使用者则会倾向于某些特定的经济价值，如购房者会偏好估值高的楼盘，或良好的邻里关系，抑或好学区等。公共政策也会影响场地的经济价值，如有的政策会限制建筑高度以保证新建建筑与现有建筑的和谐共存，或保留历史建筑，或要求一楼作为商业零售功能以维持街道活力，抑或要求场地内提供一部分经济适用房等。上述部分做法可能还会要求一定的内部补贴。

在场地规划正式开始前，设计师需要尽可能精准地预判客户、最终使用者、公共团体和审批机构等各方主体的经济期望。通常来说，需要考虑的问题包括：怎样才能产生足够的收益，基础设施投资有多大，营销和项目启动时间有多长，有没有其他收入来源可用于抵消可能的亏本或者设施

建设成本？其中一些问题很容易得出答案，另外一些需要与其他项目做对比来寻找答案，还有一些则只能在项目推进过程中寻找解答。

有些场地规划项目则没有那么看重即时的投资回报。以大学校园规划为例，这一类项目通常周期较长，其经济考量通常在于某一场地作为专门用途所产生的机会成本（opportunity costs），又或者是需要为项目建设筹措资金和寻找赞助的考虑。而集团总部大楼则更看重建筑的外在形象，而非建筑本身和场地开发的市场价值。但无论何种情况，综合权衡所有者、使用者甚至广大群众的相关利益仍然是确定场地经济价值的不二法门。

可适应性

没有哪片场地是静止不变的。一旦场地开始建设开发，所有者和使用者便开始考虑可能的改造了。有些改造是加入缺失的元素，如在人群密集的公共区域增加座椅，将商业活动转移至商业区的街道或广场，根据行人流线调整人行道路，添加节庆和大型活动场所等。在规划完成前就要考虑到场地的可适应性（adaptability），并同时兼顾短期和长期的改造。

由于很多需求只有在真正投入使用后才显现出来，所以场地的可适应性显然是个很大的优势。例如，太多公共空间过早完工留下很多无人使用的长椅、无人观赏（也无人维护）的喷泉，以及满是固定设施的儿童玩耍场地和景观花池等，而如果让居民来改造的话，空间设计一定能更富有创意。此外，停车区通常都以满足最大停车状况为标准来规划和预留空间，因而大部分时间都处于闲置状态。在这种情况

图 1.17　纽约高线公园既为切尔西区提供了街道闹市上方的一片净土，又刺激了周围新建筑的投资兴建
图 1.18　智利昆塔蒙瑞（Quinta Monroy）社会住宅区具有很高的可适应性，每一住户都能通过改造将房屋面积扩大一倍（Cristobal Palma，© Elemental 提供）

下，更合理的做法是一开始只修建所需的最小停车位数目，进而预留土地，这样可以在预期需求没满足的情况下，将剩余空间转作他用。在临街住宅，购房者会立即开始对其庭院进行改造并添加各种元素，而场地规划方案需要预估这些改变。高密度城市地区也会发生变化，只不过会经过较长时间，场地规划方案就需要考虑到场地的第二次、第三次改造利用。

不同用途的场地的改变频率差异很大。像大学这样的学术机构的建筑用途通常数十年甚至数百年不变，而医疗建筑则会因医疗技术和医疗方案的更新而频繁改变。大型商业体和零售店会根据时尚风向和销售策略的转变，每隔10~20年进行彻底改造。而居住区，尤其是所有权分散的居住区，尽管会因一些个人活动而出现缓慢变化，但总体来说会维持长期稳定。总的来说，场地规划的一条重要规则就是应包容不同的改造频率，有些功能长期保持稳定，有些则面临经常性的改造。

一方面，场地的可适应性很重要；但另一方面，场地的延续性（continuity）也同样重要。延续性能够增强场所感，并创造独有的记忆。场地规划的一条重要原则是通过整合重要景观、建筑物和人工元素来保存实地的历史记录。保留场地内的天然部分不仅能够留有场地的特色，而且也能赋予开发后的场地新的价值，如开发前的农业景观中大片的灌木丛，或开发前的废弃工业建筑等人工元素等。

在场地开发前期，最大的挑战就是认识并整合场地的各类价值，并从中作出权衡和选择。这需要与场地所有者、政府官员、销售机构、可能的使用者以及周边的住户和租客等进行沟通，并进一步厘清场地的显性和隐性价值。沟通的过程也往往会呈现出各种冲突和矛盾，如开发商想要让场地内的居住区容积率最大化；市政当局看重商业税务收入；附近居民力图保留一片经常使用的休闲场所避免开发；房产经理人则想重新打造一个热销楼盘，哪怕当地条件并不太适合；开发商可能斥巨资买下了土地，需要逐步收回成本等。

在这重重问题中，场地规划师必须持有自己的价值观，因为他可能是唯一会表达最终使用者需求的人，也是唯一可能考虑到场地未来的可适应性和变化的人。设计师需要探索公正合理的解决办法，如场地规划能提供多种选择吗？各收入阶层都能从公共空间中得益吗？弱势群体的需求会被忽略吗？要整合这些彼此矛盾的需求，必须有很好的创造力，用各方都未曾想过的方式对问题进行重构，并给出满意的解答——这是场地规划与设计的责任，也是带来成就感的关键。

第2章

场地规划与设计优秀案例

场地规划与设计有很多优秀案例，既有历史悠久的设计，也有新近完成的设计。下面列举了三个案例，各自都展现了优秀的价值理念和设计方法。第一个案例是纽布里奇社区（NewBridge Community），其坐落于戴德姆市（Dedham）的查尔斯河畔，靠近波士顿市，致力于养老和青少年教育问题，并秉承可持续和重视土地价值的理念。第二个案例是上海新天地及所处的太平桥改造项目，凭借对古老石库门的创新改造，对上海传统街道规模和特征的精准把握，以及一座大型公园的建设，该项目成为区别于其他大规模建设开发的一个独具特色的场所。第三个案例是位于曼哈顿海滨沿线的纽约巴特利公园城（Battery Park City），它成功打造了混合工作、生活和休闲的新城区，并创造性地将周围城市肌理与公共领域完美融合。这些优秀案例均提供了环境开发建设的新准则。

查尔斯河畔的纽布里奇
美国马萨诸塞州戴德姆市

纽布里奇社区坐落于波士顿郊区，这个优秀的案例展现了规划如何创造性地应对场地限制、满足社区的强烈愿望，并坚持可持续原则，最终成功打造具有鲜明特色的场所。开发商和设计师希望将这里建设成为具有人文关怀、以可持续为宗旨的综合社区，供750位老年人居住。这些老年人需求各不相同，有些可以生活自理，有些需要辅助陪护，有些则需要全职护理。同时，社区里还有一所私立学校——拉什（Rashi）学校，设置班级覆盖从幼儿园到八年级的450名学生。因此，该项目的核心目标在于实现老人和学生的互动，使他们可以围绕中心社区设施，实现休闲互动并开展固定活动。

该项目开发商——希伯来老人（Hebrew SeniorLife）是一个非营利性组织，长期致力于服务社区民众需求。纽布里奇社区的很多居民及其家人都与周围社区有长期而密切的联系，学校里的很多学生也住在附近小镇和城市。

关于场地

该项目所在地占地162ac（ac为英亩，162ac约为66hm²），曾是一座家庭农场，后改为马球场。多年来，随着人们逐渐脱离农业，很多农田重新长成了森林。最初购买这片场地时，这里除了两块用作马球场的大型草地外，大部分覆盖着茂密的松树和雪松林，期间间或有小块空地。开发面临的一大困难就是交通不便。附近的西街（West Street）离波士顿第一条环形公路——95号州际公路的一处入口不远，但是这片场地仅有正前方约400ft（120m）的路段毗邻西街，因此很难规划合适的交通线路来满足当地的需求。鉴于周围居民反对加重其居住区街道上的交通压力，经由附近

图2.1 查尔斯河上纽布里奇开发前的植被覆盖图（Stantec提供）
图2.2 规划前的场地地形图（Stantec提供）
图2.3 基于现有规定情况下的场地规划平面（Stantec提供）
图2.4 场地分析图,包括湿地、陡坡和现有进出路线（Stantec提供）

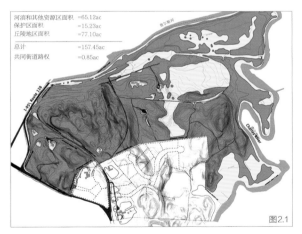

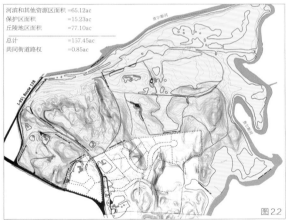

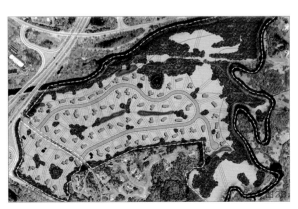

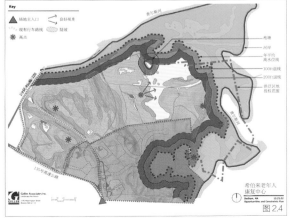

的另一条克门街（Common Street）接入道路网络的想法也无法实现。

整块场地超过1/3的部分是湿地，位于查尔斯河一处曲折的弯道上，面积约60ac（24hm²），在过去的一个世纪这里都是洪水泛滥区。这片湿地保护了包括河滨地区在内的大片土地，剩下地势较高的土地作为独栋家庭住宅用地，可容纳约75户宅基地，与该场地内最近开发的南部地区相似。部分邻居和其他居民抗议交通流量和人口密度增加，使得重新划分功能区的过程较为复杂。

经过两年的讨论，市镇当局终于批准在此进行较高密度的开发建设，而开发商则须遵守一系列的场地限制规定，包括：建筑群须距离场地边界200ft（60m）以上，与附近房屋留出至少100ft（30m）的植被缓冲带，尽量减少场地内不渗水的铺装以及场地内径流外溢现象，通往西街的道路连通点需尽量远离十字路口，在最初提出的方案基础上增加场地内绿地面积等。在这些条款的基础上，开发商还同意保留保护用地，同时依据当地政府要求支付各种杂税（exaction）并按年缴税，这些努力终于使项目得以继续开展。

场地自身的条件也加大了规划难度。道路布局和走向需要充分考虑场地中极其陡峭的斜坡和溪流两岸树木下隐藏的参差岩礁，而它们又是场地内划分片区的天然界限；场地内的树木一旦砍掉，多处隆起的山包都会具有很远的视野；场地内多处现有建筑是历史的见证者，对它们可以进行再利用的改扩建等。

关于项目内容

居家养老设施是场地内最重要的组成部分。居民在此养老，不同需求的家庭也可以居住在同一社区，老人能够和孩童以及众多社区居民紧密联系，而不会再常感孤独。这里的生活设施包括小农庄、别墅式公寓、独立生活公寓、传统辅助陪护公寓、记忆增强设施，以及一个可容纳220位长期护理居民和48名亚急性病人的社区医疗服务中心。

拉什学校包括设施齐全的小学和初中两个学部，共可接收450名学生，包括教室、实验室、一座图书馆、美术和音乐教室、一座大礼堂、一座体育馆和供节日庆典与日常祈祷的公共空间。学校附近还设有运动场、一座圆形露天剧场及两个操场。

拉希学校由一所设备齐全的小学和中学组成，可容纳450名学生。学校包括教室、实验室、图书馆、艺术及音乐工作室、礼堂、体育馆、食堂以及用于节庆的社区空间。学校附近有运动场、一个室外露天剧场和两个操场。

表 2.1 查尔斯河畔纽布里奇项目内容

用途	数量	建筑面积	
		ft²	m²
居家养老社区			
独立生活公寓	182	235440	21873
独立生活别墅	24	50400	4682
独立生活农庄	50	389905	36223
辅助看护住宅单元	51	62460	5803
记忆增强居住单元	40	27367	2542
医疗中心及护理床位	268	246000	22854
合计		1011572	93978
停车位	695		
拉什学校	450 名学生	82000	7618
停车位	205		
活动场地		292000	27128
总用地面积		7056720	655591
可建设用地面积		4443120	412779
大致容积率（基于可建设用地）		0.25	

查尔斯河沿岸的保留用地对外开放，也是社区内居民和学生的一处独特休闲场地。规划师认为这片空地应该尽可能为周围各社区居民所共享。

关于规划

随着项目推进中占主导地位的居家养老社区形式的不断变化，纽布里奇社区的场地规划也进行了相应调整。占地面积较大的建筑主要布局在可建设区域中东部地势较平缓之处，而把森林茂密、地势起伏的西部留给独立生活公寓、别墅和农庄，实现了较为合理的总体布局。而主要综合设施和学校的规划则经过多次讨论并数易其稿。最初的设计是简单线性连接的建筑布局，后改为将主要建筑围绕一座冬景内庭院布局，再又改为围合成多个庭院的混合功能的建筑组群。最终的布局是将居家养老综合体采用交互式连接方式，学校则在原规划位置的基础上北移，临近由原洪水泛滥区改建而来的空地和操场。

一条林荫大道从场地西南角与西街相邻处起，蜿蜒穿过场地中心，再环绕居家养老综合体形成一条封闭环路，综合体的中心则是一片类似原有草地的绿地，周围设有休闲、餐饮和其他多种公共设施。独立农庄住宅区顺地形修建，共有12处住户群，围成环状，并且不与大道相连。

图 2.5　养老社区布局草图一（Perkins Eastman 提供）
图 2.6　养老社区布局草图二（Perkins Eastman 提供）
图 2.7　养老社区布局草图三（Perkins Eastman 提供）
图 2.8　最终场地规划（Perkins Eastman/Chan Krieger 提供）

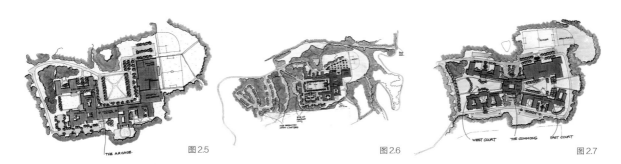

图 2.5　　　　　　　　　　　图 2.6　　　　　　　　　　　图 2.7

图 2.8

各处的建筑可经由众多天然小路进入场地周围的空地,也与查尔斯河沿岸众多小路相连,这些小路紧邻附近的镇保留地和州保留地。除此以外,还有多条路径与周围社区的街道相连。克门街留作一条进出步行道和紧急通道,但日常禁止机动车辆通行。

绿色基础设施

场地规划坚持可持续发展的原则,从绿色基础设施建设入手,这一宗旨渗透到本项目的方方面面。例如,尽可能缩减车行道宽度,所在市镇也因此制定了新标准;道路和停车场的雨水径流不外流,经生态调节沟汇入地上蓄滞洪区,或通过大片低于周围地势的渗透区渗入地下;屋顶径流通过独立系统收集起来,并储存在容积为17万gal(约64.3万L)的地下储水池中,用于景观植被灌溉;在条件允许的地方,道路都采用渗水性材料施工铺设等。此外,还兴建了400多座地热井辅助建筑区采暖和散热,燃料用量总体减少50%,二氧化碳排放量减少34%,相当于每年减少了9000t温室气体排放。

在景观方面,场所保留了大部分原有森林,并在新的景观设计中突

图2.9 施工建设阶段,图为地下蓄滞洪区施工(Stantec提供)
图2.10 养老社区附近地热井钻探施工(Stantec提供)
图2.11 调蓄池(Stantec提供)
图2.12 植被低洼地

图2.9

图2.10

图2.11

图2.12

图 2.13

图 2.17

图 2.14

图 2.18

图 2.15

图 2.19

图 2.16

图 2.13　养老社区鸟瞰（Perkins Eastman 提供）
图 2.14　拉什学校、养老社区及农庄群鸟瞰图（Perkins Eastman 提供）
图 2.15　场地内各区域间彼此相连的步行道
图 2.16　生活护理区景观庭院
图 2.17　查尔斯河上的纽布里奇的农庄群
图 2.18　拉什学校及新建草坪
图 2.19　儿童运动场地

出了原有的植被，尽可能使建筑周围的植被景观呈现自然的态势。大量运用本地植物既减少了成本，也凸显了现有的自然景观。场地内的庭院设计都遵循便于居民间社交的原则，社区活动让学生和老人能近距离接触，同时对外开放，外来人员均可来此休闲观赏。

规划设计团队

规划团队

珀金斯·伊斯特曼公司（Perkins Eastman）
陈·克雷格（Chan Krieger）事务所（现NBBJ事务所）
盖勒（Geller）事务所（现Stantec公司）

建筑设计团队

纽布里奇中心：珀金斯伊斯特曼公司
木屋：陈·克雷格事务所（现NBBJ事务所）
拉什学校：HMFH建筑事务所

场地施工、协商、景观设计：
斯坦泰克公司（Stantec）

太平桥（新天地项目）

中国上海

太平桥开发项目地址位于上海原法租界内。通过选择性地保留历史建筑和创造面向大众开放的便利设施，太平桥既保留了独一无二的地区特色，又获得了巨大的经济价值和经济发展潜力。这里汇聚了传统与现代的商业特色，并将商业区、商务区和住宅区进行混合功能开发，同时保留大片空地而降低了总体建筑密度，已成为当前市中心一片受人喜爱的宜居场所。

太平桥项目由瑞安房地产有限公司开发，母公司为香港瑞安集团，这是一家在中国有着长期大型地产开发项目经验的上市公司。

关于场地

在1997年，太平桥地区占地52hm^2，包括23个街区，主要由20世纪20年代遗存下来的石库门建筑构成，建筑状况已较为破败。石库门建筑通常为2~3层，较多位于狭窄的弄堂里。长久以来，石库门建筑室内空间被再次分割供多人居住，过度使用使得建筑品质残破不堪。

开发商、上海市政府以及城市规划师和建筑师们通力合作，力图将太平桥地区改造为一片综合性地区，集私人和公共功能于一体。太平桥地区的总体规划为项目开发建设提供了基本依据，并根据市场环境定期进行更新。

关于项目内容

项目最初在其租赁的土地上获准开发面积为150万m^2，用作商业和住宅用地，但随后获批的面积减至125万m^2。开发商力图打造一片包括跨

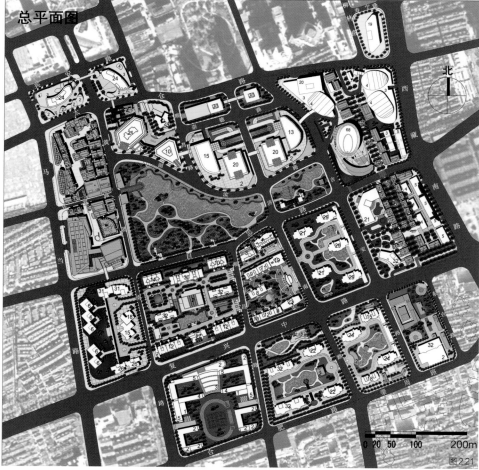

图 2.20 上海太平桥地区旧景
图 2.21 太平桥改造项目总体规划图(瑞安房地产公司提供)

表 2.2　上海太平桥改造项目内容

用途	数量	建筑面积 m²
新天地历史保护区		
零售、餐饮和酒水		47970
办公		4710
公园		3.45hm²
北部建设区		
酒店		62000
办公		254000
零售、餐饮和酒水		58000
南部建设区		
零售、餐饮和酒水		13607
住宅	904	534000
远期建设区（待定）		
零售、餐饮和酒水		
办公		
住宅		
酒店		
公共机构用地		
总建筑面积		1500000
用地面积		520000
容积率		2.88

国商业、购物和娱乐休闲活动等在内的混合功能区域，吸引寻求优美城市环境的国内外人士来此定居。

该片区内的原居民或搬迁至上海市其他新建的住宅区内，或接受拆迁现金补偿。

关于规划

太平桥项目力图将新的多种功能融入传统的步行街道所构成的城市建成环境。随处可见交错纵横的街道被最大化地完整保存下来，经过调整部分街道，项目整合出较大的片区用作建设用地，以形成混合功能区，一楼为商铺，其上依次是酒店、办公楼和位于顶端的住宅。经过改造，在交错的街道中加入了一座围湖而建的大型公园，这座公园位于太平桥地区的中心。部分景观区域下设有地下停车场。为与城市干道接轨，部分街道被拓宽，但总体而言，该片区的内部道路都尽可能保持狭窄——通常在12m到

图 2.22　新天地办公和居住区鸟瞰（瑞安房地产公司提供）
图 2.23　太平桥地区的原有街道
图 2.24　新天地步行街（瑞安房地产公司提供）

20m之间——鼓励步行和车辆慢行。道路两旁种植悬铃木（也称作伦敦梧桐），延续了法租界时期的风貌。

两处标志性区域奠定了太平桥改造项目的特色：新天地改建项目，以及位于地区中心的新太平桥公园。开发商不惜斥巨资修建复原了两处历史街区，其中很多旧有建筑已破败不堪无法修复，因此加入了部分新修建筑。新天地历史街区出租给小型商户，开设了一些精品店、餐馆、酒吧、办公写字楼以及一家精品酒店和一家电影院。中国共产党"一大"会址纪念馆离此地不远。该地区周边街道仅供行人散步、户外用餐或饮酒，在享受闲适生活的同时看人来人往。这一项目赋予了该地区特有的风貌，昼夜不息地吸引着上海本地居民和外来游客来此休闲娱乐。据统计，通常工作日人流量约为6万人次，而周末人流量能达到7.5万人次。晚上10点左右是高峰期，市中心写字楼和繁华商业区的寻欢者都来此开始他们的夜生活。

两家酒店和湖滨道购物中心坐落在最北端，以天桥相连，并一直延伸到上海市最繁华的淮海路商业街。企业天地园区位于太平桥公园以北的片区，其办公楼宇的底层用于零售商业和餐饮用途。虽然最拥挤路段的人行道都已拓宽，但所有的商业活动都紧邻街道，沿街商铺琳琅满目，既有国际知名品牌门店，也有豪车展厅。

太平桥地区的西南角是一片毗邻地铁站点的多功能区——新天地时尚购物中心，其裙房建筑地上、地下各两层，裙房之上是中高层住宅。购物中心设计了紧邻街道的沿街门面，因此与周围环境融为一体，并通过天桥与历史街区相连接。这片街区的最东口是住宅区，直接可达外部街道。

像大部分亚洲城市一样，公园南面的湖滨居

住区是封闭小区，机动车道直达内部的中心绿地，并设置公共服务设施。其停车场均设置在地下。小区里中高层建筑错落有致，面向公园的建筑高度特意降低，以便后方高层建筑也能欣赏到太平桥公园的美景。在条件允许的情况下，小区底层都是紧邻街道的商业铺面，以增强公共区域的延续性。

下一步，新天地地区将主要建设太平桥公园东面和自忠路南面的街区。最初计划在此处建一座高层写字楼，作为开放空间的端点。但由于各方强烈反对，最终决定保留并修复东台路古玩市场沿线的历史建筑，以期让这片长期衰败的地区焕发出新生。未来四周将修建小型写字楼、休闲娱乐设施和酒店。复兴路沿线将修建一所占地整整一个街区的大型中学，以及其他居住小区和配套公共设施。

图 2.25

图 2.26

图 2.25 新天地夜景（瑞安房地产公司提供）
图 2.26 中共"一大"会址纪念馆

图 2.27 太平桥地区酒店和购物区
图 2.28 新天地太平桥公园和企业天地办公楼鸟瞰（瑞安房地产公司提供）
图 2.29 从公园看企业天地夜景（瑞安房地产公司提供）

图 2.30 新天地时尚购物中心，共 4 层，内与地铁相连，其上为公寓
图 2.31 新天地时尚购物中心临街商铺
图 2.32 从太平桥公园看湖滨住宅区（瑞安房地产公司提供）
图 2.33 湖滨住宅区内花园

太平桥项目通过了LEED-ND金级认证，在很短的时间内，新天地地区成了各种新旧开发项目的热点，在经济和文化上都获得了巨大成功，并成为国内外诸多历史建筑保护与开发项目参照的典范。

规划设计团队

规划团队
SOM（Skidmore, Owings and Merrill）事务所
上海市城市规划设计研究院

建筑设计团队
历史街区：
伍德+扎帕塔（Wood + Zapata）建筑师事务所
同济大学建筑与城市规划设计研究院
日建设计（Nikken Sekkei International, Ltd）
酒店：
KPF（Kohn Pedersen Fox）事务所
办公区：
KPF事务所
P&T事务所
居住区：
P&T事务所
日建设计
伍德+扎帕塔建筑师事务所
公园：
皮特·沃克合伙人（Peter Walker and Partners）事务所
上海市园林设计研究院

巴特利公园城

美国纽约

巴特利公园城是一个由多个开发商共同开发的高密度、混合功能利用的杰出案例。经过30多年的规划和建设，它既形成了纽约传统的街道主导的商住建设典范，又是一条充满活力的滨水长廊。其滨水沿线有大量面向男女老幼各色人群开放的公园，这些公园也是周围居民和游客体验文化的场所。这里已形成了一片活力四射的社区，有满足人们日常生活需要的

图 2.34 纽约巴特利公园城垃圾填埋场（巴特利公园城管理局提供）

学校、运动场和购物中心。每一个分片区的开发建设都经过了严谨的设计，并严格遵循设计导则和设计评估，相关导则涵盖了建筑形态、建筑材料以及建筑物同周边街道及建成环境的和谐统一等关键问题。

巴特利公园城管理局（Battery Park City Authority, BPCA）由纽约州政府组建，负责巴特利公园城的开发建设。该机构有权建设公园和基础设施，发行债券用以筹措资金，出租土地，并负责场地内公共空间的维护。由于纽约州的法律不允许出售潮间带土地，所以整个地区的土地以长期租赁的形式交给开发商开发。

关于场地

巴特利公园城的92ac（37hm^2）土地曾是一片垃圾填埋场，专门用于处理1966～1975年为修建华尔街对面的世贸中心而挖掘的泥土和岩石。后来大部分填埋在此的废弃物都出现了问题，被转移到别处。由此产生的洼地又用港口疏浚产生的废土和沙子填埋起来。人们在此修建了一座减压平台，避免这片再生土地四周出现滑坡现象，并在其上修建了70ft（22m）高、全长1.5mi（mi为英里，1.5mi约为2.4km）的滨海大道。

由于该地区可能会出现海水洪涝，所以可开发地区的地面都整体垫高了9～15ft（2.7～4.6m），高出平均高潮水位，事实证明，这些建设也经受住了近年来数次飓风的考验。在2012年飓风桑迪袭击曼哈顿岛期间，巴特利公园城是曼哈顿下城区唯一没有被洪水淹没的地方。

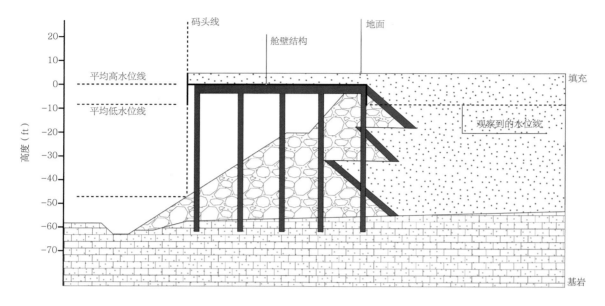

图2.35　减压平台横剖面图，其上是海滨大道（Adam Tecza）

图2.36　巴特利公园城海滨散步道

关于项目内容

　　巴特利公园城的场地规划中，办公区和住宅区约各占一半。最初的目的是建设一整片大型现代化办公区，并且不受曼哈顿下城区狭窄街道网格的限制。在规划初期，巴特利公园城附近居住片区很少，因此迫切需要汇聚大量人群以保证当地进行学校、购物中心和配套服务设施的建设。多年来，随着更多人群迁入附近的特里贝克（Tribeca）地区，公园和大型公共空间建设变得尤为迫切，同时也急需开办更多学校来满足整个地区的需求。最终巴特利公园城的办公面积约为1070万ft^2（99万m^2），住宅单元8600多户，并配以相应的购物区、两座酒店以及多种文化设施。

关于规划

　　巴特利公园城在最终规划方案确定之前，先后有过两个失败的方案。曾有提议该地区建

表 2.3 巴特利公园城项目内容

用途	数量	建筑面积	
		ft²	m²
建筑面积			
办公和相关零售（6）		10658611	990217
酒店（2）	761 间房	950000	88257
文化设施（4）*		200000	18580
住宅（30）	8615 户	10125764	940714
学校（4）*	4568 名学生	580000	53883
维护设施*		40000	3716
总计		22554375	2095369
场地面积		ac	hm²
开发地块		34	13.7
街道		22	8.8
公园和开放空间		36	14.6
总计		92	37.2
毛容积率		5.6	
净开发容积率		15.2	
居住人数（2010 年）	13386 人		

* 为估算面积

图 2.37

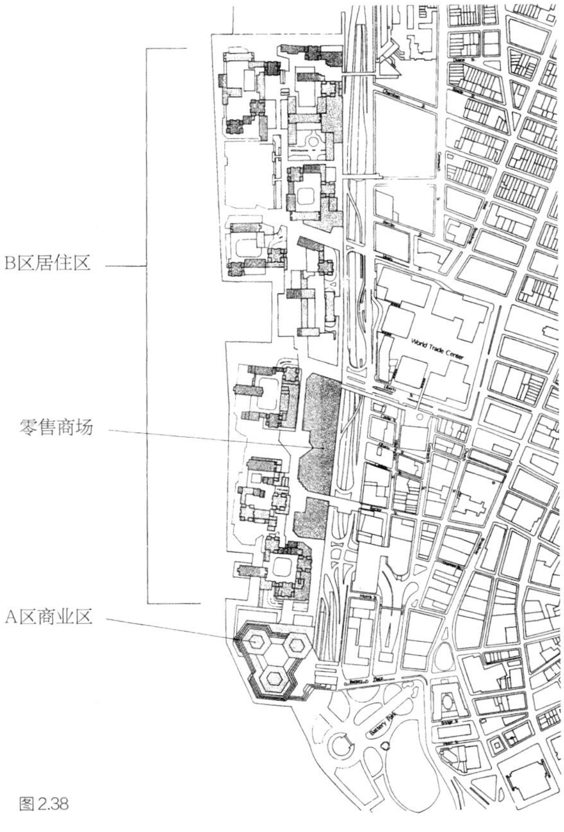

图 2.38

图 2.37 第一版巴特利公园城规划方案，被称为巨构建筑方案（Conklin and Rosant et al.）
图 2.38 1969 年巴特利公园城胶囊建筑群规划平面图，只建成了其中一栋（Alexander Coopers Associates 绘）

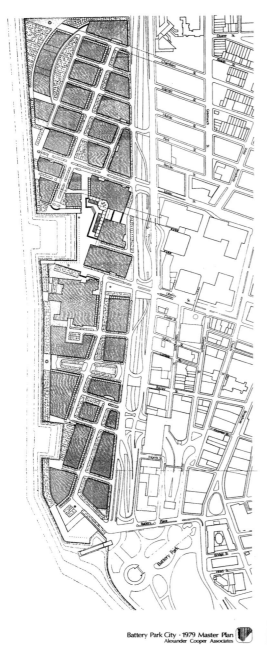
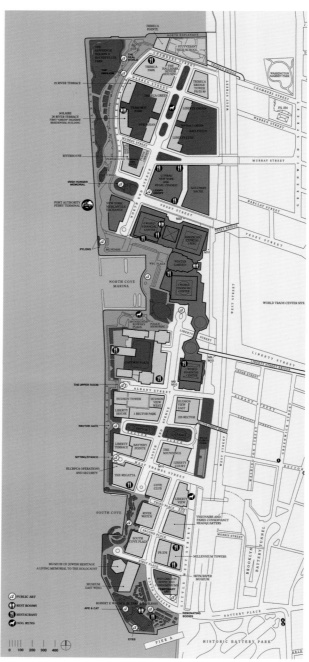

图 2.39　1979 年巴特利公园城规划平面图，包括街道和街区在内（Alexander Coopers Associates）

图 2.40　巴特利公园城实际建设平面图（巴特利公园城管理局提供）

设一座各部分相连的超级巨构建筑,但最终因为出租收益无法负担高昂的建设成本而作罢。1969年的第二版方案则提议在地区最南端建造大型办公区,以及多个建筑组团,每个群落约有1000个住宅单元。但是,在第一座住房群落建成后,20世纪70年代发生的严重经济衰退使该计划搁浅。到了1979年,一个新的规划方案出台,采用了更加接近传统和正常的城市设计手法。

办公区位于场地中心,紧邻世贸中心,彼此间以天桥连通,现如今叫作布鲁克菲尔德广场(Brookfield Place)。由于电梯控制系统无法安装在地下,因而办公楼的大堂和大部分商业门店都位于二层。世贸中心重建时,天桥被地下通道所代替,商业部分也进行了重新布局,以便更好地利用一层空间。

场地划分为多个小尺度街区,每个街区一般不超过200ft×300ft(60m×90m),以满足多开发商的不同开发建设需求。最终共建成30栋住宅楼和5栋办公楼。住宅楼和商业大厦均设有底商,3所小学位于混合功能住宅区内。场地北端的一座大型建筑是纽约最著名的公立高中——史蒂文森高中(Stuyvesant High)新址。街道路网与纽约的城市道路路网相连通,共有8处连接点。公园和开放空间占该场地1/3以上,每座公园都设计

图 2.41 世界金融中心(现布鲁克菲尔德广场)和广场全景图
图 2.42 临近南部住宅区的南柯佛(South Cove)公园
图 2.43 面朝北部住宅区的洛克菲勒公园

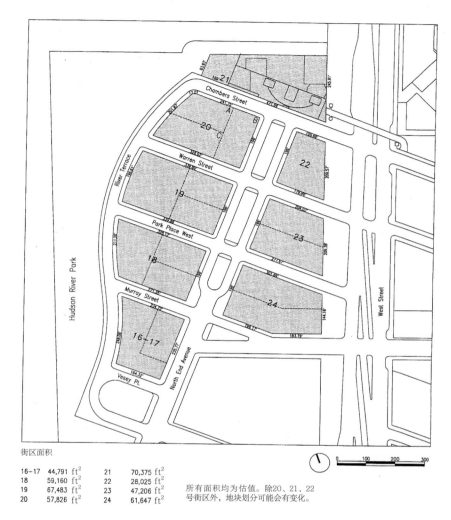

街区面积

16–17	44,791 ft²	21	70,375 ft²
18	59,160 ft²	22	28,025 ft²
19	67,483 ft²	23	47,206 ft²
20	57,826 ft²	24	61,647 ft²

所有面积均为估值。除20、21、22号街区外，地块划分可能会有变化。

图 2.44 北部住宅街区和规划片区（Ralph Lerner Associates）

了不同用途，以满足周围居民和上班族的需求。

场地内的开放空间包括运动场所和散步休闲场所，同时也保证周围建筑尽可能都能拥有公共区域视野。在商业区里的大部分开放空间都是硬质铺装，包括全年的冬景花园，在这里可以举办演出或重大活动。南滨河公园（South Park）是距离河滨最近的连接点，而在最北部的洛克菲勒公园（Rockefeller Park），则可以俯瞰大片自然绿带，吸引了不同年龄的各色人群。泪珠公园（Teardrop Park）同样位于北部，离西街（West Street）附近的游乐场地不远，却是一片闹市中的宁静之地。这些公园和开放区域的规划设计充满艺术感，同时又满足了各群体不同的需求。

在过去30多年的发展中，规划不断进行调整，如利用新的机会整合

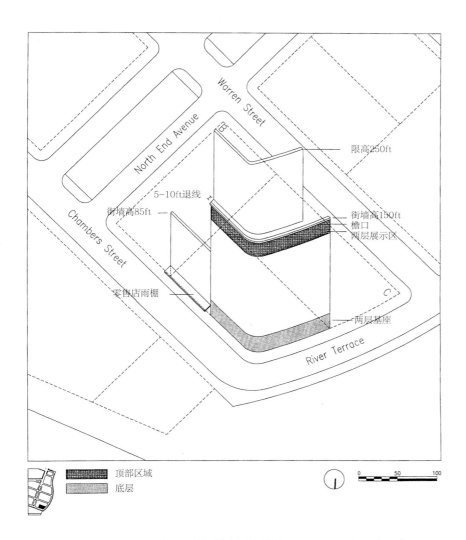

图2.45 20A 地块设计导则,包括重要建筑形态和设计要求(Ralph Lerner Associates)

文化功能、满足新增的办公和居住需要,回应居民对于更多娱乐空间的要求等。不过规划的基本原则和结构仍保持和原来一致。

质量保障

位于巴特利公园城中央的世界金融中心(World Financial Center)的设计经历了商务与技术联合竞标阶段,随后开发商与巴特利公园城管理局通力合作,确定了最终方案。开发商想要租到土地,必须遵守巴特利公园城管理局制定的地块设计导则。这些导则很大程度上参考了纽约上西区(Upper West Side)等地区的做法。人们认为效仿传统做法能让新邻里保持与原有建筑和环境的协调。

每个地块开发建设的项目都经过严谨的设计评审，只有各方都接受了设计方案，才能最终签订土地租赁合同。巴特利公园城管理局一直以来都在遵循设计导则的基础上，尝试在相邻地块的建筑上选用不同的建筑师团队，以此鼓励建筑景观的多样性。巴特利公园城管理局还监管整个设计过程，并直接负责公园和公共空间的建设工作。巴特利公园城管理局坚持在私人建设开始前，先一步完成地块的公共区域建设，以便开发商在出售或出租时能有完善的配套设施和环境。与对建筑物的要求一样，在公共空间建设上，巴特利公园城管理局也坚持选用多个设计师团队。地区居民也参与到公共空间各阶段的设计方案讨论中并提出建议，引发了有关地产和公共设施的热烈讨论。

规划设计团队

规划师团队

亚历山大·库珀（Alexander Cooper）事务所［现库珀-埃克斯塔特（Cooper, Eckstut）事务所］

英瑞克朗兹团队&埃克斯塔特（Ehrenkranz Group & Eckstut）[现英瑞克朗兹&埃克斯塔特&坤（Ehrenkranz Eckstut and Kuhn）事务所]

福尔莫（Vollmer）事务所

锡昂&布雷恩（Zion and Breen）事务所

哈娜&欧林事务所（Hanna/Olin）[现欧林合伙人事务所（Olin Partnership）]

亚历山大·格尔林（Alexander Gorlin），建筑师

拉尔夫·勒讷建筑师事务所（Ralph Lerner Architect）

玛查多&西尔维地事务所（Machado and Silvetti Associates, Inc）

汉拉安&梅耶斯建筑师事务所（Hanrahan and Meyers, Architects）

卡尔、林奇、哈克和桑戴尔事务所（Carr, Lynch, Hack and Sandell）

图 2.46　北部住宅区和洛克菲勒公园鸟瞰（巴特利公园城管理局提供）
图 2.47　南端大道（South End Avenue），下商上住
图 2.48　北端大道（North End Avenue），中间为一座线性公园

公共空间设计团队

哈娜&欧林事务所（滨河大道）

因诺森蒂&威贝尔（Innocenti and Webel）[雷克特公园（Rector Park）]

儿童协会与玛丽·密斯和斯坦·埃克斯塔特（Child Associates with Mary Miss and Stan Eckstut）（南柯佛公园）

卡尔、林奇、哈克和桑戴尔及欧默·范·斯维登（Carr, Lynch, Hack and Sandell with Oehme van Sweden）（洛克菲勒公园）

欧林合伙人事务所[罗伯特·F·瓦格纳公园（Robert F. Wagner Park）]

麦克·范·瓦尔肯伯格事务所（Michael Van Valkenburgh Associates）（泪珠公园）

M·保罗·弗莱德贝格&巴尔莫里事务所（M. Paul Friedberg and Balmori Associates）（冬景花园地区）

建筑设计团队

西萨·佩里事务所（Cesar Pelli and Associates）（世界金融中心，现布鲁克菲尔德广场）

培科伯弗莱德事务所（Pei Cobb Fried Associates）（高盛总部）

超过25家建筑公司参与了商业大厦和独栋住宅楼的设计工作

第 **2** 部分

认知
场地

充分了解场地是场地规划与设计的第一步。开始规划前需要对场地进行实地考察，了解场地的朝向、地貌、植被、视野、水系类型及其与周围环境的关系等，实地勘察不能被其他任何方法取代。场地内哪些片区适宜建设，哪些片区应该保护，有陡坡、灌木丛、现状待保留建筑等设计要素吗，和周边的交通路网如何对接？实地考察会将获取的信息在草图上逐一进行标注，思考场所、建筑、空间、道路如何匹配和布局。这些第一手信息是推动设计过程的重要因素。尽管设计师还会后续多次详细考察场地，但第一印象会关注场所中最重要和最需要考虑的地区与要素。基于各种因素的可能性作出的分析往往比面面俱到的考察更加行之有效。

接下来的几章将讨论场地认知的各层面，包括地形学（geomorphology）、自然系统、人类活动过程（human processes）、产权（property）和建设规范（regulations）等。在具体实践中这些问题并不会泾渭分明，如长期的人类活动会改变地形、地貌，一如自然状态下地形变化那样；又如产权划分也反映了当地的自然环境状况。但尽管如此，这些不同的层面涉及各自专门而深入的学科知识研究，值得分别加以讨论。在逐项阐述后，我们将进一步讨论如何理解并运用场地分析所得出的复杂信息并指导场地规划工作。

第3章
场地形态

　　仅仅行走在场地上，感知不断塑造它的自然和人类力量，就能学到很多东西。但是要真正了解这个场地，我们就必须透过表层揭开层层地质构造，去看一个经过数百万年形成的世界。

　　人们通常认为，除了地震区之外的地下岩石都是稳定的，但实际上，即使是那些密不透水的岩石也在不断地分化成更细小的颗粒。地形学（geomorphology）中有四个要素对场地规划和建设起到至关重要的作用：地表地质（surficial geology）、土壤（soils）、地下水（groundwater）和地表形态（surface form）。这些要素彼此相互作用，并和自然与人类活动紧密相关，后续两章将进一步对其展开讨论。但场地规划的第一步，则是了解地表及以下的地层。

地表地质学

　　基岩（bedrock）位于地表下方，是由地球的冷却和构造板块的运动产生的原生固结岩石。它的深度、稳定性以及上方的沉积物决定了其作为开发建设地基的可行性和成本，也影响着建筑物和开放空间的布局。在遍布岩石的海岸地区或山地环境中，基岩距离地表可能最多不超过1m。纽约等一些城市的基岩离地表很近，因此非常适合建造高层建筑，但如果基岩距离地面太近，可能需要进行昂贵的爆破以拓展地下空间。而其他地方，如大片农业盆地，曾经浸没在冰川融水中，其坚固的基岩可能位于地表以下数百米。因此，需要仔细分析地表层构造及其支撑建筑的能力。在地层不稳定或承重能力差的地区，地基施工的成本可能非常高，因此建筑规模会受到限制，又或被迫增高建筑高度以缩减深层桩基的数量，中国香港就是后者的一个典型例子。

图 3.1 俄罗斯生态城场地（Carr Lynch Hack and Sandell）

　　除足够的地基支撑外，地表地质还会影响其他很多方面。例如，岩石外露将增加道路建设成本；基岩状况和其上的松散岩层可能影响最佳井位；基岩位置浅就意味着潜水位高，也将限制生活污水的处理；地表附近岩石的存在将极大地影响池塘或其他水道的形成等。

　　有关地表地质的信息来源很多。宏观上，美国国家或州政府已编制地质数据地图，并可提供纸质及电子版。如果场地面积较大，从数据地图就能粗略辨析适建和禁建的区域。对面积较小的场地而言，公开的信息来源可能不够详实或可靠，因而试钻（test boring）是必要的。如果场地只进行轻量级开发，那可能只需要在建筑物所在位置采集钻孔样本；但若要进行集中开发，则需要进行规律的网状试钻，以采集充足的数据形成地表环境图。如果附近地区最近已开发建设，则可以通过咨询在该地进行过测试或施工的工程师来决定需要额外采样的数量和点位。

　　人们通常采用纵断面来标注场地地表和地质信息，并标出地下各深度范围的物质构成。通过试钻，我们能了解基岩以上各层面的土壤类型，从而开始预估场地规划中必须面对的一些问题。

工具栏3.1

地质数据来源

美国地质勘探局（USGS）提供纸质版的地图和数据库，参见http://ngmdb.usgs.gov/ngmdb/ngmdb_home.html。

有关地质图和编码的一般说明，参见http://www2.nature.nps.gov/geology/usgsnps/gmap/gmap1.html。

美国许多州的信息也以GIS格式提供，如http://pubs.usgs.gov/of/2005/1325/。地图的符号和颜色编码参见http://pubs.usgs.gov/of/2005/1314/。

美国许多州在国家提供的数据基础上，单独编制了补充材料，如加利福尼亚州网址http://www.conservation.ca.gov/cgs/information/geologic_mapping/Pages/index.aspx，大湖区地质制图联盟网址http://igs.indiana.edu/Great Lakes Geology，缅因州的基岩地质学网址http://www.maine.gov/doc/nrimc/mgs/.exlore/bedrock/index.htm。

很多国家都有类似的地质地图，但公共可用性的差异很大。示例数据源包括：

加拿大：http://atlas.nrcan.gc.ca/site/english/maps/environment/geology。

澳大利亚：http://www.ga.gov.au/cedda/maps/1084。

瑞典：http://www.sgu.se/sgu/eng/geologi/index.html。

日本：http://gsj.jp/Map/index_e.html。

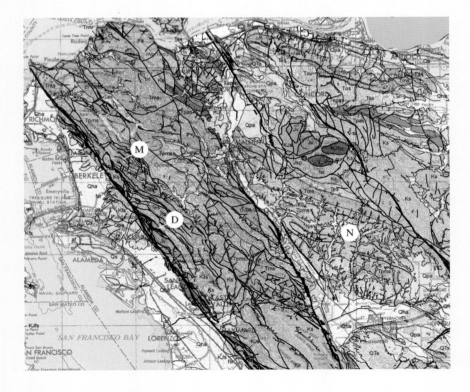

图 3.2 地质勘测图（美国地质勘探局）

土壤

土壤是矿物质、有机物和水组成的混合物，彼此间由空气隔开。矿物质是在成千上万年间曾覆盖地球表面的岩石经过风化或侵蚀作用形成的。这个过程涉及水、风、氧化、细菌和动物有机体、地壳运动、冰川作用以及其他力量。当植物的根深入地下汲水时，有机物不断在地表沉积并渗透到下面的土壤层中；它们最终死亡、腐烂，再变成土壤中的物质。因此，浅层土壤与深层土壤存在明显差异，通过土壤钻孔会显现出不同的地层（horizon）纵断面。

土壤通常有5~6层。在一些地区，这些地层可能分布在地下100m到数百米的地方；而在另一些基岩距离地表较近的地区，土壤分层可能被压缩在1m或更小的范围内。在曾用作农业用地的地方，土壤分层非常明确，但曾经用于抽水灌溉或地表灌溉（sheet irrigation）（如种植水稻）的地方除外，因为这些地方的地下水和土壤剖面已经发生了变化。在城区，土壤钻探常常会遇到一些奇特的混合物，如更早的建筑、道路铺设材料、从外地运来用以提升场地地平面高度和改造表层排水系统的土壤、用于填埋的垃圾或灰烬，以及受污染的土壤等的残余物。因此，调查场地之前的用途有助于预测可能遇到的问题。

通常情况下，土壤中的物质可分为三类：砂土（sand）、粉土（silt）和黏土（clay）。按照颗粒大小划分，砂土颗粒的直径通常比粉土颗粒的直径大10倍，比黏土颗粒的直径大百倍。砂土颗粒大到足以让水在它们之间自由流动，因此它们可以促进排水。与之截然不同的是，黏土颗粒很小，因此可以锁住水分，并在饱和时锁水更快。黏土在干燥时是坚硬和有黏性的，但是当加入水时，黏土会滑动、膨胀和软化，并锁住水。在干燥和微潮情况下，粉土颗粒都相对稳定，但在负载情况下会被压缩，在湿润环境下状态失去稳定。

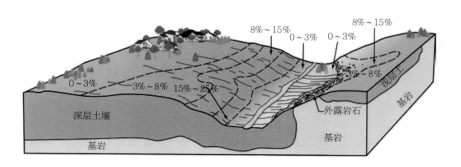

图3.3 土壤剖面和地下地质结构（美国农业部自然资源保护局）

工具栏3.2

土壤层

O层：由新鲜和腐烂的植物，如树叶、针叶、树枝和树干、农作物根茎，或草和动物尸体、粪便等积累形成。在植物群落长期生存的地区，特别是在森林或潮湿地区，这一层可称为腐殖质层（humus），通常是深色的。

A层：位于腐殖质层的下一层，主要由矿物质和一些有机物组成。本层土壤中大部分铁、黏土和铝已经被植物吸收，同时又加入了有机物质。通常被称为表土，颜色较深。

E层：或称淋溶土层（eluvial soils），常出现在森林地区，该层大部分黏土、铁、有机物和其他矿物质都已经被植物吸收，颜色比其上的土壤层更浅，通常呈白色。

B层：通常被称为底土（subsoil），位于A层或E层的下方，通常含有黏土、铁、铝和其他化合物，颜色通常比其上的土壤更浅。

C层：或称底层（substratum），由部分风化或崩解的母岩组成，或由冰川作用、地下水流或其他地质作用搬运到地下。其可能包括巨石或疏松的岩石成分，几乎没有有机反应过程。

R层：基岩（bedrock），通常是该地区土壤的母质层（parent material）。

资料来源：Scheyer and Hipple（2005）

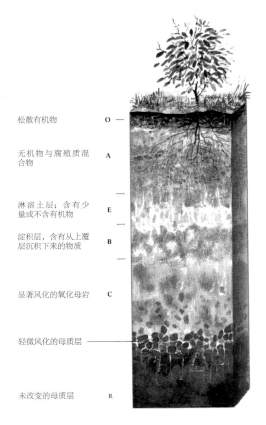

图 3.4　土壤分层（Portland Community College）

工具栏3.3

土壤类型

按颗粒大小分类		
类型	颗粒尺寸（直径）	描述
砾石	>2mm	无黏性颗粒
砂土	0.05 ~ 2mm	肉眼可见的精细颗粒，砂砾手感
粉土	0.002 ~ 0.05mm	颗粒肉眼不可见，但摸上去有颗粒感，手感顺滑不粗
黏土	<0.002mm	干燥时光滑，呈粉末状或呈硬块状；潮湿时具有塑性和黏性
常见土壤类别		
类型	成分	描述
洁净砾石	含 <5% 粉土或黏土的砾石	根据压实度不同，可以分为优良级和次质级
砂砾	主要成分为砾石，粉土或黏土含量 <10%	
净砂	含 5% ~ 10% 粉土或黏土的砂土	可分为优良级和次质级
黏土砂	含 10% ~ 12% 粉土或黏土的砂土	
非塑性粉土	无机粉土或极细砂土	液限 <50（即可塑状态的上限含水率）
塑性粉土	无机粉土	液限 >50
有机粉土	含大量有机物的粉土	液限 <50
非塑性黏土	无机黏土	液限 <50
塑性有机黏土	无机黏土、粉土或有机物质的黏土	液限 >50
壤土	含 40% ~ 50% 的粉土、5% ~ 15% 的黏土和 50% ~ 70% 的砂土	常用于景观土壤，也是最后一级
泥沼和淤泥	主要为有机物质	如可见植物残骸（腐殖土）或土壤浸透

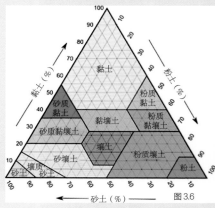

图 3.5 土壤颗粒的相对大小（Adam Tecza/USDA）
图 3.6 土壤类型

大多数土壤是由上述三种基本成分加上有机质和水组成的。确定准确的混合成分需要进行试验分析，但在现场可以粗略地判断出主要成分。如果呈粒状且普通颗粒大于2mm，则是砾石（gravel，一种特殊的砂类）。如果颗粒较小但肉眼仍可见，则砂土为主要成分。粉土和黏土很好区分，后者在湿润时可以形成球状或扁平面，而前者则不能。大量有机物的存在会降低经验判断的准确性，因此需要进一步分析判识。

由于土壤混合物名称多样，土壤结构三角形图能帮助我们了解这些不同的土壤类型。在三种基本成分的交汇点附近是壤土（loam），这是表层植物最适宜生长的土壤，特别是当壤土含有大量有机物时。砂土非常适合做地基，因为即使被压实，水分仍然可通过砂粒间隙排出。塑性和有机粉土，尤其是黏土，会随着含水量的变化而收缩或膨胀，因而难以进行地基施工。水以降雨或季节性融雪的形式渗透到这些土壤中，并被树木和植被吸取，而树木和植被又可能会使潜水位降低——一棵快速生长的树可以在一年内使其下的地下水位降低好几厘米。黏土含水量的变化会导致地基出现裂缝或倾斜，或路面破裂。地下粉土或黏土还会出现冬季结冰或春秋两季频繁融冻等问题，土壤胀缩使路面和已有裂缝的地基出现冻胀现象。山坡上的塑性黏土尤其危险，因为过于潮湿而产生的滑移可能会导致滑坡。

不同大小的土壤颗粒以及它们在湿润时的特性会影响斜坡的稳定性。土壤在自然状态下形成的坡度称为静安息角（angle of repose）。砂土的摩擦力最小，其静安息角一般会达到约33°；排水良好的壤土的静安息角会在35°~45°，森林或植被覆盖的山坡角度会更大；松散的黏土如果被水浸透，会滑动到只有15°~25°，但如果压实并排水良好，则会形成较大坡度。从美国亚利桑那州纪念碑山谷和中国桂林山水的独特构造可以看到，基岩甚至可保持一个完全垂直的角度。

在许多国家，土壤类型的数据（纸质和电子版）可以从国家和州政府机构获取。长期以来土壤图的绘制是基于农业用途，土壤类型划分可用于预测土壤的生产率。场地的土壤在垂直和水平方向上都有变化，所以标准分类系统往往包括：土壤来源的地理区域、地表或附近的主要土壤类型，以及该地区的坡度。图3.9是美国农业部绘制的一份土壤地图，某种土壤为"切斯特粉壤土"（Chester silt loam），坡度为3%~8%，缩写为CeB，覆盖地区大约18%的面积。此地的土壤分类名称表明，这里的土壤排水性很好，地下水位在2m以上，基岩层位于地下1.8~2.5m。图中也注明了此地的典型土壤层。类似于这样的数据对最初的场地分析非常有用，但要注意一点：该图的比例尺是1∶15840，土壤边界不能精细区分。当

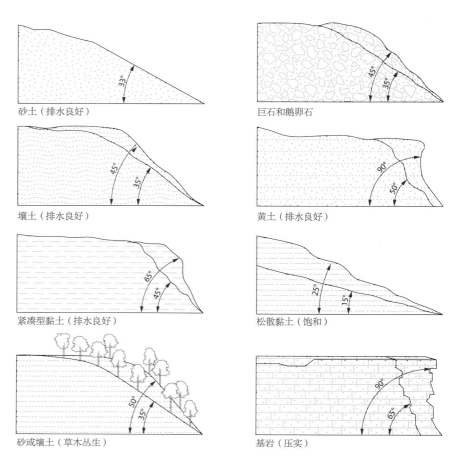

图 3.7　不同种类土壤的静安息角（Adam Tecza）

然，这些土壤带的边缘并不是泾渭分明的，而是渐变的。

用作农业用途的土壤图通常不反映城市化的影响，如垃圾填埋物、拆除碎片、埋设路面或混凝土，以及各种形式的土壤污染等。然而，土壤状况非常适合农业发展的地区，往往也是低强度和中等强度城市建设的良好选址，排水良好、没有大石块或大片裸露岩石且具备渗水性的稳定土壤，往往是城市建设和农业用地都首选的地方。而在农业和城市建设的竞争中，后者往往是胜利者。

场地建设的第一步是清除和堆放表层壤土与有机物（地层A和地层O），这些材料可用于后续景观建设。随后可着手进行场地平整，同时对暴露在外的土壤层采取侵蚀防护措施［见《场地规划与设计 中 要素·工具》（以下简称中卷）第13章］。地基深度和地基类型取决于土壤纵断面和地下水位。如果扩展基础或地基底板仍不足以承载建筑物自重，则需要加入沉箱。可以看出，土壤只是影响场地规划的一个因素，但选址却会对成本和设计的可行性产生重要影响。

工具栏3.4

土壤数据来源

最常见的土壤数据来源是农业相关机构。

在美国，美国农业部（USDA）下属的自然资源保护局（NRCS）提供多种形式的土壤数据资料：

美国土壤普查数据库（Web Soil Survey，WSS）为规划师和公众提供小区域预先打包好的、可独立使用的数据，无需GIS平台。参见网址http://websoilsurvey.nrcs.usda.gov/app。该网站也提供土壤报告定制服务，包含所识别的每种土壤类型的分布地图和相关数据。

土壤数据观察软件（Soil Data Viewer，SDV）为规划师和公众提供了更大区域的数据，但需要GIS平台和使用教程，可以下载数据并按规划者的个人偏好修改颜色。参见网址http://soildatamart.nrcs.usda.gov。该软件下载网址为http://soildataviewer.nrcs.usda.gov。

世界上许多国家都有类似的机构。国际土壤查询资料中心（International Soil Reference and Information Center，ISRIC）网站上有包括世界土壤数据库和有关国际土壤分类标准的相关信息。参见网址http://www.isric.org.html。

加拿大参见网址http://sis.agr.gc.ca/cansis/nsdb/index.html。

澳大利亚参见网址http://www.asris.csiro.au/index_other.html。

英国参见网址http://www.landis.org.uk。

由于城市建设和废弃物经常会改变当地开发前的土壤结构，因此很难获得关于城市土壤的数据。国际人类土壤委员会（The International Committee for Anthropogenic Soils, ICOMANTH）提出了土壤分类系统，国际城市土壤、工业土壤、交通土壤、矿业土壤和军事土壤小组（Soils of Urban, Industrial, Traffic, Mining and Military Areas, SUITMA）在知识和分类系统方面取得了进展。个别城市进行了土壤调查，结果对公众开放，如纽约市的土壤勘测调查，参见网址http://www.nycswcd.net/soil_survey.cfm。

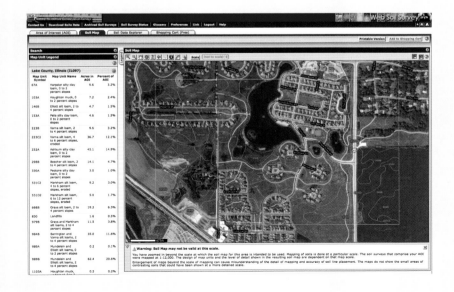

图 3.8 美国农业部土壤数据网（美国农业部土壤保护局）

图 3.9 费城某地土壤图（美国农业部土壤保护局）

表 3.1 费城某地土壤类型分布状况（美国农业部土壤保护局）

地图单元符号	地图单元名称	占地面积（ac）	占地比（%）
CeB	切斯特粉壤土，坡度 3%～8%	17.1	9.9
Ha	哈特博罗粉壤土	0.5	0.3
MaB	庄园壤土，坡度 3%～8%	11.9	6.9
MaC	庄园壤土，坡度 8%～15%	4.9	2.8
MbD	庄园极端石质壤土，坡度 8%～25%	52.6	30.3
McE	庄园和切斯特极端石质壤土，坡度 25%～50%	42.2	24.4
UdB	城市土壤与切斯特混合土，坡度 0～8%	17.9	10.3
UdC	城市土壤与切斯特混合土，坡度 8%～15%	17.2	9.9
UrA	城市粉壤土，坡度 0～3%	4.9	2.8
W	水	4.2	2.4
合计		173.5	100.0

表 3.2 纽约土壤承载力（纽约市建筑规范）

材料类型	地基容许压力	
	t/m^2	t/ft^2
坚硬或中等硬度的基岩（片麻岩、片岩、大理石）	475～710	40～60
略硬或偏软的基岩（页岩、砂岩）	95～235	8～20
压实的砂砾和砾石（GW、GP）	70～120	6～10
砾质或砂质颗粒土（GC、GM、SW、SP、SC）	35～70	3～6
黏土（SC、CL、CH）	25～60	2～5
粉土和粉质土壤（ML、MH）	20～35	1.5～3

资料来源：纽约市建筑规范表 1804.1
注：GW= 级配优良的砂砾，GP= 级配差的砂砾，GC= 砾质黏土，GM= 砾质粉土，SW= 级配良好的砂，SP= 级配差的砂，SC= 黏土砂，CL= 贫黏土，CH= 肥黏土，ML= 粉土，MH= 塑性粉土。

地下水

地球上的生命都离不开水，无论是地下水还是地表水。地下水通常存在于土壤颗粒物的缝隙和岩层断裂带中，占地球淡水资源总量的20%。美国日常用水总量的20%也为地下水（Kenny et al. 2009）。在很多不具备干净河流和湖泊等水资源的国家，地下水是主要的饮用水。地下水也是场地开发和利用中的重要因素。

地下水形态多样，地表以下、岩层或隔水层以上会形成一个饱和带，即非承压含水层（unconfined aquifer），其表面称为潜水面（water table）。地下水通过雨水和降雪或冰川融化等水循环形式得到补给，或从河流和湖泊等地表径流中得到补给，并回流入地表径流。地下水长年处于流动状态，所以任何进入潜水的污染物都会随地下水流动方向移动。在温带地区，地下水水温长年保持在10℃左右，充当了供暖和降温的地热媒介（见中卷第11章）。一个地区的潜水面通常与地形走势一致，在溪流、河流、湿地边缘和海岸等地方，地下水会与地表水汇合。在汇合处，盐水渗透进入地下水，产生无法用来饮用和灌溉的咸水。

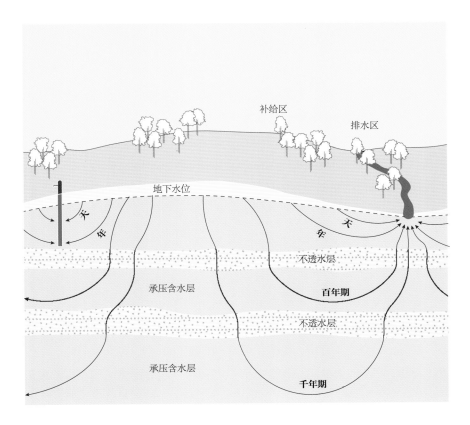

图 3.10　典型地下水流动图（Adam Tecza/ 美国地质勘探局）

在黏土或岩石等隔水层以下距离地表数百米的地方，其他一些地下水源可能会形成承压含水层（confined aquifer）。这些地下水可能从数百公里外的地表水获得缓慢补给，尤其是在近海地区和非承压水资源不足或埋藏太深的干旱地区，它们也是重要的饮用水资源。深层地下水的埋藏时间可能长达100万年。过度将古老地下水用作灌溉和工业用途可能会危及这些水资源，导致地面下沉。曼谷市区地面低于海平面，就是由于抽取地下水供城市用水引起地面下沉导致的。

地下水位过高也会危害城市建设。生活污水无法渗入饱和含水土壤，因而人们不得不修建地上污水池（其上有土堆覆盖），或者将废水抽至海拔较高的处理厂。一般来说，生活污水排水管至少应高出潜水面30cm，寒带地区还应保证在标准冻深线以下。

在潜水面以下建设地基成本高昂，同时还需要建设泥浆护壁（slurry walls）以封闭地下水流和抽水流动，直至地基完全凝固。水压会对潜水面以下的建筑产生向上的浮力，就像海上的船舶一样，因此必须要借助地上高大建筑物或极厚重的地基底板自重实现平衡。深入潜水面以下的建筑物也可能会阻断地下水流向，对下游的建筑和地貌产生影响，尤其是在黏性土质地区，因为黏性土壤在失水条件下会收缩。在波士顿，约翰·汉考克大厦（John Hancock Tower）的一座深层地下室的修建引起地下水位下降，导致附近的波士顿三一教堂（Trinity Church）下沉了10in（25cm），不得不付出高昂的代价进行维修和固定。

通过开掘探勘井可以确定地下水埋深和含水层的含水性。理想状态下，建筑用地的地下水埋深在2~3m就足够地基深度，同时也足够地表植物吸取水分。建筑物的建设应在包括不透水材料覆盖地区在内的情况下，保证含水层的渗透量（infiltration）与回流量（withdrawals）相等，从而保持地下水位的相对稳定，中卷第26章将进一步讨论这一问题。

地形

地下状况固然重要，但地形（topography）因素对场地规划影响更大。我们有丰富的词汇来描述我们所见的地形、地貌——山、山坡、山谷、溪谷、峡谷、山脊、平顶山、山峰、平原、凹槽（bowl）、岬角、悬崖、一线天（vista）和其他很多词汇都能让人联想到我们熟悉的地貌，每个词都表示一种独特的地形特征。拍摄并了解地表地形对研究土地利用是至关重要的。

工具栏3.5

常见地形特征

图 3.11 缅因州瓦萨波罗市（Vassalboro）河谷（美国地质勘探局）

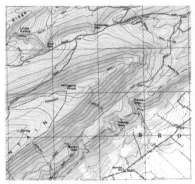

图 3.12 宾夕法尼亚州巴里维尔市（Barryville）山脊（美国地质勘探局）

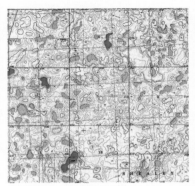

图 3.13 北达科他州福莱特普拉扎（Flatland Plaza NW）平原（美国地质勘探局）

图 3.14 科罗拉多州博德（Boulder）悬崖（美国地质勘探局）

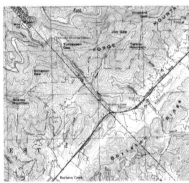

图 3.15 北卡罗来纳州毗斯迦森林（Pisgah Forest）山顶（美国地质勘探局）

图 3.16 新墨西哥州拉谷那卡侬艾洛斯（Laguna Cañoneros）外露岩石（美国地质勘探局）

图 3.17 犹他州大教堂峡谷（Cathedral Canyon）（美国地质勘探局）

图 3.18 特拉华州孟买霍克（Bombay Hook）湿地（美国地质勘探局）

图 3.19 马萨诸塞州伊普斯维奇（Ipswich）河口地区（美国地质勘探局）

工具栏3.6

地形图获取源

谷歌地图（Google Earth）上可获取世界上大部分地区的航拍地图，用这些地图开始场地分析是很好的选择。国家和当地政府也会制作其辖区内不同精度的地形图，并对外公布。

美国地质勘探局的在线商店出售多种全国地质测绘图，网址为http://store.usgs.gov。在售地图目录参见网址http://egsc.usgs.gov/isb/pubs/booklets/usgsmaps/usgsmaps.html，包括比例尺为1∶24000，或1in=2000ft的7.5分标准地形图；部分地区还提供比例尺为1∶62500，约1in=1mi的15分标准地形图；以及比例尺为1∶100000，约1in=8333ft的地图。这些地图等高距略有差异，但在7.5分标准地形图中通常为10ft。美国地质勘探局的官网上可下载支持Windows系统的导航工具栏（TeraGo Toolbar），用户可在加密的PDF地理空间文件上进行距离测量、定位和其他操作。Orthophotoquad maps上也提供美国东海岸部分地区的地图，均为7.5分标准地形图。但是谷歌地图上的航拍地图通常清晰度更高，并标有地形。

加拿大：参见网址http://geogratis.cgdi.gc.ca/geogratis/en/index.html，该网站提供加拿大大部分地区的地图，比例尺为1∶50000或1∶150000，同时还有上千张专题地图或历史地图。

澳大利亚：参见网址http://www.ga.gov.au/topographic-mapping.html，可获取GIS系统支持的地形图和数据，纸质版、电子版和地理数据等形式均可。地图的比例尺有1∶50000（部分地区）和1∶100000，等高距为20m，还有部分比例尺为1∶250000。

英国：英国陆军测量局提供的地图可以在网址http://www.ordnancesurvey.co.uk/oswebsite/products/os-mastermap/topography-layer/index.html上查到。该网站提供详细的城镇和开放景观的地图，包括建筑物、道路和用地，并提供多种下载格式。比例尺分为1∶1250和1∶10000，还提供等高距为5m的等高线图。

维基百科（Wikipedia）上提供全美地形图出版商名录，参见网址http://www.en.wikipedia.org/wiki/Topographic_map。

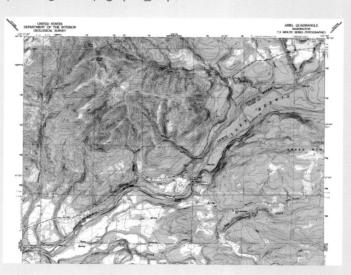

图3.20 华盛顿Ariel Quadrangle地区7.5分标准地形图，比例尺为1∶24000，或1in=2000ft（1cm=240m）（美国地质调查局）

地形分析之前需要地形测量图（topographic survey），一般国家或地方政府的绘图机构会有电子版或纸质版。尽管电子版的地图缩放很简单，但这类地图通常还是会划分不同的比例尺。美国大部分地区的地形图（美国地质勘探局制）都是1∶24000的7.5分标准地形图，即1m等于2.4km。在地形图中，等高距为10ft（3m），足够粗略分析和规划使用，但对最终设计方案而言不够精细。如今已经采用航拍自动化生成这些地图，因此可借助电子网格地形图建构三维数字模型或实体模型，很多州和市也能提供精度足够场地规划初期使用的地形图。

由于最终绘图需要精准的等高线图，因而实地考察十分重要。传统方法采用的是经纬仪和对中杆（rod）来测定某地相对于场地内或附近某已知海拔的参照基准的高度。采集来的数据会采用固定的等高距绘制成图，如20m或50ft——坡度越陡、地形越复杂，需要的等高距就越小。地图上需要测量每个经纬节点的海拔，标注场地内的关键地点（如大树、裸露的岩石、余留建筑和地基等）并注明海拔，且标注现存基础设施（路缘石、下水道集水池、电线等）及注明高程。

如今大部分现场勘测都使用激光技术进行，通常称为激光雷达系统（lidar，LIDAR或LiDAR），即光探测与测距。激光雷达系统包含多种技术，但在现场勘测方面主要分为两类：空载雷达系统（ALS）和地面激光雷达扫描技术（TLS）。前者借助飞机或无人机来分析接收到的返回信号，进而绘制地形和建筑物的分布图或构建分布模型；后者使用装于三脚架上的3D测量仪器，对多个地点进行勘测以此来感知地面和建筑物情况，分辨率极高，误差常常不超过1cm。这种技术准确性极高，能记录建筑

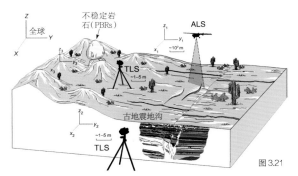

图 3.21

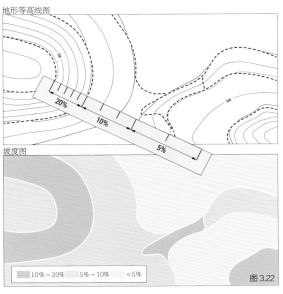

图 3.22

图 3.21 场地勘测中的雷达感应技术（Swiss Lidar）
图 3.22 坡度估测技术（Adam Tecza）

表 3.3　典型场地用途的最大坡度

场地用途	最大坡度（%）
车道交叉口斜坡（已铺路面）	2
车道交叉口斜坡（碎石铺设）	4
车道纵坡度（冰雪环境下）	7
车道纵坡度（无冰环境）	12
卡车车道	17
停车场交叉口	5
步行道纵坡度	10
步行道的短距离坡道	15
步行道的无障碍坡道	8
步行道的踏步坡道	8
公共楼梯	50
铁路支线或大运量交通线	2
居住区平房前台阶	25

物的细节，同时可以构建3D模型；但测量成本高，因此可以在大致的道路、人行道和建筑物布局草图出来以后再进行测量，详细调查主要针对一些需要改造的地形即可。

地形图有助于设计师构思场地，尤其是将植被分布图覆盖在地形图上（见第4章）。但这些图也极具迷惑性，因此有效的办法是分析场地内的平均坡度，将开发难度不大的地区跟难度较大的地区分开来。通常情况下，场地坡度分析主要分为以下几个范围：

0~5%：可规划建设的平坦地区；

6%~15%：上下坡会有一定难度的缓坡地带，可进行地形改造；

16%~25%：陡坡地带，建筑物须根据地势确定地基高度，同时需要有植被覆盖；

25%以上：极端陡坡地带，必须保有大量植被或修筑护坡防止水土流失。

借助计算机程序，只需要输入数据，便可以快速划分出场地的地形坡度。然而场地规划师仍然需要对场地有直观的了解，这一点只能通过实地勘测实现。坡度分析对了解地形很有启发意义，一个简单办法是先制作一个图解比例尺，再将其覆盖在一张等高线图上，确定等高线间距，进而将地形划分坡度范围。

在进行场地布局时，需要谨记表3.3所示最大坡度，如车辆的爬坡能力常常是一个决定性因素。虽然迂回盘旋的做法可以用于减小道路坡度，但成本很高,而且可能并不适合冬季气候条件或交通流量较大情况。坡度分析能帮助规划师快速确定哪些地方适合开发建设,而哪些地方由于坡度过大而不适合建设或需要保护。

在确定坡度较大的地区之后,划分场地内天然形成的流域(watersheds)或盆地(drainage basin)也很重要,因为最终排污系统和其他依靠重力作用的基础设施在规划时都需要考虑到这些地形。视野也是考虑的要素之一——场地内哪些地方的视野是朝外的,哪些是朝内的?凭借地图要能想象出场地内的谷地和山脊,并设想这些地方可以如何加以利用。当一个人真正了解某地的地形后,便能在一份约手掌大小的草图中表示出此地的情况。

人为对场地的改造

上述章节讨论了长期地质构造和表面侵蚀力对场地的改造,但大部分将被规划作为城市发展用地的土地在此前的数十年(甚至上千年)都用作

图 3.23 采砂场改建成水上休闲乐园,英国科茨沃尔德水上公园[©Bob Bewley,欧洲考古学航拍图档案(APAAE)]
图 3.24 砖厂改建的休闲与环境教育中心,英国康沃尔伊甸园工程(Jürgen Mattern/Wikimedia Commons)

图 3.25 填海造陆采石后形成的矿场，中国香港九龙安达臣道石矿场（中国香港特别行政区规划署）
图 3.26 香港安达臣道石矿场改造规划建筑透视图（中国香港特别行政区规划署）
图 3.27 得克萨斯州圣安东尼奥市夸里村（Quarry Village）建在一片矿山废料堆上（Property Solutions）
图 3.28 约翰内斯堡尾矿，目前正在二次开采（Dorothy Tang 提供）

农业或其他生产用地。长期的生产过程可能造成土地污染（棕地，brownfield）、废弃物堆积（矿渣堆、尾矿堆或尾矿池、垃圾填埋场）及挖掘土壤物质后产生的危险斜坡。这些地方有时被称为废弃景观（drosscapes），在开发或再次利用前需要进行大量修复。此外，有些土地则是通过填海或坡地重整形成的（Berger 2007）。

废弃的采石场是城市蔓延过程中遗留下来的重要废弃景观。有很多因素会影响到采石场的改造，如开采的是沙子、砾石、石头还是黏土，采石场四壁的坡度和深度，以及采石坑是否有积水等。这样的场地常常最适合改造为休闲景观，利用积水和陡峭的四壁，在周围闹市环绕中形成一片安详之地。英国科茨沃尔德水上公园（Cotswold Water Park）是旧采石场改建的成功案例，这里湖泊众多，沙滩成片，水上活动多样，还有鸟类、天然岛屿以及其他休闲娱乐场地，并配有休闲住宿。工程需要对湖岸进行改造，并采取土壤防护措施，还要适当填埋部分水域以进行道路建设。

若采石场的底部是干燥的，可能更适合专项用途，如英国康沃尔（Cornwall）的伊甸园工程（Eden Project）已改为一处环境教育与休闲娱乐中心。采石场的开发利用必须进行坡地加固，并通常用作休闲类功能。

很多城市建设用地都有陡峭的斜坡，是因为曾经被用于填海造陆取土和开垦，这些遗留下来的废弃景观必须经过地形改造才能被再利用。香港安达臣道（Anderson Road）紧邻高密度城市中心，是一个典型的案例。高密度开发地区的场地准备阶段花费不大，规划将保留最陡的斜坡，同时平整出带状空间用于开发建设。在地形修整过程中，需要采取防护措施以防出现滑坡。但同时，坡地也可作为视野极开

图 3.29 中国香港海港地区填海造陆（bricoleurbanism/Creative Commons）

阔的公园。低密度的城区开发也可采取这些措施。

另一些场地则存在成堆的采矿覆盖，既不安全也不美观。南非约翰内斯堡（Johannesburg）的很多地区都有堆积成山的尾矿，这些尾矿来自现已废弃的金矿，含有大量氰化物，风吹日晒不断侵蚀。在采煤区常常会剩下成堆的煤粉尘，而在钢铁产区则会有大量炉渣和灰烬。在暴风雨冲刷后，这会带来腐蚀的灾害，因此需要进行地形平整、种植植被，并加入有机材料。然而，很多类似的地区正在二次开采，采用新技术萃取矿物元素，炉灰也被用来铺路或作其他用途，这都使得此类场地的开发建设愈发复杂。若作为建筑用地，这些尾矿和废渣需要压实并固定，避免出现沉降，还要密切注意地下水位，避免出现腐蚀现象。

海滨或河滨地区人工填造的陆地在投入使用前，也需要进行压实和防护工作。沿海城市建设土地很重要的一部分便来源于填埋湿地和潮汐水域。这种情况尤见于纽约、波士顿、旧金山湾区、东京和香港等城市。荷兰大部分地区都曾是海洋，迪拜和其他海湾国家的很多标志性建筑物都矗立在人工填造的土地上，如占地73hm^{2}的贝鲁特（Beirut）新城区。日本大阪的关西国际机场完全是人工填海造陆的成果。

过去，人们采用挖山的办法将砾石填入滨水地区来抬高陆地；为了填埋后湾（Back Bay）地区，波士顿甚至专门修筑了一条铁路。由于填埋了波士顿的潮汐湿地，街道需要抬高以应对可能出现的下沉现象，而地底都填埋了紧实的砾石层，并且其上加筑木桩，建筑物立于这些木桩上。如今，要在填海造陆的土地上修建高大建筑，打桩和沉箱是必需的措施。对于水域底部的淤泥等物，也需要经过压实加固才能投入使用。

现今大部分人工造地都需要在填埋区外围建设围堰（cofferdam），一般采用板桩，而在浅水区便将底部物质挖出，再向欲加高处填入岩石和其他材料。最常见的填埋物就是水底挖出的污泥，这些污泥随后会被灌入填埋区内部，但填埋区必须进行脱水处理。传统的脱水处理包括向填埋区持续数年填入填埋物、建设排水井（排水板）、吸出土壤中的水分、采用真空或电动方法等。若底土塑性高，则除了脱水处理外，还需要加注混凝土或桩基。

人工造地的土地此前常常作为晒盐池，这里盐分含量极高的土壤又带来另一重困难，因为高盐度土壤会腐蚀管道、破坏道路铺设、使地下水的使用受限，同时延缓很多树木植物的生长速度，这些都会给开发建设带来困难。为此，可通过装设表面多孔管道、注入淡水洗淋地表、种植多年生深根植物过滤盐分等办法来降低土壤含盐量，苜蓿就是一种常见多年生深根植物，可以吸收土壤中的盐分。由于盐可溶于水，因此需要小心控制地下水流向，减少可能出现的下沉现象。

在地震带上，人工造地会面临土壤液化风险，这也是我们必须谨慎对待在滨水地区人工填造土地的原因之一。土壤液化是地震工程的一个术语，指在外力的作用下，原本是固态的土壤变成液态，或变成黏稠的流质。更重要的是，填海造陆会破坏潮间带内珍贵的栖息带，这是海洋最富有生产力的区域。在美国，《清洁饮用水法案》（Clean Drinking Water Act）规定，除非已无任何其他可用的土地，严禁在沿海地区填海造陆。这项法案成功制止了大部分填海造陆活动。

第4章

自然系统

每个场地都是大自然系统的一部分，通过规划和使用，自然系统与场地相互影响，密不可分。无论周围城市化程度有多高，场地都是在自然作用下形成的。即使在最密集的建筑区域，它们也从降雨中获取水源、吸收阳光、生长植被、排放和消耗温室气体以及吸收和排放生活物质，这些都是自然过程的一部分。大面积场地会涵盖一些重要区域，如湿地、河岸走廊、野生动植物栖息地以及其他受气候和地理位置影响的景观区域等，所有这些区域都在不断变化，在世界上大部分地区，进化了几个世纪的自然系统已经被农业生产和土地建设所改变。因此，我们应该视场地为不断变化的广义生态环境的一部分。

任何一片土地都位于自然网络影响的核心，与人类行为相比，这些自然影响有的较大，有的较小。场地规划师必须维持和保护场地的自然生态，使其不受新的建设改变。但是，保持稳定这一目标通常很难实现。某些场地需要尽量减少对脆弱生态的破坏，如沙丘像大多数生态系统一样处在不断变化之中，只是程度没有那么剧烈，而在沙丘上修建建筑不仅会使建筑本身及其居民暴露在极端风暴天气中，而且还会阻碍沙丘的形成和侵蚀过程，进而

图 4.1 一片有着湿地和高地的安静场地（Brook Wallis/One World Conservation Center, Bennington, VT 提供）

图 4.2 位于葡萄牙杜罗（Douro）河谷的梯田

影响丘陵地区的保护。人类对土地的使用可以加速或减缓变化过程，但几乎无法让变化停止。场地规划师的责任是确保场地变化不会危及人类生存。正如土地利用和建造那样，场地的生态演变也需要进行规划。

阳光

自然系统始于太阳和它传递给地球的辐射能，因此朝向决定了场地的气候、植被以及建筑接收的光照量，并且是场地活动的关键影响要素。

无论何时，太阳的角度都可以由高度（altitude）、方向（direction）或方位角（azimuth）来描述，这两个数值在一天之中和一年之中都有所不同。高度指的是高出地平线以上的距离，方位角通常以指南针方向表示。地球的地轴倾斜度为23.5°，这意味着在北半球，太阳在夏至日当天，即6月21日正午时分达到最高点；而在冬至日，即12月21日达到最低点（南半球相反）。6月，太阳在东部以北升起，在西部以北落下；而在冬天，它在东部以南升起，西部以南落下。

任何地区的太阳运行轨迹都可以通过在线检索迅速获取。例如，在美国，可以使用俄勒冈大学和美国航空航天局地球系统研究实验室提供的程序SunEarthTools获得。检索结果通常以两种形式呈现——球面图和水平矩阵图。如图4.5和图4.6所示，缅因州班戈市（北纬44.8°，西经68.8°）夏季太阳高度角达到70°，在冬至时则几乎不超过20°。盛夏时期，太阳从东北35°升起，西北35°落下；冬天则从东南32°升起，西南32°落下。因此，

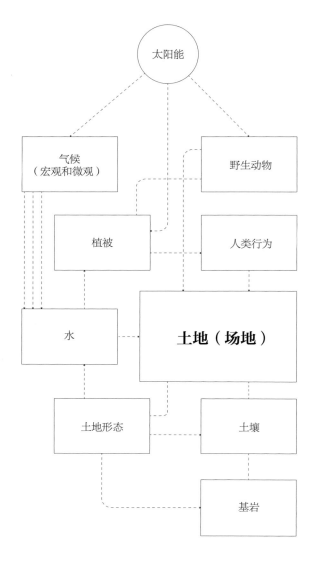

图4.3 生态模型的关键要素（Adam Tecza/Gary Hack）

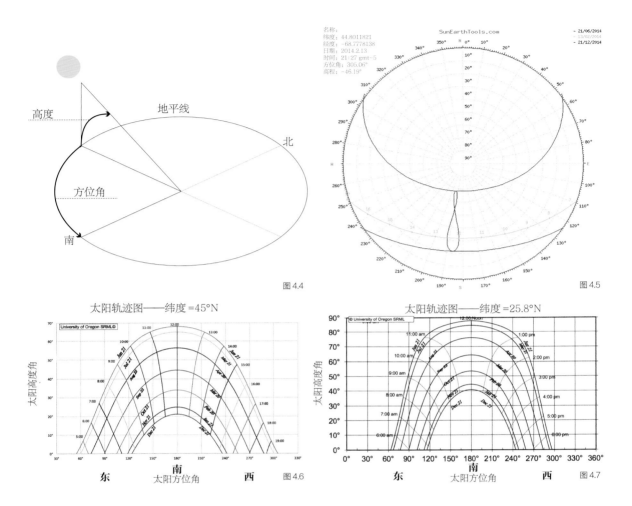

图4.4　太阳高度和方位角示意图（Adam Tecza）
图4.5　缅因州班戈市太阳运行轨迹球形图，使用SunEarthTools绘制（Gary Hack/SunEarth Tools）
图4.6　缅因州班戈市太阳运行轨迹图，使用Solardat绘制［© 俄勒冈大学太阳辐射监测实验室（SMRL）］
图4.7　佛罗里达州迈阿密市太阳运行轨迹图，使用Solardat绘制［© 俄勒冈大学太阳辐射监测实验室（SMRL）］

建筑物北侧在夏天早晨和傍晚的大部分时间能获得光照，在冬天则没有光照。

　　从缅因州班戈市和佛罗里达州迈阿密市（北纬25.8°，西经80.2°）的图表中可以看出，太阳方位角南北差异十分明显。在接近热带的迈阿密，太阳在仲夏时节几乎垂直，有87°的高度，建筑物的北侧在早晨和下午享受到长达5h的光照。即使在冬至，日出和日落也分别在东、西两侧，仅略微偏北。

　　确定了场地的太阳高度和方位角，便可以估测建筑物和陡峭的山丘等自然景观的投影。有许多程序可以自动预测建筑物投影大小，但何时适合有光照，何时应避免光照，则取决于人们的需求。在温带户外地区，人们需要太阳，特别是在春、秋两季天气凉爽时，需要太阳供暖；在炎热的仲夏，人们可能更喜欢阴凉；在冬天特别是下雪天，人们可能不会在户外待

图 4.8　春日的纽约布莱恩特（Bryant）公园，人们在晒太阳

很久，不过一个阳光充足的户外娱乐场所也十分重要。通常场地在春分和秋分（3月20日和9月22日）时十分需要日照，因为可以帮助延长暖期。相比之下，热带区域的人们可能在中午更喜阴凉，早晚更喜阳光。

　　阳光能使地表表面温度升高，特别是对垂直于光线方向的表面影响最大，这对太阳能电池板的选址和设计具有特殊意义。阳光从30°的方位角照射地球表面所提供的能量是垂直照射的一半，物体向阳面的坡度大小也会影响光照。山坡的向阳面和道路旁边斜坡上的积雪融化最快，说明它们比平面地区接收到更多辐射。坡度为10%的土地接收到的辐射量相当于位于纬度比其低6°的平地所接收到的辐射量——好比缅因州波特兰市与弗吉尼亚州里士满市之间，或伦敦与威尼斯之间的辐射量之差。聪明的园丁和种植者明白斜坡对加速植物生长的重要性，优秀的场地规划人员会在场地上寻找阳光充足之地作为户外活动场所。

　　地表材质和类型也会影响阳光的反射或吸收。反射率（albedo）是指总辐射能中没被吸收的、被反射回大气层部分的比率。镜子的反射率为1.0，意味着它能反射所有直射光；而哑光黑色表面的反射率几乎为0，意味着它能吸收照射在上面的几乎所有辐射。反射率受辐射波长影响，根据光线为可见光还是红外波段等其他波段而产生变化，但可以通过平均反射率来估量吸收的总热量。通常而言，较亮的表面比暗面吸收辐射少。水体反射率较低，其温度在白天往往保持相对平稳，而沥青路面等表面

表 4.1 常见地表反射率参照表

表面	反射率
混合林	0.5 ~ 0.10
针叶林	0.09 ~ 0.15
落叶乔木	0.15 ~ 0.18
新沥青	0.04
磨损沥青	0.12
新混凝土	0.55
花岗岩	0.3 ~ 0.35
草地	0.05 ~ 0.3
沙地	0.2 ~ 0.4
雪地	0.06
土壤	0.05 ~ 0.3
城市地面（常规）	0.05 ~ 0.2

资料来源：Science World, Rees (1990), Weast (1981) 等

则吸收了照向它们的大部分能量，白天吸收能量，夜间释放热量，改变地表反射率是控制城市热岛效应的关键因素，下面我们将对此进行讨论。

材料的比热容（specific heat）和热质量（thermal mass）也同样重要，它们决定有多少能量以热的形式储存。当太阳照射在高比热的物质上时，物质就会变热，晚上温度下降后，热会释放回大气层。泥土的热质量通常低于石头或混凝土等合成材料，尽管其高反射率意味着它可以吸收更多能量。

在人口密集的城市地区，天空可见范围是一个重要因素，它影响到建筑物接收的光照，并决定建筑物的外墙和地面将获得多少热量。目前已有一些方法来测量整个天空圆顶相对于地表任何一点的可见度，从完全可见（1.0）到几乎不可见（0.1或在城市峡谷低于0.1）。中国香港大多数地区天空开阔度（sky view factor, SVF）为0.5，多数城市天空开阔度在0.3 ~ 0.8。

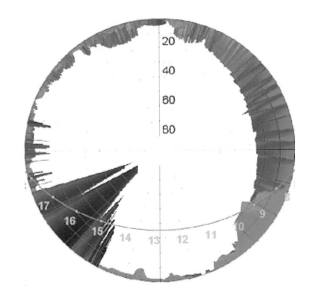

图 4.9 德国弗莱堡天空开阔度（SVF）为 0.69（Olaf Matuschek and Andreas Matzarakis 提供）

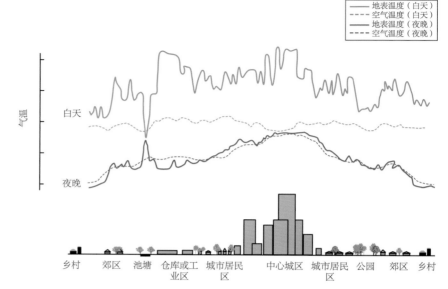

图 4.10 城乡地区的温度曲线
（美国国家环境保护局）

天空开阔度的估测方法有很多种，包括照相法和计算法等。其中一种方法是使用鱼眼镜头测量表面对天空的可见范围，这种方法得到的测量结果十分精确，但非常耗时；另一种更快的方法是使用商业3D数据库，能更加有效地给大面积场地进行建模（Brown, Grimmond, Ratti 2001）。

鉴于一些原因，天空可见范围越来越重要。一项在香港进行的研究发现，城市日间气温与天空开阔度之间存在高度相关性：天空可见范围越小，气温越低，因为高大的城市集群遮挡住了街道空间，使其接收的能量较小。这也表明我们需要在提升街道及建筑采光与降低热岛效应之间取得平衡。

热岛效应是许多因素作用的结果，包括地面材料的反射率、建筑内空调系统散发的热量以及道路上行驶的车辆散发的热量等。多地研究表明，人口超过100万的城市年平均气温比附近郊区高1~3℃（Oke，1997）。在天气晴朗的夜晚，这种温差可高达12℃（美国环境保护署 2016）。改变地面和屋顶表面可以显著减少热岛效应，如以铺路石取代草坪、使用多孔铺路石、增大树荫遮蔽范围、给操场重铺绿草、将屋顶漆成白色等。研究表明，地面材料的反射率每增加10%，表面温度降低4℃，如果一座城市路面反射率从10%上升到35%，气温则降低0.6℃（Pomeranz et al. 2002）。停车场等大面积硬质铺砌的场地还可以用太阳能集热器覆盖，此举可以保护汽车免受炎热的太阳照射，还能充分利用太阳能集热器接收辐射。

车辆出行越来越依赖GPS系统，而天空可见范围对城市街道GPS系统的运行十分重要。此外，维持天空可见范围对在建筑物上安装太阳能电池板及维持其长期正常使用也至关重要。

长久以来，人们一直在争论房产所有者是否拥有获得光照的权利，对此不同国家也采取了不同做法。英国法中有一个老窗户采光权原则（ancient lights）规定，任何连续20年能被日光照到的建筑周围不能修建新的建筑，如果新建筑会对这栋建筑的采光造成影响的话。荷兰建筑规范要求，在春分和秋分之间，建筑物的主立面每天必须接受3h的阳光直射。在中国，长期以来的住宅设计规定是，大城市住宅日照标准为大寒日≥2h，冬至日≥1h，因此中国北纬地区的建筑之间间隔较大。美国加利福尼亚州在1978年通过了《太阳遮荫控制法》（Solar Shade Control Act），该法律禁止在已安装太阳能电池板的相邻地区种植树木与灌木，以免在10:00～14:00阻挡太阳能电池板接收光照。在马萨诸塞等州，已经授予地方政府通过法律以保护阳光权，这样的规则可能会对场地规划产生深远影响。

150年前，城市工程师伊尔德方斯·塞尔达（Ildefons Cerdà）先生主张城市街道全部与正南、正北呈45°，保证十字路口和街道可以接受最大限度的太阳光照。他为巴塞罗那埃桑普勒（Eixample）所做的规划就是基于这一观点，塞尔达通过扩展十字路口来为公共区域引入更多光照，从而使交通更顺畅。东京和纽约等城市在建筑法规或区划法中使用视线平面（view plane）控制，也旨在为建筑密集地区的人行道增加采光。

图4.11 巴塞罗那扩建区（l'Eixample）的街区朝向（谷歌地图）

当然，日照量主要是由气候状况决定的，而全球各地的气候状况差异很大。当上层气流形态和大型水体与温度相互作用，会产生云、降雨等各类天气现象。美国包括太平洋西北地区在内的部分地区全年大部分时间都有云层覆盖，而南加利福尼亚州、亚利桑那州和得克萨斯州南部的阳光地带，几乎全年天气晴朗。由此产生的日照时间极大地影响了场地通过被动设计和主动太阳能板收集的能源多少。日射（Insolation）图表可用来估算每平方米每天可获得的能量。12月是美国大部分地区一年中云量最多的月份之一，南加利福尼亚州每天每平方米表面最多能捕捉约4kWh的能源。世界上许多地区都制作了类似日射率指数分布的图表。

风

光照是影响气候的一项重要因素，然而这仅仅是诸多影响因素之一。同一纬度下，大陆地区的气候状况与沿海地区相差甚远，与此同时，场地与山脉、大气流动的关联还会产生超越当地一般规律的影响。加拿大多伦多与美国加利福尼亚州北部基本处于同纬度，然而两地的温度和天气数据完全不同。此外，在任何场地内部都会存在显著的微气候差异，这是由该场地的陆地地貌、植被、建筑物格局等各因素综合作用所致。

天气规律复杂多变、难以捉摸，我们可以从场地的长期平均状况入手。风的规律就是很重要的一个突破口，因为风在很大程度上改变了人们对温度的感知：在冬季急剧强化寒意，因而产生了"风寒指数"（Windchill），在夏季又可解暑清凉。风通常有重复规律，因此较可预测，地方气象局通过绘制风图的方式，将其用于机场等地。场地风数据的获取可以使用手持风速计，但是一天或一周的短时间内风的变化还是难以形成清晰结论。相比之下，较为可取的方法是查阅公开的国家气象数据信息，这些信息通常都可在网页上获取（美国国家气象局，未注明日期）。

通常风的方向都是用风玫瑰（wind rose）图表示，以此来指示风的方向或速度在每月或每年的频率。在大多数地方，风的规律在一年之中会不断变化，不断反映大气上层气流的情况。如图4.12所示，美国费城的秋季盛行西南风，而在夏季则盛行东北风。如果在场地规划中考虑到这一因素，我们就需要通过种植高大的树木来阻挡寒冷的冬风，同时为夏季凉爽微风打开入口。

风受到场地地形和植被覆盖的影响。在平原地区，500m高度上的边

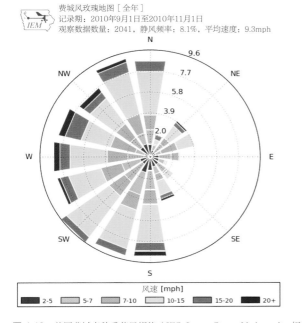
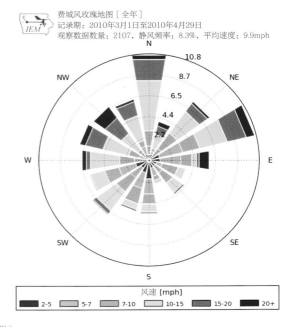

图 4.12 美国费城春秋季节风规律（IES Iowa State University 提供）

界地区会有相对恒定的风速，如果周围有山脉则高度会更高，因为地形、建筑物、树木等均会将风速减弱至地面水平。山顶的风速较毗邻的山谷会高出20%～30%，然而在城市地区，建筑物会形成风廊，因此风速会大大超出预报的数据。场地附近的水域也会影响风的规律，进而影响场地的状况。在海洋或大型湖泊边缘，即使在天气预报为无风的某一天，下午时分仍旧会有微风自水面吹向陆地，夜晚时则有微风反方向拂向水面。这是由于陆地在白天升温，在夜晚降温，陆地和水面的相对温度发生转换所致。绵延长坡脚下或山谷中的低压地区如果没有良好通风，会产生寒冷的空气，在某些情况下甚至会快于其他高地地区而先结冰。

当遇到类似于建筑物或密集树林等障碍物时，风会在障碍物前面产生一个高压区，在物体后面产生低压区。空气快速吹过或绕过障碍物以平衡风压，由此便产生了一个更高速度的

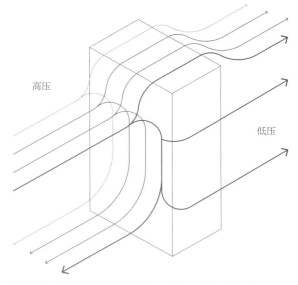

图 4.13 建筑物受到的风压（Adam Tecza/Gary Hack）

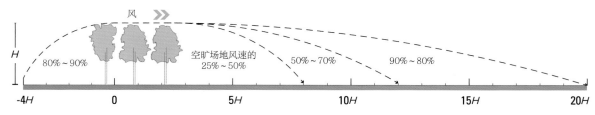

图 4.14　防风林的遮挡区（Adam Tecza/Iowa State University）

空气漩涡。在建筑障碍物前，实际上风会吹向前广场，高速气流会从建筑物两侧吹过；而在建筑物背面，则会形成无风区——这就是种植防风林的原理所在，防风林所遮挡的地面面积达到其自身高度的20倍。如果空气中掺杂着雪，那么雪会堆积在障碍物前的区域。

在建筑和景观布局完成后，有必要对场地进行风环境分析和预测，现行有多种预测模拟的技术可供使用。在进行场地风环境分析中，最重要的一点是了解场地可能的风向和强度，以及有哪些场地规划的方法能够对其进行减缓或调整。不同的户外活动对风的需求各不相同，规划师需要熟练把握常见的相关参考数据。预测风环境的棘手之处在于，风的规律具有周期性却又处于不断变化之中。在美国波士顿等城市地区，风速的增减周期一般在90min左右，然而在热带地区的周期则是以天为单位：风速在下午空气温度上升时增加，在夜晚时下降。因此，相比起平均数据指标，我们还需要充分了解场地所在的本地气候状况。

降雨

每个场地都有其独特的降雨情况，这是由该地区的气候和地理状况所决定的。常识认为，美国西雅图是一个常年下小雨的城市，而波士顿则是常常阳光普照又时而雷雨倾盆，然而平均来看，两个城市每年均有约37in（940mm）左右的降雨量（波士顿从冰雪融化的降水中获得额外4in（100mm）降雨）。有些地方在某个季节就获得全年的大部分降雨，而其他的一些地方则均匀分布在四季，这也给归纳降雨规律带来了困难。

降水至少有三种基本来源。第一种是对流降雨（convection rainfall），尤其盛行于热带地区。强阳光加速蒸发，水蒸气升到空中后逐渐冷却，通常在午后形成降雨。第二种是锋面降雨（frontal rainfall），由

表 4.2　风对人类活动的影响

风速, m/sec (mph)	影响
2 (4.5)	拂面感
4 (9)	阅读报纸较为困难，扬起尘土和纸张，吹乱头发
6 (13)	开始影响行走
8 (18)	衣服飘动，迎风走困难
10 (22)	撑伞困难
12 (27)	难以平稳行走，风声刺耳
14 (31)	几乎难以行走，顺风蹒跚
16 (36)	难以保持平衡
18 (40)	需抓紧栏杆支撑行走
20 (45)	有人被吹倒
22 (50)	无法站立

气流层经过某一地区时冷、暖锋相遇而形成。第三种是地形降雨（relief rainfall）。盛行风经过海洋等大面积水体时增加湿度，在遭遇陆地上的山脉或山丘时水汽滞积而形成降雨，而在这些山丘的背面则会产生几乎没有任何降雨的雨影区。大规模的场地上可能有很多会影响降雨形成和降雨量的特征，同时场地的地形地貌无疑也会对到达地面的降雨产生影响，但在大多数情况下，某一场地的总降雨量是恒定不变的。

大多数地方气象局提供的平均月降雨和年降雨数据都是基于长期的数据监控而来。在赤道南北纬40°以上的地区，有些地方的降水会以多种冰雪的形式呈现——从冰雹、雪泥到蓬松的雪花等。雪的含水量（通常为积雪深度与降雨当量深度之比）平均值为10∶1，但如果是过于干燥而难以形成雪球的积雪，则该值就可能为30∶1；如果是轻易融化的雪泥，则该值很容易达到6∶1。对于很多北方城市来说，积雪处理是道路管理部门预算支出中最大的一项。

根据一年内的最高可行频率，强降雨可划分为若干等级。在某一年内发生十年一遇暴雨的概率为10%，百年一遇暴雨的发生概率为1%，而五百年一遇暴雨的发生概率则为0.2%。然而，前一年发生了百年难遇的大暴雨并不意味着第二年就不会再次发生类似的事件。通常情况下，暴雨事件预估到的降雨量都是以24h为周期，而暴雨数据统计的周期可以从1h到10天不等。美国费城是一个典型的暴雨多发城市，一次百年一遇的

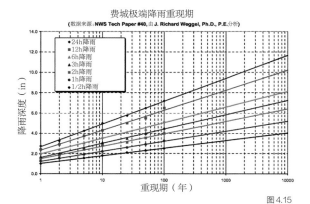

图 4.15

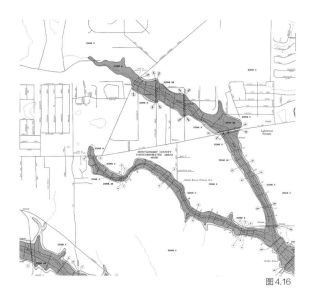

图 4.16

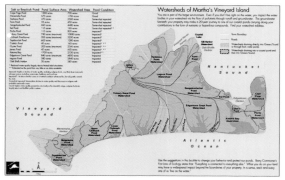

图 4.17

图 4.15 费城降雨统计（J. Richard Weggel 提供）
图 4.16 美国得克萨斯州蒙哥马利县（Montgomery County）百年一遇的洪水事件分布图（美国联邦紧急事务管理局）
图 4.17 美国马萨诸塞州玛塞葡萄园（Martha's Vineyard）流域分布图（Martha's Vineyard Commission 提供）

暴雨可预计在24h内产生超过7in（178mm）的降雨量，一次十年一遇的暴雨事件则会产生5in（127mm）的降雨量，一次典型的一年一度的暴雨则会产生仅仅不到3in（76mm）的降雨量。

地方当局通常将百年一遇的暴雨数据作为排水泄洪系统规划的参数，这个问题在于，对于重要的建筑物或文物遗产而言，这一参数的标准不够高；而对于普通或临时建筑而言，这一标准又没有必要。尽管如此，洪水分区图旨在分析哪些场地可能会被百年一遇的暴雨淹没，其预测主要依据场地土壤对降雨的吸收、雨水汇流和到达湿地的时间以及地表吸收降水量等方面。此外，洪水分区图还可以通过测量百年一遇暴雨强度之后的溪流和水体的上涨幅度而得到。在美国，洪水分布图高亮突出了容易洪涝的区域，在这些区域内的建筑结构主体需高出洪水水位方可申报洪涝保险（美国联邦紧急事务管理局，未注明日期）。许多城市都禁止在洪涝区内进行任何工程建设，而洪涝区的土地平整也会限制土壤吸收或储存降水的能力。

由于土地的开发建设会对洪涝造成影响，洪水分区图并非完全准确。例如，人行道硬质铺装和不可渗透地表面积的增加，很容易使得累积的降雨量超过预计的百年洪泛水位。此外，随着水域面积的变化，洪水分区图也需要定期更新修订。当前全球气候变化规律也处于不断变化之中，很多地区发生强暴雨事件的概率会大大增加。

全球气候变化将会在很大程度上打乱降雨的历史规律，北方地区还会对降雪造成影响。虽然各大陆板块受到的影响不尽相同，但预计北纬地区将会变得越来越潮湿多雨，尤其在冬、春两季显得尤为明显。降雪会越来越少，雪覆盖面也会相应地减少。到2100年之前，类似引起二十年一遇洪水事件的强暴雨极有可能每4～15年便发生一次,具体情况视不同的区域状况而定(美国2009年全球变化研究项目)。到21世纪末,沿海地区将会首当其冲遭受最大程度的影响,预计海平面将上升1.5m。

　　流域(watersheds)构成了场地的自然分界线,因此在场地分析中,绘制水流域大有裨益。许多城镇都在地图上标记出了流域的位置,这样有利于在更大环境范围内快速定位某一场地。正如下文将会提及的,这些分水岭将有助于地下管线布局。掌握自然排水方向也有助于避免功能用地之间的汇流问题。雨水通常是沿着陆地的等高线垂直进入土壤,因此,还需要测算降雨高峰期由溪流和沟壑流入和流出场地的降水量。很多河道一年中大部分时候都干旱少雨,而有的地方的小溪流却是常年水流不断,在流量高峰期甚至溢出河道。一般来说峰值流量可从河道两旁的植被和侵蚀程度上明显看出来,此外,从溪流的剖面也可以估算出流量高峰值。如果场地规划不得产生任何新的净径流(抑或上位规划要求),那么该场地的溪流流量峰值将是至关重要的考量因素。中卷第6章将会对此进行详细介绍,在此不再赘述。

图4.18　肯尼亚东察沃国家公园旱溪(Christopher T. Cooper/Wikimedia Commons)

景观生态学

乍看之下,场地在闲置一段时间后的景观主要是覆盖在地形上的植物。但若仔细观察,可以发现特定物种在某些地区占主导地位,而在其他地区则基本不存在,并且在场地的边缘,植物群比场地中心更具多样化。从1~2年动态的视角来看,我们还会发现景观的微妙变化。那么我们应该如何分类和描述这些不断变化和运转着的自然系统呢?

场地生态是由水、土壤、阳光、气候、常见历史物种、野生动植物和人类活动共同作用下的产物。得益于汇集的雨水,沟壑中的植被与相邻的草地植被不同,而森林边缘又与森林内100m的区域不同。斑块(patches)和廊道(corridors)是景观的两个主要结构要素,斑块(或土地单元,land units)相对均匀,每个斑块由一个或一组物种占主导地位,并且通常具有一致的土壤、方向和斜坡。随着时间的推移,这些斑块逐渐形成一个独特的生物群落(biotic community)。廊道通常呈现为河谷或河岸等水道,但也可能是有着独特土层或陡坡的高地地区。在斑块和廊道之间的场地的状态更加多样,农业等人类活动给这些场地带来各种不同的特质,通常称之为场地的基质(matrix)。场地的景观生态处于不断变化之中,了解其演变过程对场地规划十分有用。以阿根廷门多萨(Mendoza)的葡萄园为例,曾经该区域主要是以草和风化层(solum)为主的干草原,植被是适应干旱的灌木,我们今天看到的生产性景观主要是灌溉后的产物。场地建设应充分考虑其原生材

图 4.19 美国内华达州的生态斑块和廊道

料,以尽量减少相关的人为维护。

生物群落之间的过渡区被称为生态交错群落(ecotones),是各类物种争夺主导权的主战场。它可宽可窄,可能会急剧中断,也可能从一个群落逐渐过渡到另一个群落。在该区域通常可以找到最广泛的物种,但它也是最容易因人类占用而改变的地方,因为在这里入侵物种最容易生存下来,以及树木最容易受到风害。"生态交错"一词也用于描述景观的区域变化,如区分了不同景观的山脉,或从沿海变为高地平原的区域等。

绘制景观生态图最简单的方法是,首先在航空照片上绘制不同的斑块和廊道,然后通过实地调查详细标明占主导地位的物种。通过手钻岩样可轻松识别物种所赖以生存的土壤,水流痕迹可以辨析廊道的成因。如果场地规模较大,并且有诸多关键地点,则要借助景观生态学家来充分掌握场地的动态变化。

场地规划需要着重考虑成熟的景观生态系统或顶峰群落(climax communities),这些生态系统和群落已经经历了长期的发展演变,难以复制。例如,一片成熟的新英格兰枫树和山毛榉森林可能始于几个世纪之前,地衣和苔藓覆盖了冰川消退后裸露出的岩石表面,并由此产生了足够的有机物质来支持蕨类植物和禾本科植物的生长;随后当这些植物也进入表土中,灌木和木本植物就会长大;之后,小动物被吸引前来,它们将扮演传播的媒介,将种子从一个区域传播到另一个区域;再之后,落叶和树枝腐烂的增加加深了土壤和腐殖质的深度,首先生长出了第一批松树,其次是桦树、橡树和其他落叶树。闪电等自然力量会引燃森林,从而加速景观的演变。最终,该地区最顽强的中坚物种取代了早期的物种,其树冠能捕捉大部分阳光,并在其生长过程中有效地利用树叶

图 4.20　阿根廷门多萨葡萄园开发前后的场地生态状况
图 4.21　森林的演替(Earth Talk 提供)

和腐木所沉积的有机物质，同时为野生动物提供养分。

当前在新英格兰已经没有几个残存的顶级森林，人们砍伐森林以获取田地，并将木材用于建造船只和房屋。现如今树木繁茂的地区通常被称为二次林或三次林，其中只有少数是原生林，为留存在陡峭山谷和其他无法伐木的地区。大多数森林地区处于演化中，而人类正是演化过程的媒介。新种植区域需要不断灌溉、施肥和杀菌，还可能需要通过耕作或森林管理来避免竞争，以加速实现看起来"自然"的生态景观。

最终的成熟生态因区位的不同而有很大差别，一部分归因于历史的偶然，但更多的是因为气候、土壤、排水和地形的变化。根据不同的演化方向，景观可被分解为不同的生物地理气候带（biogeoclimatic zones），如加拿大不列颠哥伦比亚省至少有10个不同的生物地理气候带，从北部的高山苔原区，到内陆的黄松-丛生禾草带，再到沿海道格拉斯冷杉区。每个区域带内都有许多当地的景观生态系统，如黄松-丛生禾草带包括帕卢斯牧场、黄松草原、棉花木为主的溪流冲积群落以及其他生态系统等（Valentine et al. 1978）。目前，在网上可以查阅到世界各地的景观生态学名录，有助于创建场地自然系统的分类。

野生动物生态学

虽然场地是为人类服务的，但也无疑是数千年来其他动物物种的家园。野生动物生态与景观系统密不可分；景观系统的破坏将不可避免地带来依附于其的野生动物的替换，或吸引来其他物种。城市地区的鸟类数量远高于农村，这是因为城市里食物来源丰富、气候更温暖以及自然捕食者更少。许多物种为了适应城市环境，往往改变了行为模式，如变为夜行动物以避免白天的危险、改变饮食习惯，甚至应对人为活动带来的种种压力迅速作出演变（Ditchkoff, Saalfeld, and Gibson 2006）。另外，城市建成区的水生种群通常会减少，并且对需要迁徙的大型物种不友好，也不适合猫头鹰之类需要黑暗的物种。由此，保持野生动物物种的多样性也是场地规划设计的一个重要目标。

城市发展过程中带来的栖息地碎片化可能是对野生动物的最大威胁。每个物种都有自己的最小栖息地规模，而且其规模主要取决于食物供应、环境特征等其他因素，因此，在场地规划建设过程中，保持足够的栖息地面积至关重要。除此之外，生态学家还认为，建立栖息地廊道（habitat corridors）供野生动物选择是一种有效策略。栖息地廊道有以下几个优

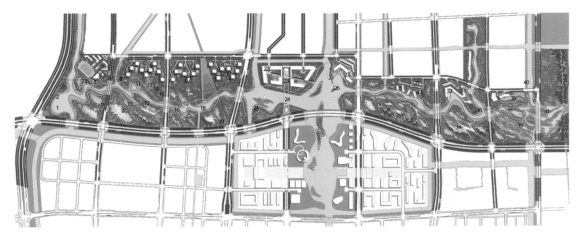

1 喷泉	11 生态浅塘区	21 雕塑公园	31 停车场
2 拓宽水体边界	12 芳香园	22 园区	32 社区服务中心
3 风车山丘	13 沙滩排球场	23 净水系统	33 亲水平台
4 户外教室	14 儿童游戏区	24 人行陆桥和观景台	34 攀岩区
5 自然学习区域	15 生态净化干流	25 船坞	35 社区中心
6 遮蔽式垃圾中转站	16 主要公园人行与自行车环路	26 观景塔	36 自然学习区
7 学校	17 点式高层居住塔楼	27 儿童学习中心	37 地下湿地
8 野餐区	18 典型跨溪人行天桥	28 篮球场	38 社区花园
9 地景雕塑式路桥	19 泵站设施	29 滑板公园	39 木栈道
10 典型生态蓄水池	20 室外游泳池	30 排球场	40 滨水漫步道
			41 主要湿地区

图 4.22 中国宁波的生态绿廊（SWA Group 提供）

点：在场地枯竭时可以提供新的食物供给，允许野生动物季节性迁移，允许与其他地区的动物杂交以保持遗传多样性。当前已有许多区域层面的栖息地廊道，如欧洲绿带、荷兰的生态主要网络（Ecologische Hoofdstructuur）、安大略绿地和数以百计的河岸走廊等。在场地层面，还包括连接分散的野生动植物环境的栖息地廊道。

野生动植物廊道应该有多宽？简单来说，越宽越好。但实际上，几百英尺宽的廊道往往太小，不足以让野生动植物将其作为家园，特别是如果廊道也是人类的行走路线或靠近公路的话，至少需要宽300m才较为理想。在城市化地区，廊道需要穿越道路，因此廊道的连续性问题是一大关键。在此情况下，至少3.5m的涵洞或立交桥是必不可少的。如果上述都无法实

图 4.23 横跨加拿大阿尔伯塔省（Alberta）班夫镇（Banff）主要公路的野生动物桥（Qyd/Wikimedia Commons）

现，那么在平交路口两侧设置减速路障和野生动物穿越标志，并且避免使用顶部照明的举措将有助于野生动物活动。

关键性环境

场地开发的一个经验是，那些适合农业的土地也往往最适合开发建设，这是因为适合农业的土壤通常排水良好、地形平坦、没有影响移动的障碍且朝向良好。但这一经验常识也有例外，而正是例外往往为场地增加了额外的价值，如附近水体、成熟的森林区、穿过场地的溪流、开发前景良好的陡峭斜坡区等特征。因此，场地规划师需要在自然特征保护和利用之间取得平衡。

以下几种类型的自然区域需要特别注意并展开深入研究。

沿海地区

沿海地区（coastal areas）种类繁多，从海滩到花岗岩海岸，从红树林到河口泥滩，百余种不同类型很难概括如何进行分别处理。但无论其形式如何，都需要掌握和谨慎对待其基本的自然系统。可现实并非总是如此：佛罗里达度假村的建设砍伐了红树林，填埋水道；纽约和香港等城市填海造城；卡罗来纳州和新泽西州沿岸的堰洲岛被开发；阿马尔菲（Amalfi）海岸和纽芬兰岛的山地盖满了各种建筑物……这些都证明了滨水地带的高价值。每一处滨水开发都对运转中的自然系统产生了激烈影响，并可能危及其活动。最近的飓风、暴雨使人们逐渐意识到轻视大自然的代价，海平面上升也对滨海聚居地构成新的威胁。

潮间带（intertidal zone）是海岸线生态中最具生产力的区域，海水平均每天两次淹没该区域，使得海洋中和海岸线上的植物与海洋生物能够和陆上野生动物相互作用，接受阳光、氧气、来自陆地的淡水径流以及来自微生物和植物的营养。鱼类和鸟类聚集在此，蚌类等其他海洋生物在浅滩生活，甲壳类动物附着在岩石上，使得潮间带充满勃勃生机。通常来说，潮沼是最为活跃的潮间带，但哪怕在城市滨水地区的码头和船舱壁等地带，也能催生出有生产力的生态系统。因此，需要限制对潮间带的侵占。美国《清洁水法案》和一些州法案规定，除非没有其他可行的替代方案，否则禁止所有对沿海水域的填埋（33 USC 1344, sec. 404）。这意味着在实践中限制沿海水域用于海事目的。

沿海地区是内陆脆弱地区的第一道保护线。红树林区（Mangrove）为世界上大多数热带和亚热带地区抵御风暴潮。它十分高产，也是有效的碳汇资源，能够长期封存碳。红树林生物群落由超过100种乔木和大型灌木组成，由于海水在咸水池中蒸发而具有高度浓缩的盐度以及低氧土壤，这些灌木往往在盐水环境中生长。许多树种是多茎植物，它们的树茎相互交织形成牢固的网状，能够抵御强风和风暴，而当前水产养殖和城市化造成红树林急剧减少，反而使得自身缺乏保护而更加脆弱。

温带地区的盐沼（salt marshes）是世界上生产力最高的植物群落之一，其作用相当于红树林。它们可以沿着海岸线延伸若干米，却可在低洼的沿海地区延伸几千米。大米草、芦苇和厚岸草等盐生植物物种主导着盐沼地区，这些植物能够通过从空气中吸取氧气而在高盐度地区生存。盐沼是小螃蟹、玉黍螺和其他小生物的温床，它们以腐烂的植物为食，同时吸引着苍鹭、海鸥和其他鸟类前来捕食。盐沼还有一个重要作用，那就是在径流或溪流到达海洋时沉淀沉积物，并从农田中吸收过量的氮。这些沼泽地往往是场地填埋的首选对象，但随着重要栖息地的减少，场地填埋变得不再合适，因为盐沼为保护高地地区免受自然灾害影响提供了必要的保证。

图 4.24　美国缅因州海岸盐沼
图 4.25　巴拿马海岸红树林（Martin E. Gold 提供）
图 4.26　美国康涅狄格州布莱德溪(Bride Brook)盐沼(Alex756/Wikimedia Commons）
图 4.27　美国弗吉尼亚州海岸保护区沙丘（S. T. Brantley 提供）

沙丘（dunes）生态也对后方地区的保护起着重要作用。由于海洋的不断侵蚀和补充，沙丘的外形逐年变化，但沙丘草和沙丘植物为其提供了稳定性。在朝向海洋的一侧，美洲沙茅草、剑状叶草、滨草、沙茅草、海滨芥和其他快速生长的物种将沙粒结合在一起并捕获风沙；在沙丘后面则有更多的保护：石南、金合欢、蔷薇（*Rosa ragusa*）、黑莓和其他木本灌木稳稳地锚固住沙子。沙丘植被很容易被人类踩踏破坏，因此必须安装木质走道和限制路径来进行保护。沙丘后方往往会发现沿海沼泽和其他脆弱的生物群落，因此沙丘保护区可能会延伸至内陆相当远的距离。

屏障沙丘（barrier dunes）是更大区域的重要保护带。在屏障沙丘上最好避免进行建设或道路铺设，因为会破坏沙丘吸收大风暴冲击的能力，减少沙子补给进而加速对沙丘的侵蚀，会产生径流侵蚀沙区，减少鸟类和其他作为生态系统重要组成部分的野生生物，还会增大人流量对生态造成的危害。次级策略则是保持沿海的沙丘，而将建设开发限制到沙丘背后的区域。沙丘复原的工作有助于促进植被生长，并且防风栅的引入对于增加沙丘沿线的风沙沉积量颇有成效。

海岸线侵蚀不是流沙区独有的问题。即使是花岗岩质的海岸，风暴期间的波浪运动也会侵蚀陆地边缘的土壤和植被。通常情况下，淡水是罪魁祸首，因为岩石上流淌的水会松动那些本就难得的植被覆盖。在这些海岸和大多数沿海地区，建筑物应设置在离海岸15m或更远的位置，以避免破坏地下水位和地被植物。

淡水湿地

湿地（wetlands）是场地水系统的一个重要元素，也是植被和野生动植物最重要的栖居地。湿地储存降水，可被用于植物和其他生物的浇养灌溉，在许多地方还能重新补给地下水。湿地可以是季节性的，如在春天吸收融雪或在雨季吸收大量水分，留待接下来一整年逐渐缓慢蒸发，并作为一整年的储水或保湿区域。大多数的永久性湿地都很易于识别，一般有持久不消失的水域或郁郁葱葱植被的土壤；但季节性湿地需要进行更严谨的分析才会被识别，其中有两点关键辨别要素：一是存在水生植物（hydrophytic vegetation）或湿地独有的物种，如蕨类、莎草、香蒲等；二是湿土（hydric soils），通常在水分饱和或洪涝情况下形成，在上层空间内有厌氧环境。湿土因区域而异，但是最典型的特征是其上层空间通常浸泡在水中，因此颜色较深，而且会有淤泥、腐殖土或腐烂根茎，下层则是沙土、黏土等更轻质的土壤（通常是灰色或浅蓝灰色），其中有机物质通常已被消耗殆尽（Natural Resources Conservation Service 2010）。湿地的存在，彰显了水、土壤和植被如何彼此交互进而构成场地的重要景观生态。

在过去，湿地被视为一种不太美观的存在，其生态价值还未被重视，通常会被抽干、填埋进而遗忘。然而，这一行为导致暴雨降水没有储存之地，进而带来洪涝灾害，地下水的水位过低也对植被有长期影响并导致野生动物种类数量下降，因此填埋湿地行为现在已被许多环保机构禁止，并要求场地规划将湿地一并纳入考虑，这意味着维持这一能够供给水源并养育野生动植物的生态系统日益得到人类重视。湿地可以通过地表、表层下或潮汐等来源获取水分，这些源头也需要得到重视，才能使得湿地得以持续。

然而，有一些湿地不可避免地会被破坏，因为有时候场地内道路需要穿过湿地。为了减缓这一建设带来的危害，我们可以建构新的湿地或扩展现有湿地。这就需要严谨地选择土壤及其对应的植物种类，还需要培植新的植被直到其成熟。

湿地往往还有更多应对建设开发问题的功能，如将湿地用于排污、地下水补给，或者提供娱乐休闲功能。很多当地政府都需要类似于湿地的区域来储存降雨，最典型的有三类：一是入水池（inlet zone），是一种开放的水沉积池，可以引流暴雨降水流入湿地；二是大型植物区（macrophyte zone），有大量生长在水上或水下的水生植物，能进一步留存沉积物、藻类和细菌来处理降水；三是出水池（outlet area），一般来说深度更大，能够允许更细的微粒沉积，并利用阳光杀菌。暴雨降水由于渗透、蒸发和流出等原因，其水位会降低，而湿地随着时间流逝也会积累较多的沉积物，进而降低其承载力和流动力。因此，设计难点在于如何维护储

图 4.28 美国缅因州大瓦斯岛岬岸
图 4.29 美国宾夕法尼亚州白金汉泡纳克辛（Paunacussing）湿地（美国国家土地信托提供）

存的降水，并维持建造的湿地良好运转。随着植物生长成熟，湿地会慢慢成为场地生态的一部分，并成为一年四季的靓丽风景。

池塘

　　淡水池塘或阈限池塘（liminal ponds）是湿地环境的特殊表现形式，它们的景观休闲价值往往大于其净化地表径流或营造生态环境多样性的能力。水质的维护是生态环境保护的重中之重，而池塘在自然存在的环境中严重依赖于清澈未受污染的补给水，这些水通常来自溪流或地下泉水。在这种意义上，池塘就不再是上述湿地种类之一：因为池塘的水质哪怕在不受人类行为影响下，也需要进行水质环境的维护。

　　美国得克萨斯州奥斯汀的巴顿泉池塘（Barton Springs Pool）就是一个极富休闲游览价值的典型例子。该池塘面积有3ac（1.2hm^2），其补给

图 4.30　澳大利亚维多利亚州格林谷地产项目的人工湿地（Programmed Property Services 提供）

图 4.31　中国哈尔滨市群力新区的人工湿地储水区

图 4.32　美国得克萨斯州奥斯汀巴顿泉游泳池（Downtown Austin/Wikimedia Commons）

水是温度为70°F（21℃）的地下泉水，每年吸引无数的游泳爱好者前来光顾。由于地表径流与地下水源受到污染，该池塘不得不多次停止对外开放以进行水质维护工作。除了络绎不绝的游泳爱好者，这里也是巴顿泉蝾螈的栖息地，它们与人类共享巴顿泉的水资源。

　　池塘水质的维护需要严格控制池塘周围地区的地表径流，以确保大部分水流沉积物在汇入池塘之前便随溪流冲走，同时，还需限制周围道路对盐的使用，并禁止附近土地景观开发中使用肥料、杀虫剂及其他污染物。否则池塘的水质和土壤将受到酸雨或其他酸化（acidification）的影响，或由于高浓度的磷肥和氮肥导致浮游生物大量繁殖进而产生富营养化（eutrophication）。在已开发区域，需要对池塘岸边地带进行避免侵蚀的设计，并过滤水面的落叶和其他有机物。许多池塘还需要人工通气来改善水质，一般做法是安装位于池塘底部的空气扩散器，或浮于水面的曝气机，抑或喷泉装置。

河岸走廊

　　河岸走廊是陆地与水环境之间的过渡地带，其主要功能是为动植物提供栖息地，并通过控制汇水径流以抑制沉积物、营养物以及污染物的积累。溪流两边是永久树林带和灌木丛，以及有着重要生态功能的地被植物

（或称为缓冲草带）。河岸走廊通常连接着野生动物栖息地与人类活动场所，如远足步道、自行车道、垂钓及其他休闲区域等。它们的生机活力有赖于对河岸走廊自然生态系统的维护。

河岸走廊的有效宽度没有统一的标准，从维护水质的目的来看，位于一、二、三阶溪流（上游区域）上的缓冲草带比下游流域的缓冲效果更为明显。持续的缓冲草带对于维护溪流温度也十分重要。研究指出，9～30m宽的缓冲区可清除75%～90%的沉积物以及大部分的悬浮磷和氮，而超出这一宽度则对清除过滤效果几乎没有改善（Fischer and Fischenich 2000）。

河岸走廊两旁的植被类型与河岸走廊宽度同样重要。木本植物与深根树木可稳固岸线，并减弱洪水侵蚀。河岸后方的植被种类对于营造野生动物栖息地也很重要。此外，缓冲草带也有助于避免地表径流直接进入溪流。因此，必须仔细规划为人类活动和野生动物迁徙而开辟的道路路线，以防阻塞自然溪流水源供给及造成侵蚀等影响。

陡坡

陡坡会限制对场地的使用并对道路与基建的设计产生重要影响，因而场地调查中需要标出地势陡峭（坡度15%～25%）或非常陡峭（坡度25%以上）的区域。此外，陡坡还会带来泥石流风险，若场地建设砍伐了自然植被，泥石流风险会更大。但是另一层面上，陡坡又可能被打造为绝佳的观景点，因此需要平衡其价值和可能的代价。

泥石流灾害在细黏土壤地区频发，因为在雨水侵蚀饱和后，这类土壤容易膨胀。一旦雨水饱和的土壤层重力超过摩擦力，土地便会开始塌陷并滑移。对此已有诸多软件模型可有效帮助预测

图 4.33　美国爱荷华州斯托里县熊溪河岸走廊（USDA/Wikimedia Commons）
图 4.34　新西兰阿塔买村（Atamai Village）的陡峭山坡（Permaculture 提供）

陡坡发生泥石流的脆弱性（US Army Corps of Engineers 2003）。深根植被可有效加固土壤上层并吸收部分径流，在加利福尼亚州，山坡上的茂密植物就有这种功能，不过在遭遇干旱的时候这些植物可能会引发山火。加固陡坡表层土壤是关键，因为地表径流既可以侵蚀山坡地表，也可以在强降雨时引发土地滑移。

从理论上看，十分陡峭的地区不应该进行开发建设。但是在某些地方，如土地面积十分紧张的中国香港，人们不得不在山坡上进行开发建设。为了防止山体滑移，人们惯常采用的办法就是加深加固建筑桩，并限制建筑占地面积。在加利福尼亚州洛杉矶等城市，对山坡的利用可以让城市建筑更为紧密，同时还可获得绝妙的取景位置，不过这些都需要对山坡进行重大修整。大多数山地城市都制定了限制建筑数量、限制道路倾斜度以及其他限制场地规划基础设施的本地规范。倾斜度大于25%且海拔高度变化超出15m的地区往往被划归为生态环境敏感土地。

稳固陡坡的方法有很多，如可通过地形修整（recontouring）来引导降水路径以保护陡坡地表；或种植树木抑制土壤滑移，以及对陡坡本身加以保护以降低雨水和地表径流对山坡地表的侵蚀。在气候干旱的地方，还需要采取灌溉措施来促使植物根部迅速发育生长。地形分级（landform grading）也是一种有效的方法（洛杉矶城市规划局 1983），它包括在陡坡表面建造水平的排水沟，在两旁辅以防渗透材料，并连接输送降水至陡坡底部蓄滞洪区的垂直排水层。如果山坡两旁种有深根灌木植物，则能够很好地掩盖这些蜿蜒的排水沟。

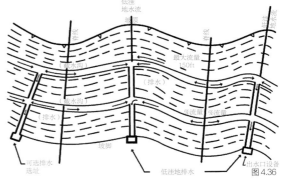

图 4.35 通过灌溉稳固山脊线（Gordon Peabody © Safe Harbor Environmental Services 提供）
图 4.36 美国洛杉矶地形分级法（Emily Gabel/Los Angeles Department of Planning）
图 4.37 美国洛杉矶排水洼地，后面是未受影响的山坡（Emily Gabel 提供）

图 4.38　阿拉斯加原始森林
（Henry Hartley/wikimedia Commons）

森林

　　森林能为场所营造带来诸多益处，哪怕清理任何一棵树都让人为难。森林不仅为人们提供视觉上的休憩，还起到了防风、增湿、固土以及创造微气候环境等作用，并为野生动物提供栖息地。它既是生产资源，也可作为吸收人类排放到大气中的二氧化碳的重要碳汇。然而遗憾的是，但凡需要进行用地开发，我们便不得不在尽可能不破坏森林整体功能的前提下清理部分场地。

　　如前面所强调，森林处于不断进化的过程中，因此认知森林的当前状态对于决定如何明智地利用森林至关重要。成熟的原始森林拥有多层的大树冠、依旧挺立的枯树，而且树之间的空隙将会迅速被小树生长填满。落叶和树干为矮小的植物生长提供养分，并为野生动物提供安全的栖身之所。而要维护良好的森林就需要不断重复这样的模式：为腾出其他生物的生长空间而清理间隔紧密的树木。根据估算，要达到这样的状态，森林需要大约两代新老交替的时长，即东部阔叶森林需120～150年，而西部松柏森林则需更长时间。

　　在如此长的时间里，很少有森林会不受到城市建设的影响。例如，恣意砍伐、被山火夷为平地（有一部分是自然灾害）、疏于管理等，都会要么导致丛林生长空间过于密集，树木参天却只能依靠其他树木来集体挡风；抑或导致树种单一，因而容易遭受病虫侵害。因此，需要采取相应的森林维护措施以确保环境健康和生态多样性。

当森林不得不因为开发建设而改变区域范围和环境时，可以采取一些通用的维护措施。其中，森林空间范围的形状不可忽视：大于50~100m宽的森林区域会比窄森林带更易于维护，因为后者较易受风袭击。此外，尽管将建筑物紧邻树林边缘建造是个有吸引力的想法，但实际上在树冠覆盖面的范围内进行建造鲜有成功，因为此举必然会影响地下水系统和树木根部结构。相比之下，为森林打造一个新的边界区域是更好的策略。同理，穿过森林的道路也会打乱树木的根部结构，除非对路基使用可渗透材料以妥善保护道路面下方的根系。最后还有一点需要指明，即不需要为了美化，而清理森林中腐蚀的树木和落叶、低矮的植物以及更替的物种。虽然为了便利和舒适的道路开辟与修整森林并非不可行，但是森林是一个充满生命力的生态环境，而非树木简单集合，这一点至关重要，值得受到人们的重视。

第5章

文脉与周边环境

任何一个场地都有两个分析维度：时间和地点。在我们了解土壤、自然系统的同时，我们也需要充分了解场地的过去和将来。例如，它在过去是如何被使用的，将来又会如何被新的开发者和使用者将其融入周边更大的建设？这些既意味着对场地信息的充分收集，也意味着我们需要了解与场地关联的文脉、历史，以及使用者的思维和行为习惯。

基于此，我们需要解答一系列问题：这片场地属于什么区域，如何被发现，如何被使用，以及有没有什么历史遗存，人们如何到达该场地，是否有便利的公共交通系统，有哪些建筑和结构可以被再利用，场地内外是否有道路需要重视。所有这些以及其他和人行为相关的问题，都将为场地将来的使用类型和特征提供有效的线索。

场所

场地研究的一个突破口是分析研究场地所处的建成环境。例如，场地是位于更大的区域内还是独立存在，周围是否有和场地密切关联的空间要素，到达场地的路线是否清晰，等等。

过去多年的研究发现，有很多常用的记忆方法可以构建城市的意象地图。凯文·林奇提出城市意象的五要素为地标（landmarks）、节点（nodes）、道路（paths）、边界（edges）和地区（districts）（Lynch 1960）。地标是场地的参考点，通常是那些远处可清晰辨别的自然地形或者建筑物。通常来说，有独特造型的建筑物或者有特殊意义的建筑（如市政厅或者学校）也同时起到了指明方向的作用，如教堂的尖塔、林荫道尽端的对景建筑、远处可见的吊桥、远处的山峰等，都可以作为地标。节点之于人群的作用正如地标之于建筑物一样，如那些容易从形态、活动或者结构等方面易于辨别的集合地点等。节点的典型代表之一是欧洲的城市广场，但节点也可以是重要的道路交叉口或者交通枢纽等，无论人们满意与否。而在美国波士顿，广场通常都不是正方形的。

重要道路有助于我们识别地区的空间结构。我们每天都在道路上通行，在不同地点之间穿行，将地标与节点相连，并在此过程中不断加深着对场所的理解。道路是我们来往于不同地点之间的重要线索和指引。其中，运量繁忙的路段尤其扮演了区分城市不同特征地段的重要角色。例如，位于美国马萨诸塞州的牛顿市到波士顿市之间的联邦大道是一条重要的干道，同时也是波士顿马拉松的最后三分之一路段。当我们在这条路上驾车或者跑步时，沿途先后经过右手边的瓦本（Waban）、左手边的牛顿维尔（Newtonville），再是位于右侧的牛顿中心、左侧的波士顿大学、右侧的栗树山社区（Chestnut Hill），等等，波士顿大学和栗树山社区是横贯波士顿和牛顿两市之间的无形界线。联邦大道的尽头是波士顿公共公园，沿途的社区林立道路两侧。当然，主干道不仅起到区分隔离的作用，同时还可以将路两侧的区域进行有效的连接缝合（seams），如联邦大道在经过克利夫兰转盘（Cleveland Circle）或肯摩尔广场（Kenmore Square）这类重要的节点时，就将周边的各区域进行连接。除了上述要素外，城市的"边界"和"地区"也有很多种类型的表现，如水路、铁道、毗邻居民区的工业围墙的改造、公园和森林等。

由于文化、景观、道路模式的不同，每个人的意象地图都不一样（Appleyard 1976）。具有棋盘式街道布局的城市更容易培养居民具备辨认不同方向的能力，而像波士顿这类道路

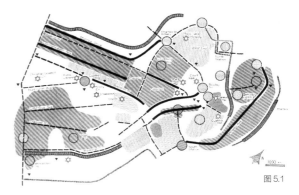

图 5.1

图 5.2

图 5.3

图 5.1 波士顿市中心区照片，摄于 1958 年（Kevin Lynch）
图 5.2 波士顿市区地标：公园街教堂尖塔
图 5.3 聚会地点：马萨诸塞州剑桥市的哈佛广场电话亭

图 5.4 牛顿市至波士顿后湾区的联邦大道路线

图 5.5 波士顿马拉松日经过肯莫尔广场的联邦大道（fenwaypark100.org）

图 5.6 费城社会山社区的填充式开发（infill development），其尺度和材料均与历史建筑保持一致

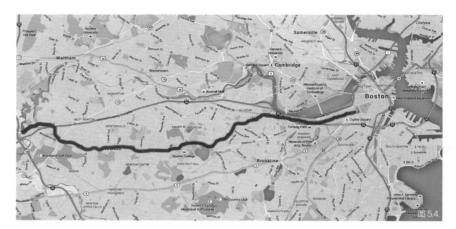

通常呈平行线形，偶尔有路网交会的城市，居民则不太需要运用辨认方向这一能力。对于滨水城市而言，水景通廊或许是比其他传统地标建筑更为重要的定向特征。若一个地区存在较多尽端路，那么在辨别方向时，一些不起眼的地标建筑（如右手边的绿色房屋、街角的公寓大楼等）便显得格外重要。此外，路标仍然十分重要，特别是对于外来游客而言，引导标识可帮助游客了解方向和道路信息。随着现在人们对GPS定位地图的日益依赖，意象地图用于定位指引的作用较过去不再那么重要，不过人们脑海中的地图形态仍旧影响着对城市的认识和理解。

场所的意象地图为什么重要？其原因之一就是规划师所认识的场地形态可能会和城市居民的通常认知相背离。例如，如果一个场地周边有若干条主干道环绕，那么人们可能难以分辨出主入口的确切位置。大规模场地开发可能分属于不同地区，每个地区的特征和属性各异，因此需要进行甄别和分析，如某些地区居民为高收入阶层，其他地区可能临近仓储或商业地带。通常情况下，一旦对居民进行访谈，询问其对场地的看法，就会凸显出上述类似的差异。在这一点上，房产中介尤其敏感，他们能敏锐地发现不同场所及其周边地区的特征，和他们交流也是场地认知的一条有益的途径。

保持场所的一致性与差异性同样重要。例如，一座城市的大多数建筑是三层红砖楼，场地规划设计则需要对此有充分的重视和应对。有些场所的差异性是显而易见的，如位于林荫大道旁的场地与建筑紧邻快速干道的场地必然在特征上有所不同；但是更多的差别是细微地存在于人口密度、空间结构等方面，对其进行深入分析有助于营造更为和谐融合的场所环境，也会更易于被公众接受。

场所分析的内容十分广泛，包括周边用途、道路、开放空间、公共服务设施和其他可能产生的用户需求要素。此外，事先了解场地规划设计方案可能遇到的反对声音，并考虑应对策略也十分重要。场地规划还要考虑周边交通拥堵或其他周边问题的解决策略，以及为满足周边需求所需要增设的商业、学校等设施。所有这些都需要对场地环境信息进行充分收集和深入分析。

景观记忆

接下来我们关注场地本身的特征：场所是如何被人发现的？以威尔逊农场为例，我们会分析诸如"它是否属于一片云杉林的一部分，是否有岛屿景色,是否位于历史悠久的瑞典村落边缘,是否沿着岩石海岸"等问题。这些并不仅是为了发现或打造某个品牌(尽管市场营销人员将会很快进行这项工作),而是需要通过这些问题去深入分析场地的特征。如果该场地曾经用于农业生产,那么就会遗留一些诸如树篱或石墙、残留的果园、荒废的农场建筑物、用于浇灌土地和喂养牲口的蓄水池等痕迹。第1章提到的位于加利福尼亚州索诺玛海岸的海滨牧场,就是在从前的牧羊场土地上打造出的生态环保典范。如果场地目前是林地的状态,那么树木的种类及规模将会影响场地清整的流程;若场地位于山坡上,那么山景或海景视廊应该保持自然的状态,而非另辟路径;而位于城市区域的场地在边缘地区规划设计时则需要充分考虑周边建筑的规模和功能。

场地的特征信息需要绘制到地图上,以便后续规划过程中的参考。在大多数情况下,场地开发的独特特征及其理性逻辑比所谓的乡愁和场所记忆更能起到作用。这些特征可以从场地曾经的使用情况中找到线索,如农民需要在土地中进行道路选址,确保这些道路常年不被雨淹,所以我们会发现农田中的小径并不是随机的,而是有其选择的必然性。再如,建筑物

图 5.7 爱尔兰的某处场地上,树篱划分出天然的空间结构(Kelly Brenner 提供)
图 5.8 海滨牧场保留了原来的牧场建筑和栅栏

的朝向通常是避风而建，门廊向阳。尽管场地的新用户会产生新的需求，但是保留历史遗存仍具有很高的价值，并会大大增加场所的多样性和丰富性。

视野

借景（borrowed landscape）是中国古典园林的传统设计手法。在大多数文化传统中，从远处取景不仅有强大的艺术魅力，还能带来实际的经济效益。在北美，公寓住宅中景观较好的高层往往价格更高，如温哥华高层公寓的山景房，每高一层，售价高2.5%，哪怕观山景还得是在没有雾的前提下（Hack and Sagalyn 2011）。相比而言，公园、湖景以及一些地标建筑取景的空间溢价略低，但是依然价值不菲。

为什么景观视野具有这么大的价值？这是一件有趣而值得探讨的话题。他们将周边或远处精彩的景观纳入场所里，缩短了二者的距离，好比如果在场地里可以看到海景，那么哪怕场所远离水边，人们依然仿佛感觉自己与海相连。视野还能给狭窄闭塞的空间带来开敞感，如纽约中央公园旁的公寓或者波士顿的路易斯堡广场旁的建筑，都因为其独特的地理位置而不同寻常。在洛杉矶贝艾尔区的山上，或者香港的半山腰上，建筑开发都会尽量吻合等高线轮廓，使得每一栋建筑都能看见远景。通常情况下，平行于滨水地带建设或阻挡了远处山景的建筑都会遭到反对，反对的声音不仅来自其他被挡住水景或风景的业主，也来自不会从直接受益于该视野的市民公众。保持公共街道尽头的开放视野通常被认为关乎公平问题。

因此，在场地勘察中，需要辨识出最为突出的景点，并且分析可能

图 5.9 北京颐和园的借景手法
图 5.10 波士顿灯塔山社区的路易斯堡广场公寓

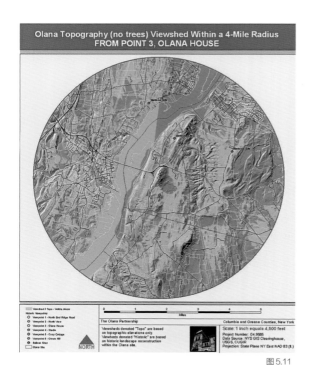

图 5.11

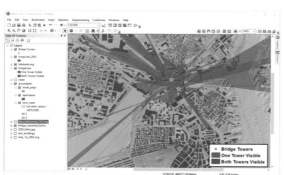

图 5.12

图 5.11 纽约哥伦比亚与格林县奥拉那公寓视线分析（C. T. Male Associates 提供）
图 5.12 波士顿扎金大桥桥塔视线分析（使用可视软件分析）（Paul B. Cote 提供）

的视线通廊和视域范围，同时还要考虑场地内的树木、建筑及其他可能对取景造成阻挡的物体。在林地里，由于清理的限制，可以通过选择较小的场地进行试操作。在城市地段，通过行走进行观测是最佳的检测方式，而高层取景则需要通过模拟分析和计算等其他方式。

场地视域分析有很多技术方法，当前计算机软件已在很大程度上替代了一度常用的空中立体拍照的方法。许多GIS相关软件也有计算从指定点看出去的视野的功能（prospects）。用这些方法还可以有其他视线分析，如从场地外的指定点观察场地的建筑或构筑物等形态（aspects）。这些方法在分析决策高层建筑物、风力发电、高压走廊等选址上尤为有效。

当然，不是所有的景观都是一致的。有时候，远处的山景和水景可能只在取景框里占据很小的一部分，并不引人注目；而另一些时候，哪怕风力发电机在更远处，仍然会影响并干扰人们的注意力，近处的风力发电机则更会让人压抑憋闷。诸如岩石开采这类景观不宜出现在视野范围内，而另一些场所里我们又反而要专门辟出观景路径来看一些特殊的景致。如海上风力发电机这类设备一度引起的争议那样，我们需要特别关注那些可能会影响到景观可又十分重要的设备和装置。总而言之，我们需要同时考量场地视线的优劣之处，并且对特殊情况进行特殊分析和应对处理。

规划

上面对场地的探讨始终未触及政府管理的方面，而这又正是场地不可忽略的重要部分。关于某一场地的开发方式，大多数社区都有其各自的规划和政策,以此来确定关键的基础设施位置并规定可允许的开发类型。然而,在大都市的边缘地区,场地迅速转变为城市用途,这样的情况下场地规划很可能会滞后于场地使用的实际需求,且场地规划的部分流程可能需要对特定区域设置的规划进行协商谈判。

理论上,地方政府通过综合规划(或总体规划、总体开发规划,或战略开发规划)(comprehensive plan, or general plan, master plan, master development plan, strategic development plan)制定发展目标、土地利用、开放空间、重要基础设施以及自然保护政策。在美国西部、加拿大、澳大利亚和欧洲的大部分城市,这些规划对场地分析有重要作用。许多重视规划的社区也专门制定相关的一致性规定(consistency requirements),要求开发建设符合总体规划,否则需要开展漫长的规划调整系列流程。但在美国,很多传统城市则没有这类规划,如纽约市没有在区划法之上的总体规划。此外,美国很多城市位于大都市边缘区,拥有待开发的大量农业用地,因此地方政府在开发建设时有更大话语权。在发展迅速的亚洲城市,很多时候土地开发会先于政府部门制定的规划而进行。

总体规划并不对场地规划的各种问题给出详尽规定,因而很多地方部门会制定相应的分级规划并要求实施主体遵循,如特定区域规划(或分区规划、二级规划、地区规划、邻里规划或者总体控制规划等)(specific area plans, or district plans, secondary plans, area plans, neighborhood plans, or master control plans)。这些规划通常以规范的形式出现,并会对场地规划设计给出相应的导则。此外,规划还可能详细规定地方部门希望建设的基础设施及时序。如果开发商希望先于政府的时间表而进行开发,会有相关的并发规定(concurrency requirements)可能会要求出资或筹资建设相关基础设施。特定区域规划会划定出场地规划中需要提前建设的基础设施和主要道路,并对需进行保护的地块进行特殊规定。

规划和规范需要也应该连接紧密。在第7章中,我们通过国际案例,详细阐述了地块细分以及相关的开发规范。本章节主要关注规划对用地功能的影响,因而只简要提及了基础设施建设这一方面。

场地入口

道路出入口是场地规划的重要内容之一,也是规划的早期任务之一。通常来说,场地不需要再进行细分,但若每个小地块都要直接或者受地役权（easement）要求而要有通往公共道路的入口，则属于例外情况。此外，大多数1hm²以上规模的场地都要求至少两处入口，以确保主入口发生阻塞时可启用紧急入口。

场地初步分析需要通过统筹考虑周围道路的流量和布局、地形地貌以及预计的人流方向，进而理性分析场地的出入口位置。之后，随着场地路网和功能布局的逐渐明晰，可以展开进一步的交通分析（见中卷第2章）。但是在场地规划开始之前，我们就需要对交通流量进行初步估算，并且预测场地及其周边路网可能的承载力。例如，如果不增加新的道路交叉口，预测的机动车流量是否能通行顺畅而不产生拥堵？如果必须增加新的信号灯路口，那么与附近道路目前的交叉口距离应该是多少？

我们从绘制周围道路开始分析，其中尤为关注道路的规模和当前的车行道数量。从道路路网系统的角度来看，道路可分为主干道、交接点或本地街道等，并起到不同的交通作用。通常高峰时段占据10%～15%的日均交通量（average daily traffic, ADT），因此通过24h的记录可以收集并推测高峰期的交通流量。信号灯路口（controlled intersection）的等待和通行是交通拥堵的一大原因，根据推算，如果每个方向的信号灯平均分时，每小时每车道可有约600辆机动车经过一个普通的交叉口。另一经验是，如果每个车道每小时有超过300辆机动车，那么如果没有信号灯管控，通常很难通行进入邻近街道。当然，通过详细的规划设计可以进一步修正和调整这些预测，但是这些经验数值能够帮我们在最初分析时对需要的出入口数量做出可靠的推测和估算。

地形条件也是影响出入口设置的一大因素。任何路口都需要有充足的视线以保证驾驶人在遇到紧急情况时来得及刹车。速度50km/h的车辆的刹车距离至少需33m，这也意味着最小视线距离应该不少于50m，其中有50%的距离是为了超速驾驶或漫不经心驾驶而预留。视线距离对于穿过路口的行人安全尤为重要。

通常来说，城市会制定关于交叉路口间隔距离的规范。有些地方政府规定主干道上信号灯路口间距不小于200m，但这也反过来导致超速行驶的情况发生。在美国的城市，一些传统的做法是要求街道交叉口与街道通往主干道入口间隔超过30m，以避免交叉口的交通拥堵。规划师需要通过与地方交管部门沟通访谈，才能了解影响场地交通路网布局的一系列正式和非正式的规定。

场地初期分析还需要考虑步行者、骑行者和公共交通的需求。如果公交车站或者公共交通枢纽入口位于场地的边缘地带，则需要画出10min步行范围，通常这个范围是800m，这有助于确定场地中的高密度建设范围和公交出行覆盖范围。如果人们的最后通勤方式是自行车（私有或共享自行车均可），那么半径范围需要进一步扩大。当前很多城市都开辟了自行车专用的骑行路网，在场地规划中需要考虑如何与这些路网系统形成有效衔接。对于场地规划而言，清晰可达的公共交通，以及安全顺畅地骑行/步行跨越主要街道，这二者的重要性不亚于机动车的交通顺畅。

在大型场地规划中，道路系统、步行网络、自行车道等都是构成整座城市交通路网的重要组成部分。在这里需要注意的是，道路通常并不是为了休闲娱乐功能而设置（休闲自行车活动和青少年自驾游除外），而多数是为了重要的活动或通勤目的，如购物、工作、教育、社交、文化等公共服务。因此，在绘制周边路网及出入口时，我们需要留意道路所覆盖的重要功能区域和目的地，并把这些场所的使用情况也一并绘制到分析图上。这能为我们接下来场地规划中的人流和车流分析提供有效的参考信息和设计依据。

基础设施

在进行场地路网分析的同时，我们还需要列出场地开发所需的基础设施清单，清单包括给水、排水排污、管道及泄洪系统、通电、通信、手机及网络信号塔、地区供热（制冷）系统以及垃圾处理回收等方面。

其中，我们尤为需要关注这些基础设施是否在附近设有站点，以及目前能够为场地提供的容量。和交通流量估算一样，我们也需要估算场地开发后对各类基础设施容量的需求，以及有哪些老旧系统需要进行维护和更新。例如，供电网管就比较容易更新换代（除非需要更换新的大容量型变压器），而下水管道等其他系统的新厂建设会耗时耗财。又或者，可以在场地内建立移动式处理装置来扩建当前的基础设施系统。因此，需要从一开始就明确哪些基础设施需要进行何种调整，因为这会影响场地的空间布局和结构，并大大影响建设投资。

在中卷中，我们将详细探讨场地内外对每一种基础设施的可能选择。尽管最终场地的基础设施规划需要在场地策划、资金方案以及规划设计方案相对完善后才能落实，但对基础设施的初步分析能够有助于规划设计决策，也有助于判断开发商需要为场地之外的基础设施建设投入多少资金，使之满足地段开发的需求。开发商的这些额外资金投入有两种收取形式，一是可能会被纳入开发建设审批环节的环境影响补偿费用中，二是可能要求开发商在场地之外新建相关设施。

社会性基础设施也需要在早期分析时纳入考虑，具体包括教育设施、育儿及托儿所、医疗设施、社会服务设施、宗教组织、文化机构、公园及休闲娱乐设施、社会性的公共交往场所（公地）、图书馆以及创客空间等。

上述每一种设施的重要性都取决于场地的具体功能用途。当地政府通常会根据场地的不同规模而要求规划预留出一定规模的面积用于建设所需的公共设施（Callies, Curtin, and Tappendorf 2003）。在美国和加拿大的很多社区都要求开发商共享一定的土地或建筑用于建设重要的公共设施。通常场地未来的使用者只占学校或者公园使用人数的一部分，因此政府也允许开发商只投入部分资金进入建设公共设施的公共资金池中。此外，如果开发商提供了建造学校的场地，但最后使用者却只占学校学生数的一半，那么他们也需要赔偿该土地一半价值的相应资金。

由于并非每个地段都有潜在可供休闲娱乐的土地资源，因此很难对公园和开放空间在场地中进行选址布点。有的公共服务设施仅服务当地的部分居民，而有的覆盖面则更广。加拿大温哥华市对于大于12hm^{2}的地块，要求其在土地划分时提供近10%的土地作为公园和休闲用地，而具体地块选择则由开发商和公园管理部门进行协商确定。此外，温哥华市也有类似的"千人指标"，即开发商需要提供每1000人1.1hm^{2}面积的开放空间，这类空间必须公众均可到达，可以是场地内的具体设施，或者是提供资金在别处征地或建设相关公园（温哥华市，未注明日期）。

世界上其他国家也有许多预留土地用于建设街道、公园和公共服务设施的相关规定。在沙特阿拉伯，地方建设部门会要求开发商在双方协商一致的基础上，共享出他们用地的四分之一用于建设道路、公园和公共设施。

历史遗存

许多场地都有得天独厚的历史内涵，以及本地居民深厚的场所记忆。历史遗存能够有助于塑造场地的特征和场所精神，还可提供富有价值的空间以供他用。在很多情况下，历史遗存需要进行有效保存，甚至将其恢复原貌。但有时候，这些遗存建筑或设备的位置正好阻碍了场地的开发使用，又或者已经处于破败不堪的状况，需要大量的修复工作，再或可能并没有特别重要的历史价值。有些社区会把历史遗存改造为历史保护区，并对在其之内的建造进行约束和管控；但更多的情况下则是需要场地所有者与地方政府进行相关协商。更为复杂的是，有的社区居民会强调现存历史遗存的重要意义，以此来反对场地开发建设，并拖延项目进程。在这种情况下，我们该如何判断到底历史遗存是否值得保留呢？

历史遗存的重要性因建筑而异。国家认定的历史建筑（historic structures）具有极其重要的作用，而那些仅仅是有趣的旧建筑则影响有限。不同国家或城市对历史建筑有不同的称呼，如地标建筑（landmarks）、文化纪念建筑（cultural monuments）、历史遗产（heritage structures）或者历史建筑（historical buildings）等，并且会按照重要性进行分级。美国的地方、州和联邦政府均制定了历史建筑认定的相关规定，尽管具体过程不尽相同，但对历史建筑认定的标准和内容还是基本一致的。一般而言，被认定为历史建筑需要满足至少一项下列标准：它需要与当地、区域或国家重要历史事件或重要人物有关；它需要体现或代表某段时期、某个区域的独特建筑特征，某种独特的建造技法，或是建筑大师的代表性杰作，具有高度的艺术价值；它需要有承载当地历史重要信息的潜力等（美国加利福尼亚州州立公园 2017）。尽管具体标准因地而异，但通常而言，建筑物需要具有50年以上的历史才可能被认定为历史建筑。有的地方政府也开始将年限更短的优秀建筑纳入认定范围，以防止其被拆除。

在申请认定之前，历史遗存还需要提交一份报告文件，其中记录建筑物的起源、形式和重要性等方面。这些信息都是场地调研的重要资料。在认定后，历史建筑便不得被拆除或改变外观。认定为历史建筑可以为其所有者减免税收，或者在改造再利用时获得贷款优惠。哪怕有些建筑物不是官方正式认定的历史建筑，但只要符合被认定的要求，仍然可以享有上述优惠政策。

通常，地段内的大多数建筑物尚未够得上历史建筑的资格，但是它们仍然是场地历史的记录者和见证者，并且也可以用于新的功能。例如，大型谷仓可以改造用作社区中心或者社区农作活动用地，一个坚固的工厂厂房可以改造为公寓、创客孵化器或者临售商场，磨石或起重机等工业产品可以是纪念曾经工业用途的雕塑和展览品等。在一开始可能很难想象这些建筑物的最终用途，而且像谷仓一类的建筑拆除成本和改造成本都很高。但是对其进行保留，可以为未来的创新性改造使用预留出充足的空间，也减少了清理拆除的成本费用。

地段内的建筑可能从属于一大片历史保护区（historic district），

图 5.13　美国马萨诸塞州的楠塔基特（Nantucket）历史文化街区
图 5.14　阿根廷的布宜诺斯艾利斯，马德罗港的船舶起重机成为雕塑作品
图 5.15　阿根廷的布宜诺斯艾利斯，马德罗港的废弃谷仓留作他用

在这种情况下，也许建筑本身不一定符合历史建筑的标准，但是仍然具有重要意义。在历史保护区内，对这些建筑的认定可划分为有贡献（contributing）和较少贡献（noncontributing）两类，后者不受拆除限制的保护。所谓的"贡献"可能包括片区内街景特色的重要组成部分等方面。有的历史街区还会将建筑划分出不同的重要等级。

历史场所并不是单独的历史建筑所在地，还可以是有重要历史意义的建筑或地标建筑的集群。很多地区也开始认定文化景观（cultural landscape）并制定相应的特定保护政策。这些文化景观可以是公园、花园或人工景观，也可以是河谷、山脉、壮丽的海岸线甚至景观路等有独特景致或地标特征的自然景观。无论有无保护政策，都需要在场地调查中进行标注。在城市地区，像林荫道、广场、铺石街道、半岛、各种大小山脉等都是场地规划的重要影响因素，它们的形态、尺度和模式都会延伸到场地中，并与场地周边环境紧密相连。

噪声等问题

场地的周围环境要素并不总是积极的。例如，地段内外废弃的建筑物、垃圾处理场、随意丢弃废物的场所或者露天开采场等废弃景观（drosscapes）（见第3章），都需要进行清理、填埋或者设置缓冲区将其进行隔离（Berger 2007）。而场地附近的铁路场站、高速公路或轨道交通线路等也可能会对宜居社区带来不佳的视觉体验和环境噪声。由于这些问题会影响规划的整个进程和方法，我们需要在规划初期就将这些问题纳入考虑。

场地外噪声问题的处理相对来说最为直接。噪声源可能来自上空（如飞机）或高速公路、铁道等轨道交通线路，或场地附近的工业活动。对于城市地段或城郊结合带的大型地段，噪声源可能来自场地内部。当前的共识是对噪声进行声量等级测量，但是这种量化分级并没有考虑声音的内涵和影响。例如，我们称那些令人不悦的声音为噪声（如附近高速公路上的卡车），但是，在同一分贝的情况下，像室外音乐会的音乐等声音却可能是令人愉悦的。此外，分贝很大的声音很嘈杂，持续发声会让人无法容忍，但如果只是偶尔发声，倒也可以接受。再如，一些高频的、刺耳的声音，如轻轨等在轨道上的刹车声等，就会比同样分贝但低频的噪声更易让人产生不耐烦的情绪。因此，分析声音的影响不能仅仅看分贝量，还需要兼顾其音频和发生的频次。

噪声等级通常用分贝（dB）作为衡量单位，上至专业的声音等级测量仪器，下至手机应用软件都能测量分贝数。严格意义上说，分贝测量的是声音相对于标准声源的响度差，数值在0~135dB，主要划分依据是人耳所能承受的痛苦程度。标准声源是指对于正常人耳最小可感觉的声音强度。由于声音级别是呈对数出现的，每增加10dB就意味着较之前功率加重10倍，大致等于人耳察觉声音的响度相差一倍。人耳不可能听得到所有频率的声音，并且对不同频率的声音敏感程度不同，因而采用A级计权特性测得分贝读数（dBA）以调节高低音调的声音，并广泛用于交通噪声研究和其他场地分析之中。常见的室内外声级可参见图5.16。

噪声影响着人体健康以及社会交往、工作效率及舒适度感受。1974年美国环保署将可以忍受并不会造成终生听觉障碍的环境噪声上

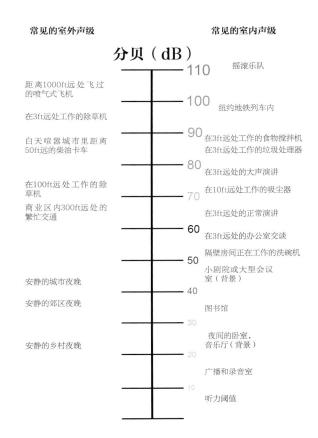

图 5.16　常见室内外声级（FTA 1995）

限标准设为70dB，可接受的不影响正常交谈及其他活动的室外噪声上限为55dB，室内上限为45dB（Moudon 2009）。在室外，相距1m左右的两人谈话声音需要60~65dB才能听得见对方。许多城市的环境噪声等级远超出上述等级，这给人体的健康和安全带来危害。美国住房和城市发展部（HUD）规定居住区可接受的平均噪声上限为65dB，但是在经过严格环境评价及降噪处理的居住区该上限可达75dB（美国住房和城市发展部，未注明日期）。加拿大的居住区噪声标准更为严格：居住区场地室外噪声上限为60dB，而卧室等室内空间的上限为35dB，当然，可能其具体的噪声测量方法稍有差异。为减少噪声的影响，美国住房和城市发展部一般会要求那些处于军事或民用机场15mi（24km）范围内或距高速公路1000ft（305m）范围内及距铁路3000ft（915m）范围内的场地做详细的降噪处理。

由于飞机在起飞和降落时噪声很大，却在平稳飞行时几乎不发出噪声，因此对飞机的噪声很难评定。此外，人们在睡觉的时候对噪声的忍受能力最弱，因而航班的飞行数量，以及白天和夜晚的分布情况十分重要。航空管理部门一般会根据飞机跑道绘制飞机噪声区，而有些地方会限制在噪声区范围的建设。当前，世界上大多数国家都根据国际民航组织和美国联邦航空管理局（FAA）所制定的指导意见制定了统一的噪声测量标准和方法。

目前测量飞机噪声影响的最先进的工具是美国联邦航空管理局的噪声模型，它能够衡量低空飞行的时长、噪声峰值、噪声音调特征，以及昼夜飞机飞行数量。通常噪声等级以分贝为单位，有两种模式，即昼夜平均声级（DNL）和社区噪声当量（CNEL），二者都反映出24h内的平均噪声水平，仅有微妙差异——昼夜平均声级主要说明昼夜的噪声水平，而社区噪声当量还囊括了傍晚时间作为第三个指标。

机场区规划的主要做法是将大于65dB社区噪声当量的范围划定为噪声影响区（noise impact area），区域内禁止建设住宅、公私立学校、医院与疗养院以及宗教活动场所。建筑规范一般会将45dB设为环境噪声影响的最大值，以此来降低噪声。

道路噪声有诸多影响因素，包括最大车速、各种机动车辆（卡车占比、车辆年限、车胎类型等）、路面铺设材料、公路形状、地形以及当地的微气候条件等。在低速行驶的情况下，卡车在十字路口启动和刹车，以及上陡坡路段都会产生大量噪声。高速公路的噪声声级指距离道路边缘15m的噪声，通常在70~80dB。其他影响噪声传播的因素有大气影响、路面情况以及反射声音的物体等。

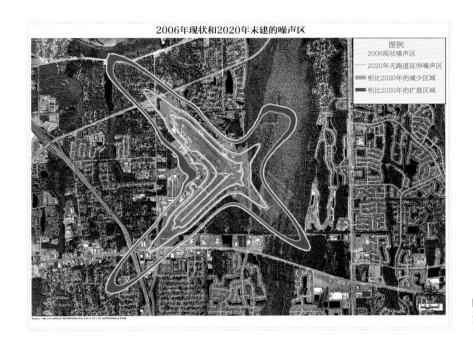

图 5.17 杰克逊维尔国际机场 2006 年和 2020 年的噪声区（杰克逊维尔国际机场）

影响噪声等级的还有距声源的距离。像公路这一类直线型声源，距离每远一倍，噪声下降3dB。例如，距离公路100ft（30m）的噪声为65dB，在距离增加到200ft（60m）时噪声降至62dB，并在距离400ft（120m）时降低到59dB。而更有效的降噪措施是设立物体屏障来吸收噪声。

有一种措施是种植密集的缓冲树林以实现减少噪声，但是这种做法是错误的，它非但降噪效果甚微，而且还会遮挡高速公路上的视线。缓冲林的主要作用仅是屏蔽尖锐刺耳的噪声，规模为1000ft（300m）宽的树林较同等距离没有缓冲树林的噪声只减少了20dB。更有效的降噪做法是在场地和道路之间建起挡土墙，混凝土或砖石墙也可以起到同样的作用。但是通常来说场地所有者不太愿意接受这种做法，尽管高大的挡土墙可以有助于场地噪声减少5~10dB，让人耳察觉的响度减半（Corbisier 2003）。

在铁道或大运量公交线路附近的场地规划中也涉及类似的噪声问题。尽管很多城市的轨道交通并不是全天候24h运转，但轨道运行通常会产生巨大的震动感和噪声，这是难以控制的。此外，时速超过300km的高速列车还会带来额外的气动噪声。应对这些问题最有效的做法是在行车道中自行解决，即将降噪技术应用在列车设备设计中。美国联邦铁路标准规定的噪声上限为70~90dB，根据不同的设备类型有所浮动。法国高速列车在行驶时速为100km时会产生85dB噪声，时速达350km时噪声则为

95dB。而且由于大多数高速铁路列车都是在架高的轨道上行驶，这也给采用隔声屏障物为高速铁路降噪带来一定困难。

在有些地方，噪声也可以转化成令人愉悦的声音。例如，室外空间的水流被证明就是一种白噪声，心理学上也对这类噪声有广泛的研究和应用。研究发现，55dB的水流声音和车流声音的声量基本一致，却可以有效地改善城市室外空间，而且像喷泉等低频的水流声等也比瀑布声更受欢迎。例如，纽约佩雷公园（Paley Park）里柔和的小瀑布就与公园对面的喧闹街道形成鲜明对比，而公共广场里的喷泉还可以让人们产生远离城市喧嚣的舒适感。

第6章
产权属性

　　场地规划的目标之一就是为了创造出可用的不动产（real property）。一旦在规划中划定道路、街区、地块以及建筑物，便意味着场地被划分归特定的个体或群体进行管理。因此，在场地开发之前，需要对场地各区域的使用权、责任及义务、所有权等达成协议。这一过程中所形成的可开发用地及地块也是保障后续融资、产生收益并平衡场地建设资金的经济基础。

产权的使用

　　所有权和管理权是社会个体之间最持久的社会关系之一。许多国家承认私人所有权及其保障为基本权利。有学者认为所有权来源于"自然法"（Locker 1988），而另一些学者则认为私有产权是个体与国家之间不断进化和改变的契约形式（Field 1989）。联合国世界人权宣言、美国宪法、法国人权宣言、欧洲人权公约等很多国家和地区的宪法都定义产权为神圣不可侵犯的权利。在大多数国家社会中，所有权并不是绝对权利，如国家可出于特定的公共目的而对所有权进行征用，并且可以根据区划法与相关环境法律条文进行管理。但无论如何，对于土地所有者来说，这仍然是一种相对稳定的权利。

　　拥有一块土地即意味着拥有该地块的专属使用权、建造权以及因该土地而获益的权利。此外，土地所有者还有出售、交换、抵押（如按揭）或出租等权利。这种权利代表着财富，承载着相应的责任，并能够创造一定的经济机会。因此，场地规划的一个基本内容就是场地所有权的分配，以确保对场地长期有效的开发和使用。规划师不应只考虑土地的最初所有权，还要考虑后期可能的用途及使用方式。

　　在场地开发时形成的所有权会直接影响后续规划设计。通常来说，单

图 6.1 根据家庭户数划分的曼谷私人农田正日益变窄变小

一产权归属的场地能够为建筑物和公共空间布局预留最大的弹性和灵活性,另一种极端情况则是场地被划分为许多个归属不同所有者的小地块,因此,规划设计需要充分考虑用地红线,尤其是在需要共享空间的时候更是如此。有时候,为了实现规划建设的协调,这一类场地规划可能会对毗邻的用地进行相应限制。因此,为了避免后期使用者与所有者之间的冲突,需要将所有权类型纳入场地规划的考量范围。

将场地的自然地块与法定产权地块进行区分十分重要。例如,有的场地设计会引导人们穿过某个私人用地到达公共场所,这无疑会导致不必要的矛盾。再如,把一个地块的积水排放到相邻其他私人地块的场地排水模式势必会导致邻里冲突。尽管用地红线通常是看不见的,但是这些界限背后的责任和利益划分却是真实存在的,并且会大大影响社区生活质量。

产权制度

世界上各国家和地区的所有权与控制权的管理机制和规则各不相同,甚至相差甚远。虽然这些机制和规则都源于历史上的几大类产权制度,但在适应社会演变、政治传统、权力纠纷的过程中,各国都经过相应的修改并形成了本国的法典。其中,"物之所在地法"(lex rei sitae)的原则是物权关系中最普遍适用的法律。但我们仍然有必要了解当前存在的几大主要法律体系。

英美普通法系

当前英语世界大多数国家的产权法都来源于英国普通法中的不动产（estate）这一概念。不动产由一系列公认的契据形式的权利和义务组成。在法律上，有六种形式的不动产，但最为常见的是绝对所有权（fee simple absolute）和终身地产权（life estate）（Sprankling 2000）。前者可以粗略地理解为是完全所有权，包括出售权、继承权，以及抵押、租赁或其他转让权。美国超过99%的不动产都属于绝对所有权；后者也包括不动产的使用权，但对限定个人而言，可以终生保有但不能继承。例如，联邦政府在购买土地建设国家公园时，赋予土地所有者的就是终身地产权，在他们过世后，所有权就转移至政府手中。

绝对所有权的所有者是可以长期出租（lease）土地的，租赁行为（leasehold）即是在一段时间内将不动产所有者的全部权利转移至他人。英国包括伦敦中部在内的很多地方都有这样的用地，它们多为世袭承租的土地，租赁时限可长达100年甚至更久。在很多国家，政府拥有对大部分土地的"所有权"，并长期将其租赁给个人或集体。

很多国家的宪法和法律修订了相关法律条文来保护土地免受政府占用（或征用、没收）（taking, expropriation, or condemnation），并限定了可用于该土地的限制条例。美国宪法的第五修正案、第十四修正案规定了相关法定诉讼程序，以限制政府占用私人地产的权利，并要求政府赔偿所占土地的相关费用。修正案还限制政府不得过分约束土地使用，即所谓的管制性征收（regulatory takings）。此外，美国法律还出台了一系列针对政府没收土地的其他限制措施。

《拿破仑法典》

在沿用英美普通法系的国家，私人不动产所有权被认为是绝对权利，而政府则通过相应的限制性规范来保护公众权益。而沿袭了拿破仑法的国家明确认可了政府在所有权中占有一定比例。《拿破仑法典》第554条将不动产所有权定义为"在不与任何法律法规相悖前提下的土地的绝对使用及处理权利"（联合国经济社会事务部 1975）。《拿破仑法典》现在又被称为《民法典》（Code Civil），它在曾作为法国附属国的诸多国家、加拿大魁北克以及美国路易斯安那州被广泛应用。《拿破仑法典》（及罗马法系）对拉丁美洲国家的法律体系产生了重要影响，如智利、波多黎各，及西班牙、比利时和斯堪的纳维亚半岛的国家，如挪威、丹麦，以及许多其他国家和地区。

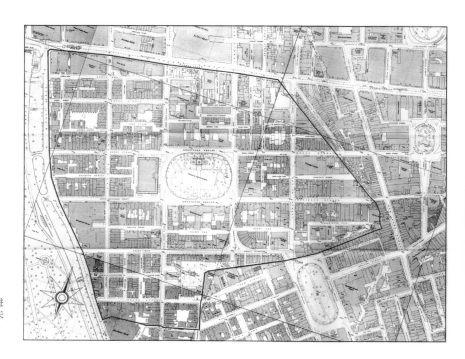

图 6.2 早在 18 世纪就划片进行租赁的位于伦敦中部的格罗夫纳地产（Grosvenor Estate）（London County Council）

普通法系与民法法系的差别是微妙的，并因国家而异。其差别主要体现在对所有权的定义和转让等方面。法国民法典认可五种土地权利：完全保有产权（plaine propriété）、使用权（usufruit）、不具名产权（nue-propriété）、共有产权（co-propriété）、立体划分产权（division en volumes）（Global Legal Group 2008）。在卢森堡，一个人只有同时拥有对该土地的使用权（usus）、享用权（fructus）和处置权（abusus）时，才算有全部的所有权（propriété）（Global Legal Group 2008）。除了所有权，不动产的其他权利也可以进行转让或租赁，包括长期租赁权（droit d'emphytéose）、建造权（droit de superficie）、使用权或地役权等。波兰也是一个民法法系国家，但其所有权与永久使用权（类似于永久租赁权）也有区别，如建筑物的所有权可以不包括该建筑物所在的土地。

由于民法法系国家之间差异性较大，因此在土地细分规划和不动产权划分的过程中需要充分理解各国法律系统的特性。

伊斯兰法

中东国家及北美部分国家的产权制度根据奥斯曼帝国法律演变而来，将所有权划分为四类，每一类都对土地的使用、转让和处置管理进行了详细的规定（Darin-Drabkin 1971）。其中，穆克（mulk）产权代表私人拥有完全产权。米里（miri）土地指的是个人对国有土地的使用权（tassruf），并且要求土地不能在使用过程中减少，这类权利可由继承得来，但不可进行分割，如果没有继承人则须交回国家。瓦克夫（waqf）是一种特殊的土地类型，是以慈善为目的而捐赠的土地，以此来支持医院、学校、清真寺、图书馆、其他公共设施以及原住民的住房建设，土地收益用于原定的建设目的，但用地不能进行转让。穆沙（musha）是集体所有土地的划分方式，这种土地所有制主要适用于农村地区，每个集体成员都拥有土地，但出于权利平等的目的，定期会对所有权进行再次分配。

大多数应用伊斯兰法系的国家都增加了相应的民法规范来对产权制度进行补充完善。例如，许多中东国家将其地产法律进行现代化更新完善以吸引外资和建设，因而产生了多种多样的土地所有类型，各种不同的土地及建筑物利益划分方法，以及不同的地产登记管理方式。

惯例法

很多亚非国家都采用惯例法来管理不动产的归属和转让。例如，乌干达在1998年的土地法中允许采用地方社区的传统规范来管理土地所有权。根植于地方传统的土地所有权的管理方式各不相同（Foley 2007）。在乌干达北部的阿乔利人（Acholi）聚居地，宗族拥有土地所有权，个体代表集体共同拥有土地。其他地区，不动产归个人所有且可继承，并由地方长者议会对争议和冲突进行仲裁处理。

大多数采用惯例法系的地区都没有将其编成法典，随着时代发展，这些法律也在不断进化发展（Payne 1996）。北美土著民族最初通过狩猎和采集来占有土地，遵循的是公平和界限这一传统。尽管当前关于土著居民的集体所有权并不清晰，人类学家研究发现许多部落都遵循着一些不成文的私人所有权管理规则（Steward 1938）。新墨西哥州的阿科玛·普韦布洛（Acoma Pueblo）印第安村落规定，私人所有土地不能出售，并在女族长去世后传给家族下一代中最年长的女性。如果没有任何直接继承人，酋长（部落议会）负责转让给其他家族。尽管传统制度各异，一般来说都是赋予个体土地的占有和使用权，土地售卖则需经过相关部落的一致同意（Payne 1996）。

印度尼西亚和马来西亚采用阿达（adat）作为常用的土地惯例法，通常与城市地区的土地注册相关规定并行。在这些国家，阿达有很多种变体，如印度尼西亚基于本地民族的历史演变出20多个独立的本地法律体系，伊斯兰法系的传播也加剧了这些法律内容的复杂性。以印度尼西亚的亚齐省（Aceh）为例，土地所有权的惯例法要求出售的土地必须首先提供给邻居，不能售卖给部落集体以外的人，这些惯例法规定都要以邻居及其他部落成员的合法权利为优先，还可能会为了部落集体利益而征用（Gold and Zuckerman 2015）。

惯例法传统通常与现代的产权法律并行，这导致土地产权的诸多不确定性。要获得某一处土地财产并不困难，只需在官方土地登记处签订契约即可，但后续则需要遵守很多土地使用的惯例法。例如，新业主可能还需要去购买土地的经过权、狩猎权甚至本地聚落所信奉的神灵的庇护等（Gold 1977）。

所有权形式

由于世界上的产权法律多种多样，我们不太可能确切涉及所有的法律形式（Payne 1996）。但有些根本的一般性特征虽然有不同的称呼和不同的地方做法，却基本受到普遍的认可，可以在此展开进行相应的讨论。

在此主要讨论四种类型的土地所有权（Sprankling 2000）。

第一种是无所有权（no ownership），即没有任何个人拥有该地区的所有权。许多原住民地区并不认可所谓的土地所有权，因而也属于这一种形式；同样属于这一类的还有很多大洲的偏远内陆地区，这些地方有大量的土地无人所有且没有政府管辖。很多欠发达国家城市中的非正规居住区基本接近这一类所有权形式，尽管在贫民区里的个体通常以非正规的形式使用和控制土地。

第二种是公共财产所有权（common property ownership），即每个人都平等享有土地权利。殖民社会通常为了放牧等公共功能而设立公共土地财产，美国新英格兰的市镇公地就是这一类型。公共地权的范围还可以更小，如在某些情况下，若干土地所有者同时拥有对某一地产的不可分割的权利。在非洲许多国家，共同所有权是很多部落采用的组织方式，同时也在很多新兴的城市地区继续沿用。

第三种所有权形式是国有财产（state property），即政府拥有国土的一切权利。像街道、公园、公共建筑等都是国有财产。许多社会主义国家的土地都是国有的，由政府来控制土地的使用和保值。即使像波兰、乌克兰等经济逐渐市场化的国家，仍然还是采用土地归国家所有的方式（Bourassa and Hong 2003）。美国联邦政府拥有大量的土地，尤其是那些无人居住的荒地、国家公园与森林、军事用地以及水下土地。港务局或国家发展部门等公共部门通常拥有大量的滨水用土、机场及周边土地，以及现存和曾有的公共设施等。在有些情况下，这些土地不得转售给私人主体，必须以租赁的形式进行开发建设。

欧洲的瑞典、芬兰、荷兰等国，以及以色列等国都采用共有的形式来进行土地城市化，以对其进行严格的建设管理并从中持续获益。很多国家的首都城市都建在国有土地之上，如堪培拉和巴西利亚。中国香港与新加坡大部分城市用地都是把国有土地出租给个人进行开发建设。中国大陆所有土地的所有权均属于国家，近年来逐渐出租给个人或企业建设和使用，租期不等，有的租期长达70年。这一类的土地租赁往往会限制场地开发的数量和类型，以此作为其他开发建设规定的补充或替代。国有土地的租赁权也可进行买卖，但土地的地下权仍属于政府所有。

第四种所有权形式是私有财产（private property），也是当代社会土地所有权中最主要的形式。我们把场地及其附属物，如建筑物、道路、树木等统称为不动产（real property），并以此同有形的个人财产（tangible personal property）[如书籍、车辆等动产（chattels）]、无形的个人财产（intangible personal property）（如股票、债券、证书等）和知识产权（intellectual property）（如专利、商标等）区别开来。当前大多数社会的个人、企业或其他法定主体都可能拥有一定的私有财产。

在高密度开发项目中，通常采用合作开发（cooperatives）和公寓（condominiums，又称为strata title，即分层产权）的特殊方式来进行个体和集体之间土地所有权的权责划分。在合作开发中，实际拥有土地和建筑的是股东而非地产使用者，后者拥有的是个体空间的产权租赁，但土地

图6.3 巴西里约热内卢的非正规居住区，土地产权并未进行登记管理

图6.4 美国马萨诸塞州科黑瑟（Cohasset）市镇公地，自该地建立以来便作为公地使用（Wwods/Wikimedia Commons）

图6.5 澳大利亚首都堪培拉的土地来自国家政府租赁（澳大利亚政府）

图6.6 美国新罕布什尔州曼彻斯特的稻草山社区中一处公寓楼与附近拥有永久产权的房屋形成鲜明对比（谷歌地图）

转让需要得到大多数股东的认可。公寓的形式与此正好相反，其所有者拥有立体空间的绝对产权，并且共享包括地面、屋顶、电梯、门厅和其他公共空间等在内的不可分割的公共区域的权利。我们将在第16章中阐述这两类差别带来的影响。

我们通常会将所有权认为是一系列权利的集合，而在其中最为重要的有产权的专属权、转让权（以获得赔偿或其他补偿），以及持有权和转赠权等。实际上，土地利用规定、土地细分规定、海岸区划限制、环保条例等一系列政府规范可能会大大限制土地的使用，因此，所有权并不意味着无限制的排外权，如飞机可以在场地上空飞行，只要飞行高度符合规定即可；同样，警察也可以进入私人地界，只要他们持有搜查令或处于可能产生公共威胁的特定情况。

产权分类

所有权也会受到时间和空间范围的限制，如分时共有（time-share）的财产，或者是产权共享（fractional ownership）。在不同的时间段，人们分享同一不动产的使用权利。在许多地区，拥有地产并不包括该地产地下资源的所有权，如石油或矿藏资源（oil or mineral rights）。

产权还可以进行拆分，并进行部分出售。在一些地区，地块开发权（development rights）可被出售或转让到其他地块，而原业主仍然拥有该地块用作农业或休闲功能的权利。以纽约为代表的一些城市允许开发权转让（transferable development rights，TDR），这类开发权通常指的是区划规定下未被使用的土地开发建设权，最为典型的就是紧邻历史保护建筑的地块的开发权。在干旱地区，用水权（water rights）是开发建设的重要先决条件，同样也可以被转移。而没有用水权的场地通常会被限制开发建设。

伴随细分土地售卖或出租过程的是土地的特定权利和责任的转移。通常土地产权登记部门会记录买卖协议，而后续的售卖或租赁合同也会体现之前的协议内容。这些方式都会对后续的场地规划有重要影响。

最简单的场地规划仅需要将地段划分为私人用地和公共街道。一般来说，所有地块都需要有面向街道的开口，这样人们可以通过道路进入自家土地。但是也有一些特殊情况，如通过地役权（easement）的形式穿越他人土地再到达自己的用地。一旦土地出售给新业主，并且新的所有者要求绝对所有权（fee simple freehold estate），就意味着此前所有施加在该用地上的权利和义务都被解除，并且相关费用必须偿付完毕。当然，并不是所有的责任都被解除，如用地开发仍然受到区划法和相关规范的限制，并仍需要缴纳相应税款，但其他个人和第三方不得再对该土地所有者施加要求和规定。

地役权与契约

从产权的名称中我们可以了解买房和卖方之间的交易与承诺。严格意义上说，其在权利转移的过程中，有以下两种承诺形式，卖方仍然在契约中保有土地的相关权利和责任，这两种形式就是地役权和契约（covenants），它们代表了大部分上述情况。

地役权指的是将场地的部分使用权转移给他人用作有限的若干用途，其最为常见的形式就是给予路人穿过某一场地的路权（right-of-way）。后方场地的所有者可以拥有穿越前方场地到达自己地块的地役权。两个相邻的地块可能共用一条车道，那么可以通过穿行地役权（cross-easements）实现共享。地役权还可以授予市政公司，用以进行地下或地上的管道或电线维护。对于建造在紧邻用地红线的建筑［见《场地规划与设计 下 类型·实践》（以下简称下卷）第1章］，还需要从相邻地块那里获得维修地役权（maintenance easement），以便进入毗邻地块对自己的建筑进行维护或修缮。

地役权还包括一些并不涉及实际进入场地的做法，如视线地役权（view easement）可能会需要某处场地的建设不得阻碍其他地块的风景和视野；与之相反的是，隐私地役权（privacy easement）则可能会要求场地建设不得朝向某处相邻地块一侧开窗；再如，保护地役权（conservation easement）会要求场地的某些地区保持不受影响的状态，以维系整个地区的生态系统运转，抑或限制某些用地的特定开发类型；采光地役权（solar easement）可能会要求场地不得因为建造建筑物或种植树木而遮挡毗邻场地部分或全部光照；而建筑的立面地役权（façade

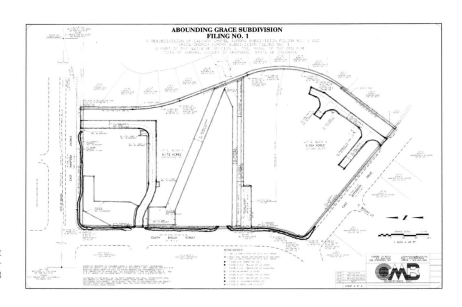

图 6.7 影响地块的多种地役权，如排水权、路权、管道设备地役权、斜坡地役权等（CMB Land Surveying 提供）

easement）则通常会授予市政部门或非营利组织等机构，用以批复或受理某些建筑的立面改造或拆除行为。

并不是所有的地役权都需要得到所有者的许可，有些地役权甚至一些所有权，都可以通过其他方法得以建立。英美普通法系的一项长期原则就是认可"时效性地役权"（prescriptive easements），以及承认通过"时效占有"（adverse possession）而获得的所有权。例如，某一地块长期以来都被行人穿越，并形成了默认的路径模式，在这种情况下，无须经过所有者许可，该类地役权已得到认可。一般来说，这类认可的标准很高，通常会要求个体长期公开且持续地使用该土地（有的地区规定为20年），虽没有得到业主的许可，但是也没有得到业主任何的阻止和反对。实践证明，尽管这种地役权的认可通常很难得到证实，但由于其会对场地规划带来影响，因此也有必要进行相应调查。

地役权在土地出售时便转移至新的所有者，除非得到所有受益者的一致许可同意取消，或者通过法庭裁决等途径确认取消，否则地役权不能轻易解除。

契约（covenants）伴随土地而产生，并用来约束后续的所有者履行对土地使用的承诺。例如，契约可能限制某一地块仅用于住宅功能。一旦契约在地契中得到认可，该契约的受益者（通常为加入契约的个人）才是唯一可以解除该权利的人。

契约承诺有很多种类，通常是用于确保业主可以持续地遵守共同的守则，并交由社区利益相关的业主委员会或其他主体实施。例如，某一契约可能会要求某一地块所有者的建造或翻修方案经由设计评审委员会审查，委员会则由片区内所有地块的所有者组成。规划开发项目的契约通常会规定门窗颜色等许多细节内容，但也有一定的限制，如契约不得用于歧视个人和某类群体，或者强迫进行一些可能会危害其他社区群体的活动。

契约有一个普遍性原则，即被动型契约可捆绑后续的土地所有者，而主动型契约（如采取行动或花钱做事）除非动用其他法律手段，否则只适用于下一个所有者。事实上，契约可能会阻止业主拆毁地块边界的篱笆或围墙，或限制场地内建筑物选址，又或阻止业主在获得业主委员会同意之前改变其房屋的外部颜色，却不能要求后续的业主花钱修建道路以供他人使用。这一规则看起来是和主动型契约相悖的，但是，这却符合上面提到的绝对所有权原则，即绝对所有权意味着在土地出售后的相关责任（费用）被解除。在这种情况下，规划师和开发商需要通过其他方法来保障公共财产的长期维护。

地籍制度

基于土地所有权、地役权和契约的复杂性，大多数社会（惯例法适用区域除外）都有必要通过某种法定形式认定土地的所有者状态与承约情况。当前普遍采用的是地籍制度（cadastral system），用来明确地产的范围，并明确所有权的等级和类型。通常来说，地籍制度有三种形式。

第一种形式是地契登记制度（deeds registration system），技术上又被称为产权地籍（juridical cadastre），即将土地权利转移文件（地契）登记在案。产权地籍制度通常由两部分组成：第一部分是书面记录每一个地块的信息，包括土地所有者及其权利；第二部分则以地图勘测的形式描述该地块的情况。书面地契本身并不能证明其所有权，需要通过律师或土地登记部门对所有权链条进行溯源调查。通常情况下，需要购买产权保险来保障产权不存在瑕疵和法律纠纷。

第二种形式是产权登记系统（title registration system）。产权证书本身就是证明土地所有权的凭证。该制度发源自英国，用于很多盎格鲁–撒克逊（Anglo-Saxon）国家及许多参照英美法系的国家。然而，很多采用该制度的国家并未强制采用土地登记，或者在土地买卖或长期租赁时才有此要求（如英格兰与威尔士等）。托伦斯制度（Torrens system）是产权登记系统在澳大利亚的变体，其优势在于每一地块都拥有两份产权证书，原件在土地登记处留存。所有权转移仅需在原件与复印件的背面进行授权签字。这种制度的其他变体也被泰国、马来西亚、肯尼亚等很多国家广泛采用。

第三种形式，即私人转移系统（private conveyance system），在发展中国家最为常见。以孟加拉国与巴基斯坦等国为例，尽管地契登记在这些国家也存在，但只有10%~20%的土地交易真正进行了登记记录，其他正式或非正式的土地交易双方往往都没有任何的法律知识背景（Farvacque and McAuslan 1992）。大多数国家已经逐渐采用新的做法，即要求以书面形式进行土地交易，并通过公正的第三方进行见证。

很多国家都尝试引进新的土地使用权制度来处理非法占用的非正式居住区，非洲中南部国家博茨瓦纳（Botswana）的土地权利证书、赞比亚的土地占用许可等就是两个典型的例子，这些权利也都可以转移给他人。在泰国、印度等其他国家，贫民窟的居民还可以从私人或公共所有者手中租用土地，只要维持租客的身份不变，还可以进行用地的整治、改良，甚至转让。但受限于政治环境的影响，非正式住区还是很难被彻底替代（Payne 1996）。

拥有地产所有权是购买房产所需的贷款或抵押的基本条件。因此，随着资本日益跨境流动，地籍制度在全球范围内逐渐达成共识。但尽管如此，场地规划仍然需要充分了解每个国家的独特之处，真正细致的规划目的之一往往正是场地内权责利的分配。

第7章
场地建设规范

拥有场地或承租了场地，就拥有了对这一片区的使用与享用权；一般来说，权利只受到地役权、契约及其附属规定的限制。但国家和地方政府往往还会规定对场地建设及规划进行规定与约束，通常呈现为规范与条例的形式，如美国和加拿大的区划与细分规定（zoning and subdivision regulation）、日本的土地利用区划（land use zoning）、澳大利亚的开发管理规划（development control plan）、泰国的建筑管理规定（building control regulations）、马来西亚的开发管理规定（development control regulations）、中国的城市规划和管理规定（city planning and management regulations），以及世界上大多数国家会采用的建设规范（development regulations）。

许多国家的建设规范都由国家政府强制执行（如德国和法国）；日本等其他一些国家则由政府制定建设规范的种类，并由地方政府实施执行；美国、加拿大、澳大利亚、英国等国的建设规范是由州政府或地方政府负责制定；还有一些国家的建设规范含在建筑规范之中，但大多数情况下都独立形成法规规范。

强制性的建设规范会直接影响场地上的待建建筑，并最终影响场地的价值。实际上，规模较大的场地分区常常并不完全合理，因为在城市发展过程中，通常会需要转变土地用途，如农业用地转变为城市建设用地，原来的公共机构及政府用地转变为城市混合开发用地，或者工业区转变为商业和居住区等。在这些情况下，建设开发通常也意味着需要改变原先适用的场地建设规范，进而需要举行公开听证、谈判协商甚至要有妥协和让步。许多城市都有众多律师团队为业主权益而辩护、争取对建设规范最有利的解释，进而从中找到差异或为新的规定撰写提案。

大多数开发规范根据一系列土地使用类型而定，每一种具体用地类型都有专门的规范要求。用地类型及数量的划分受国家和地方习惯、习俗影响，

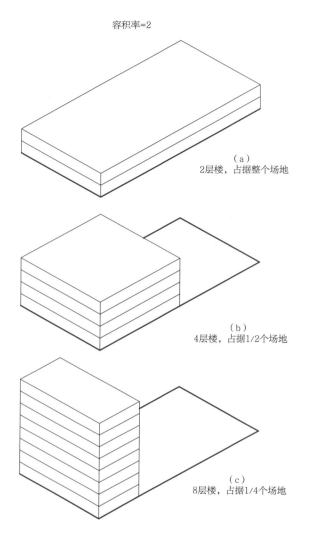

图 7.1　相同建筑面积的不同布局方法（Adam Tecza/Gary Hack）

但同时也反映了城市用地的分隔和隔离程度。日本的大部分地区只有八种用地分类，政府鼓励大量住宅与其他用途相混合。除了低层住宅以外，大部分地区均鼓励商铺和商业活动。相比之下，北美城市有数十种用地分类，以此来限制大多数住宅区域的商业用途，并区分出不同的住宅类型。

容许密度

居住区的建设容量通常受限于地块大小（lot size）与尺度，并受到开发密度要求的限制（如每公顷或英亩不超过多少套住房）。面积为400m²的场地可开发的住宅数量不超过每公顷25户。在最小正面宽为5m且每户都得满足场地停车的住宅要求下，实际建设的建筑密度最多会是每公顷75户。这些指标指的都是净密度（net density），即在纯功能用途用地上的建筑密度，用地范围不包括公路、公园及其他与该物权无关的区域。在大型场地规划等情况下，密度指的就是总密度（gross density），通常指住宅数量或居住面积除以整个场地面积。

如果是居住以外的土地开发，场地的建设容量通常受限于最大容积率［floor area ratio（FAR）；也有写为plot ratio或者floor space index（FSI）］。例如，建筑容积率为6即意味着建筑物的建筑面积为该场地面积的6倍。建筑面积的定义需进行仔细研究，在纽约等高密度城市，规范的研究团队与开发商紧密合作，以争取在开发规范下最大化利用寸土寸金的每一处空间。有些城市的地下空间并不计入容积率的计算，加拿大温哥华等城市则只把在地面上的封闭停车区计入总面积。这些规则都有效地扩大了地下空间的使用。

场地建设还会进一步受到最大建筑密度（site coverage ratio）或最小空地率（open space ratio）的限制。有的规范将上面二者指标隐藏在其他一些要求中，如设定临街退线或建筑红线要求，或者划定出可用的公共空间范围等。孟加拉国达卡（Dhaka）的开发管理规定中将容积率和建筑密度紧密关联，如在最大容积率为3.0的住宅区，建筑密度不得超过65%；而在最大容积率为3.75的其他区域，建筑密度不得超过60%（Khan and Mahmud 2008）。在本地商业区等低强度开发区中，场地停车需求（parking requirements）是最影响场地容量的要素，我们将在第5部分对此进行详述。

除了规定用途和建设强度之外，大多数开发规范也会对建筑本身进行相关指标的界定。欧洲和美国多数城市规定了高度限制（height limits），纽约是个例外，纽约没有对办公区的建筑进行高度限制，这也促成超高层建筑的高度竞赛。此外，许多建设规范也规定了退线，用来确保地面层的室内空间有足够的光照。这些规定导致道路和街道周边留出大量无用的空间，其实是有害无益的。在日本等一些国家，场地中的建筑红线需要有后退面（setback plane）或倾斜面（slant plane），如日本居民区的沿街建筑高度不得超过街道的宽度，高出街道宽度的部分必须符合每高出1.25m往后退1m的规定，这样的规定塑造了日本众所周知的"铅笔建筑"。纽约也采取了和日本一致的场地退线要求，其他城市也类似，有的规定了更加复杂的天际面暴露度（sky plane exposure requirements）要求来限制建筑物高度、布局以及场地建设的容量。

有的开发规范中会包含激励措施，即通过

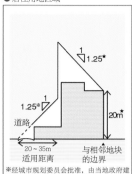
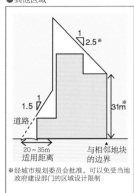

图 7.2

图 7.2 日本的倾斜面要求比沿街街道宽度高的建筑物进行退线（Ministry of Land, Infrastructure and Transport, Japan）
图 7.3 东京的天际面规定形成了建筑物层层退台的形态

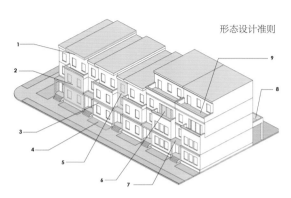

图 7.4 美国新泽西州伍德伯里（Woodbury）中心区的形态设计准则中，对建筑体量和形态作出了规定（City of Woodbury/Group Melvin Design 提供）

允许开发更高的容量来换取公共产品，这一点在纽约的区划法中尤为明显——它通过一系列激励措施来实现场地内保障性住房的建设、高密度地区的广场和公共空间、场地内或周边交通站点的改造，以及周边交通或公共空间的建设等。在其他城市，通常是与开发商协商增加密度来换取上述成果。还有像波士顿等一些城市，是要求开发商支付影响费用来进行就业培训、社会基础设施建设以及保障性住房补贴等公共事业的建设，还有的城市要求对场地外的道路、给水排水管网以及公共空间进行代征代建或费用支付。

当前，美国越来越多的城市采用了形态设计准则（form-based code）来明确规定建筑物的设计规范。形态设计准则通常会规定场地中建筑的布局和选址、最小和最大高度、停车场位置，甚至是相关的建筑风貌特征要求。在这类准则适用的地区，其建筑形态和布局往往为场地规划提供了切入点。

环境相关的规定或单独成文，或结合在相关开发规范之中，也对场地开发容量有很大影响。许多城市针对湿地区域（wetlands areas）、沿海区域（coastal zones）、陡坡区域、沉降区（subsidence），或其他有特殊环境灾害或问题的地区制定了特殊规定。根据规定，棕地（brownfield）地表如果受到影响，必须进行场地清理，其用途也将受到一定限制。

特定设计和规划规定

城市设计规定也会影响场地的建筑建造及其经济价值（Punter 1999）。加拿大温哥华在高层塔楼管理方面出台了一系列设计规定，如场地内建筑单边不得长于85ft（23m），相邻建筑间距至少为80ft（24m）。中国居住区规划设计规范规定大城市住宅日照标准为大寒日≥2h,冬至日≥1h，这使得北方居住区的建筑物间距与住宅高度比为（1.6～1.7）：1。此外，许多城市都在试图设置"贴线率"（build-to）来鼓励建造连续的街墙，主要指的是临路建筑物界面沿红线的连续程度。又或者可能会激励另一相反的结果，即鼓励沿着街道构建广场等开放空间，当然后者可能仅适用于高密度城市中心区。

  有的城市制定了特定区域规划（specific area plans），对建筑物的高度、位置、彼此关系等进行严格规定，业主建设方几乎没有可发挥的余地。这一规定也被称为二级规划（secondary plans）、分区规划（district plans）、邻里规划（neighborhood plans）或城市设计规划（urban design plans）。城市设计导则通常有两种实施方式：一种是与普通区划或建设规范相叠加，作为附加条例（overlays）；另一种是在自由裁量设计审查中根据具体个案要求进行分析。在一些特殊地段，如林荫大道沿线，即使大范围区划允许建高层建筑，但为了保持沿路统一形态，可以施加更加严格的限制性规定，这些规定一般会包括限高、檐口线、街墙甚至建筑材料规定等。

  历史保护（historic preservation）是公共部门用来限制场地建设的一项强有力的工具政策。单个建筑可能会成为地标性建筑或入选本地历史建筑名录，整个场地片区可能会被划定为需要专门保护的历史街区，成为城市历史文化资源保护的一部分。不同地方的历史保护委员会［historic commissions，也称为地标委员会（landmark commissions）或遗产委员会（heritage commissions）］执行相关规范的力度千差万别，但大多数都出台了不得拆除相关建筑的规定，并且均要对相关改扩建进行专门审查。相关历史保护规定会对历史街区内建筑的规模、高度、位置、外观等加以限制，其要求通常高于所在分区的区划要求或其他建设规范。由于被指定为历史建筑的业主无法充分使用其土地开发权，因此像纽约等许多城市都允许将其开发权转移到其他场地上，这就出现了开发权交易买卖的市场。大多数历史街区都制定了辖区内自由裁量审查（discretionary review）及项目许可审查的程序，通常这些审查没有统一的强制规范及导则。

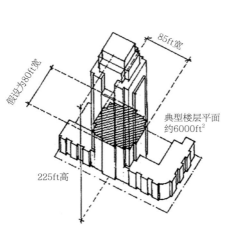 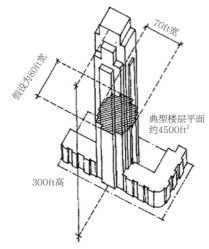

更低、更宽的塔楼底座　　　　更高、更窄的塔楼底座，有更大的容量

图 7.5

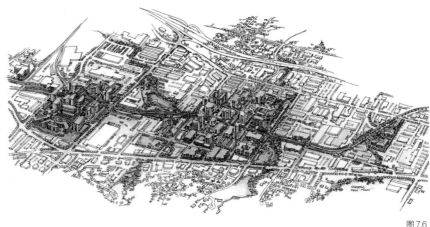

图 7.6

图 7.5 加拿大温哥华高层住宅塔楼的设计规定（City of Vancouver）

图 7.6 美国华盛顿由金县（King County）到贝尔维尔（Bellevue）的开发权转让（TDR），将当地受保护土地未使用的开发权转移至贝尔-莱德（Bel-Red）的城郊地带（King County, Washington）

图 7.7 通过购买受保护土地的开发权转让以及建造经济适用房，贝尔维尔在贝尔-莱德的容积率可从 1.0 增加至 4.0（King County, Washington）

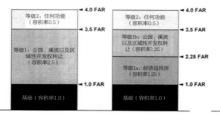 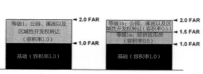

图 7.7

合法权利 vs. 自由裁量审查

开发审核程序通常可分成两大阵营，即合法权利（as-of-right）和自由裁量审查。前者要求符合区划法及其他相关开发建设规范，即可获得工程建造许可；后者则需要经由审核官员或公共部门的审查许可。以纽约为首的美国多数城市及日本、加拿大多数城市的大部分新开发项目都是按依法当然取得建设许可的。但是当前也有越来越多的城市不仅局限于量化的审查，而且开始对建筑风貌特征进行审查。其中，许多地区还参考相关设计审查导则（design review guidelines）来确定自由裁量审查的范围，但也有一些地区仅采用先例判断的原则，后者的效果就差强人意许多了。

在许多城市，中小型项目遵循依法取得权利的原则，而对那些可能产生重大影响的大型项目进行严格的评审。在波士顿，所有面积大于5万ft^2（4650m^2）的工程项目都要求上报建筑影响并进行自由裁量审查。大多数城市的门槛要求甚至更高，不过也有像旧金山这样的城市，对建筑的影响程度判断具有很大的自由裁量权。在很多城市，为了免除一些建设规范而需要进行区划或详细规划的修改和调整，这就不可避免地会需要进行自由裁量审查。大多数大型项目都会在形态上有所变化和创新，然而多数城市的建设规范往往过时或保守，这使得开发商不得不诉诸自由裁量审查。当前，越来越多的城市已经设立设计审查部门来对大型项目进行风貌管控，并审查其对公共场所的影响，作为决策的参考依据。当项目涉及公共资金时，其要求会更加严格。

大多数开发商在是否要进行自由裁量审查方面犹豫不决，因为自由裁量意味着项目将受到邻里、规划人员甚至政府官员的控制，并且审查结果往往指向开发量的减少。但自由裁量审查也有其优势，如它能够为场地规划提供更大灵活性，能够转移开发密度以及进行分期开发建设的许可等。规划开发区（planned development area）程序，又称为规划单元开发条例（planned unit development，PUD），可以暂时搁置普通的开发规范，而是按照总体规划，通过开发协议（合同）来确定地块的开发内容及时序。产权授权（entitlement）即意味着对场地建设内容和适用规范达成一致协议，在大多数情况下产权可以转移给新的所有者，但通常都有一个时间限制，要求在特定的年限内开始建设。

在英格兰或澳大利亚等采用开发许可（development permit）的国家，设计审查主要通过自由裁量进行。获得开发产权授权可能需要数月或数年时间，并需要经过大量的规划和谈判协商才能对规划方案形成一致意见。没有产权授权，场地便不能进行开发建设。

在英国，规划许可（planning permission）申请需要提供详细的场地规划方案，并由相关规划主管部门进行审查。规划部门将与诸多其他机构和相关部门共同协商，包括城市各政府部门、英格兰遗产组织、地方高速公路及环境部门以及各种利益主体（如漫步者协会可能会关注穿越场地的某条路径）。其中，公众，特别是场地所在的社区邻里，是规划部门协商的重点对象，因此需要举行相关的公开听证（public inquiry）。为此，规划部门需要准备规划条件（planning conditions）和规划职责（planning obligations）等内容，如提供低收入住房，或者支付社区基础建设税等。通过协商，在开发商符合相应开发条件的前提下，最终由地方政府的规划委员会批准项目开发许可。所有这些程序耗时、耗资较大，在达成一致的确定结果之前，场地业主对场地规划和方案始终充斥着满满的不确定。

各国对场地规划许可审批有不同的流程和规定，规划者需要充分熟悉相关规程，以免因使用不正确的手段而使得申请无法获批。上面提到了用规范指导开发建设的若干情况，但在很多城市中，甚至没有相关的建设规范。往往只是通过将建设方案与总体规划（或者往往是一份土地利用示意图）进行对比，便据此做出许可决策。而深度协商则总是在道路建设或者给水排水系统规划时才会出现，并且往往滞后很久。

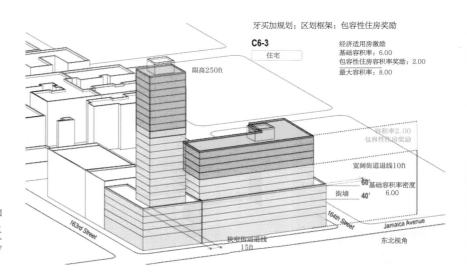

图 7.8 纽约皇后区牙买加（Jamaica）的建筑物体量示意，依照现有区划法规以及包容性区划激励措施（New York City Planning Commission）

确定场地容量

在开始进行场地规划之前,需要分析场地可容许的开发量,进而判断是否符合当前的规范规定,还是需要为适应相关目标而申请规划控制的调整。需要分析的内容较多,如获批许可的场地初步规划方案("合法权利"规划),相关规范对场地的限制要素(如退线、天际面等),许可的交通流量及数据分析等。如果申请规划调整,需要提供这些分析内容作为基准比对。第2章中提到的纽布里奇项目便采用了这一方式,通过分析研究顺利说服市政府同意将低密度平铺的建设开发改为高密度的公共建筑建设,进而带来更多的公共空间。研究分析还能够帮助业主进行项目经费概算,这有助于场地规划及策划,进而开启场地的设计过程。

第8章
场地分析

场地规划需要综合处理各方面的复杂信息，包括场地的类型、自然系统、文脉背景与周围环境、产权因素以及建设规定等。因此，更深入的分析需要借助信息分析系统和工具。场地各项信息要素的重要性并不相同，有的需要在初期决策之后才会发挥影响。那么，场地规划者如何对已掌握的信息进行筛选，继而浓缩出相关要点呢？

应对上述问题，传统的做法是构建一个包含了场地各重要因素在内的示意图，进而让规划师更为清晰地了解场地的重要自然要素（方位、风向、微气候、重要生态环境）、不可移动或不可更改的要素、机会用地和潜力点、重要的出入口、影响建设布局的相关规定和政策、视野与美学要素及其他独特要素等。规划师需要思考分析这些要素对场地规划的影响，这也正是制定场地方案的第一步。

场地分析的形式不一而足，下面我们将结合案例进行阐述。

小型场地——抓住重点因素

对滨海场地的分析基本可以关注以下几项重点因素：光照、风向、地形、需要保留的大树、毗邻建筑物的位置、海景以及周边的交通影响。图8.1的手绘示意图是华盛顿西雅图联合湖（Lake Union）海岸线入口分析，显示了对场地自然要素的尊重和关注。

敏感场地——海滨牧场扩建

第1章分析了加利福尼亚州海滨牧场开发建设的愿景，该场地的环境十分独特,自然系统与建筑物和谐共存。多年来针对该场地的建造及扩建一直存在诸多提案,其中就包括海滨牧场小屋这一提议。如图8.2所示,通过场地分析显示出重要的自然特性、地形条件、海景状况,并发现了可建造新建筑的机会用地。

较复杂的场地

相比位于未开发用地中的绿色场地,城市中的场地往往更为复杂,因而有必要将人为影响因素连同自然特征一同纳入考量。人为因素包括周边建设情况、可能的出入口、设施使用权、地形变化以及其他影响因素等。如何在草图上呈现这些重要因素是个难题。

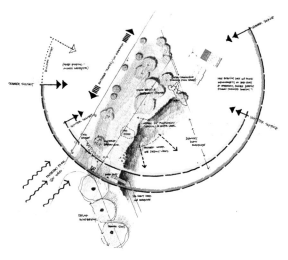

图 8.1 华盛顿西雅图联合湖海岸线入口的场地分析示意图(Windrose Landscape Architecture 提供)

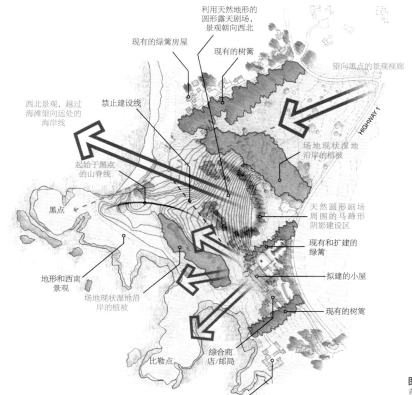

图 8.2 海滨牧场扩建项目的场地分析草图(Bull Stockwell Allen 提供)

大型复杂场地

以夏威夷为例，一处大型场地将建设若干酒店和度假设施，因此场地分析需要重点考虑建筑物和设施的选址与布局。取景是至关重要的考量因素。此外，还可利用地形将场地划分为不同区域。在分析图中，文字笔记是不可缺少的一部分。

大型新建大学校园场地

在印度尼西亚一处新建大学的场地中，已经定位了山脉、两条自然溪谷、陡坡、已有建筑物、可能的入口等关键影响因素。在进行该场地规划的同时，还在同步进行周边其他待开发场地的许可申请。图中显示了以场地中心为圆心的10min步行范围，这样可以直观判断设施可布点的机会用地。

图 8.3 一处将建设教堂和校园的城市场地分析示意图（© Williams Spurgeon Kuhl & Freshnock Architects 提供）

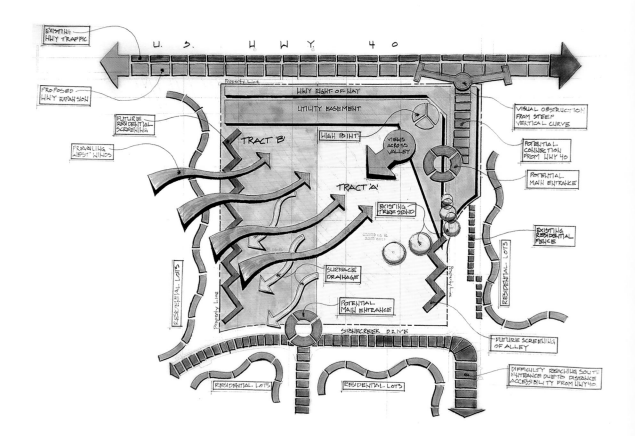

第 8 章 场地分析　147

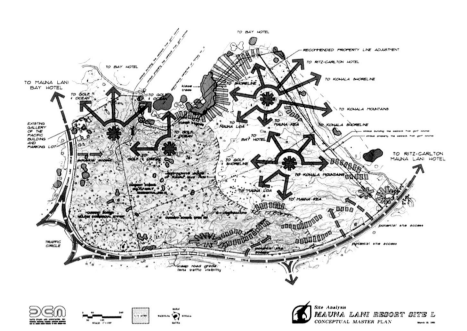

图 8.4　夏威夷马纳拉尼（Mauna Lani）度假区场地分析（David Evans and Associates 提供）

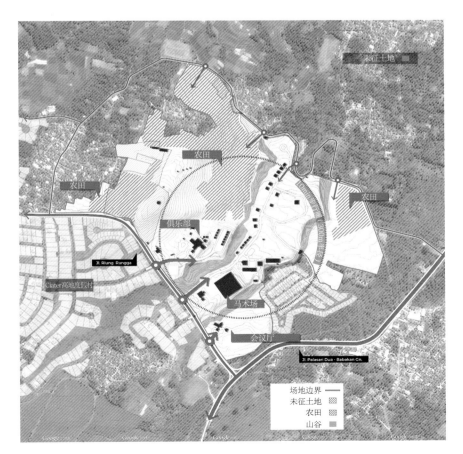

图 8.5　印度尼西亚舒邦（Subang）西爪哇（West Java）新建大学场地现状示意图（Sasaki Associates 提供）

分散的城市场地

在某些情况下，通过场地分析可以发现开发建设用地之间的联系，并可判断潜在开发用地。马里兰州巴尔的摩的哈珀角（Harbor Point）通过场地分析发现了从位于百老汇的菲尔斯角（Fells Point）经公路到达泰晤士广场的诸多可用地块。

多功能地理信息系统整合

半个多世纪以来，场地规划师一直梦寐以求实现场地分析自动化，通过地理信息系统（GIS）整合所有可用的数据信息。早在GIS形成之前，英国著名风景园林设计师伊恩·麦克哈格（Ian McHarg）就开始了这样的伟大尝试；他在得克萨斯州休斯敦市南部的一个新社区伍德兰（Woodlands）的规划设计中，使用重叠的透明纸张把对场地区域造成影响的五大因素进行叠加分析，这些因素分别为百年洪泛区、排水管道、重要保护开放空间、对地下水补给至关重要的土壤和对潜水面十分重要的土壤。这些因素互相重叠之后仍然空出来的地方将成为最佳的城市建设用地。这一分析方法同时也是默认这几大因素具有同等重要性。然而，实际上要把图纸上的内容落实到场地规划方案中并非易事，分析图中简单的线条往往在实际中占位甚广，因此需要仔细辨别确认开发限制的边界及合理的选址落位。但不可否认的是，这些分析方法在方案构思之初具有指导作用。

图 8.6 巴尔的摩哈珀角的场地整体分析（Ehrenkranz, Eckstut & Kuhn 提供）

第 8 章 场地分析 149

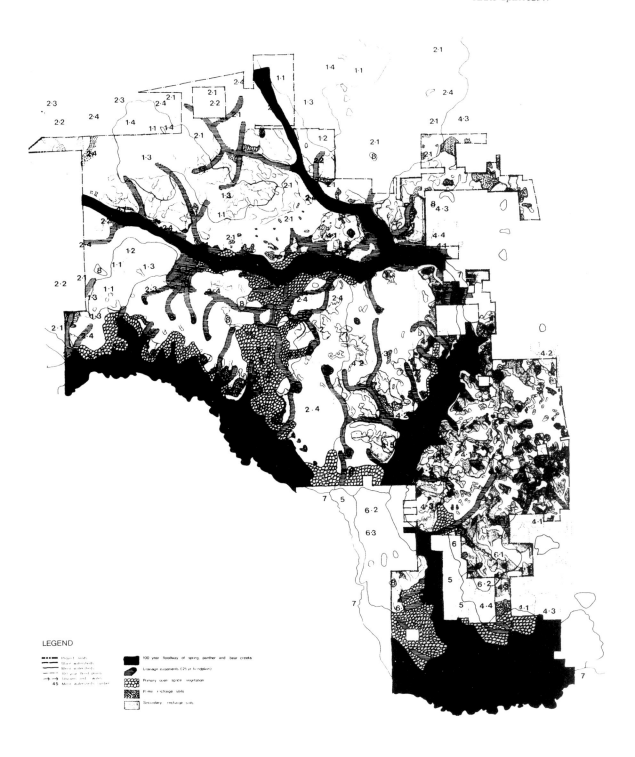

图 8.7 得克萨斯州休斯敦市伍德兰新城场地的重要因素叠合分析（Wallace McHarg Roberts and Todd/WRT Design and Anne Spirn 提供）

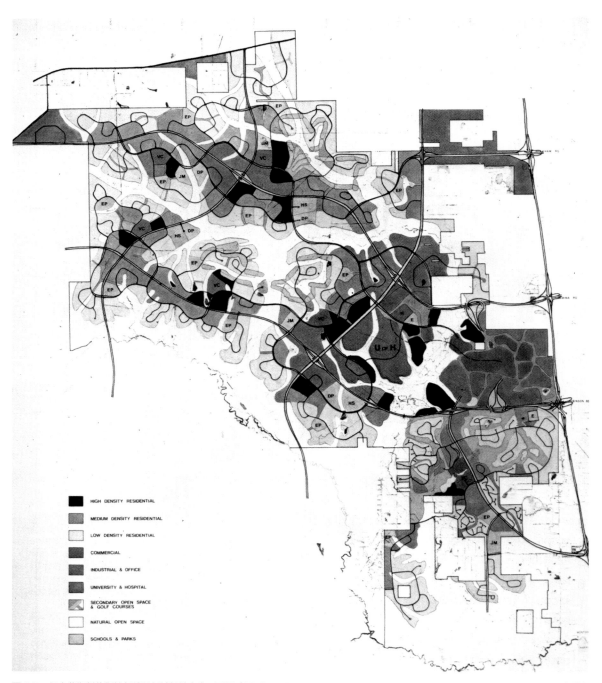

图 8.8 得克萨斯州休斯敦伍德兰新城场地方案平面图（Wallace McHarg Roberts and Todd/WRT Design and Anne Spirn 提供）

当前，大多数GIS系统都提供了对不同层次的数据进行整合的方法。此外，人们还开发了各类算法对各种因素进行权重叠加分析，从而得出场地综合适宜性评价（Andris，未注明出版年）。但是这样的评价在其有效性上存在两大挑战：首先，这需要持续获得土壤、植被及其他因素的数据，但这些数据往往并不十分准确；其次，对于权重的判别分析受不同的价值取向影响。因此，适宜性评价的方法对于大规模区域开发决策更具意义，而不适用于单体精细化的场地规划设计。此外，该方法还有助于确定诸如机场等特定开发类型的适宜场地。

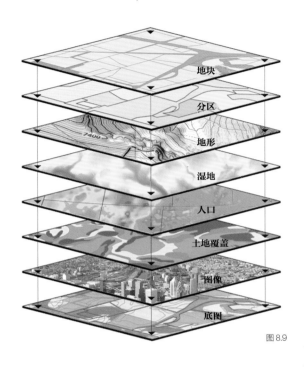

图8.9

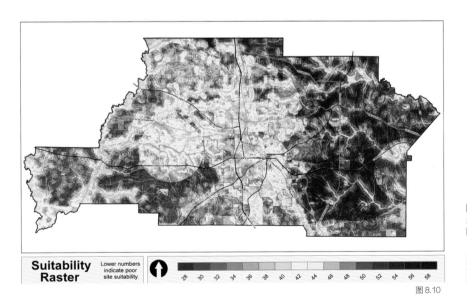

图8.10

图 8.9　GIS 场地分析中的分层示意图（Adam Gage 提供）

图 8.10　佐治亚州格里芬（Griffin）机场场地选址的多因素分析（Clio Andris/LPA Group/Michael Baker International 提供）

第 **3** 部分

规划
场地

场地规划与设计需要创造、逻辑与技术三者的巧妙结合，且缺一不可。各类场地的规划虽不尽相同，但往往可以在具体实践中相互借鉴。有经验的场地规划师能从各种规划方法和技术中吸收可取之处，进而更快、更好地制定场地的规划方案，并与相关利益主体进行沟通协调。

规模和地点对于场地规划至关重要。小型场地根据场地快速分析和有限的若干功能使用情况可以迅速展开场地设计。相比之下，大型场地的规划则需要综合考虑各方专家的技能进行综合的通盘考虑，因而规划所需的时间更长。在城市建成区中的场地无论大小，都需要与场地周边的居民、利益群体以及政府进行深入的协商讨论，共同得出一套合理的规划方案。而未开发地区的场地规划有的可由专业团队独立甚至秘密进行，少数情况下才会需要外部公众审核。

在本篇中，我们将逐一探讨场地规划与设计过程中的各项组成要素。在分析每种场地类型所具有的规划独特性的同时，也将提出场地规划的基本流程。这一篇中我们还将讨论如何让利益相关方和场地用户参与到规划过程中，以及了解场地用户情况的多种渠道。本篇还介绍了场地空间策划的方法，以及规划师在进行规划和设计时采用的传统或数字化的方法和工具。场地的设计多种多样，这一篇的章节将结合成功案例经验讨论如何探索出最优的方案。此外，我们还讨论分析了场地规划的其他若干方面，包括基于标准的性能衡量、场地的经济变化，以及场地影响评估等。

正如场地规划本身具有复杂性一样，本篇各章的内容也无法用单一的写作方法一以贯之。接下来的第9章将会概述规划过程需要面对的诸多任务，这些任务是场地规划的重要突破口。本篇其余章节可用于资料查询使用。

第9章

场地规划与设计的方法

分析场地规划过程的最有效方法之一就是将其视为多种活动的汇集，每一项活动有专门的学科和研究重点，随着项目的推进，在场地建设过程中逐渐聚集，并最终实现共同的目标——好的场地规划方案，这其中包括明确的规划定位、良好的规划方案、基础设施规划、土地划分方案、财务预算、景观设计方案以及指导场地基础设施、公共空间和设施建设所需的文件材料。在上述这些成果中，许多规划方案需要得到地方政府的审查许可，场地建设方要继续推进场地开发项目的进度，便需要积极整合资金来源、市场营销、建造施工以及管理团队等多方资源。

场地规划并非一个因循守旧的过程，随着新信息的不断获取，场地规划和设计也在不断拓展新的可能性，并且不断筛选最佳的解决路径。在这个过程中，回溯反馈是常见的方法之一，即通过检验和预测修改各种预设的情景方案，通过市场、公众许可和公众参与测试检验各种设计理念和想法。规划师需要随时根据外部条件变化而调整规划方案，甚至舍弃早期规划构想。但尽管如此，场地规划还是在改进中不断完善，在场地规划过程中，往往能够按照既定的步骤循序渐进地逐渐形成一定的方案，这些步骤包括初期的研究调查、平面示意图绘制、精细的规划图纸，以及最后的施工图纸。

如图9.1所示的是一个面积为40hm^{2}左右的混合功能场地的典型规划流程。

前期准备工作

我们将场地规划过程中的最初准备阶段称为预备阶段（preliminary stage），这个阶段的内容包括：确定客户、用户和利益相关方

（identifying clients, users, and stakeholders）（图9.1中的1a，同以下标号），确定各方的目标、需求、期望以及他们所能接受的最大限度付出。进而延展至下一步，即公众参与过程（public engagement process）（1b），这一步贯穿了大部分的规划全过程。在公众参与中，最为重要的是与买方客户和意向用户的沟通；尽管该规划过程尚处于初始阶段，在前几周早期的规划创意和想法都还未形成，但仍然有必要与规划许可相关的审批主体进行交流讨论。本书第10章列举出若干让利益相关方与公众参与规划过程的技巧和方法，而第11章则阐述了场地用户的相关分析。

接下来的一步是初期场地分析（initial site analysis）（2a），包括将航拍图片、数据、上位规划图、工作底图进行汇编整合，以及将场地调研（如注释和照片等）成果转录至图纸上等工作。这些信息需要进行充分理解和吸收才能转化为有用的资料，如应注意场地的自然风貌、重要的出入口、基础设施以及场地开发的相关条文规范等，这些在第8章中已经有所详述。

在具有特殊环境的场地，如海滨或受保护的地形、地貌等，需要在初期就进行更加深入的调查研究。由于现场调查花费代价较高，因此通常需要在调查前尽可能掌握已有的相关信息。在确定用户类型后，再进一步挖掘场地的详细信息，进而做出相关的分析和决策。

在场地分析的同时，可以与客户沟通展开规划草图工作（sketch program）（3a）。草图绘制需要充分熟悉本地市场信息（或空间需求），掌握开发建设的经济规律，以及客户和设计师对场地的社会与环境效益的诉求。草图可以较为简化，如确定住宅单元的数量及价格区间，以及相应的开放空间与设施规模。有的时候草图需要更深入一些，如确定目标、场地预期性能，并且针对场地做出设计和开发的一些创新尝试等。关于场地需要如何规划的一系列前期研究分析必须尽可能充分，但无需过于详细冗长。因为富有创造性的设计研究还可能会打破之前的想法禁锢，从而发掘出场地使用的新的可能性，后期更详细的规划方案中能逐渐反映出这一点。我们将在第12章中详述场地策划的内容。

预备阶段的所有信息都需要在场地可行性研究（feasibility study）（4a）中有所体现。可行性研究不仅是分析场地使用的潜力，还可对初期规划设想进行检验。通过可行性研究，可以对一些问题做出决策判断，并且确认待解决的若干问题，如场地使用的预期规划是否适合，规划密度是否过高，是否给其他功能使用留有余地，场地本身是否鼓励其他用途，场地的路径和基础设施是否充足，是否有创新设计的空间，大规模场地是否

第9章 场地规划与设计的方法 157

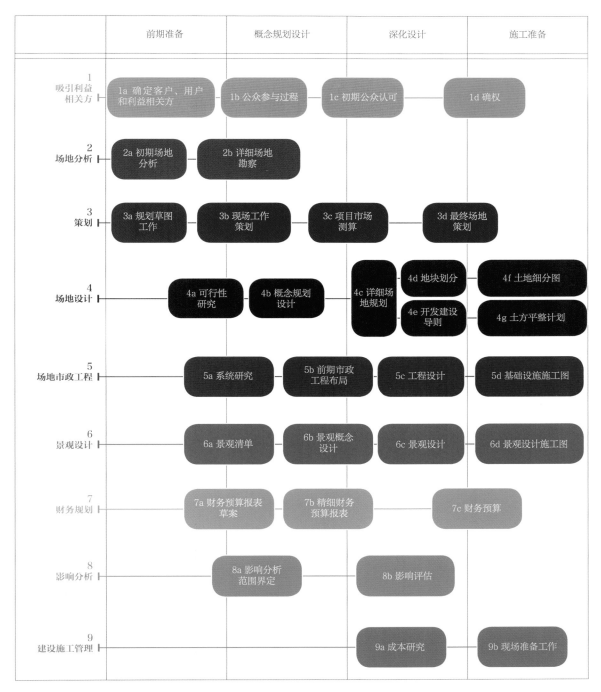

图 9.1 场地规划流程图（Adam Tecza/Gary Hack）

有分期开发的可能等。场地规划草图需要进行多方案反复论证,通常场地所有者会希望和当地政府官员及公众共同商讨这些方案,以便在规划确定之前能较好地确定相关投入成本。在多方案比较时,场地规划还需要出具财务预算报表草案(sketch of a financial pro forma)(7a),以便能够形成真正推进规划的有效决策。关于财务分析的内容将会在第17章做简述。

完成可行性研究之后,需要对之前所做的准备工作进行盘点和整理,进而做出接下来推进工作的决策部署。下一步的首要任务就是进行现场工作策划(working site program)(3b),这需要包括场地用途的定位、相关重要建设规范、开发建设标准,以及后期规划的进度安排等。之后便进入项目的概念规划设计阶段。

概念规划设计

场地的概念规划设计(schematic plan)(4b)首先需要详细研究分析前期的准备工作,并融入新的信息和方法。其次,需要进行更详尽的场地勘察(detailed site survey)(2b),作为之前信息的补充。详尽的场地勘察包括地形图测绘调查、湿地等特殊场地特征的精确定位,以及可建设用地土壤的承载力及土质情况等。一旦发现有需要修复的地块,就要进行更详尽的土壤勘测。

可行性研究的很多方案构想可能依托于手工草图,但方案设计则需要在电子化平台中精确加入各方面的数据,以形成后期工作的主要工具和媒介。方案设计的电子平台选择十分重要,需要精确且运行稳定,可以快速呈现平面及三维立体的效果。第13章将会介绍目前在场地规划中最为常用的数字工作平台。

接下来,需要由工程师对市政基础设施进行系统研究(systems study)(5a),以此来确定场地周边的道路和交通承载力、溪流和土壤吸收径流的能力,以及附近排水、给水、电力、通信等设施的地点和输送能力。系统研究这一步也是挖掘基础设施可能性和潜力的环节,如可以研究场地是应该独立开发自己的基础设施管网体系,还是融入整个区域的系统之中;场地具有哪些开发绿色基础设施的潜力;场地规模是否适合设置地区供热(制冷)系统;将如何减少交通出行的需求;电力与通信设施适合安装在地面还是地下,在道路红线内还是用地红线内等。上述问题的解答也有助于场地的概念方案设计。在概念方案形成后,工程师将进行前期市政工程布局（preliminary engineering layouts）（5b），检验方案的可行性，下一步则是根据其他类似规划项目的典型单价来制定成本概算。中卷详细介绍了这一环节会涉及的各类场地基础设施。

在概念方案设计阶段，应该考虑场地最终要呈现的景观特征，景观设计创意想法应该成为概念方案的重要内容，而不是事后无济于事的补充。但凡场地内有植被或历史景观地段，都需要记录在景观清单（landscape inventory）（6a）中，并提出维护保养的建议。场地的景观规划需纳入更为广阔的生态系统环境中进行考虑，相关工作需要借鉴大量成功的景观设计及管理经验，优秀案例将有助于场所特征的设计。

概念规划设计需要对道路、开放空间、建设模式进行创造性的探索和挖掘，以形成彰显场地独特特征的规划方案，并营造强有力的场所感。但同时，概念方案也要务实，符合场地的策划内容，可适应不断调整和优化，并兼顾公众及其他利益相关方的审视和诉求。有的规划师倾向于探索多种方案，然后再确定其中一个特定方案进行推进；也有的规划师更喜欢从某一种熟悉的场地建设模式入手，将其应用于场地规划设计中，然后根据地段的开发潜力进行调整和改变；还有的规划师更倾向于用抽象的类比和比喻来萌生创意想法，或根据场地地形的特征提出设计策略。不论是哪种类型的规划师，最重要的是整个团队齐心协力产生创意和想法，并不断评估和讨论得出最佳方案。好的工作团队能让场地规划充满各种可能，因为任何一种想法都可能会引向最终富有创意和务实的方案。第14章将重点阐述场地设计的方法。

大型场地需要进行一系列影响分析，这也是规划获得公众许可的必要环节。在概念规划阶段可以同步进行影响分析范围界定（scoping of the impact analysis）（8a）。通过影响分析能够确定相关指标（如场地径流数量、减少的交通量等），并且有助于判定设计及规划进度的基本要求。第18章将简要描述影响评估工作的内容和步骤。

概念规划阶段的最后一步通常是对方案及其相关研究的完整陈述。其中，对场地预期特征的描绘和示意尤为重要，因为相关决策者很难从二维的平面上感知和想象场地最终将会呈现出的风貌及空间感受。因此，尽管当下可视化工具的发展可以快速精准地绘制出平面和鸟瞰图，规划设计者往往还需要制作物理模型进行展现。当前制作多媒体和动画的成本仍然很高，但设计者可以制作简单的空间漫游动画，对方案进行虚拟仿真模拟的展现。可视化的风险在于，非专业人士往往会被图画吸引，而且认为动画模拟就是真实的情况，进而喜欢或厌恶透视图呈现出来的建筑或景观特征,可是真正需要他们决策的却是场地的规划布局。不过尽管如此,客户和各方利益相关团体的诉求仍然能够启发场地规划者的构思和设计,而插图说明正是触发客户需求和表达沟通的媒介。第19章会结合案例来介绍一个完整的场地规划方案。

在概念设计之后通常会形成重要的项目规划决定,如买方客户会基于喜好及可操作性等角度决定是否继续推进这一方案,也可能需要借助项目市场测算(market test of the program)(3c)来判断精细财务预算报表(refined financial pro forma)(7b)是否合理。方案和概算也会用于下一步的融资资源。在这个阶段,获得初期公众认可(initial public approval)(1c)也十分重要,公众的认可包括在场地的重新划分布局上达成一致,或者在原则上获得规划主管部门的许可,抑或就继续推进达成协商共识。

深化设计

伴随相应的规划决策,下一步就是展开更加详细的规划设计工作,其目标是完成一张详细场地规划图(detailed site plan)(4c),以此作为后期开发工作的蓝图。尽管大型场地在初期开发建设之后必然还会有调整改进,但深化设计图纸总体而言还是确立了场地的整体框架和布局、风貌特征以及相关重要规划决策。深化设计包括基础设施、景观风貌、建筑物及其他建设开发的细则规定等内容。通常初步规划方案的精度能到10m左右,而深化设计的精度则为1m以内。深化过程需要场地设计师和各方专业人员的紧密配合。

深化设计内的地块划分图(4d)需要考虑场地内所有地块的产权性质,它会标记出业主自持或将售出的待建设区域,以及包括道路、公园、公共设施和集体所有土地在内的公共用地。此外,也需要标出受地役权保护和受契约保护的区域,并在后期辅以具有法律约束力的土地细分规划图。地块划分对于获取开发许可来说至关重要,第16章将会重点讲述土地细分的过程。

大规模的场地在多年建设开发后,深化设计会聚焦在主要街道、地块和基础设施等方面,而且在初期建设阶段会格外详细。在市场主导的土地开发中,很难预测到未来10年的市场需求和动向,因而制定灵活的规划方案,同时也在变化中保持场地的风貌特征这一点尤为重要。其中,一种行之有效的方法就是随着场地开发的不断推进，不断推演可能的情景方案。但是在不断变化和改进的方案中，哪些是场地设计需要保留的场所最重要且不可更改的特征呢？

场地基础设施的各方面都需要纳入设计考量，而这些都无法一蹴而就。在工程设计（engineering design）（5c）中，需要确定市政基础设计的具体规模、形式、位置以及官网系统的承载力和供应量。尽管工程设计这一阶段并不会像施工图那样细化到所有管道的尺寸信息及道路断面设计等，却能够依据工程设计估算出可靠的成本预算，进而有助于完成单体项目的整体设计框架，也通常称为"设计包"。

在这个阶段，景观概念设计（landscape concept）（6b）也同步推进，并且需要与场地规划和工程设计团队进行协作。基于景观对场所特征的重要影响，景观设计师们通常在场地规划中起主导作用，街道、开敞空间、建设用地、公共设施均需从景观设计的角度进行一定的考量。在规划洼地或雨水花园等绿色基础设施时，市政工程、规划和景观设计三者之间往往紧密相连。在规划方案基本确定之后，就可以着手进行更精细的景观设计（landscape design）（6c），确定场地内重要开放空间的形式及其典型的景观要素、设计细节、树种植被等。关于场地景观设计的多种可能性，我们将会在中卷第13章中做更深入的探讨。

许多地方都要求规划方案在获得公众许可之前还要提交一份详细的环境影响评估报告（environmental impact assessment）（8b）或环境影响研究报告（environmental impact study，EIS），以此来预估场地开发可能会对周围环境带来的影响。环境影响评估报告需要概述相关方案，并与场地当前情况或不建设的情况进行对比，其具体内容涵盖交通、基础设施、自然环境、空气质量、不可再生资源以及当地规范中要求的其他方面。专业的环境影响评估研究会要求提交对交通、地表径流、风模拟各方面的影响研究报告。美国的一些州还要求那些对区域环境造成重大影响的场地建设项目提供其他相应附加研究报告。此外，地方部门可能会要求提交财政影响研究报告（fiscal impact study，FIS），阐述场地开发对地方财政带来的负担，作为与开发商进行谈判协商的准备。还有一小部分地区的相关部门要求提供一份健康影响研究报告（health impact study，HIS），简述场地开发是否会造成（或如何避免）肥胖症以及对健康生活方式和社会交往的影响。上述这些研究报告的要求与内容详见第18章。

开发建设导则（development guidelines）（4e）对于深化规划设计必不可少，它规定了场地建成环境的各项关键要素。导则的形式可以多样，具体内容包含对场地退线、高度、用途、出入口等的最低要求，抑或对建筑物的形式、风貌、材料提出刚性管控的要求和设计原则，如"沿街连续底商"或者"建筑物退线30ft以上"等，还有的导则提供了建筑物类型、形式、材料和细部必须遵循的全套模板和范式。设计导则对场地进行地块细分对于其他设计团队进行深化设计尤为重要，因为它能够确保规划意图得以贯彻落实，并设定了开发建设需要遵循的质量标准，也保障了后续建设方和客户对整体场地信息的了解。第15章将会详细讨论场地设计导致的范围、标准和规范。

经过这一深化环节，场地的规划方案会进一步修改，最终呈现给公众、决策者、潜在投资方以及客户。向公众展示的内容包括图纸和技术说明，并且通常会在网站上公开相关规划方案，并向公众征集意见和建议。

详细的场地规划设计方案能够有助于场地开发建设的确权（entitlements）（1d），相关权益包括：公共道路的路权、由地方政府接管和运维的公园及公共设施、场地内基础设施模式，以及为了场地开发而对地方建设规范做出的调整。这些权益的授予方式多种多样，一般都沿用地方开发管理的习惯做法。例如，有的城市会为此签订正式的开发协议，以此来约束开发商的具体行为规范，并保证开发建设的时间进度；有的地方则通过颁布地方规章制度来约束开发活动。如果场地规模很大，相关规划方案通常要经上一级政府相关主管部门审核。在美国，如果场地内有湿地，则需要得到美国陆军工程兵团（US Army Corps of Engineers）的许可。此外，如环境委员会、历史委员会、区域委员会、空气质量委员会、海岸保护委员会等很多委员会和相关机构都会有所参与。地方的经济社会发展环境和公众对场地开发的接受度都将决定整个审批过程的长短。如果场地规划者事先对这一系列流程进行详细的调查研究，并对利益相关方提出的问题做好应对，那么整个规划方案便会顺利通过上述确权阶段；但在更多时候，为了获得种种许可，规划方案不得不按要求做出各种相应修改。

施工准备

场地规划设计方案获得许可后，项目进程便可加速推进至施工建设阶段。如果在授权阶段有对方案做出调整，则需要在最终场地策划（final site program）（3d）和财务预算（financial plan）（7c）中得以体现。在施工图递交之前，场地可以进行初期现场准备工作（site preparation）

（9b），如清理场地构筑物、修复棕地、扩展市政管线，以及其他必要的准备工作。不过在对地形、道路和其他现有基础设施进行改变前，还需要完成一系列专业技术任务。

场地的地块划分需要最终体现在一张精准的土地细分图（subdivision plan）（4f）中，要求精确到每个细分地块的尺寸、方位及半径等。现场勘测定点坐标的调查人员最终会在图纸上落位相关信息。尽管当下的GPS技术不断改进，但很多地方仍然需要对地块边界和关键点进行现场验证。土地细分需要与市政工程团队紧密协作，因为后者负责后期关于道路、公共设施、基础设施的施工图（infrastructure construction documents）（5d）的设计和筹备工作。在精确校准工作中，场地开发过程中每个环节的边界、范围和建设高度都需要纳入考虑。在地块细分和市政工程设计完成之后，便可以开始着手准备第三项关键技术文件，即土方平整计划（site grading plan）（4g）。

如何统筹场地的地块细分、市政基础设施设计以及土方平整可谓是一门复杂的艺术。例如，斜坡上道路如何设计，是通过桥面、直线还是连续的弯道来沟通上下等问题，都对场地建成环境的使用体验至关重要，因此不能完全遵循传统的工程做法。同样，地块细分的精确大小和形状也会影响建筑物的建设以及周围开敞空间的使用情况，而这些都不是勘测人员所能解决的。土方平整需要尽可能紧密地利用现有的地形而少做更改，同时考虑到技术解决的需要和相应改变，如此才能确保规划设计的成功。

同理，景观设计也需要注意这一点，即不能等待所有关键决策都确定后才开始设计。例如，要保留场地内成熟植被，就不能对地表径流进行大幅度调整；又如，新增不渗水地面需要与能够吸收径流的自然地表资源保持平衡等。在准备景观设计施工图（landscape construction documents）（6d）的过程中，景观设计师需要与规划师、勘察人员和市政工程团队紧密协作。

目前本章中阐述的内容较适用于北美大多数城市，世界上其他国家和地区通常会根据当地情况而各有不同。例如，有的国家有场地开发许可系统，要获得开发权就需要在规划示意图中提供更多的细节信息。还有一些国家，一旦前期的规划方案获得许可，公共部门则负责规划和建设场地内的基础设施，但这种做法往往只依靠通用标准，从而忽略了具体场地的特殊情况。

接下来的章节我们将逐一介绍上述各环节。需要说明的是，场地的规划方案没有唯一解，但是最佳路径的选择一定依赖于各方团队的紧密协作和配合。只有这样，才能够形成具有良好风土条件而又宛若天成的场地规划。

第10章

各方及公众参与

场地规划师不是场所唯一的决策者，当然设计自家住宅除外。而哪怕设计自家住宅，也需要考虑诸如家庭成员及其他重要成员的意见，邻居会如何看待规划设计，方案也需要得到包括借贷公司、建设许可部门、设计审查委员会等多方认可。可以说，任何场地规划都需要从一开始就用心了解客户的意愿，确定用户身份及需求，以及满足那些对场地开发有决定性影响的利益相关方的诉求。无论场地大小，规划师都需要替最终使用者考虑，哪怕最终使用者不在场或者尚未确定。规划师还需要通过沟通并说服相关评审机构，以获得方案许可，或者打消民众的疑虑从而获得公众支持。

客户、使用者及利益相关方

场地规划的首要任务就是明确需要满足谁的意愿和诉求，因而这里需要对客户（clients）、用户（users）和利益相关者（stakeholders）三者进行区分。

规划师受聘于客户，对其负有直接的合约责任，客户需要认可规划方案，进而进一步完成财务预算和开发所需的法律保障程序。如果客户不满意，一切都是空谈。有的时候客户也是场地的最终使用者，不过大多数情况下，在场地建设完成后客户就离开了。开发商的工作包括规划场地、完成审批过程、将单个地块出售给建筑商或其他开发商。在建设完成场地的基础设施、街道、开放空间，以及售出所有地块后，开发商的工作也就结束了。又或由政府建设方规划并建设大学校园，进而移交给大学管理机构。在这些情况下，场地规划师肩负着特殊的使命，即既要满足客户的要求，又要重视最终用户的权益。

场地的用户通常无法直接确定。如果场地作为商业用途开发并出售，那么将由市场决定使用者，而且还会随着时间的推移、商业模式的变化以及居民的老龄化而发生变化。居住区尤其复杂，目标市场通常并不肯定，初期设想也通常需要不断适时调整。随着第一批居民入住，他们的诉求和愿望也会相应发生变化。例如，不同的房主可能会提出新增或修缮房屋的需求等。正因为用户的不确定性和可变性，我们不仅不能忽略使用者，反而还应该尽可能精细考量，对日后可能的变化做出相应的预测，并预留足够的弹性。

即使确定了最终使用者，并做好了应对未来可能发生变化的准备，场地规划仍有很多工作要做，因为每个场地的用户大相径庭，其利益关注点也不尽相同。例如，经常使用公园场地的体育团体的使用需求就不同于常人；街道两侧居民与快递员和商家的视角也大不相同，而消防部则尤为关注街道的安全。运维及保护等机构人员对场地规划的考量与住户并不一致，这便导致很多建成环境易于维护却不适宜居住。规划师需要为平衡各方利益而做出更多努力。

场地规划设计与客户和用户的利益最为直接相关，但很多其他利益相关者也对场地规划拥有发言权。这些利益相关方包括对场地的使用和开发进行审批的公共机构和行政部门，也包括与场地规划开发相关的政府官员，以及审批场地规划的上级规划主管部门。其他各方也会以专项的方式介入进来，如环保团体号召保护独特或敏感性土地，社区居民要求减少使用街道带来交通压力，场地内道路的使用者要求保护他们的权利，附近居民则希望留出足够空间作为休闲娱乐用地等。这些群体或许没有直接的决策权，但他们会对整个规划过程形成推延等影响，比如他们会申诉场地规划决策，或者为阻止项目而上诉。有时候，正是因为他们没有场地的所有权或管理权，反而加剧了他们想对场地造成影响的愿望。

成功的规划过程通常需要在初始阶段列一份用户清单，包括客户、使用者、利益相关方以及其他利益相关群体。在明确这些群体各自的立场和要求后，制定战略并对相关方案提议进行评估判断。通常来说，场地所有者或者政治家需要进行一对一对谈来获得直接答案，而其他人更倾向于进行圆桌讨论或者召开大型研讨会的方式进行探讨。如果决策群体的数量不多且彼此之间较为熟悉，那么可以每周或每月定期召开规划方案的审查讨论会，共同讨论问题的解决方案。在大型复杂项目中，各方利益往往难以调和，相应的战略需要做出调整才能达成一致意见，也需要多种平行的协商和讨论。

工具栏 10.1

场地规划的客户类型

早期客户
项目直接赞助方（付款方）
当前场地开发建设的投资商
场地所有者
场地地役权或用益物权所有者

用户
场地最终买方或租户（住宅、商业空间、办公楼宇、公共机构）
场地的住户或常住户（包括孩童、残障人士及其他少有发言权的群体）
特定时期使用场地的人群
场地的运维方
场地安保相关机构和群体，如警察、消防、救灾部门
下一代（几代）用户
场地内栖居的动物

利益相关方
场地开发的可能投资商
规划建设审批部门：民选委员会，主要行政主管部门，规划部门，交通及市政部门，环保部门，学校，文旅、公园等管理部门
重要领导官员的许可

其他利益相关群体
场地内社区及附近场地所有者
支持场地开发建设的群体，如商会、公众利益群体等
环保团体

组织公众参与

许多项目都需要各利益方及大多数公众参与到规划的讨论中来，最终认可并支持场地规划。如果一开始缺乏公正透明和信任的争取，项目进行中就可能面临多种不确定甚至抗议和反对的声音。有组织的公众参与（public engagement）是为项目打造积极舆论的一大重要策略。

公众参与有多种目的，具体可包括：判别出那些希望在场地规划中发声的群体；尽可能在规划初期就明确他们的利益关切点和诉求，进而在规

划中充分考虑其需求；通过讨论找出矛盾点，以便在冲突各方之间展开讨论协商并达成一致；公示规划方法及最终概念规划方案供讨论；在后续汇报中回应相关意见和建议；以及最终达成共识。各地区不同的各方利益团体决定了公众参与过程的火药味程度，这是一个有着明显政治色彩的过程，也深受地方传统的影响。

如果场地位于建成区内，有着许多有组织的利益群体，那么需要更多的会议来进行利益协商及差异矛盾的调和。美国波士顿的保诚大厦（Prudential Center）占地26ac（10hm²），位于中心城区附近四个街区的汇合处。为达成大厦改建规划的最终共识，经历了长达两年的不懈努力，先后组织了超过200次会议（Hack 1994）。该项目的工作组由市长指派，包括来自14个利益群体的代表，其中一些利益群体长期存在矛盾。最终项目开发计划得以完成，并获得了所有人的同意。

良好的公众参与过程有诸多关键环节（Faga 2006），其中之一就是组建一个工作小组或指导委员会来如实反映公众的各种意见和看法。工作组一般适宜由10～20人组成，以便充分展开发言讨论。尽管工作小组成员反映和代表了公众的利益需求，但他们不应被简单地视为诉求方的代表，最好选举那些德高望重并善于处理矛盾冲突的人作为工作组成员，这一点十分重要。此外，公众参与过程还需要一位公正的引导者（facilitator）或者发起人（animateur），他们应该善于调和矛盾，并乐于与各种利益群体进行协商，其作用是积极促成各方达成对方案的共识。

工作组就位之后，第二个关键环节就是大型的工作坊（workshop），其目的是为了向广大公众传达场地开发的可能性和相关选项。这就有

图10.1

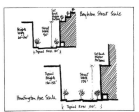

图10.2

图10.3

图10.1 得克萨斯州休斯敦的福斯瓦尔德（Fourth Ward）改建项目中，利益相关方参与公众会议
图10.2 波士顿保诚大厦改建项目获得一致同意的场地开发原则
图10.3 波士顿保诚大厦改建项目工作组向市长介绍开发建设原则

图 10.4

图 10.5

图 10.6

图 10.7

可能需要采用设计研讨会（design charrette）的形式，或随着项目推进开展一系列讨论。项目初始阶段的沟通讨论可能会关注案例研究，从中获取类似的规划设计与开发建设的经验。通常来说，如果让公众有更多的意愿参与到规划探讨中，表达他们的需求、价值观和想法，并且帮助他们了解场地规划的可行性及相关限制，对规划推进大有裨益。这种做法可以应用在建筑群、街道以及其他城市空间设计中，让公众能够适当摒除传统的观念。用大家所共通的设计语言和共同认可案例能够有助于项目的有效进展。

对于高曝光度的大型标志性项目，举行大型的公众会议十分必要，这样能让各利益方感觉自己在这件事上拥有发言权。2002年在纽约世贸大厦改建的早期规划中，曾召开了一次"倾听这个城市的心声"的会议，吸引了大约4500位居民参加。借助即时投票和现场显示计票的科技手段，会议形成了若干可行的规划策略。会议决定将举办一场概念创意竞赛，以此来拓展对该场地建设的各种可能性（Sagalyn 2016）。

第三个关键节点就是要确保项目推进进度（forward progress），并避免公众循环往复地讨论同样的议题。为此，需要明确目标，即初期要在规划原则、目标或者成功指标等方面达成共识；然后要在项目开展前一致同意环境评价影响等相关报告所包括的内容（见第18章）；要对各种情景方案的优劣达成共识；要认可方案随着进程推进可能会进行细化或改动；以及最终一致通过规划方案。

图 10.4 使用者共同参与设计理想社区（James T. Rojas 提供）
图 10.5 2002年世贸中心改建项目的"倾听这个城市的心声"公众参与会（Jacqueline Hemmerdinger/The Civic Alliance 提供）
图 10.6 用于分享和讨论新规划项目的公众互动平台（Urban Interactive Studio 提供）
图 10.7 公民陪审团在讨论气候变化对场地开发的影响（Jefferson Center 提供）

互联网在公众参与上起着不可估量的重要作用。目前有数十种互联网参与平台可供公众发表自己的需求、原则、喜好、提案等，还可以征求意见和建议，甚至进行实时对话交流（Horose 2015）。网络平台还可以上传会议和讲座汇报视频，通常都有惊人的浏览人数。此外，网络平台还能够列出已经参加了研讨会或宣讲会的人员信息，这样既能确保无法参会的人员获得相关信息，更重要的是可以避免公众参与过程中的一大难题，即人们往往没参加此前的讨论，却又在后续讨论中重复提出此前已经讨论过的问题。

上述策略主要适用于美国和加拿大的大部分地区，因为北美地区长期以来有公众参与的传统，很多地方已经形成了公众参与过程的惯例做法，没有公众参与的项目无法得到地方委员会或机构的审批。通常审批需要首先提交公众意见，进而以准司法性的听证会形式召开。在英国，公众听证程序（public inquiry process）与此类似，正如加拿大安大略市政委员会对详细规划方案举行听证会那样。在英国和德国，规划方案有时候需要提交给公民评审团（citizens' jury）进行审批，评审团成员是来自各行各业的普通市民，他们将会仔细询问专家并对方案的可取之处进行论证。类似的如西班牙的规划单元法（planning cell method），以及德国的单元规划（Planungszelle）都是这种方法因地制宜的变体。正如各地政治文明各不相同，类似的形式也不胜枚举，但它们的共同之处在于，通过讨论找到差异，进而解决冲突并求同存异，以免后续的进程反复和无休止的拖延。

设计研讨会

避免项目拖延并让个体或群体发声的办法之一是在项目初期就汇集整合各方利益的声音，而不是将其拖延到规划项目完成后才介入考虑。因此，通常可以采用设计研讨会（design charrettee）这一形式。"charrette"一词源于建筑师的工作惯例，因为建筑师们常常需要通过团队工作形成草案（esquisse）或概念方案（concept）。这一做法可追溯至19世纪巴黎美院的一日竞赛（one-day competitions）。而在规划中，通常需要经过多天探讨，多方就项目概念方案达成一致共识，进而展开后续深化工作（Lennertz and Kutzenhiser 2006）。设计研讨会在有较多利益冲突的时候可以作为重要的调解工具，此外，在需要打破固有僵局的时候也可以提供创造性的见解。设计研讨会通常是为了重新规划社区或讨论公共政策而组织的，不过也可有效加速单个场地的规划进程。

设计研讨会的举办形式根据各地具体情况有所不同，时间长度可以是一天，也可以是一周甚至更长；具体时长取决于是否能够召集到所有关键决策者及利益群体，一定程度上还由研讨会的目标决定。成功的设计研讨会通常密集而紧凑，既能够紧密围绕各方的利益关切，在时间控制上也刚好让每方都发表相关见解。工具栏10.2中展示了一个典型的六日设计研讨会日程。理想情况下，可以在场地附近找个适宜的地方召开研讨会。这种研讨会往往需要较多大大小小的会议室，还需要空间用来展示参考案例的图文。此外，科技手段和画图板也必不可少，这样各方可随时勾勒想法，并进行沟通和讨论。

富有成效的设计研讨会需要充分的筹备工作，其中尤其需要和土地所有者、开发商、市政府和其他场地相关方等各方团队就研讨会的期望、目的以及需要讨论或避免的话题实现沟通并达成一致。在研讨会之前，需要收集整理并公开规划方案的相关数据；还需要提前采访关键的利益相关方以了解其对项目的看法（priors），从而事先调解棘手的冲突问题。筹备组还需要召集经验丰富的设计师和其他交通、工程、市场等方面的专家并向其简要介绍研讨会的准备情况，这样在设计研讨会中专家组可以很快进入工作状态。此外，宣传媒体可以帮助公众了解整个研讨会的进度情况，不过需要谨慎对待以免造成不必要的干扰。如果项目的受众面较广，则需要利用网站来随时播报更新研讨会的相关进展并进行意见征集。总而言之，一切工作都需要在公正、公开的情况下进行，并充分表达对公众参与的欢迎和尊重，毕竟不是所有人都愿意在公众面前袒露真实的想法。

设计研讨会的专家团队需要具备丰富的技能，并愿意通宵达旦地奋战直至形成规划设计方案。团队还需要具备规划所需的专业知识，并敢于

图 10.8 西雅图的专家和居民在讨论建立一个低能耗社区（Dewll）

工具栏 10.2

典型的六日设计研讨会日程

第一天
所有参会人员见面（上午）
介绍参会人员、会议目标、日程安排和基本原则
优秀案例介绍
针对议题的发言时间
利益相关群体及其顾问进行场地踏勘
对关键利益相关方进行一对一采访及讨论
设计团队开始研讨可行方案

第二天
继续对关键利益相关方进行采访
缩减情景方案至几个可选方案
与关键利益相关方讨论最终方案（晚间）

第三天
设计团队在方案中融入相关反馈信息
讨论关键利益相关方提出的难题，并寻求达成共识的可能性
准备方案草案的讲演
公众会议讨论完善方案（晚间）

第四天
基于对方案的反馈选择优化方向
设计团队进一步完善优化方向
准备图片和讲演材料
与关键利益相关方回顾审查整体工作进度（晚间）

第五天
补充完善讲演材料
与关键利益相关方进行预演
向公众展示推荐方案

第六天
设计团队对研讨会进行盘点
提出实施方案的下一步计划

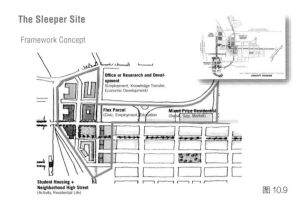

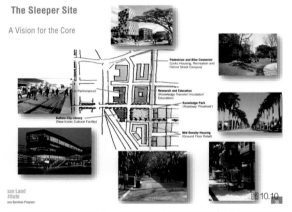

挑战传统常规。同时,研讨会还需要能够熟练使用图表、三维图像和文字展示想法与创意的专业人士,因为即使当前计算机制图已成为标准做法,但快速勾勒草图表达创意仍然十分重要,因为这可以又快又好地分享和交流彼此的想法。最终,多方协力共同完成汇报方案。这个过程可以招募规划设计专业的学生来参与,让他们也了解场地规划设计紧张的工作环境。总之,设计团队需要秉持激情饱满的初心和冷静而不感情用事的头脑,因为许多很好的创意也会根据需要而不得不做出取舍。

详细的方案不可能在一天或一周内一蹴而就,很多工作还需要留到后续的研究中进行。整个设计研讨会的重要成果之一就是制定后期研究实施的战略步骤。在一个成功的研讨会上,各方能够就方案达成共识,进而形成共同团体来支持方案的下一步落实。有时还需要再次召集所有参加设计研讨会的利益相关方,进行定期进度更新和意见反馈收集。

当然,设计研讨会并不适合所有情况,在买方客户讨论重要问题时也许不便过于公开,抑或把所有利益相关方都召集到一处可能未必可行。这些问题需要进行仔细论证和研究,直至研讨会真正顺利进行。此外,研讨会的目的是用较短的时间达成各方共识,但会议筹备和召开通常开销较大,因此需要充分考量举行研讨会的必要性。

图10.9 南非布法罗市(Buffalo City)在为期一周的设计研讨会后形成的轨枕场地(Sleeper Site)的规划方案(Urban Land Institute 提供)
图10.10 轨枕场地建设开发的示意图解(Urban Land Institute 提供)
图10.11 休斯敦福斯瓦尔德(Fourth Ward)项目设计团队负责人在向公众展示设计研讨会的成果

设计竞赛

不论公私团体都已逐渐认识到设计竞赛有助于推动场地规划设计进程。和设计研讨会一样，设计竞赛的形式也多种多样，但不管是何种形式，细节决定一切（Collyer 2004; Nasar 2006）。

设计竞赛主要有四种形式，每种形式有各自不同的目的。创意竞赛（idea competitions）是为了充分研讨场地规划的可能性，但并不会承诺最终规划一定要使用参赛的任何创意。其主要目的通常只是为了扩大项目的宣传影响，或为公众讨论收集想法，抑或为了打破传统场地规划的方式，以及争取场地规划的支持（Sagalyn 2006）。这类竞赛在中国等发展迅速的国家较为常见，开发商举办竞赛以探索场地的独特特征。竞赛有时会以公开赛（open competitions）的形式举办，参赛者并不一定要实施自己的创意，通常获得的收益来自竞赛奖金及奖项称号。创意竞赛对赞助商而言也有很大的政治利好，因为他们通常可以借此表达对各方出其不意想法的包容。

第二种竞赛形式跟第一种大相径庭，即决定性竞赛（definitive competition），甲方将会实施竞赛获胜者的方案。这种比赛在欧洲，尤其是斯堪的纳维亚半岛较为盛行，在那里所有的重大公共建筑的设计都必须组织这类设计竞赛。韩国、中国台湾地区及其他很多地方也都采用了这种做法。竞赛的流程和评比规则十分严苛，一般来说，甲方并不参与比赛评选，而是任命评审委员会（jury）来评选出最优者，有时候会选出前2~3名方案（这种做法在中国较为常见）。因此，通常需要专业顾问团队（professional advisor）监督场地规划或建筑设计的筹备工作，设定参赛作品提交要求，并组织答疑和监督评审委员会的相关工作。此外，技术评

图 10.12 纽约 1988 年的西城滨海公园创意竞赛（Municipal Art Society 提供）
图 10.13 中国香港西九龙公园及文化中心设计竞赛获奖作品（© Foster+Partners 提供）

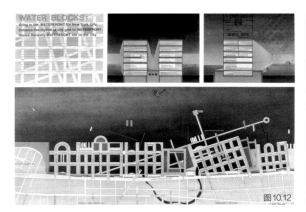

审组（technical jury）会详细审查参赛作品是否符合标准要求，并根据成本预算来衡量参赛作品是否值得予以实施。尽管技术评审组的审查结果没有决定性意义，但一旦他们发现参赛作品不符合参赛规则，专业顾问或评审委员会则会拒绝该作品参赛，而且，技术评审对参赛作品的分析也在很大程度上会影响后续评审委员会对作品的评审。

这类竞赛可以对公众完全开放，也可基于参赛团队的经验和作品资历，通过资格预审筛选出一个候选短名单。在公开赛中，所有符合专业资格要求的参赛团队都需要登记注册并提交参赛作品，且评审过程通常匿名进行。比赛可分为两个阶段：第一阶段参赛作品以匿名的形式参赛，由评审委员会挑选出进入下一阶段比赛的作品；参赛者在第二阶段需要依托较少的资源做出更深化的方案。而短名单邀请赛（invited competition）则可以确保参赛团队的作品实施能力，不过也有可能会在筛选过程中遗漏新的优秀团队或那些有着独特创意的参赛团队。

第三种比赛是团队选拔赛（team selection competition），其目的是选出某一项目的最佳规划团队。这类竞赛旨在让甲方基于各参赛团队对项目规划设计的初步意向构思，从中挑选出愿意与之深化的团队。一般这类竞赛只有短短几周的比赛时间，参赛团队提交的方案也不是最终版，但一旦入选，入选团队则需要与客户、使用者及各利益相关方共同紧密协作来完成场地规划设计方案，而最终该方案往往跟团队之前提交的相去甚远。在这种比赛中，资格能力和创意往往一起考量，甲方通常会在评审委员会的专业意见帮助下做出选择。

还有一些竞赛是上述几种形式的融合，首先根据资格预审选择参赛团队，每个参赛团队针对给定项目进行方案设计，比赛期间穿插参赛团队与甲方或客户的沟通交谈，一般称为调整式竞赛（mediated competition）。这类比赛可以避免参赛团队由于误判而提交离题的方案作品。最终胜出的作品可由评审委员会评出，更多情况下由客户和专家共同组成的评审小组选出。纽约世贸中心创意竞赛就是选取了这一形式（Goldberger 2005; Sagalyn 2016）。在韩国，一般会根据资历和业绩优先选出若干参赛团队，而其他参赛团队则需要公开进行资格竞争。

竞赛不一定仅限于设计领域，美国公共机构会对重要的场地项目举办开发商设计竞赛（developer-design competitions）。在这类比赛中，由开发人员和设计人员共同组成的参赛团队所提交的标书需要包含两个部分：一是要实施的规划设计方案，二是投融资提案。甲方则在专家意见指导下综合考量这两个方面以做出最终选择。美国纽约和洛杉矶备受瞩目两大的项目即哥伦布圆形广场—纽约会议中心改建项目（Columbus Circle-Coliseum redevelopment）（现在的时代华纳中心）和现代艺术博物馆项目（Grand Avenue Project）都采用了这种形式的竞赛。当然，比赛结果并不总是尽如人意，如最强的开发团队的设计方案往往不够好，因此甲方也会倾向于重新组建一支挑选出的最佳开发团队和最佳设计团队共同组成的新团队，但这样又容易招致新的问题，如在这样强强联手的团队中，哪一方的想法占据主导？有的甲方倾向于选择最高资金回报率的提案，而罔顾规划设计方案，因为他们寄希望于后期对糟糕的方案进行补救，但事实证明，这样的做法往往并不可取。

什么时候较为适合举办场地设计竞赛？如果时机成熟，又该如何确定比赛形式？下面是关于这些问题的若干参考。

如果场地策划尚不明确，不宜举办最佳作品竞赛，因为评审委员会将会面临很多风马牛不相及的作品。如果竞赛目的是为了在众多想法中确定场地的策划，那么最好不要请独立的专业评委会进行策划方案评审。在这种情况下，最好的做法是举办最佳团队竞赛，供甲方探索可选方案，同时也为获选团队接下来的设计方案创意深化做准备。

如果场地策划定位十分清晰，但甲方对传统方案不满意，或希望通过竞赛发现具有创新性的方案，则可以举办公开竞赛。如果政府部门或官员有可能阻碍创新，那么反而可以邀请他们加入评审委员会，这也正是竞赛的目的之一，即让审批许可项目的各方都重视竞赛的方案评选。最佳作品公开赛通常耗资耗时，一般而言，比赛阶段至少为6个月，而筹备和宣传需要一年左右。不过一旦竞赛选出独一无二的优

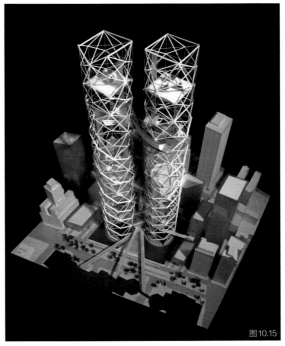

图 10.14 纽约世贸中心改建创意竞赛入选作品（Studio Libeskind 提供 /photo © Jock Pottle）
图 10.15 纽约世贸中心改建创意竞赛第二名作品（THINK team 提供）

秀方案作品，那将会是物超所值。

　　举办竞赛是规划设计领域常用的做法，但是也引发了一系列道德伦理争论。参赛者参加比赛的目的就是为了自己的创意作品能够入选，而这是广告行业以外的专业人士所不愿意去做的。因为这将涉及以下一些尚未有确切答案的问题，如一旦入选，创意究竟归属谁家，赢得比赛是否就能跟进后续方案？如果没有设计补偿费，参赛者的诉求是什么？在很多小规模的竞赛中，为了避免被说无偿参加竞赛，通常参赛团队会得到一小笔设计补偿金，而实际上他们完成作品往往花费数倍的代价。但尽管如此，年轻的新生代团队仍旧不懈地追求项目突破；毕竟如果能够赢得比赛并将作品付诸实践，那么最后的成绩会远超出成立一个设计事务所的意义。

第11章
了解用户

场地规划需要在土地潜力及其用户的需求、愿望和类型之间进行协调和平衡。但场地刚开始规划时往往并没有确定使用者,如何才能得知用户的期望,用户会如何使用场地,规划设计者又如何才能了解使用者的需求?

我们通常可以从消费选择中看出对住户、消费者和景点游客的需求,但由于市场选择有限,并且选择结果往往受资源供给的限制,市场的预测并非完美和正确。在住房市场中,"外观吸引力"并不一定代表对住房及社区的满意度,因为人们的选择受多方面因素影响。人们购买住房时,不仅会从居住角度来考虑,通常还会考虑房屋的转售价值。品牌口碑,诸如拥有较好声誉的品牌且善于推广营销,对消费选择也有一定的影响。但这种满意度往往难以持久,居住区规划或社区附近的商业活动区规划设计应该在用户的需求、偏好、行为习惯方面做更加深入的了解和调查。

人口分析

使用者调查的第一步就是对其进行人口分析(demographic analysis),如预测场地的用户及其群体分布情况(Murdock et al. 2015)。虽然个体偏好不同,但在相同的年龄、性别、民族、社会阶层和生活方式方面还是有一些相似的行为方式和偏好习惯。

年龄划分通常最能够预测用户的使用偏好和类型。例如,年轻人与老人对社区生活性街道的使用大不相同(甚至还可能发生冲突);幼儿的游乐场所肯定与年龄较大的儿童、青少年的体育运动场所不一样。在性别区分较为明显的社会中,空间场所的使用尤其需要考虑性别因素的影响,男女在对公共空间的使用上存在较大差异。不同种族也会影响公共场所的活动行为,如在美国拉丁族裔社区的街道和公园往往会组织很多活动,相比之下中产阶级白人社区同样的空间则鲜有活动，因为那里的居民有别的社交和娱乐方式。在公共空间使用上，大多数城市的移民社区有别于主流生活方式。社会阶层对于场地活动和使用也有不可小觑的影响：随着人们收入的增加，往往有了新的行为习惯。在低收入人群的高密度社区，居民会在自家门廊与邻居沟通，而高收入群体则更喜欢在自家后院举行私人聚会（Michelson 2011）。

场地规划者和市场营销方对待用户的生活方式有相同的视角。市场营销团队的目标客户群体以拥有相似活动、兴趣、观点等方式作为类别划分（Plummer 1974）。生活方式可通过行为和人口特征等因素分类，如年龄、社会关系、活动形式、穿着、态度、偏好等（Giddens 1991）。美国克拉瑞塔斯（Claritas）市场研究公司曾将美国家庭的生活方式分为66种，并分别起名区分，如"城镇老年人""战后婴儿潮一代""古老生活方式"（Claritas，未注明出版年）。英国艾孔（Acorn）公司将英国居民及生活方式划分为62种人口类型（Acorn 2013），这些划分方式也获得了其他国家市场研究的认可和采用。

例如，"年轻意见领袖"（美国之前称之为"雅皮士"）和"上流社会"（迂回城市的退休一代）可能是市场上住宅开发商的目标客户，而这种目标定位恰恰为住房的地点、设施、布局等提供了直接的线索。通过调查荷兰的艺术居住区或纽约的前卫社区，场地规划者也许可以了解多伦多类似的社区居民将会有的生活方式。项目规划可以先从预设一系列生活方式类别开始，再根据需要随时补充调整，并随着后期方案的完善进行反馈和检验。

在深入了解用户的行为、需求、偏好等细节方面，社会科学和环境行为学研究已发展出非常多成熟的方法和技术。这些方法在用户调查和理解行为方面的确行之有效，囿于篇幅所限，本书将不再一一列举。

图 11.1 各种各样的商铺显示了不同的生活方式和种族特色：洛杉矶博伊尔高地（Boyle Heights）一处拉丁社区

图 11.2 在加利福尼亚州的奥克兰和伯克利，洛克里奇（Rockridge）成为大学和专家社区的中心

工具栏 11.1

美国克拉瑞塔斯（Claritas ® PRIZM）公司基于高消费家庭的
生活方式分类举例（© Claritas, Inc. 提供）

01 上流社会（upper crust）
美国社会最高级的群体，上流社会集聚了很多富有的65岁以上空巢老人。大部分居民人均年收入超过10万美元，且很多拥有研究生学历。他们开豪车、吃餐厅、频繁旅游，生活富裕。

02 网络社区（networked neighbors）
网络社区特指分布于城市郊区的富有家庭，通常有价值百万的豪宅、独立的草坪、豪车以及私人高档俱乐部。这类阶层的主要人群是有孩子的夫妻家庭，特征为高科技、高学历（本科学历）、高收入（年收入六位数，职业为企业高管、经理、专业人士）。

03 权势人物（movers & shakers）
权势人物是指美国郊区的商务阶层，通常为富裕的双薪家庭，高学历，年龄在45~64岁。大部分都是企业高管和白领专业人士；由于他们喜欢阅读商业读物、浏览商业网站，市场因他们的生活方式而衍生了新的商业模式。

04 年轻的计算机高手（young digerati）
指的是住在城郊时尚社区精通计算机技术的年轻人。他们生活富裕，学历高；社区往往有潮流的独立公寓、健身会所、精品服装店、休闲餐厅；社区内酒吧林立，供应从果汁到咖啡再到私酿的应有尽有的饮品。很多年轻人结婚生子后继续选择留在城市生活。

05 乡村绅士（country squires）
美国郊区最富有的居民都在这个类别里，这是在美国20世纪婴儿潮中诞生的一代人，他们离开城市，追求小镇的生活。其社区如田园一般，拥有庞大的别墅，家庭成员都是商业高管，年收入达六位数。

06 成功人士圈（winner's circle）
在所有富庶的郊区生活方式类别中，成功人士圈最为年轻。大多数夫妻在35~43岁，家庭成员多，大部分是新富的小家庭。他们的住房周围随处可见上层生活方式——休闲公园、高尔夫球场、高档商城等。他们的平均收入超过10万美元，且家庭消费高，如经常旅游、滑雪、消费高档餐厅、逛精品服装店、观看演出等。

07 有钱&有头脑（money & brains）
这类居民似乎成了人生赢家——拥有高收入、高学历、高品位。很多人已结婚但没有生孩子，住在时尚的公寓里，拥有私人草坪和豪车。

08 老年力量（gray power）
老年力量由上层老年夫妻构成，他们通常住在环城高速附近，主要是白领专业人士，住宅公寓舒适，每天通勤至市中心工作、就餐、娱乐。他们喜欢旅游，也喜欢在家看高尔夫球赛。

09 小地方，大人物（big fish, small pond）
这类居民通常是年长的上层人士，受过大学专业教育，通常都是小城镇社区的重要人物。他们大多数都是空巢老人，生活富裕，出入乡村俱乐部，投资收入可观，愿意投资消费在计算机科技产品上。

10 豪华套房（executive suites）
这些居民往往生活富裕，是事业成功的专业人士，有很多计算机和大屏幕电视等高科技产品。拥有豪华套房的他们还享受文娱活动，如读书、看戏剧、看独立电影等。

11 快车道家庭（fast-track families）

这类家庭生活繁忙，日程紧张，以孩子兴趣为轴心。他们常常在路上奔波，常去餐厅吃饭，开着多座越野车，经常浏览时尚文艺类社交网站，如Pinterest等，而且常常批量购物。

12 兜风退休生活（cruisin'to retirement）

这些人的孩子们大部分已成年并独立生活，而他们继续住在曾经抚养孩子的旧社区，享受郊区的悠闲生活。他们常常出门旅游，或者在家看高尔夫球赛，收听谈话类电台节目。

13 向上攀升的生活圈（upward bound）

这些人通常家庭富裕，双薪，大学学历，有新买的住宅。他们使用高科技产品，有很多计算机，经常做研究调查，经常网购。

14 孩子&尽端路别墅（kids & cul-de-sacs）

这类中上阶层家庭住在郊区别墅，通常结婚并有小孩——这也是标签名的由来。他们住在新建的住宅里，有较多的家庭成员，在外人看来这样的生活方式令人羡慕。他们大部分是大学学历的白领专业人士或中上层行政管理人员。他们虽然拥有高等教育背景，收入也偏中上等，但是大部分开支都是与孩子相关的产品和服务。

15 新兴农庄主（new homesteaders）

他们是年轻的中上阶层家庭，远离郊区生活的杂乱无章，而定居在小村镇。他们之间有白领工作者也有蓝领工人，双薪有孩子的家庭生活舒适而时尚。他们会驾驶野营车和汽艇，使用最新科技产品和狩猎工具。

16 战后婴儿潮一代（beltway boomers）

他们是20世纪战后婴儿潮长大之后的一代人，大多有大学学历，属于中上层阶级，有自己的住宅。他们中很多人通常都晚婚，在舒适的郊区家庭中抚养孩子，并开始规划自己的退休生活。

17 城镇老年人（urban elders）

他们住在纽约、芝加哥、拉斯维加斯、迈阿密等大都市中心，较多社区居民是租户。他们享受社区提供的文娱服务，还经常参加音乐剧表演和其他现场活动。

18 古典生活方式（mayberry-ville）

正如美国曾流行的情境喜剧节目"安迪·格里菲斯秀"（Andy Griffith Show）设定在一个古怪而优美的城镇一样，"梅伯里镇"（Mayberry-ville）一词意指那种古老的生活方式。小城镇上的居民生活优越，白天喜欢钓鱼、狩猎等户外运动，晚上喜欢待在家里看电视。总体来看，他们对科技产品的接受度落后于其他类别的居民。

19 "美国梦"一代（American dreams）

"美国梦"一代的家庭属于住在城市多语言社区中的中上阶层。他们更喜欢自己在家做饭，所以经常光顾杂货店和便利店，这一点跟其他类型的城市居民有所不同。

20 空巢老人（empty nests）

他们是中上阶层的老人，孩子都已长大成年且独立生活。他们追求积极的甚至激进的生活方式。尽管大多在65岁以上，他们却拒绝待在家等退休，反而常常出去旅游、打高尔夫，而且很多人常常出入乡村俱乐部或参加共济会活动。

资料来源：Claritas MyBestSegments（www.MyBestSegments.com）2017

案例研究

场地规划的第一步往往需要进行同类型的优秀案例研究，没有任何场地项目会跳过这一步。但由于没有任何两个规划项目完全一致，所以选择参考案例的重点在于尽可能发掘与现有项目的共同点。例如，如果项目为混合利用的商业区，那么则需要寻找在人口密度、气候条件、地理位置、开发量方面相似的案例。如果找不到全然类似的案例，可寻找可供对比的案例组，如具有相似人口密度却分布在不同地区的项目，或者人口密度不同却有相似的功能布局和组成的项目等。

好的案例研究会发现同样的场所中不同的人群在一天或一年不同时间段的需求和使用方式，这些人群包括了租户、客户、住户和游客等。此外，还可以更进一步细化使用者的身份，如哪种类型的商家认为场地适合进行商业活动，他们是怎么做的？哪些人倾向于住在商铺附近？跟其他住户相比，租客对场地的看法是什么，本地居民是否来此购物，这个地方是否还吸引了其他地方的人群，人们如何利用户外公共空间？甚至再深挖的话，该地区的建筑和场地风貌外观在哪些方面影响了社会经济的发展，并构成了日常生活的大环境？该地区自建成以来经历了什么变化，这些变化与一开始的规划设想之间的关联如何？该地区存在哪些劣势，有哪些方面没有达到预期规划的效果等。

良好的可比较数据可以为分析判断提供有效信息，通过案例研究，规划师可以尽可能精确地估算场地的占地面积、人口密度和开发强度、家庭和孩子的数量、需提供的停车面积（依种类而定）、关键规模和尺寸（如沿街店铺尺寸及街道宽度等）、一天中不同时段的街道人流量，以及其他相关数据等。理想的案例研究既需要借助间接的公共资源及研究成果，也需要采用直接观察（direct observation）。不论是查询互联网还是浏览与场地相关的文章文献都能够有所收获。查询项目的档案信息也可以了解项目的起源（详见Urban Land Institute development case studies, http://uli.org/publications/case-studies/; Rudy Bruner Award publications, http://www.rudybruneraward.org/winners/）。通过走访案例场所，与使用者交流并观察他们的习惯，可以让二手资料信息和现实观察相结合，从而可能会获得更多重要的深度信息。

如果参考案例数量不够多，则可能产生诸如选择偏见和随机性等问题，因此很多社会科学家往往不会采纳小样本量的案例研究。理想情况下，可以进行对比案例研究，即兼顾成功案例和失败案例，这样才能充分了解每个案例的全部信息。例如，对比一个充满活力的街道所在的社区和一个街道上无人活动的社区，便能够理解环境在其中起到的作用，以及街道住户的行为习惯如何影响了街道的生活。

直接观察

只要足够留心，哪怕是短暂的地段调查，用心的观察者也能够发现很多场所信息，这通常会借助相机、笔记本和录像机等工具。更好的做法是在不同季节的白天和夜晚重复走访同一个地方，这样便可以了解到这个地方居民的生活节奏以及场所的变化方式。直接观察并不一定会完全摒弃偏见，如观察者也有可能会错失他们所不习惯的事物，但如果观察的时候心态足够开放，那么直接观察到的信息将足以帮助观察者深入理解场地的用户。

直接观察能够记录下海量的数据和影像——那么究竟该以哪些内容为主，照片还是录像？我们的眼睛总会去追寻那些不同寻常的事物，但正是那些稀松平常而又重复发生的事情反而更需要加以记录。那么，具体应该记录环境的哪些方面呢？由于观察者从来都无法预知接下来接触和看到的事物是否重要，对此安瑟伦·斯特劳斯（Per Anselm Strauss）的建议为：田野调查研究可以逐步精细（Glaser and Strauss 1967; Corbin and Strauss 2007）。可以先从无组织的观察入手，到处走到处看，获得当前发生的大量信息；然后通过收集更多、更精确的数据来跟进并检验之前的信息；最后通过面对面采访来了解人们内心的真实想法，或者与他们讨论交谈来验证观察者最初的理解。

要想观察结果有助于场地规划，便需要在人们的活动和环境条件之间找到关联。我们希望通过研究环境中的行为模式，能够推演出其他同类型场所中的行为习惯。环境会对人们的行为方式产生一定影响，不过这种影响并非决定性的。罗杰·巴克（Roger Barker）提出的行为环境（behavior setting）对于思考环境和行为之间的关联十分有帮助（Barker 1963）。他认为任何大环境都可以划分为空间单元和时间单元，每种单元都有相应的行为准则和行为模式，这些都是适应了环境的产物。

绘制行为地图，将居民的各种成文或不成文的惯例记录下来，可形成有效的环境活动研究。同一个地区不同场地中的住户是否彼此和谐生活，还是这些场地相互重叠且不同居民群体之间存在冲突？不同场地分别吸引了怎样的居民群体，各自的生活习惯又是怎样的？

威廉·H.怀特（William H. Whyte）在他对纽约公共空间的经典研究中发现了公园和广场的使用者及其使用习惯，还提供了优秀的空间设计方案的模板（Whyte 1980）。他在对布莱恩特公园的研究中，发现了一些不受欢迎的人霸占该公园，并利用周围景观来隐藏其行为。这使得公园访客日益减少和单一化，同时这又反过来加剧了人们对公园的恐惧。基于该行为研究，人们提出了相关提案，现在布莱恩特公园已经经过重新设计，并成为纽约使用最活跃的公共空间之一。

只要观察者善于发现细节，从人们对公共空间的使用中还可以观察到很多东西。例如，使用者看起来是舒服自在，还是在踌躇、沮丧或困惑？人们是否调整了场所空间来适应他们的需求，如挪动椅子或者装上临时设施？公共场所在昼夜和一年四季之间如何变化？观察从日出到日落不同时分人们所处的位置，可以发现阳光或遮荫是否是场所的重要影响因素。了解风环境，以及观察人们不愿意待的地方，可以了解什么要素能够让人们感到舒适。观察研究十分有助于改善现有的公共空间，而且在新的场所规划和设计方面也具有重要的指导意义。

观察和记录环境痕迹（environmental traces）也是一种行之有效的方法，有时候可以从中了解人们对空间的看法和使用情况。例如，通过穿过草坪的捷径能够找到场地之间可能存在的重要关联，窗户栏杆可能隐含了对安全的考虑，装饰了花草和小家具的窗户门廊细部表达了住户想要被路人欣赏的心情，停放在路边的新车可能可以看出住户的个性，甚至从一个人的涂鸦可以看出他的性格。综上所述，

图 11.3　中国青岛路边经典的行为环境
图 11.4　基于观察研究进行调整后的纽约布莱恩特公园现已向周边街道居民开放，并时常举办各种活动，以此来鼓励更多人参观游览
图 11.5　伦敦一条直通公交车站的破旧小径就是一个典型的环境痕迹（Kake/Creative Commons）

观察者需谨慎细致，并且不可断章取义、急于求成，一般来说，重复发生的事情确实可以印证观察者的预判。

通过观察场地内的活动路线，能够了解场地的独有特征甚至是一些设计中的难点。尽管许多活动的地点较为固定，但很多时候人们的活动是在行进中的，所以我们有必要了解人们的出行路线，以及沿途过程中所参加的活动。例如，人们在购物时是从头逛到尾，还是只是光顾特定的几个商店？人们在公园的活动是否多种多样，一天中带孩子的妈妈们的出行路线又是怎样的？了解这些信息能够对用户导向的环境设计产生非常重要的影响。

此外，可以在附近楼顶通过延时摄影的方式把在固定不变的地点进行的活动模式记录下来，或者利用公共空间的摄像头进行记录。当设置延时摄影的时间间隔在3s或更少时，可以对一天或一周之内的活动情况一览无余。类似研究要注意个人隐私，因此可以调低分辨率，不识别面孔（不过这又和安装监控摄像头的目的正好相反）。延时摄影研究对于分析公园、广场等公共空间的使用，观察行人在街道上的行为，以及行人和车辆在路口或斑马线的流线尤其有重要价值（参见http://vimeo.com/138382675），这些研究结果可以大大启发对如何改变环境以提高使用者安全的思考。

如果地段不适合摄像，则可以在重要地段计算和记录人流量，从而归纳出普遍的运动模式。波士顿公园就做过类似的研究，发现通道宽度与人们的行为模式之间存在错位——许多条很窄的道路反而承载了最大行人流量，这就导致行走快慢之间有很多冲突摩擦。鉴于这样的情况，该公园对步行道进行重建，为适应使用者模式而改变了环境。

行人流线研究（pedestrian cordon studies）可以统计快速经过某一固定地点的人数，但不能得到人们往返于该路线的信息。例如，人们如何从车库到达办公地点，为什么某一个街区的行人很少，是否可以通过场地规划将行人分流？所有这些问题的解答都需要充分理解人们的出行模式及出行路线。

一个有效的方法是抽样追踪人们从A地到B地以及到达目的地的路线，但这一类研究需要获得调查者的同意，以免造成误会和麻烦，或导致调查结果出现偏差。在掌握行人流线情况的基本数据后，调查者可以亲自走一遍同样的路径，并仔细观察沿途那些平凡的、不安全的、沿街商铺较多的或有好玩的人和事等各种值得注意的地段。或者更好的方法就是像戈登·卡伦（Gordon Cullen）在他的城镇景观标志研究中所做的那样，画出沿途的重要地点。复杂的连续序列标记法（serial notation techniques）最初是用来记录和分析路线模式，但在大多数情况下通过这种方法还可以挖掘出供场地决策信息以外更多的故事。通常情况下，人们的日常行为和使用环境的方式一方面来自自身习惯，另一方面也是无意识地来自他人和周边环境的影响。

除此之外，还可以将观察与访谈相结合，如请受访者画出他们当天的路线图，然后讨论选择该路线的原因以及他们沿途所见所闻。在美国华盛顿市区街道研究中曾采用该方法，研究发现了城市街道的盲区，以及行人出于对安全的考虑而避开的区域（Carr et al. 1992）。

采访

访谈是了解人们内心想法最为有效的办法。采访的形式不一，可以是非结构化对话（unstructured dialogues），也可以设计问题引出评论。优秀的采访者会通过细心的观察和不断尝试来逐渐抓住问题的症结。

大多数成功的采访都会先从一些精心设计的问题开始，然后逐渐过渡到对话。有一些技巧能够帮助在采访中得到有用的答案，如可以说明采访的目的以及将如何使用采访内容，以减轻受访者的戒备心；可事先列出采访话题以免受访者回答问题时没有针对性；需要保持客观但同时用感兴趣的语气；避免简单的是否问题或选择性问题；语言要直白，避免使用行话，以确保受访者充分理解问题；随后可以跟进启发式问题，避免过于依赖事先准备的问题；最后可以让受访者谈谈他认为与之相关的话题，不过要确保是之前访谈中没有涉及的话题。采访者可以边听边做记录，或者用录像的

图11.6

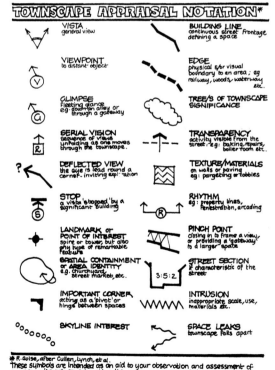

图11.7

图11.6 有城墙的城市中沿路的景观序列，戈登·卡伦绘（Cordon Cullen，Townscape）
图11.7 城市空间中使用的序列标记语言（Richard Guise 提供）

方式进行记录。声音识别输入软件可以帮助采访者快速转录采访内容，不过该方法需要进行后期修正，因为这种软件无法分辨不同的声音。采访记录可以由采访者本人或由助理完成，这样可以进一步更正记录中出现的错误。

大多数无结构访谈或自由采访能够展示受访者是如何思考问题的，不过在十数次采访后，采访者会发现有太多观点资料需要进行整理。因此，可以将回答进行分类（或者编号），并对访谈结果进行归纳整理。通过认真分析受访者的回答，可以找到归类命名或构建框架的线索，此外，还可以从采访中提炼出叙述性的故事，用以阐明受访者的态度立场。所有这些方法都提供了有趣的故事和详实的证据，不过这类抽样访谈并不能推导出可靠而普遍性的结论。但场地规划过程本身也不是对所有的意见都一视同仁，哪怕只是采访一小部分客户、提议者、各部门官员或其他利益相关方也是极其有必要的。

有时候为了获得尽可能多的调查结果，需要进行大样本量的采访。如果是反映目标人群的人口特征（以及地理特征）的随机抽样调查，那么受访者越多，采访结果的误差就会越小。也可以使用电话采访、网络调查软件（很多都免费）、邮寄调查问卷或者面对面采访等方法，每一种都各有优劣，没有一种能保证可以获得满意的随机抽样群体（Roper Center, 未注明出版年）。网络调查虽然很难确保受访者令人满意，但相对而言花费成本较低，因而比较受欢迎。

结构化调查（Structured survey）要求问题尽可能简单易懂，不产生歧义。最好的结构化调查是问题清新明了，而受访者可以在选项之间进行衡量抉择，抑或可以在不同方案中进行比选。打分式的问题，即"强烈赞同—赞同—中立—反对—强烈反对"，可以衡量不同程度的情绪以及受访者的普遍态度。这种调查的优点在于可以进行量化分析，而且调查结果也可以用列表的形式进行分组。不过尽管如此，结构化抽样调查成本较高，因此需要保证问题尽可能精确。

焦点小组访谈

某些情况下，要了解使用者偏好或征求意见的最佳办法是组织各群体代表见面讨论。在市场营销研究中广泛使用的焦点小组访谈（focus group）也同样适用于场地规划中的问题发现和探讨（Greenbaum 2000）。这种方法的难点在于确定讨论小组的规模、组成以及如何引导对话。

在代表群体的人口类型较为同质的情况下,焦点小组可以有较好的效果,如中等收入的中年人、青少年、单身上班族等,这样可以避免观点相斥导致对话中断的局面发生。但多样化的代表群体则可以确保观点的多样性,而且通常规模在十几个人就足够,这样可以让所有人有足够的时间表达自己的观点。小组对话通常需要借助一系列辅助道具,如场地照片、相似的开发案例、设计方案图解、项目模式等,这样小组成员就能够互相分享相关信息。在访谈对话一开始就应该给出清晰明了而切实的问题,然后明确对话过程的时间;此外,还需要一位有技巧的谈话者在访谈过程中进行调解,控制整个过程并归纳出意见和结论。

目前,我们已可以借助许多科技产品进行即时意见收集汇总,这样可以大大扩展焦点小组的规模。例如,每个成员可以用手持设备进行选项选择,有的设备还可以用来表达对某些选项的强烈好恶,有的时候还可以用计算机分析成员的选择概率以及投票偏好。全美开讲组织(America Speaks)曾举办了一次交互式市镇会议,吸引了4500位小组成员参与并进行了深入的对话讨论(参见图10.5)。

图 11.8　焦点小组讨论 LEED 绿色建筑认证标准的设计重点(Stantec 提供)

可视化技术

在场地规划中，大多数决策是关于需要新建或保护的物质环境，而外行人难以将他们的想法和感受转换为语言文字表达。因此，在了解使用者的过程中，视觉图像十分有效。有许多可视化技术可以有助于对话的顺利进行。

第一种方法就是让使用者用图像的形式展现自己的想法。例如，可以用照相机（或者手机）记录日常生活中的重要地点，或者帮助确定某个场地最为重要的要素。在校园规划研究中，学生们的视角可能会令人大开眼界。还有更为简单的方法就是让用户把当天出行的路线以及沿途重要的地点画下来。

第二种方法是视觉偏好研究（visual preference study），即向用户展示一系列有意排序或随机播放的环境照片或者效果图，询问他们对图片的观感。在反馈过程中涉及对感受的选择，有的时候难免会造成一些偏见，如环境绝佳但拍摄质量很糟糕的照片可能会大大降低人们对其的喜好，而某些规划方案如果图解得当，可以放大优点规避问题，则可能会很受欢迎。不过尽管如此，只要规划师足够用心，还是能够得到可靠的数据信息。通过连续播放幻灯片询问喜好度可以调整偏好误差，展示在某一方面或多方面存在差异的案例对照组有助于发现细微的差别之处，如对比展示两条规模相近的街道、两个不同规模的片区、不同性质的公共空间等。

此外，还可以要求被调查者突破已知或看到的信息，进行大胆想象，如可以要求人们画出他们认为的理想社区，从他们对住所、商店和学校如同孩童般稚嫩的描绘中，可以读出他们的想法和需求。例如，美国马萨诸塞州剑桥的一处社区居民就热情洋溢地憧憬了一个未来城市中心。更进一步，被访者个体或群体还可以使用规划者提供的工具箱自行搭建一个理想社区，工具可以是乐高积木、零碎物品、各种建筑或城市模块等。

下一步就是勾勒理想场所，这往往需要对各方方案和意见进行折中，并充分考虑现实的局限性和可行性。用户可以获得一笔搭建社区的预算资金，他们可以采买代表土地、建筑物、休闲场地、商店及其他功能的模型块。例如，他们可以购买私人用地用作居住，购买小建筑或公共空间，还可以在靠近高价地块的小学校进行"投资"等各种组合。像模拟城市（Sim City）之类的游戏也可以用来判断使用者的行为偏好。不过，尽管游戏会对认知使用者有所启发，我们仍旧不能过于依赖游

图 11.9 视觉偏好研究中，被调查者可在图片旁边放绿点或红点来表示对其的积极或消极评价（Sustainable Development Program, Augusta, Georgia 提供）

图 11.10 理想城市规划小组活动成果（Benoit Colin/EMBARQ/World Resource Institute 提供）

戏，因为其得出的结论很可能取决于游戏给定的规则、制定的行为价格以及玩家的竞争策略。

实验

在个别重要情况下，可以通过改变环境来对用户展开实验，以了解使用者的喜好和需求。在美国弗吉尼亚州诺尔佛克市（Norfolk）开展了

图 11.11 美国加利福尼亚州希尔维湖（Silver Lake）用颜料和简易材料将一个毫无生气的停车场改造成步行广场的实验（Kenneth A Wilson/flickr 提供）

一项针对居民社区夜晚街道照明设备的样式和标准的研究（William Lam Associates 1976）。研究选择了十几条社区的生活性街道和主干道，给其中一部分街区配上各种类型、间距、密度和颜色的新型照明装置。100多位随机抽选的受访居民要在街区附近行走并用语义学差异量表或语言描述进行印象打分。通过分析调查数据，可以清晰地得出居民的偏好习惯，进而可以总结出改进的标准。这种实验方法适用于可变因素较少、投资成本高，以及用户有意参与的情况。再如，通过临时关停道路及一些交通稳静化措施，能够充分了解居民对交通绕行的容忍度。

另一种更为常用的获取信息的方法是"自然实验"，即客观观察人们出于其他目的而做出的行为改变。例如，从高层公寓搬到低层住宅的家庭是否使用他们的新门廊和庭院场地？如果有，以何种方式？又如，公共汽车改道会导致多少人不愿意步行更远距离到车站而改为开车上班？基本的信息对于分析类似的变化情况十分重要，但同时也要注意排除其他可变因素。

在大型场地规划中，还可以在大片改变传统场地之前进行一系列实验，通常称为试点项目（pilot project）。例如，在居住区附近距离住宅一定距离的地方划出一小部分场地作为停车场，可以用来测试市场欢迎度以及居民的满意度。清华大学建筑学院团队在北京老城的胡同中选点进行了共享四合院的住宅模式改造，通过此示范项目可以研究何种住房模式能够满足回迁户需求。再如，在建造大型热电厂之前，先试建一个实验性的多燃料区域集中供热厂，可以很好地测试其技术和经济性能，以及地区运维能力。尽管将试点项目进行大面积应用和推广可能遇到环境变化等风险，但拥有一些试点数据信息总好过简单推测和论断。

用户代言人

有时候，通过代言人来了解用户对场地规划的偏好也是一种很好的方法，代言人充当了规划师和用户之间协调人的角色。首先，代言人会判别其需要代表的意见选区，然后访问该区域的居民，最后形成一系列供场地规划决策参考的用户需求内容。在规划方案形成后，代言人会把方案呈现给用户以征求意见，再将这些意见转换为规划建议。如果规划方案与用户意愿有冲突，代言人会作为用户的代理人进行谈判和协商。

优秀的代言人应当熟悉规划设计，并且善于灵活处理容易有纷争的情况。一边是规划师的难处，一边是用户的需求，他们如同在天平的两端需要时刻保持平衡。有时候代言人需要将想法和方案画下来以协助设计师，但有的时候又需要帮助用户设想场地规划后的情景。在纽约巴特利公园城的洛克菲勒公园规划项目中，代言人就起到了至关重要的作用——他们充分理解和沟通特里贝克地区居民和其他居住及工作人口之间不同的需求和想法。基于他们的努力，洛克菲勒公园打造了多样性的场所，甚至可称为当前纽约使用最好的公园。

自我分析

事实上，场地规划能否实现使用者参与是受限于一系列因素的，如周期短、经费紧张、项目由于开发建设和规划许可等敏感因素而需要保密等。而且，项目地点过于遥远、没有先例可参照、未来使用者不确定、没有其他可供参考的建设模式等，也让用户参与较为困难。在这样的情况下，规划师需要预估未来潜在使用者的意愿和使用方式，并借助自身的经验和想象来预判规划方案是否能满足使用者需求。

方法派演员为准备话剧或影视剧角色所使用的技巧和方法对规划师也有一定的借鉴意义，因为规划也需要充分了解用户才能做出判断决策。只要深入分析，我们会发现许多人的观点都根植于个人的生活经历，但文化和环境对人们的观点和行为也有着至关重要的影响。通过接触了解场地未来可能的使用者、阅读文献资料、观看相关的电影（就像演员和导演常做的那样）、观察他们的居住地、在相似的场所待上一两天的时间，可以帮助我们更好地理解他们的使用方式和需求愿景。在快速创作和大量设计的过程中，规划师十分需要培养一种判断未来用户需求的直觉。

第12章
场地策划

场地策划（program）关注的是场地规划设计的范围、目的、功能和特征。例如，都有哪些功能组成，各自占比是多少，用户是谁，如何布局，由谁建造和维护，花费多少成本，时间进度表如何安排等。策划方案通常需要与项目所有者、用户、规划师、设计师、赞助方、政府官员以及其他利益相关方进行交流之后方能得出。

策划，又被称为计划（brief）或项目范围（project scope），主要用于项目所有者在初期设定系列目标，或者由规划师用其确定项目的主要内容和范畴。策划并不是一成不变的，相反，由于各种新的可能性出现、外部环境的变化以及项目目标的改变，策划也需要不断随之变化。策划方案最初的设想有可能随着规划可行性的研究而变得不现实，而在各参与方都对场地容量达成共识后，则需要对策划方案进行调整和重新修正。

在有些情况下，需要提供更为全面的策划文件，如作为设计竞赛的设计任务书等，而在有的情况下只需要提供几页大纲内容便足够。策划通常是各方客户协调一致达成的共识，这样也可有效避免在场地不断转手买卖或变化的过程中出现责任减少或追溯等问题。公共土地开发部门在征求私人开发提案时会附上详细的策划要求任务书。在英国，有的地方政府会为待建场地提供策划报告，阐明规划设计必须考虑的重要问题。在分期建设项目中，如果在停顿几年之后重新进行开发，策划案可作为项目最初意图和目标方向的见证。政府部门对分期建设项目的许可往往与场地策划目标紧密关联。上述种种都说明了准备清晰明确的场地策划是十分有必要的一项投资。

即使是小场地，通过场地策划也可以产生对环境特征的新看法。以在建成区建造一所新学校为例，学校董事会通过了严苛的最小场地要求，可这仍然排除了许多位于市中心的地点，因为那些场地面积都太小。但是，如果认真研究开放空间的实际用途，并将它们以活动的形式列举出来，就

这个混合住房项目方案为多种人群（夫妇、朋友、专业人士、家庭、老人、残疾人）提供了一系列不同的住房环境和住房类型，反映了当代的住房需求。其主要挑战是项目不仅要考虑每个住宅单元和公共空间的面积，还要统筹考虑住房单元、开放空间和城市结构之间的关系。优秀的设计必须兼顾各方面条件，并提出满足需求的新理念。方案还需要考虑未来的需求、社会、功能和空间的必要性，才能具备独特性和富有意义。

住宅
竞赛的目的是针对不同类型的家庭空间，探索其空间布局潜力和空间丰富性。使用者包括城市中具有不同背景和不同常住时间的人，如永久居民、家庭、老人和半永久居民。

住房单元类型：
大学生四人间：30套，每套80–90m²
二孩或多孩夫妇：30套，每套90–100m²
单孩夫妇：30套，每套70–80m²
无孩夫妇：30套，每套60–70m²
老年夫妇：30套，每间60–70m²
单人工作室：50套，每间30–40m²

社区私人区域：
洗衣房/健身室/阳台/屋顶露台/音乐室/青年室/居民社区室/学生社区活动室/自行车停车场/其他。
这些公共空间对于建立有活力的社区至关重要，因此没有指定面积限制，供设计团队参考。但纳入住宅项目的最大总面积限制。

住宅项目不应超过15000m²的最大面积。

图 12.1 德国汉堡混合住宅竞赛任务书（CTRL+SPACE 提供）

会发现很多活动空间可以使用同一片场地，一些建筑物屋顶平台也可以用来进行室外活动，并且还有一些附近的空场地可以容纳活动。所以，可以利用解决这些难题呈现出独特设计的优势特征。

策划的内容可以有多种形式，如列举项目目标和设计标准，预估住户类型和人数，划分项目责任，判断行为活动或空间场所的时空特征，勾勒建设开发活动和时间进度表之间的联系示意图，制定财务预算，提供其他可参考的案例图文等。有的策划策略是对大纲先达成一致，然后在此基础上召集各方群体进行共同讨论。例如，对居住区内公共场地使用活动的提案会很快激发大家的探讨，如哪些活动被忽略了，哪些活动更为合适，以及哪些活动应该避免。又如，财务预算初稿（financial pro forma）会引导决策者们关注财务目标和计划投资额。在意见达成一致后，这些内容都会纳入策划报告中，并形成项目章程文件，在后续规划设计中进行检验。

场地策划至少需要在四个方面进行深入研究，这四个方面可以简称为四个P，即人口、整套数据、绩效要求、模式。

人口（Populations）

场地策划中的首要问题就是，谁将会住在该场地？通常人们会认为容量一旦给定就无法更改。例如，一所新建的大学校园预计可容纳1万名学生与800名教师，为此我们可以参考许多案例来了解师生的需求。但是校

商业设施

商业设施除了满足场地的具体需求外,还可以在混合功能住区方面做出有益的贡献。在商业设施中,可以考虑那些不仅与居民需求有关,还能为社区带来附加值的功能。

商业项目可以包括以下一系列的功能:
购物:书店/设计店/艺术画廊/药店/纪念品店/发廊/健康食品店/自行车修理店/便利店;
办公:小型办公室/联合工作空间;
娱乐:音乐俱乐部/酒吧/餐厅。

这些功能可以帮助激活城市空间,并作为各部分建筑功能之间的缓冲。任何商业设施要素都没有固定的面积,由设计团队决定总面积以及功能组成。设计团队还可挖掘城市环境中缺乏的其他功能需求。

背包客旅馆:500m²
城市的中心位置需要满足临时住宿的需要。这类功能要素的存在加强了多元化包容的社区精神。
从功能上讲,它应该由20个男女混合的卧室组成,总共可容纳100人。建筑面积中应包括用于接待和休闲的公共空间。每层设置一个卫生间,且功能合理。

包括背包客旅馆在内商业设施的总面积不应超过2000m²的最大面积。

室外公共空间

这将是一个可以增强社会关系的理想空间。应该考虑最有可能从这个新的公共空间中受益的附近儿童和老年人的需求。设计团队可以将竞技活动、儿童游乐场、游戏和体育活动进行整合,如篮球场、网球场、水景或游泳池等。
室外公共空间应占场地面积的60%。

交通道路

建筑物的商业和住宅部分的内部交通道路未作要求,但最好不要超过整个建筑面积的20%。不能用外部通道承担内部通道功能。

停车

尽管这不是本项目的重点,但可以考虑停车设施。地下停车场只有一层,但可以容纳200辆车。车辆停放是一个可选项目,可能会给方案带来附加价值。

可持续性

在这种规模的项目中可考虑的可持续发展方面有废弃物处理、能源生产和能耗等。
项目对建筑没有高度限制,但整体方案必须与周围环境相协调。在结构上不需要进行工程计算,但为了提供现实性和可行性,应该对结构进行一定的说明。

最大总面积:17000m²
(不包括所有外部区域和地下区域)

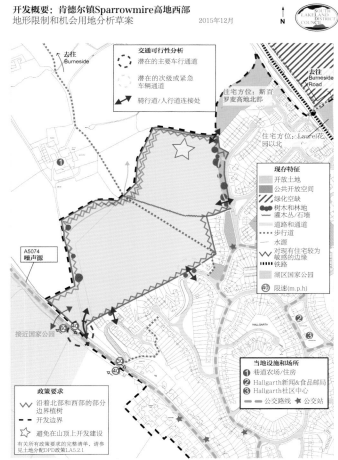

图12.2 英国坎布里亚郡(Cumbria)肯德尔镇(Kendal)南莱克兰区委员会(South Lakeland District Council)的策划方案草图(South Lakeland District Council)

美国犹他州高校机构空间设计指南

空间类型 机构特征	全日制学生			
	少于3000名学生	3000~6000名学生	6000~10000名学生	多于10000名学生
教室及服务 社区大学 学士/硕士 研究型大学	适用于非远程教学的全日制学生 13ft²/全日制学生 12ft²/全日制学生 11ft²/全日制学生	适用于非远程教学的全日制学生 13ft²/全日制学生 11ft²/全日制学生 11ft²/全日制学生	适用于非远程教学的全日制学生 12ft²/全日制学生 11ft²/全日制学生 10ft²/全日制学生	适用于非远程教学的全日制学生 12ft²/全日制学生 11ft²/全日制学生 10ft²/全日制学生
教学实验室及服务 常规教学指导 社区大学 学士/硕士 研究型大学	适用于非远程教学的全日制学生 16ft²/全日制学生 15ft²/全日制学生 14ft²/全日制学生	适用于非远程教学的全日制学生 16ft²/全日制学生 15ft²/全日制学生 13ft²/全日制学生	适用于非远程教学的全日制学生 15ft²/全日制学生 13ft²/全日制学生 12ft²/全日制学生	适用于非远程教学的全日制学生 15ft²/全日制学生 12ft²/全日制学生 11ft²/全日制学生
教学实验室及服务 自动建造行业指导 社区大学 学士/硕士	适用于非远程教学的全日制学生 6ft²/全日制学生 5ft²/全日制学生	适用于非远程教学的全日制学生 6ft²/全日制学生 5ft²/全日制学生	适用于非远程教学的全日制学生 5ft²/全日制学生 4ft²/全日制学生	适用于非远程教学的全日制学生 5ft²/全日制学生 4ft²/全日制学生
开放实验室及服务 社区大学 学士/硕士 研究型大学	8ft²/全日制学生 8ft²/全日制学生 8ft²/全日制学生	7ft²/全日制学生 8ft²/全日制学生 8ft²/全日制学生	6ft²/全日制学生 6ft²/全日制学生 8ft²/全日制学生	5ft²/全日制学生 6ft²/全日制学生 8ft²/全日制学生
研究实验室及服务 学士/硕士 研究型大学	35ft²/全职教师 475ft²/全职教师	35ft²/全职教师 475ft²/全职教师	35ft²/全职教师 475ft²/全职教师	35ft²/全职教师 475ft²/全职教师
办公及办公服务 社区大学 学士/硕士 研究型大学	150ft²/全职雇员 170ft²/全职雇员 195ft²/全职雇员	150ft²/全职雇员 170ft²/全职雇员 195ft²/全职雇员	150ft²/全职雇员 170ft²/全职雇员 195ft²/全职雇员	150ft²/全职雇员 170ft²/全职雇员 195ft²/全职雇员
图书馆 社区大学 学士/硕士 研究型大学	至少15,000ft² 7ft²/全日制学生 9ft²/全日制学生 14ft²/全日制学生	6ft²/全日制学生 9ft²/全日制学生 14ft²/全日制学生	5ft²/全日制学生 7ft²/全日制学生 14ft²/全日制学生	4ft²/全日制学生 7ft²/全日制学生 12ft²/全日制学生
特用用途空间 社区大学 学士/硕士 研究型大学	3ft²/全日制学生 3ft²/全日制学生 3ft²/全日制学生	3ft²/全日制学生 3ft²/全日制学生 3ft²/全日制学生	3ft²/全日制学生 3ft²/全日制学生 3ft²/全日制学生	3ft²/全日制学生 3ft²/全日制学生 3ft²/全日制学生
物理教学 社区大学 学士/硕士 研究型大学	至少35,000ft² 至少35,000ft² 至少35,000ft²	至少35,000ft² 至少35,000ft² 至少35,000ft²	至少35,000ft² 4ft²/全日制学生 4ft²/全日制学生	3ft²/全日制学生 3ft²/全日制学生 3ft²/全日制学生
常规用途教学 社区大学 学士/硕士 研究型大学	15ft²/全日制学生 15ft²/全日制学生 15ft²/全日制学生	13ft²/全日制学生 13ft²/全日制学生 13ft²/全日制学生	11ft²/全日制学生 11ft²/全日制学生 11ft²/全日制学生	10ft²/全日制学生 10ft²/全日制学生 10ft²/全日制学生
后勤保障空间 社区大学 学士/硕士 研究型大学 额外加赠土地	4ft²/全日制学生 6ft²/全日制学生 8ft²/全日制学生 +6ft²/全日制学生	4ft²/全日制学生 6ft²/全日制学生 8ft²/全日制学生 +6ft²/全日制学生	4ft²/全日制学生 6ft²/全日制学生 8ft²/全日制学生 +6ft²/全日制学生	4ft²/全日制学生 6ft²/全日制学生 8ft²/全日制学生 +6ft²/全日制学生

图 12.3 美国犹他州制定的各种规模高校机构的空间设计标准（Utah System of Higher Education）

园里同样还有600名职工，他们的需求又是什么呢？未来学生数量是否会维持不变？会不会有在职人员重返校园进行短期和远程的继续教育，他们的需求又是什么？再者，对于教职工居住区而言，其居民还有哪些其他类型，其中会有多少是老年人，他们的家庭平均人数是多少，是否会有需要特殊活动类型的少数民族居民？方案策划的第一步需要在收集的数据之上构建人群画像，并开始考虑场地需要满足的各种功能需求。

整套数据（Package）

确定用户数量后，接下来就要确定场地需提供的各类空间规模，如住宅数量及户型大小、商业建筑面积及停车位数量、室外活动的内容、待建的社区公共服务设施等。通常情况下可以用表格的形式列举整套内容，并预估规模数量及特征。但有的时候也需要辅以图片来示意每类参数所占比例。在初期的可行性研究过程中，可以通过快速草图设计和粗略的投资收益概算来反馈和调整这些规模和容量参数。如果是不盈利的项目，则可以用资金来源做成本估算。

如何解释和要求空间的规模等数据，会大大影响规划设计者的灵活性。例如，某个场地的开敞空间的相关要求可以用量化的语言表达（如占地25%，或5hm^{2}的空地，抑或是给定长度和宽度的操场），但更好的方式是列出场需要容纳的活动（如棒球、板球、飞盘、五岁以下游乐区、锻炼区域等）。前者往往束缚了设计者的双手，而后者则留出很多可能性的空间，包括设置用小径相连的空地，或共享某些特定空间（如学校运动场可以兼作他用）。因此，对于空间规模和功能活动的整套数据要求需要给规划设计创作预留足够的弹性和灵活性。

绩效要求（Performance Requirements）

高效的领导者都懂得"只有可衡量的内容才好进行管理"，这也同样适用于场地规划：只有对空间质量性能进行衡量，才能知道是否实现了最初策划的目标。策划通常会从一些大的目标着手，如鼓励选择公共交通，促进多样化住户融合，营造安全的公共空间，减少流入附近溪水的径流等。但这些目标都需要以指标的形式一一加以落实。例如，何种程度的交通方式组成比例会被认为是成功的，和其他类似地区相比怎么样，我们如何知道不同家庭之间是否有交流和融合，公共空间中哪些活动被认为是不安全的？地表径流要达到何种管控标准——是完全没有径流，还是不超过再建设带来的径流量即可？

理想情况下，所有绩效目标可以进行量化评估，那么我们就可以在不同方案之间进行比选。"增加朝南起居室的住宅数量"这种表达可以让规划师关注绩效目标的执行，从而对同面积的不同方案进行比较。但是绩效目标有时也可能造成束缚，如"所有住宅的南向和西向都必须有树

目标3:
应设置一系列与公共道路明确相连的开放空间

15 在场地上创造独特的开放空间
虽然建筑占地率通常仅约四分之一,但建筑之间的开放空间往往具有极为相似的特征,或者缺乏特征,并且基本上没有用途。这些开放空间需要增加绿意,并与周围街道硬质路面形成对比。在场地改造的过程中,我们需要创造一系列独特的开放空间,每个空间都有自己的特色,并由建筑和周边的活动明确定义。

16 开放空间与慢性步道紧密相连
二层平台上的开放空间需要设置安全且吸引人的楼梯和坡道,以便更好地与街道相连。设置一两个大型喷泉水瀑,或者以景观和楼梯的形式把人们从街道引向平台。此外,最好让行人可以便捷地从建筑中心通过步道直接来到开放空间。如果可能,除室外开放空间步道外,应该还有可穿过建筑中心的室内路径。当然,出于安全考虑,大型开放空间在夜间应该关闭。

17 确保室外开放空间具有良好的微气候
在波士顿,如果能有阳光照射并保证少风,一年中室外空间的使用时间就可以延长两个月。因此,一般应避免在高大构筑物北侧设置遮阴的休憩场所;如果现有建筑已经造成这种情况,则应考虑将所有或部分空间封闭起来。同样,新建建筑的选址和造型也应尽量避免将室外空间处于阴影之下,特别是在中午到下午2点的这段时间中。建筑造型和形式还应尽量减少近地室外空间的大风。

18 通过激活边界使用来提升开放空间活力
开放空间周边的活动能给空间带来活力,使用者还能起到监视的作用,以确保空间的安全。虽然现在从室内也能看到开放空间,但这种功能并没有外溢。当前很多建筑内的功能其实可以做到功能的外溢,如儿童托管中心、沿街咖啡店或公寓的公共场所,但现状往往是与室外空间关系不大。在保诚中心的改造中,其中一个重要的目标就是确保每个室外空间周边都有充满活力的活动。

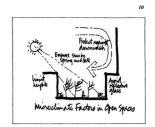

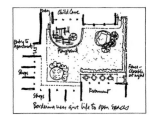

图12.4 波士顿保诚大厦改建模式分析(Carr Lynch Hack and Sandell)

荫"这种要求就基本没有其他可创作的余地。因此,在设定可衡量的绩效目标时尤其需要注意一些细微之处。最好的绩效目标是把人本感受与量化标准相挂钩,如"街道要求可以允许行人自由通行而不担心交通事故的发生,且通行时间平均不能超过10s"等。绩效目标在设定时也要注意场地的特殊特征、景观视野、重要的自然环境、视觉关联以及重要的场地路径等。

模式(Patterns)

模式可以引导设计创作。几乎所有场地都有可遵循和参考借鉴的先例模式,而有效的策划有助于找到可供参考的案例。模式有很多种,它可以是一个简单的要求,如"停车区比人行道低半米",这样要求可以减少机动车的占用空间;也可以是包括诸多目标在内的复杂模型,如"可持续住宅群"。有的模式突出的是场地环境中值得关注的方面,如"沿街6层建筑立面的连续性"或"建筑选址于树林边缘地带以

公共性的程度
……在邻里内易识别的邻里(14),很自然地会有一些地方的活动相当集中,即活动中心(30)—另一些地方的活动则较少,而还有一些地方,活动强度介于二者之间,这就形成了密度圈(29)。基于这一梯度,有必要将住宅组团和通往组团的道路进行区分。

人们是各不相同的,最基本的区别之一是他们在邻里内给自己住所选址的方式各不相同。

因此,三种住宅之间要有明确的区分:一些位于僻静的后池塘边,另一些在繁华的街道边,还有一些或多或少位于二者之间。要保证那些位于僻静地方的住宅周围有弯弯曲曲的小路,而且其外部空间也是隐蔽的;要保证那些更靠近活动中心的住宅处于繁华街道内,从早到晚都有许多行人从旁通过,而且对于过往行人是比较暴露的。至于中间状态的住宅可以位于上述二者之中的小路两侧。在每一邻里三种类型的住宅都要大致等量。

图12.5 《模式语言》中的公共空间模式(© Christopher Alexander 提供)

免干扰树林自然生态系统",有的则关注建筑群组合的问题,如"中心广场为方形,校园建筑沿四周布局"。环境模式可以很微观,如"在街道和建筑入口之间创建一个半公共的空间";也可以很宏观,如"构建正交网格状的路网体系"。

要想模式语言更具说服力,可以配上图表,标注出重要问题,并用图片或草图展示该模式的应用场景。策划任务指示书还需要提供参考案例,展示如何应用各种模式。通过计算机将有用的模板进行电子化汇总,可以为场地策划和规划提供十分有价值的资料。设计师通常会借助速记本来记录有用的素材,而摄影师则会将照片根据特定的方式分类标注,以免迷失在海量的数据之中。许多设计师认为创新的基石正是来源于这些经过验证的真实模式,我们可称这些承载了环境信息的抽象内容为模式语言(Alexander et al. 1977)。

策划流程

人口、数据、绩效、模式构成了策划的四个方面,并且相互之间紧密关联。因此,如果错误地估计场地人口,又或错误估计项目可用的资源或管理能力,这样推导出的模式将毫无意义。这四个方面中任何一方面所做出的决策安排势必会对其他方面造成影响。在策划过程中没有万全的办法,也没有唯一解,我们只能尽可能多地收集和比较相关案例,或尽可能细化要实现的绩效目标。

策划工作最初的线索来自客户,通常客户会重复强调他们认为是成功的开发案例,如可能是某个建成的或他们参观过的住宅项目。那么策划的第一步就是对该案例进行分析,总结其成功模式,描绘人群画像和使用者行为方式,估算开发量及相关规模信息等数据,抑或在可能的情况下查询其财务报告等。进而,在可行性研究中将这些概况信息全盘应用在本案中,生成的结果就会暴露出一些问题。例如,要完全吸引同样的居民似乎不太可能,那么就意味着要对目标客户进行适当调整。又如,本案的场地成本可能会更高,抑或场地特征比较特殊,这些都需要对开发建设规模等数据进行调整。同时,这也意味着可能会出现新的模式。既然策划很难同时兼顾所有方面,那就需要尽可能理性地设想场地规划会涉及的大多数要素,并尝试探索其他方面的可行性。

策划也可能始于一系列标准和规范。在高教园区规划中,教育和科

学生住宿

当前Ciater项目的面积指标

当前的Ciater项目在"学生宿舍"一项中设定的学生住宿面积为83354m²，即平均每床位需要8.09m²面积。

CEFPI模式下的面积指标

CEFPI模式假设所有学生都居住在校园内，每间宿舍有两间房，每层楼有一个公共盥洗室，在计入公共空间面积之后，平均每张床位需要的面积为14.3m²，或称每张床位净面积9.3m²，空间净效率为65%。基于上述信息，CEFPI模式共需要147269m²来容纳10300名学生。与当前Ciater项目的面积需求相差63915m²。

建议面积指标

建议学生宿舍区面积为147269m²。

职员住宿

当前Ciater项目的面积指标

当前的Ciater项目"员工宿舍"面积为9320m²。

CEFPI模式下的面积指标

CEFPI模式假设所有教师都居住在校园内，且每位教师住宿为一间40m²的工作室式宿舍。因此每位教师所需净面积为30m²，空间净效率为75%。基于上述信息，CEFPI模式共需要9320m²（空间净效率为75%）来容纳233名教师。这与当前Ciater的项目所需员工宿舍面积一致。

建议面积指标

建议员工宿舍区保持Ciater项目原面积，为9320m²。

规划指标一览

规划建议的规模为容纳10300名学生、233名教师以及109名后勤工作人员，共计260000m²，其中住宿面积占最大比重。下表列举了各类分项所需面积。

空间类型	建议建筑面积（m²）	当前Ciater项目的建筑面积（m²）	基于CEFPI模式下的建筑面积（m²）	面积差（m²）
教学	46,026	44,026	54,115	-10,089
办公空间	5,700	4,875	6,372	-1,497
学习空间	10,000	1,154	10,944	-9,791
体育运动	14,000	14,132	17,587	-3,455
学生生活	13,700	9,185	13,721	-4,536
后勤保障空间	13,000	-	13,070	-13,070
医疗保健	642	46	642	-596
学生住宿	147,269	83,354	147,269	-63,915
职员住宿	9,320	9,320	9,320	-
总计	259,657	166,091	273,039	-106,948

图12.6 印度尼西亚舒邦（Subang）西瓜哇新建大学的建筑策划将建议的空间规模与相关的标准进行对比（Sasaki Associates 提供）

研活动所需空间有成熟的规范可循。许多政府也设定了公共投资的学校建设标准，以保障其经济合理，哪怕空间规模和成本并没有直接关联（TEFMA 2009; Paulien and Associates 2011）。学科种类不同，要求的空间规模和类型也大不相同，如依赖教室教学的文科和艺术类学科的规划可能只需要建筑学或以实验室为基础的学科一半的建筑面积。此外，场地要求也更加灵活，如规模较小的大学既可以在高密度城区，也可以在田园小镇里。但策划工作通常仍会从已有研究和标准入手，尽可能精确估算所需的内容，进而检验评价初步方案设想。

如果项目策划没有任何可参照的先例，可以先从列举目标开始，然后将这些目标转换为绩效指标。策划工作还需要不同专家的视角来形成整体的分析框架。在进行新城镇规划时，需要请教各方面的专业人士，包括社区社会学、可持续基础设施、创新基础设施规划、市场营销、金融等方面，每位专家可以从各自专业的角度阐述理想社区的绩效指标，同时专家也会协助寻找合适的案例和规划设计模式，进而将其转换为建设规模及信息数据。当然，有的时候策划也可以始于乌托邦式的理想愿景，然后随着逐渐将目标转换为可衡量的标准而逐步深化和精确。

在有的情况下，根据场地自身的特征就能够理性地推导出相关的空间策划。例如，陡坡区域只适合低密度开发或留作开敞空间，这就限制了整个场地的建设容量和规模；如果场地内部或附近有优美景色，那么建筑物不宜过高而对周边地块形成遮挡；场地出入的路径模式可能也会限制场地能容纳的人口数量等。所有这些都会给场地的整体建设规模信息数据带来调整。正如在第4、5章中提到的那样，从策划到场地分析之间的进程并不总是环环相扣、天衣无缝的，而是需要不断往复、验证和提升。

第13章
场地规划与设计的工具媒介

场地规划需要借助图像媒介来记录场地信息、构建场地模型、演示汇报方案、检验概念想法并呈现蓝图效果。最终，场地开发建设还需要详细的规划设计图纸、基础设施说明、产权地块边界划定以及景观设计施工图等内容。随着行业的不断细分和发展，如规划师负责场地布局规划，交通工程师负责道路设计布局，市政工程师设计地下管网系统等，每类专业都在用各自的方式推进场地规划的技术实践，进而也推动了相关媒体平台和操作规范的不断改进。场地规划的学习也需要掌握这些分门别类的行业惯例。借用马歇尔·麦克鲁汉（Marshall McLuhan）的话来说，你所用的媒介工具也会反过来影响你的规划设计方法。随着表达工具向数字化和电子化的转变，这也为场地规划带来无限新的可能，并能够实现各方专家团队在场地规划技术之间的无缝融合。

传统表达技术和方法

场地规划方法在20世纪发展较为缓慢，传统的工作方法通常会用到相机、纸笔工具、手工模型制作材料以及用于分析基础设施需求的计算器等。用传统工具进行场地规划颇为费时，需要重复绘制大量图稿，同时还需要设计师依据图纸上的线条和手工模型想象出场地的具体特征。

在现场考察并拍照后，通常第一步工作是搭建场地模型（site model）。常用的方法是将纸板或木头沿等高线剪下再依次叠加，成品作为工作底板模型，再依据这个模型确定场地内建筑物和基础设施的位置。搭建场地模型能够让规划师更好地了解场地构造，并直观地了解场地各方位和地形高度。

场地分析设计开始于绘制底图的工作，这需要在图中标出边界、等高线等一系列在第8章中提到的重要因素。接着可将半透明的描图纸铺在底图上开始描图，可以先依据场地的地形条件和地貌情况规划道路网，再向其中添加建筑物。这个过程也可以反过来，先确定建筑的位置，再规划必要的道路。详略得当是设计过程中的关键原则，场地设计师需要在不同尺度的图纸上来回切换，从场地整体组织示意图，到地块具体细节布局。通常设计工作从平面图开始，逐渐开始尝试构架场地和建筑的三维空间关系，再进而调整平面图。设计师通常会使用不同的工具，有些喜欢用蜡笔铅笔/彩色蜡笔/炭笔来绘制最初的简图，再用削尖的铅笔和更精确的钢笔绘制详图；有些则喜欢用彩色马克笔，选用粗细不同的笔来绘制不同精度的图。

也有一些设计师喜欢反着来，如先用一些小部件在场地模型上尝试构架建筑的空间关系，再绘制平面草图。对于地形陡峭或需要优先考虑视野的场地，这种策略可能是最有效的。在城市设计中，搭建三维模型是确定建筑物与周围城市环境是否和谐的必要手段。通过搭建模型和绘制草图相结合的做法，城市设计师能够在短期内尝试各种设想，快速淘汰具有明显缺陷的构思。同时，设计师也很容易根据小幅简图绘制场地内具体地块的详细规划图。这种方法往往能够产生若干概念设计的灵感和线索。

为了让决策者、投资人和潜在客户更好地了解场地面临的问题和建设完成后场地的特征，设计师通常需要使用一些技术工具来详细描画和渲染（render）设计方案。只需要重新整理和仔细绘制此前粗略的场地分析草图，就能够很好地展示场地策划及概念方案；进而，三维草图可以展示出场地的布局及俯瞰的效果，通常鸟瞰图中会包括建筑、道路和新的景

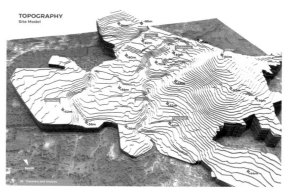

图 13.1

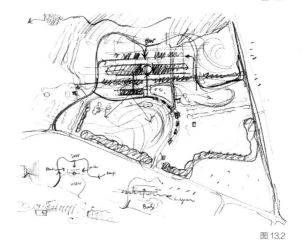

图 13.2

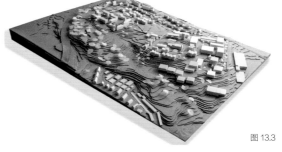

图 13.3

图 13.1 印度尼西亚苏邦西爪哇新建大学的场地地形工作模型（Sasaki Associate 提供）
图 13.2 宾夕法尼亚州纽顿广场（Newtown Square）ARCO 研究中心（现 SAS 总部）场地规划草图（Laurie Olin 提供）
图 13.3 挪威格罗鲁德林市（Groruddalen）布雷德泰（Bredtet）监狱再利用项目的研究模型（Vardehaugen Architects 提供）

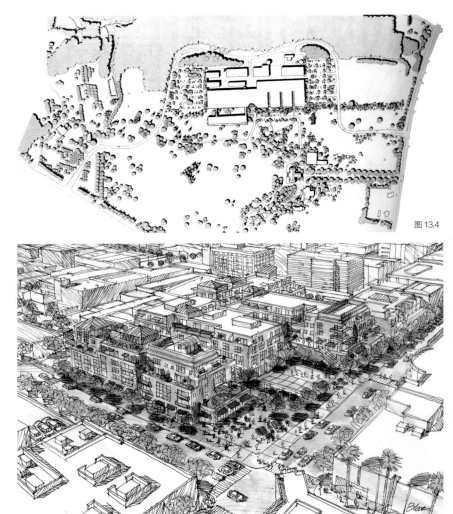

图 13.4 ARCO 研究中心场地规划概念方案平面图（Hanna/Olin 提供）
图 13.5 加利福尼亚州圣莫妮卡地区场地开发鸟瞰效果图（圣莫妮卡市 John Kaliski Architects 提供 /William Block 制图）

观元素。效果图通常需要技艺精湛的水彩画家或插画师绘制。场地模型也会进行适当调整，用以展示最终的建筑形态。

在概念方案定稿后，深化规划设计需要更多细节，通常设计师用钢笔和铅笔来完成细节绘制，但也会根据不同的工程设计要求而采用一些新的工具和方法。深化设计图需要精确绘制包括直线路段和弯道在内的水平与竖向道路尺寸，同时还要绘制粗略的土方平整图并确定重要地点的海拔高度。图纸绘制完成后，还要检查横截面是否正确，并估计地形填挖的改造工作量及成本。各类基础设施管网需依据地形图中的各点标高进行设计，并估算基础设施容量。在道路规划确定后，就需要精确地画出道路和用地红线，并标出重要坐标点确定铁桩、界碑的落位，标出各直线段长度以及转角的角度（各类基础设施详见中卷）。这一阶段会产生大量的设计图纸，图稿需要根据各专业学科的规范标准进行反复修改，并且各种标准的协调非常困难，场地设计师需要在大量的设计图纸之间找出所有互相矛盾的信息并加以解决。

如今，随着数字技术占据行业主流，这种传统设计方法已很少见，只在偏远地区的小型场地设计项目和那些计算机技术不发达的国家，可能还有一些小公司仍然继续使用这种传统的方法。但即使走一遍手工传统流程，也能够获得大量信息和经验，进而让设计人员更好地理解计算机背后的传统流程逻辑。当前，场地规划可以通过运用大量软件程序来集成场地数据并实现实时合作设计，这能避免繁重的人工计算任务，实现设计创意向图纸的精准转换，从而更有效地实现现场可视化。

现代化工具媒介

最理想的情况是场地规划设计的所有任务在一个软件平台上工作，无论场地大小和用途如何。但尽管有很多软件声称可以实现这一需求，事实却并非如此。有部分原因是硬件设置差异，如有的软件生成位图，而有的则生成矢量图。不过这正体现了场地规划所涵盖技术的广泛性——因为概念思维需要的是粗略构思，一开始就设定过于精准的数字定位反而会阻碍创意想法的生成；而精确定位却又是项目后期深化必不可少的要求。因此，很多精通计算机技术的设计师也会首先用笔在纸上进行概念草图构思，再将图纸扫描为电子版，进而绘制更详细的电子版设计深化图。模型也是一样：尽管计算机建模可能更快捷，也更方便增添像天桥、地下通道之类的元素，但实体模型仍然在

图 13.6

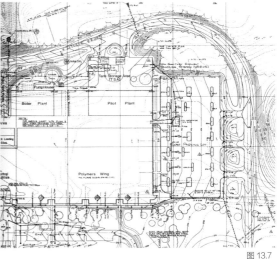

图 13.7

图 13.6 波士顿保诚中心重建项目的场地概念模型（Carr Lynch Hack & Sandell/Sikes Jennings Kelly & Brewer）
图 13.7 ARCO 研究中心土方竖向和场地排水设计图终稿（局部）（Hanna/Olin 提供）

广泛使用。当前，模型公司采用机器操控的设备大大缩短了实体模型的制作时间，并减少了很多人力消耗。因此，尽管技术手段日新月异，数字革命也在不断发展进步，规划设计师们通常仍同时采用两种方法进行工作。

选择场地规划设计平台至关重要。当前有三类较为重要的工具类型：采集和整合数据的平台、绘图并将其可视化的平台，以及准确绘制施工图纸的平台。尽管数据和图稿可以在不同软件中兼容，但没有任何一种软件平台能够同时满足这三种功能。场地规划涉及的众多专业均有各自偏好的软件工具，因此尽早选定工作平台既便于数据兼容，也有助于提高合作效率。

在许多公开媒体网络上可找到很多数字软件的使用教程和视频，因此我们将不再对此进行赘述。随着数字平台不断革新，最好的办法是使用网络资源学习，并紧跟技术进步。

数据采集

绝大部分可获取的场地数据都掌握在运用地理信息系统（GIS）的机构和组织手中，因此场地设计师必须通过软件进行数据采集。这些数据包括：从国家/地方政府或私人机构获取地理空间影像数据，从负责给水排水、电力电信服务的公共机构、私人公司或其他来源获取地下市政设施布局资料，从人口普查机构或其他来源获取人口数据，还有从众多公共机构获取的诸如土壤污染、洪水泛滥区、交通流量等数据。尽管它的竞争对手也提供类似的产品，目前由esri®（美国环境系统研究所公司）提供的GIS

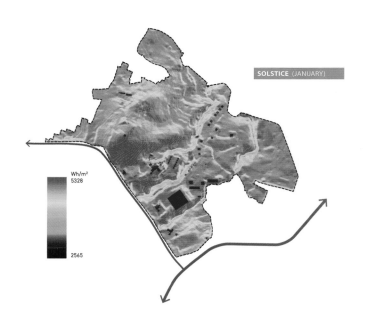

图 13.8 用 ArcMap 绘制的印度尼西亚舒邦西爪哇新建大学项目的日照图（Sasaki Associates 提供）

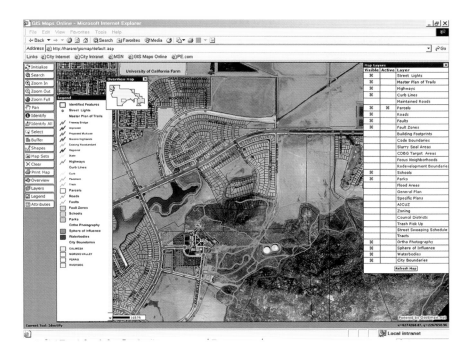

图 13.9 美国加利福尼亚州莫雷诺谷（Moreno Valley）的 ArcMap 工作底图。图中数据图层可以任意切换调整（esri 提供）

系统使用最为广泛，尤其是其旗下的 ArcGIS 平台，哪怕其竞争对手也提供类似的平台。ArcGIS 平台有桌面版、网络版和服务端版本等不同类型。

GIS 系统采用分层的方式采集数据，既可以调整图层上下位置，也可以合并图层以便观察数据之间的关系。该系统还有很多内置和独立插件可以进行数据分析，如日照强度、附近道路噪声等级和场地视线通廊等。因此，GIS 系统通常是场地分析阶段所使用的主要工具。

草图设计与可视化表达

为了便于表达、设计以及沟通，设计师需要能够快速在平面和三维视角上勾勒场地规划方案的软件平台。在细化方案时，这些平台又可以很快将方案渲染出效果图。这类平台介于处理大数据的 GIS 系统和精度更高的 CAD 软件之间，但对于初期设计而言还是较为复杂繁琐。可是，单一软件程序很可能无法满足设计师的需求，因此就目前的专业水平来说，我们还是只能采用折中的办法。

SketchUp 是目前主流的草图设计软件，它可以用来方便地规划道路、建筑和其他场地要素，而且支持 3D 动画效果。很多设计师会首先导入一张场地的谷歌地图航拍照片，目前很多照片都嵌入了地形信息。但需要注意的是，谷歌地图上照片的分辨率不一，小至 15cm，大至 1m，甚至

图 **13.10** 依据谷歌地图底图用 SketchUp 制作的研究模型（Henriquez Partners/Wendy Wen 提供）

图 **13.11** SketchUp 上的 Modelur 插件是个强大的参数化城市设计插件，可即时计算场地建筑体量（Modelur 提供）

图13.10

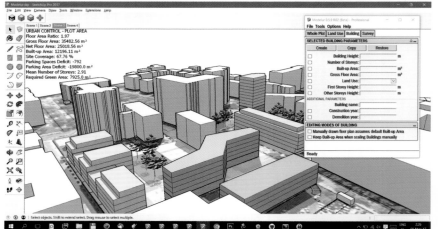

图13.11

更大。随后，设计师可在照片上直接绘制草图，直至得出满意的设计后再添加三维元素。有很多插件可以增强SketchUp的功能，如Modelur插件可用来计算草图上的建筑量。

SketchUp拥有开放的后台资源库，内有大量用户上传的数以百万计的设计模型、3D数据库以及大量建筑和景观元素。通过堆叠或调整，可以很快生成建筑物和墙体等定制化模型。再将道路、建筑、景观元素等元件在草图上移动，直至确定最佳位置布局，可以快速生成效果很好的三维设计草图。同时，在SketchUp中还可以任意调整视角进行方案的观察。如果需要进一步深化，还可以在模型中很快捷地添加更多细节。

第 13 章 场地规划与设计的工具媒介　209

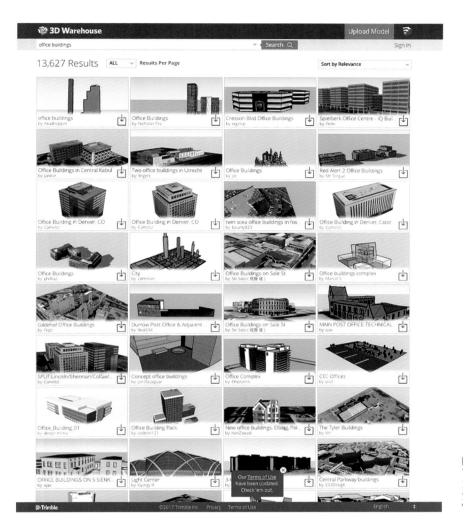

图 13.12　提供下载的 3D Warehouse 模型资源库，可直接插入 SketchUp 制作的研究模型中（3D Warehouse/Trimble 提供）

用虚拟建模进行设计非常便利，既方便修改，也便于随着设计思路的逐渐成形逐步深化。当然，也有些设计师喜欢同时使用虚拟建模和实体模型进行工作。对于不太擅长 3D 建模的人，实体模型更直观也更好理解，而且可以展示出复杂地形的很多特征，这往往是虚拟建模容易忽略的部分。

在掌握地形数据的基础上，有两种用计算机制作实体模型的方法。一种办法是激光切割，从海拔最低的底层开始，按照人工操作顺

图 13.13　用 SketchUp 搭建的印度尼西亚舒邦西瓜哇新建大学项目的 3D 模型图（Sasaki Associate 提供）

序搭建各等高平面层；另一种是利用计算机数控（CNC）机器，按照构建数字模型的方法，利用固体材料搭建模型，相比起木头，各种轻质泡沫材料是更好的选择。这一方法需根据地形轮廓分层，先从最高层开始切割，然后依次进行，直到模型呈现出的地形尽可能接近实际情况为止。这样制作出来的实体模型可以保留等高线的阶梯状，在作为研究模型使用时可用来确定各点海拔高度；当然也可以用砂纸打磨，以便更好地模仿实际地形。在创建模型时，通常需要先整理地形数据，去掉无关的线条以避免计算机识别错误。同时，在地形陡峭、等高线密集的场地，需要地形图尽可能清晰，减小误差。数字模型以.dwg格式或其他可识别格式输入系统中后，数控机械会在专门的软件操控下完成3D切割。数控机械的价格虽然已经相对较低，也还有很多工具可以依据网络传输的文件快速制作模型。

用于研究的场地地形模型可以用木块、泡沫芯、硬纸板和纸（剪成道路的形状）等材料制作，并根据思路方便地进行更改。在设计方案最终确定以后，就要制作更精细的模型，如依据最终的土方地形图调整模型形态，加入更多、更完整的细节元素来展示规划方案中的建筑类型和景观类型。平面草图和3D草图也需要根据汇报演示进行绘制调整。这些工作涉及的软件有SketchUp、Adobe Illustrator和Photoshop等。常用的一个小技巧是用Photoshop对SketchUp渲染出的效果图进行加工和素材拼贴，使之看起来像真实拍摄的照片。这样就无须对场地周围环境建模和渲染，同时也可以更加真实地展示新建筑与周围现有环境的融合。

图 13.14 用数控机械制作基础模型（Landform.com 提供）

图 13.15 佐治亚州格温奈特县（Gwinnett County）大学公园（University Park）场地规划中，利用 Illustrator 将场地平面与实景地图相拼贴（Stantec 提供）

绘制详图

详细图纸将用于后续基础设施施工、建筑物建造和景观改造等工程，通常需要用计算机制图。虽然计算机软件一般会在确定了场地布局方案之后才会成为主要的制图工具，但在设计方案修改的过程中，可以尽早选定制图软件，这样可以提前准备制图元素。

世界范围内广为采用的CAD制图软件主要有两种。AutoDesk旗下的AutoCAD平台拥有最大的用户群体，其推出的Civil3D软件支持各类必要的场地规划和工程制图功能。Revit是AutoCAD推出的三维建筑信息模型（BIM）系统，很多用户希望用其绘制工程图纸，这一平台在建筑设计和施工领域内的应用日益广泛。另一个同样功能强大的平台是Bentley Systems推出的Microstation系列产品，支持平面和三维建筑信息模型建模与绘图。Microstation推出了多个应用程序，覆盖场地勘察到基础设施设计的各个方面。当然，还有很多其他技术平台可满足场地规划的部分或全部专业技术需求，包括VersaCAD、Vectorworks、Archicad和ZWCAD等。其中，不少平台被有些地区指定为标准操作平台。不同技术平台间的差异往往非常细微，专业技术人员需要与公共机构协商选择合适的平台。通常来说，人们会习惯曾经的使用惯例，如交通和市政部门可能曾选用某一技术系统作为内部标准归档系统；设计师本人可能长期使用某一种软件，因此积累了大量模型和细节元素，且操作十分熟练等。

CAD软件的运用在一定程度上规范了场地规划图纸的绘图流程，并节约了大量时间，也便于设计图的修改。但对规划师而言，这也带来诸多不便，如常常会等到开始施工甚至更晚的阶段，设计图才能最终定稿。软件平台的文

图13.16 俄亥俄州辛辛那提市德里派克（Delhi Pike）的三次设计调整均采用了通过Photoshop软件在现状照片上加入设计元素的表达方式（Stantec提供）

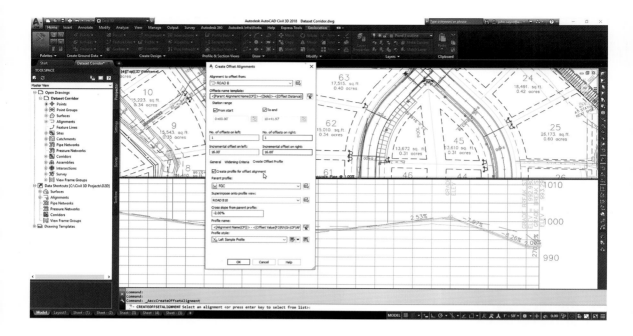

图 13.17 CAD 软件的计算机工作界面（AutoCAD 3D Civil 提供）

档可以在多人和多公司之间共享，因此实现了实时合作设计。CAD系统也衍生出场地规划详图绘制所需的各类专项应用组件，包括底图绘制、地块分区、道路布局、交通线路、管网系统、汇水径流设计、竖向设计、总平面图、市政设施设计等。此外，针对场地规划某一特定专项独立开发的软件也很常见。例如，HydroCAD和StormCAD是广泛使用的雨洪径流计算软件；而WRKS则是一款高效的计算管道尺寸的软件；landF/X可以很方便地布局并细化设计景观，而且可以很方便地接入CAD系统，因此在景观设计团队中经常使用。

CAD系统还提供了场地规划的3D渲染功能，但专业的渲染制图软件功能更强大，操作也更简便。此类软件包括Maya和rhino3D，前者擅长渲染流动表面和高架立交，后者可有效构建3D地形数据并通过计算机渲染呈现。通常的做法是先用AutoCAD或Microstation制作基础模型，之后再用此类软件或3DStudio进行渲染。

混合搭配

完全依靠人工操作或计算机软件都是不可行的。正如前面所述，很多擅长虚拟建模的设计师也仍然认为，人工绘制简图及场地草图效率更高，因为手绘制图速度快、易掌握，甚至在详细的设计图完成后，手绘图仍然有其使用价值。很多设计师和客户拒绝渲染效果图，因为他们觉得这种效

第 13 章 场地规划与设计的工具媒介 213

图 13.18

图 13.19

图 13.18 CAD 软件绘制竖向地形图（Thomas Gail Haws 提供）
图 13.19 美国马萨诸塞州布洛克顿市（Brockton）派特罗奈里路（Petronelli Way）用 3D Studio 制作的效果图，在现场实景照片中加入了规划的新建筑，并用滤镜渲染而成（Stantec/MassDev/TDI 提供）

果图给人的想象空间有限。数字渲染的效果图可能非常精确，却无法打动客户。所以很多地方尽管会用CAD绘制设计图纸，后期渲染可能还会交给熟练的制图师或水彩画师，最终的成果也许不如计算机制图那么精确，却胜在其简明亲和的风格。

随着技术工具平台的日新月异，场地规划师需要持续实践并掌握新的技术和软件平台，并不断提高自身能力和专业技能。

第14章
设计方法

在场地规划的过程中,设计和策划是不可分割的。无论多简略的策划,都为设计定了调,即确定了场地的建筑形态。反过来,在不断细化设计方案的过程中,新的创意会显现出来,某些策划内容可能会不切实际,因此需要随之改变。对于项目最终的立项和建设来说,二者都是场地规划和决策过程中的关键。

人们普遍存在这样一种错误认识,即认为设计方案只需创意天才的灵光一闪,难以展开分析阐述;另外一个误解是认为设计技能是天生的,无法后天习得。诚然,设计师确实会有特殊技能,包括快速提出创意和判断创意可行与否等,但深入了解后往往会发现,设计师运用的策略及其技能是可以描述和可以学习掌握的。场地设计并非一个单一线性的过程,而是需要掌握和运用多领域的知识并不断改进的过程。

擅长形态设计的人能做出优秀的场地设计。他们会不断重新思索问题,寻找新的方案,在设计概念和实际形态生成中游刃有余。他们通常使用速写、研究模型或计算机制图中的某一种工具,也可能同时使用这些技法。例如,如果深入研究分析后发现在坡地修建住宅不可行,设计师可能会绘制其他草图,如在陡坡处建造梯田式花园,在山顶建造密度较大的住宅。接下来在进行设计速写和搭建简单的总体模型过程中,设计师可能又会产生新的想法,即在斜坡的下端布局住宅,在坡地处通过桥梁通向入口。每种想法都要按真实尺寸进行测试,进而判断其可行性。经过多次重复实验,就能得出比较理想的设计思路。方案不可能一步到位,通常都需要一点点完善。在这个过程中,设计师会运用经验积累的方法和策略逐渐探索出最佳方案。

设计师们的设计创作过程因人而异,并且对"恰当"的定义也具有很强的主观性。有些人认为任何问题都会有多种解决方案,只有先提出多种备用方案才能从中做出最好的选择。而另一些人则把设计看作一个不断完

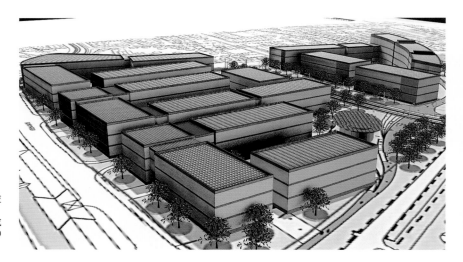

图 14.1 英国诺丁汉梅迪科技园（Nottingham Medipark）园区规划用 SketchUp 完成的快速场地布局（Moko3D Production Studio 提供）

善的过程，即便总体设计思路保持不变，也会对每一稿方案做出一些细微却重要的修改。最初，他们可能会提出看似"愚蠢"或"谬误"的设想，但会不断探索并改进这些设想，在与原始方案对比中寻找改进的空间。还有些人可能会建立一个抽象模型，或者将问题抽象出来思考，再与场地进行匹配。有的设计师可能会认为场地是流线的组合，因此会根据场地自身的自然条件定下基本布局，再加入一组组建筑物和基础设施，让流线布局更为明晰。

通常而言，在形成个人的设计习惯或团队的整体工作风格后，面临不熟悉的设计任务也不会过于焦虑，而且能够快速推进设计流程。简单来说，场地规划设计策略可以总结为以下几类。

原型调整

最常见的设计方法之一是修改现有的设计原型，使之契合目标场地的实际条件。这种方法效率很高，因为设计初期就具备既定的建筑方法、已知的成本构成以及相关市场接受度。如果目标场地与过去的设计案例条件相似，且能找到案例的电子版，则可以再次使用部分设计图稿和很多细节元素。借鉴相似的成功案例有助于更快地获得公众认可和审批许可。尽管设计师或许不喜欢重复熟悉的形态，希望有全新的设计方案，但私人开发商通常偏好这种较为保守的方法。

模式汇编（pattern books）和案例研究（case studies）可以提供原

型供参考，设计师可以此为出发点（Souza 2008）。在网上可以获取美国城市土地协会出版的场地开发案例研究，其中收录了大量案例，包含了几乎全部的建筑类型。该机构出版的很多住宅和商业开发类书籍的内容也很全面（Urban Land Institute 2004）。网络上还能找到丰富的可持续建设的案例资源（Commission for Architecture and the Built Environment，未注明出版年）、公共空间设计（Project for Public Spaces 2009，未注明出版年）、传统住宅开发（Urban Design Association 2004，2005）、大学校园设计（Ayers Saint Gross Architects 2007）等。很多竞赛项目都提供了许多优秀范例，而且经常会提供项目的网址链接。

熟悉案例是设计师必备的知识储备，这些都是十分有用的创意来源和基础。新城市主义运动重新关注美国历史城镇的规划和20世纪初期的土地细分方式，并尝试归纳总结出这些场所的根本特质（Duany, Plater-Zyberk, and Alminana 2003; Thadani 2010）；奥格索尔普（Oglethorpe）

达锡亚加比亚各类城市肌理类型

F-1低强度空间肌理：这是最低强度的空间肌理类型，由低密度的独栋住宅用地单元组成，主要建筑形式是路侧房屋、复式住宅或别墅，毛密度约为每公顷11户。这种肌理的建筑类型最为单一，不包括任何商业或混合用途。

F-2中等强度空间肌理：这是一种低到中等密度的居住区空间类型，由低密度的独栋住宅用地组成，主要建筑类型为别墅、庭院住宅、复式住宅、联排别墅和小部分小型多户住宅，毛密度约为每公顷16户。这种空间类型不包括多家庭、商业或混合功能建筑。

F-3高强度空间肌理：这是一种高密度的居住区空间类型，主要由多户住宅和混合功能建筑组成，几乎没有路侧庭院住宅、复式住宅或联排别墅，毛密度约为每公顷61户。这种空间类型包括一些零售用途建筑，但没有纯商业或办公楼宇。

C-1低强度城市中心：这是一种中等密度的混合用途空间类型，由多种混合建筑类型组成，包括别墅、庭院房屋、复式住宅、联排别墅、多户住宅和多功能建筑，毛密度为每公顷37户。虽然密度低于F-3，但它包括了更多商业建筑（10000m²）。

C-2中等强度城市中心：这是一种高密度的混合功能空间类型，由许多混合建筑类型组成，包括联排住宅、多户住宅和多功能建筑，毛密度为每公顷74户，这种用地类型不包括任何单户独栋别墅，但包含大量的商业建筑（20000m²）。

C-3高强度城市中心：这是最高密度的混合功能空间类型，由多户住宅和混合功能建筑组成，毛密度为每公顷82户。这种用地类型不包括任何单户独栋别墅、庭院式住宅和复式住宅，但包含大量的商业建筑和办公建筑（分别为30000m²和60000m²）。

图14.2 沙特阿拉伯麦加市（Makkah）达锡亚加比亚（Al Dahiyah Al Gharbiyah）各种不同开发强度的场地规划原型研究（DPZ Partners 提供）

乡村俱乐部广场
密苏里州堪萨斯城

高地公园别墅
达拉斯

米兹纳（Mizner）公园
佛罗里达州博卡拉顿（Boca Raton）

雷斯顿市中心
弗吉尼亚州雷斯顿市（Reston）

州街
加利福尼亚州圣巴巴拉

韦斯特伍德村
洛杉矶

图14.3　美国代表性商业中心的空间图底关系分析（Grid/Street/Place,©2009. 美国规划协会和RTKL事务所重印）

对萨凡纳城（Savannah）的早期规划也成为经典的城市模式；托马斯·福尔摩斯（Thomas Holmes）对费城的规划也经久不衰，并逐渐形成林荫道和巷道；欧洲的形态学分析（morphological analysis）传统也诞生了许多优秀的城市肌理分析，为城市形态规划提供了灵感（Moughtin et al. 2003）。随着小汽车时代的来临，现代家庭中已不再有随从和仆人，要完全复制中世纪或19世纪的街道和房屋几乎是不可能的，所以从这些案例中得出的往往是概念性的构思而不是具体方案。有经验的设计师会定期整理他们喜欢的设计案例，附带平面和图文说明，以便在遇到合适的项目时随时调取。

从模式入手

相比寻找成熟的原型，从某一优美的建成环境中的元素中寻找设计灵感是更可行的办法，其中的关键是探寻场地的"词汇"（表达和场所精神）而非"句法"（简单的排列规则）。大多数设计师都会对他们欣赏的很多空间环境印象深刻，而且常常记得和空间相关的很多活动和故事。例如，在春秋季天气好的时候，波士顿北广场阳光墙下的长椅上坐满了闲适的人们；广州老城居住区地面层设置了店铺，在刮大风的时候人们能在

图 14.4　英格兰拉德洛市政厅呈现不对称的立面，引导行人视线转向其后方的市场和商业空间

此避风，天气好时商家可以把货品搬到街上售卖；英国勒德洛（Ludlow）的城市中轴线尽端是市政厅，呈不对称布置，吸引着路人绕过路口前往小市场；加拿大渥太华格利布（Glebe）地区的街道呈正交格网，道路两侧的房屋外形相似，但在肌理上又各具特色等，此类例子不一而足（见下卷第8章）。类似的案例能够激发设计者在场地组织模式上的灵感，在探讨设计方案时谈到这些方面也能够引起客户和用户的共鸣，并促进讨论和交流。这种从模式出发的设计策略首先需要收集尽可能多的照片、草图和示意图，这些图像必须能凸显场所令人喜欢的特质。但是，如何融合这些特质则需要丰富的创意和果断的取舍，勇于舍弃互相冲突或无法共融的特质。

　　人们多次尝试建立模式语言（pattern languages），整理有价值的模式规范以辅助设计。其中，以克里斯托弗·亚历山大（Christopher Alexander）及其团队为代表，他们的尝试始于加利福尼亚州大学伯克利分校的环境结构中心，现在由"模式语言组织"这一非营利性组织继续探索（Alexander 1977）。亚历山大在研究了有关这一主题的众多案例和大量资料后，总结出与人类需求高度匹配的环境布局形态。作者在书中详述了每一种模式的内容及其理念根源。其中许多模式与场地策划相关，如"第22条——9%的停车场地：任何场地的停车用地面积都不应超过总面积的9%"，又如具体的街道布局要求"第3条——本地道路环形布局：没有人希望自己的住宅周围有高速交通道路经过。"

其中有些模式十分新奇，尚有待实践的不断检验，如有的主张修建彼此平行、没有道路交叉的长街，这明显是受瑞士首都伯尔尼城市独特肌理的影响。总而言之，在开始构思设计方案时，《建筑模式语言》是一本不错的参考书。

另一本丰富的模式汇编工具书是由安德烈斯·杜安伊（Andres Duany）和伊丽莎白·普莱特·泽伯克（Elizabeth Plater-Zyberk）领衔的研究团队——城市断面研究应用中心（Center for Applied Transect Studies）所编写（Center for Applied Transect Studies，未注明出版年）。其研究核心是从农村至城市的空间切面（transect）分析。研究认为，空间模式必须适合城市语境，并可根据城市化情况划分出六个层次地带：乡野地区"T-1"，农村地区"T-2"，郊区地带"T-3"，普通城区"T-4"，中心城区"T-5"，城市核心区"T-6"。例如，在T-1，街道与建筑间的过渡带是弯弯曲曲的小路，而在T-5和T-6，过渡带就变成了城市骑楼。精明准则（SmartCode）阐述了符合所有六个层次的场地设计的各类必要模式规则，同时它也收录了包括从公园到运动场在内的大量公共空间案例，并提出了各类公共空间合理的面积。研究团队在广泛的新城市主义社区运动的基础上，汇编了大量优秀模式，并建设了图片设计案例库，涵盖

图 14.5 第 49 条：地区内的环状道路（©Christopher Alexander 提供）

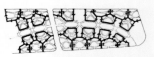

利马市区内的环状道路

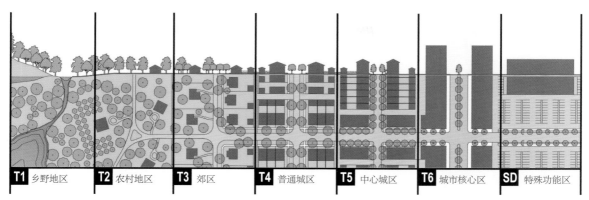

T1 乡野地区　T2 农村地区　T3 郊区　T4 普通城区　T5 中心城区　T6 城市核心区　SD 特殊功能区

图 14.6

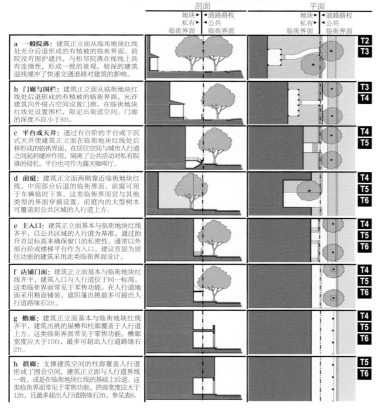

图 14.7

图 14.6 从农村到城区的空间切面变化（Center for Applied Transect Studies）

图 14.7 精明准则中列出的随城市空间层次变化的理想建筑前区（Center for Applied Transect Studies）

了街道、低影响开发城市主义等多个主题，并对外开放供人们使用。

城市空间剖面研究有着悠久的历史，可追溯至卡米洛·西特（Camillo Sitte）对19世纪欧洲的广场、街道和花园的建筑设计汇编（Sitte 1945）。维尔纳·黑格曼（Werner Hegemann）和阿尔伯特·皮

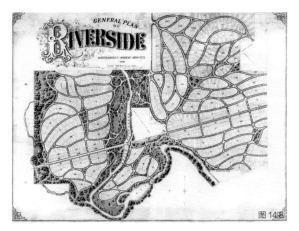

茨（Elbert Peets）编写的《美国的维特鲁威：城市规划艺术》（American Vitruvius）一书汇集了1200多幅重要市民空间的规划设计图（Hegemann and Peets 1996）。后来出版的《新城市规划艺术》（New Civic Art）在前者的基础上做了一些更新（Duany, Plater-Zyberk, and Alminana 2003）。住区布局模式的图书数十年来也层出不穷，早期有托马斯·亚当斯（Thomas Adams）在20世纪20年代所做的住宅设计调查（Adams 1934），近年来有城市设计协会出版的各类模式图书和使用手册（Urban Design Associates 2004，2005）。

从模式入手的设计难免流于保守，而且很可能会重复一些已不再具有现实意义的建筑和形式。但有些设计师坚信熟悉的形式自有其优越之处，仍然会采用这种方式，因为他们认为真正伟大的环境设计离不开长期积累的经验案例。

形式探索

最终的设计稿要展现场地内道路、步道和建筑物的形式，以及这些要素之间的空间特征。因此，有的规划设计师采用的方法是在设计前期首先抽象出形式的几何关系和空间关系，确定场地的空间骨架。通过这种方法，设计师能够从大量的形式语言中选择最合适的，开始组织场地内各空间要素，而无须一开始就思考场地用途的具体细节和精确的要素布局。形式探索通常以场地的路网结构和场地原有面貌为主，建筑和场所则在后期进行考虑。

一直以来，人们会视场地为一个有机体，进而寻找空间要素与场地地形和自然环境之间的密切关系。设计研究需要认识到自然环境是

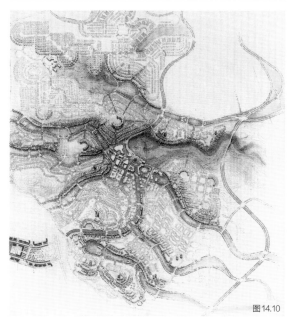

图14.8 伊利诺伊州滨河社区平面图（Olmsted, Vaux & Co. 1869）
图14.9 以色列莫迪英沿山谷建设的新城概念草图（Moshe Safdie 提供）
图14.10 以色列莫迪英新城概念规划平面图（Moshe Safdie 提供）

由一系列的"廊道"（如河流、步道和滨水地带）和"斑块"（森林、田野、沼泽和荒地）构成的，场地的生态模型和土地开发也可以效仿这种模式。因此，设计师会找出场地中的天然或人工走廊，依此勾画线条骨架，将土地分割成块以备开发利用。交通系统或基础设施系统也可以仿照自然环境，顺应地形弯曲线路，形成河流或树木样的主干分支结构。景观设计先驱奥姆斯特德给我们留下了许多经典案例，如芝加哥附近的滨河社区（Riverside community）和巴尔的摩附近的罗兰公园社区（Roland Park neighbourhood）等。这种方法并不限于郊区开发，还可适用于城区开发建设。瑞士伯尔尼老城区的高密度开发和意大利威尼斯的城区建设都采用了这种方法。以色列的莫迪英新城（Modi'in）出自知名建筑设计师摩西·萨夫迪（Moshe Safdie）之手，整座城市严格依照当地的山丘谷地的走势布局。有机的形式设计一定程度上要归功于便利的参数化建模（parametric modeling），参数化设计可辅助构建复杂的几何体和平滑的流体形态。

当然，我们还可以参考很多其他几何结构，其中之一是模仿借鉴周围的城市形态。空间句法（space syntax）是一种分析场地空间结构的方法，研究街道的几何形态和重要地点的聚合方式。这种分析方法在研究场地空间布局时非常有用（Hillier 1996）。笔直的正交格栅路网具有很多优点，也可以如英国米尔顿凯恩斯新城那样顺应地形略作变形，这种路网灵活性高，可以减少道路数量，扩大街区面积，也可以改变街区间的空间大小，对应的交通线路布局也更加多样。环状路网结构能形成强大的向心性，从空中俯瞰时有明显的中心，但在平面上看则欠缺方向感。线性骨架

图 14.11　英国伦敦波特思菲尔德（Potters Field）空间句法分析，图中标出了活动聚集点和主要的连接（Anna Rose/Space Syntax 提供）

图 14.12　英国米尔顿凯恩斯新城 1970 年的规划图，呈现出 1km 见方的弯曲网格路网形态（Llewelyn-Davies, Weeks, Forestier-Walker and Bor/Milton Keynes Development Corporation）

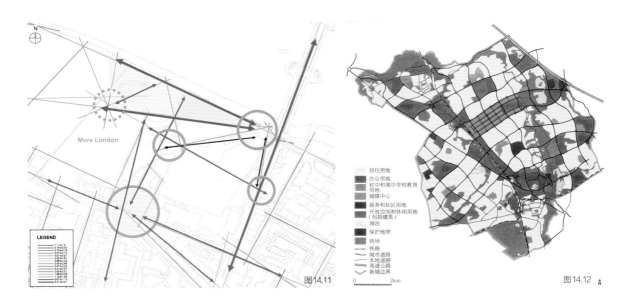

图 14.11　　图 14.12

图 14.13 英国纽卡斯尔拜克住宅区,高大的住宅墙挡住了噪声,同时得到日照(Owen Humphries/Press Assoication)

图 14.14 北京当代MOMA相互连接的建筑群(Steven Holl Architects/©Shu He 提供)

通常会将不同的功能分区沿一条主干道(如公路、铁路、运输道或步行道)分布,这一结构特别适合用于重要场所分别位于两端的情况。通过详细研究不同的布局结构,设计师可以从中寻找最适合场地的几何形态。

形式探索需要设计师发散思维,不能只考虑路网和进出路线的规划形态。布局形态可以与当地既有的建筑形式相融合,同时契合朝向、地形和自身内在需求。中国惯例要求是保证每一户住宅单元都能享受到至少每天两小时的阳光照射,因此许多住宅建筑沿东西方向排列,建筑高度从北到南依次降低。拉尔夫·厄斯金(Ralph Erskine)设计的瑞典斯瓦帕瓦拉(Svappavaara)市中心和住宅区,以及英国泰恩河畔纽卡斯尔的拜克(Byker)重建区都采用了四周高大墙体遮蔽的设计,既能挡住冬天的寒风和日常噪声,又缩小了向阳面的建筑体积,从而保证光照(Collymore 1994)。另一种方式是将建筑视为组合群体,用一些设计要素将单体相连接,并在布局时保证建筑间距,留出阳光可照射到的公共空间,并将建筑群与周围环境明显区分开。北京的两处建筑群落——史蒂芬·霍尔(Steven Holl)设计的当代MOMA,以及山本理显设计的建外SOHO是此类设计的典范。无论哪种方式,从场地规划和建筑本质上来说都是互为统一的。

符号化的形式

很多文明都有传承已久的空间设计传统,这些传统常常自成体系,深受形而上的思想影响。成书于公元前10世纪的《瓦士图·沙史塔》(*Vastu Shastra*)是最古老且依然具有影响力的古印度建筑书籍(Chakrabarti 1998)。"瓦士图·沙史塔"一词直译为"蕴含能量的文本",这是一本建筑规划方面的文献，内容包含场地选择、场地形态、选址问题、活动与用途、朝向等许多方面。这本书谈到了城市形态、场地、建筑，甚至还谈到了可移动家具。由于瓦士图体系本身非常复杂而且要求繁多，所以很多设计师都会请专业人士做顾问，咨询选址、朝向和规划方面的问题。

在瓦士图·沙史塔系统中，目标是实现五种元素间生命能量的最优化，包括土地（Bhumi）、水（Jalu）、空气（Vayu）、火（Agni）和空间（Akasha）。曼陀罗（mandala）是绘制规划简图的基本方法，即通过太阳和星星的轨迹确定基本方向，并将地形与宇宙相联系。曼陀罗的尺寸各不相同，小至单格的萨卡拉（Sakala），大到百格，即10×10的艾萨拉（the Aasana），但城市规划中最常使用的还是9格系统和81格系统，前者为3×3的皮塔（the Pitha），后者是9×9的帕拉玛萨伊卡（the Paeamasaayika）的曼陀罗形式。斋浦尔（Jaipur）市就是严格按照曼陀罗建造的，但当今曼陀罗的影响日渐式微，主要用于指导场地中心的选址（需沿中心区域排布）和建筑朝向（尽可能朝南）等一些具体选择。

中国的堪舆术（geomancy）"风水"（Feng Shui）经过3000多年的不断发展演变，反映了中国的气候条件、地理状况和社会关系。风水之名源于东晋著名学者郭璞的《葬书》，该书系统地阐述了风水理论，提到"气乘风则散，界水则止"，风水又称为"堪舆"，即"天地之道"，旨在通过平衡场地、建筑物和其他元素与自然现象之间的关系，实现生命能量的和谐流动（Huangbo 2002）。数千年来，风水学不断发展，内容也日益丰富，如果要运用风水知识，通常需要借助精通这一体系的风水专家，

拿瓦格拉哈曼陀罗
斋浦尔平面演变图示

根据山体调整边角格网

根据宫殿进行格网调整

斋浦尔城市平面
图 14.15

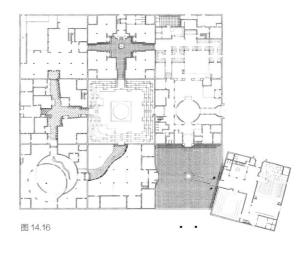
图 14.16

图 14.15 印度斋浦尔规划平面，在3×3网格的拿瓦格拉哈（Navagraha）曼陀罗的基础上，根据地形和社会等级进行调整（Charles Correa Foundation 提供）

图 14.16 为纪念尼赫鲁总统而修建的贾瓦哈尔卡拉肯德拉（Jawahar Kala Kendra）多元艺术中心平面图，该设计以拿瓦格拉哈曼陀罗为基础，并借鉴了斋浦尔市原始的规划平面（Charles Correa Foundation 提供）

图 14.17　风水影响下的北京奥运会主场馆选址和场馆中轴线的北端（清华同衡城市规划设计研究院有限公司提供）

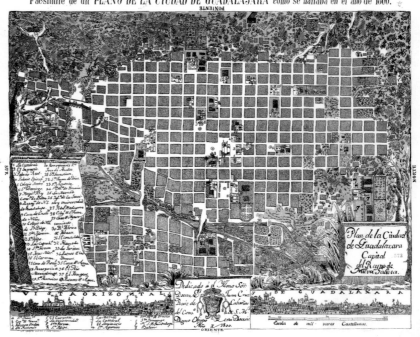

图 14.18　墨西哥的西班牙殖民地瓜达拉哈拉市（Guadalajara）19 世纪城市平面布局

近年来风水从业者的人数大为增长。风水学派别众多，有八宅派（"eight mansion" approach）、黑帽派（Black Hat Sect）、罗盘派（compass school）等，但也有很多冒充者。尽管现下大部分中国人没有十分看重风水,但它在中国香港、中国台湾以及加拿大温哥华仍旧很流行,不少人相信风水一说,还有传闻称恶"气"会危害项目建设,因此需要得到风水大师的祈福。据说,基于风水,香港迪士尼乐园的正门偏转了12°,从地铁站到入口处的步道也弯弯曲曲,目的是保证旺气不会在公园里逸散,更不会泄入海中(Holsum 2005)。有学者认为,满足这些风水需求是获得当地人认可的重要条件。

许多风水学中的原则在北半球温带气候条件下是非常有道理的,如要求建筑物保持南北朝向,庭院朝南,入口在东南角,这种设计可以保证阳光射入,在冬季还能阻挡寒冷的西北季风。中轴对称和序列原则有着深厚的文化蕴意,但更多的风水原则没有具体的起源,只强制要求人们遵守。当场地或建筑物违背风水原则时,往往被迫要对其进行修正。香港一栋高层公寓楼为了疏导所谓从附近山上飘来的负能量场,竟然在楼体内修建了高达好几层楼的间隙。

西方文明中几乎没有类似成文的思想体系来指导场地设计。菲利普二世于1573年颁布的《印度群岛建设法规》(Leyes de Indias)类似于东方的建筑规范,包含了148条法规,用以指导美洲和菲律宾的西班牙殖民地规划建设。从加利福尼亚到阿根廷,成百上千的殖民地都依照其中的规定进行建设。这些法规条文决定了城市布局、主要公共广场的选址和大小、广场用途功能和以广场为中心的道路网络、商业区布局、地块大小等一系列重要事项。法规要求殖民者"为城市整齐美化,需尽快统一建筑风格"。在新墨西哥州的圣达菲(Santa Fe)和墨西哥的普埃布拉(Puebla),还有拉丁美洲的很多传教社区里,依然能见到受这些法规影响的建筑风格。

符号化的范式极大地简化了殖民地建筑设计,但场地的不同地形、风貌和自然特征仍然赋予了设计师很多创作空间。

以问题为导向

有些设计师认为,设计实际上是解决问题和发挥场地优势的过程。他们首先会找出需要解决的问题和限制场地开发的条件,给出每个问题的最优解。地形、微气候、视野和朝向等都是可以考虑的着手点。确定各问题解决方案的过程,也是形成场地规划结构的过程。各空间要素的选址应与周围环境相协调,如与场地外道路贯通的连接通道和进出方便的地点可以

工具栏 14.1

《印度群岛建设法规》条文节选

112. 主广场应是城镇的中心。如果城镇位于海边，主广场应该布局在港口码头附近；若城镇位于内陆，则广场应该位于市中心。广场形状通常为方形或矩形，长度至少是宽度的1.5倍，因为这个形状最适合会用到马匹的宗教节日庆典或其他庆祝活动。

113. 广场的面积要与当地人口数量相匹配。尽管目前的印第安城市以新建居多，但后期城市会发展扩张，因此广场在设计之初就应该考虑到城市后期可能的发展和扩大。广场宽度应在200~530ft，长度在300~800ft。

114. 以广场为中心伸出四条主路，其中两条穿过广场四边的中点，另外两条从广场的四角生长出去。广场的四角正对四面来的风向，这样四条主路就能避免迎风造成的不便。

115. 广场周围和四条主路沿线应修建入口门洞，方便商人在此聚集休息。从广场四个角落发散出去的八条街道接入广场时则无须经过门廊。门廊位置可稍靠内以便形成通行步道。

116. 气候寒冷地区的街道要宽阔，而气候炎热地区的街道要狭窄。但对于有马匹通行的地区，出于防卫的考虑，街道应宽阔一些。

118. 城中应散布一些小型广场，与主教堂有关的寺院、教区教堂和修道院都可以布局在此，这样便于宗教的布道传教。

119. 在街道和广场布局之后，应布置主教堂、教区或修道院寺院的专门地块，除特殊原因或装饰用途外，这些地块不与其他建筑相邻。

121. 再之后是布局皇家委员会、市政厅、海关和军火库的办公用地。这些机构应位于寺院附近，便于它们在紧急时刻互助。面向穷人和非传染性疾病的医院应靠近寺院主体建筑或回廊位置；而传染性疾病医院应布置在无风区，避免风将疾病传染至城中其他地方，高地是其最理想的选址。

摘自 *Ordinances from the Laws of the Indies Addressing the Planning of Settlements*（1680年编）。英文版来源：Axel Mundigo and Dora Crouch. "The City Planning Ordinances of the Laws of the Indies Revisited, I," *Town Planning Review* 48（July 1977），247–268.

作为道路网设计的起点，地形状况和场地的承载量决定了高密度建设的选址，分期开发与否也影响了场地的建设模式等。在有些情况下，土地产权划分模式可能是历史的偶然；而场地的特征也许适合划分成多个不同的区域开发，那么想当然地将场地看作单独的整体也必然是错误的，这些时候都需要采用以问题为导向的规划方法。有些人认为以问题为导向的解决策略缺乏创新而不予以考虑，这往往是错误的，因为很多问题都可以提出有创造性的解决方案。

以问题为导向的设计方法不仅是按地理条件划分场地，设计师更会去思考每一个关键问题最合适的解决方案，如从居住区到商业区最理想的步行路线应如何规划？在径流排入水渠前，如何收集并利用这些水资源？怎样保护湿地，怎样减少主干道对住宅区的噪声污染？如此这般地把问题一步步分解开来，整个规划对客户和审批者来说就更加清晰。当然，设想可以被质疑，每个问题也都能通过商讨进行权衡和再决策。

很多设计师力图证明，设计是一个从大量策略中做出理性选择（rational choice）的过程。设计师可能会从不同角度入手，提出若干概念构思，然后基于一系列赋予不同权重因子的评价体系，对这些方案进行打分评价并按优差排列。这里面最难把握的是细节，特别是每条评价指标的权重。利益各方特别容易对指标本身或权重分值进行激烈讨论。如果项目有多个决策者，各方心中的权重天平都不一样。在这种情况下，可以检验不同权重下得出的最终结论是否有明显差异。这是因为人脑往往能比其他任何打分工具更快地形成直觉的标准体系，因此反其道而行之正好是一种有效的检验策略，即先选出一个大家公认的最优方案，再思考什么样的权重赋值才能让这一方案成为优选，进而反思什么是人们认为最重要的指标因素和权重。诚然，这种做法确实不符合理性逻辑的习惯，但评价指标得出的结果的确需要既符合理性逻辑，又符合公众的常识认知。

如何从众多设计策略中选择最适合的方法？有时，场地项目自身的特性就能给我们最佳答案。例如，甲方可能一开始就打算借鉴以往的成功项目或某个他曾见过且欣赏的案例，严格的开发规范或者湿地和陡坡等严苛的自然

图 14.19

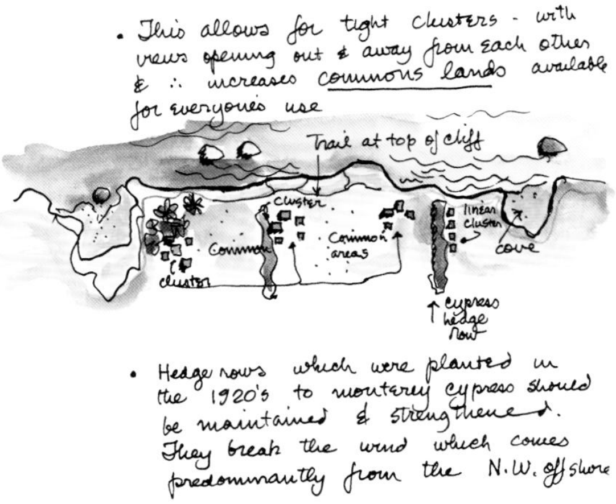

图 14.20

图 14.19　劳伦斯·哈普林设计加利福尼亚州海滨农庄时的草图（Lawrence Halprin Collection, the Architectural Archives, University of Pennsylvania 提供）

图 14.20　劳伦斯·哈普林有关海滨农庄树篱和山谷重要因素的笔记（Lawrence Halprin Collection, the Architectural Archives, University of Pennsylvania 提供）

条件可能也会让场地规划没有太多可发挥的余地。在这种情况下，比较实际的做法是先快速制定一种解决方案，后期再逐步加入其他因素并进行修改调整。通常设计师在面对新的项目时也会带入自己以往的经验和思路，他们可能想继续使用在其他项目上曾取得良好效果的方案，事实上，甲方很可能也正是由于设计师过往的成功经验才聘请他们。也有的设计师还可能想尝试一些在以往的项目中未能尝试的方案。

　　理想情况下，设计师应该了解并掌握多种设计策略，进而根据实际情况灵活采取不同的方法。在团队合作中，他们需要提交明确的策略路径及时间进度表，这样才能在最后形成统一的方案和决策。任何一个项目都可以无限探索新的可能性、使用新的技术、精益求精地绘制更详细的设计图，但问题的关键在于如何在有限时间和既有资源限制下探索场地规划建设的最优解。

第15章

导则、标准及规范

富有创意的场地规划同样还需要符合一系列界定场地开发建设的规范、标准限制及要求。这些限制来自地方、区域或国家政府部门制定的法规、规范,也包括经验法则、行业惯例、政府政策、设计导则,还有越来越多的民间认证组织对规划项目的各类认证等。规范和评估标准对场地规划具有重要影响,也有越来越多的场地规划设计者们加入了改革和制定新规范的队伍中。

相关规范几乎涵盖了场地规划的方方面面。正如我们在本书的"认知场地篇"所提到的,场地的可建设面积受多种因素影响,包括湿地保护规定、陡坡地带建设限制、农业耕地保护、林木砍伐限制、河流或滨水地区建筑退线要求、干道或危险地区周围的强制缓冲带以及必须留出的开放空间和公共用地。有些规定出自制定者的主观意愿,也有些出于公众需求或审美趋势,但大部分规定都源于行业普遍认可的专业规范和政策要求。第7章简要列出了影响场地规划的若干决定性因素,包括地方和地区规划、土地利用规定、开发密度和强度限制、建筑退线要求、视线通廊及历史资源保护利用限制等种种要求。场地内的基础设施也必须符合当地的要求(如街道的最小宽度、停车要求、本地设计规范和可持续性相关规定等)和专业技术部门制定的施工要求标准,各类基础设施的建设标准详见中卷。最终,各功能区的形态还会受本地设计传统、设计审查过程、投资项目贷方的要求标准等的影响。例如,从事零售和办公项目的金融保险公司的办公楼需要的停车场面积往往会高于传统规范的规定。

当前,有越来越多的甲方和设计师乐意去主动申请绿色环保建筑机构的标准认证,这些机构包括美国绿色建筑委员会(the US Green Building Council)、绿色建筑倡导者(the Green Building Initiative)、英国全球建筑研究组织(BRE Global)、可持续场地倡导者(the Sustainable Sites Initiative)等,它们对建筑物和场地项目均实施认证,获取相关认证许有助于场地开发的营销和宣传。一些国家或地方政府已经开始要求新建项目或政府投资项目需要满足此类标准。

纷繁复杂的标准有时会给人一种错觉，认为场地规划已没有多少创新的空间，除非设计师能够灵活变通改变规则，提出合适的方案。实际上，当场地受限无法得出合适的解决方案，或策划案必须调整才能满足规范要求时，的确需要进行一定程度的灵活变通。但更多情况下，满足规范的最低标准并不一定意味着场地规划就是优秀的，要拿出优秀的方案，需要在规范条文基础上有更多的追求。

规划设计期望标准（Aspirational Criteria）

在规划加利福尼亚州海滨农庄（Sea Ranch）的项目时（见第1章），劳伦斯·哈普林组织该项目的首批及后来的居民参加了一系列的参与式工作坊（take part workshops），进而提出了以下设想：

以自然为主，而非以建筑物为主；

呈现乡村环境，而非城郊景观；

住宅面积适中，无需过大；

外观简约，无需过分豪华；

遵循设计导则，不能自行设计；

营造温馨社区，而非所谓的房屋；

重视美学原则，不可忽视美学（Gordon 2004）。

像这样的标准构成了设计的基本目标，据此可以判断后续具体规范或标准是否合适。海滨农庄项目规划给予每位业主一大片可用篱笆围住的土地，这似乎会让这里显得过于郊区化，但进一步考虑就会发现，影响整体感受的不是土地的大小，而是篱笆的类型。规划理念应当包括主要目标，由此再逐渐展开后续的其他目标。

场地规划师在项目最初就需要思考一个根本问题，即如何判断设计的场地是否令人满意？在工具栏15.1中我们列出了第2章中分析的三个项目的设计师各自对项目的评论。纽布里奇项目的设计师秉持"环境修复"（tikkun olam）和"避免破坏"（bal tashchit）的初心，力图在当地自然环境中创建一个符合上述原则的社区供多代人居住。上海太平桥新天地项目的设计师们则秉承不同的规划理念，反映不同城市各自不同的社会经济背景文脉。他们试图将当地独特的历史风貌与现代化的景观相结合，其中包括在市中心修建一片人工湖和一座公园。而在巴特利公园城项目中，设计师发现，此前的历版方案都让项目开发商无法实施甚至宣告破产，因此让项目落成就是设计团队的最低目标。在达成目标的过程中，设计团队在纽约创造了一片独特的地理环境，既集中了传统社区的所有优点，又在该地增强了纽约的现代化气息。

诸如此类的设计理念已经成为项目的核心主导，在理念指导下，设计师会进一步做出合理的设计方案。在纽布里奇项目中，绿色基础设施方面的巨大投资是出于修复景观的核心思想，不过这种做法需要严密分析各环节，以确保所有系统都能经济适用。巴特利公园城则修建了若干小街区，其中建筑正面临街，街道与现有的路网相贯通，既显得别具一格，又在符合当地开发商和住户需求的情况下，成功打造出一个有效运转的体系。

制定一系列评判设计的标准和理念是场地分析与设计方案之间重要的衔接环节。这些标准和理念必须经过相关各方的广泛讨论，一旦确定后就需要各方严格遵守，这样才能真正实现规划目标。

图 15.1 马里兰州肯特兰市（Kentlands）的主街上，设计导则和城镇建筑师负责制确保了所有建筑物外观和风格的一致性

城市设计导则

公共团体、利益群体和项目的影响人群对场地规划也有各自的需求和想法，很多想法都已体现在通行的区划法和土地细分等规定中（见第7章），哪怕有的时候难以从这些规定条文中理解其背后的真正目的。除了正式的规范外，各利益方还存在其他很多对政策、美学等方面的诉求和偏好，这些偏好也都可能会影响项目设计审查（design review）甚至最终的审批许可。

工具栏15.1

纽布里奇、太平桥和巴特利公园城三个项目设计师的理念与想法

马萨诸塞州戴德姆市查尔斯河畔的纽布里奇社区

项目的核心目标是打造一处不同于当前传统社区的面向老年人生活方式的社区，提倡优雅的老年生活和环境友好的自然生态氛围。

最重要的三大设计理念为：

• 为老年人设计的社区，提供多样化的生活方式，将现有的长期护理病床更换为现代化设备；

• 充分利用纽布里奇独特的自然景观和场地特征，从可持续发展的理念出发，体现"环境修复"（tikkun olam）和"避免破坏"（bal tashchit）的原则；

• 在社区建设中加入代际项目，提供休闲互动的机会，鼓励居民自愿参与。

后续设计策略均围绕这三大理念展开，如围绕村落中心（Village Center）布局的长期看护、辅助看护和独立生活的居住设施，设置包括低影响设计技术、地热系统和水资源回收等在内的大量可持续设施，在社区内建立拉什学校以及对广大老年群体的支持和互动等，都是这些理念的体现

乔·盖勒（Joe Geller），园林景观设计师和场地规划师

上海太平桥项目（包括新天地）

项目目标是打造一处从现有的场地环境中得到启发但又新颖不失创意的场地。……我们认为，保留独具上海特色的城市肌理，能够使中共一大会址与周围环境相融合，同时增强整个地区的独特性……建设湖滨公园既满足了居民对户外空间和社区中心的需求，又合理利用了一条横穿整个地区的溪流……

最重要的设计理念是：

• 通过保留和修复石库门建筑，在新天地营造给人印象深刻的场所感；保留了2个历史保护街区，控制开发密度和人口规模；修建湖滨公园，降低新建项目的建筑密度；

• 提供开放的公共空间和分区合理的公共领域，建设整齐的街道和适宜步行的社区，打造温馨宜居的社区；

• 制定前瞻性与实用性兼具的方案，将历史建筑改造为符合现代需求的功能区，而不是将古建筑作为博物馆保存；

• 既有公共项目也保障开发商的利益，建设既能改善社区公共环境又能提高开发商收益的便利设施。

受该项目影响，中国几乎所有大城市都想建设自己的新天地。

娄爱伦（Ellen Lou）与约翰·克利肯（John Kriken），场地规划师

纽约巴特利公园城

最主要的目标是让项目建成。该项目经历过破产，很多优秀的设计师都曾雄心勃勃地尝试过该项目，但最终都未能提出具备实施性的方案。

最重要的三大理念是（而且将一直是）：

- 建设一片能够同时吸引纽约市民和外来游客的区域——要像洛克菲勒中心、中央公园、布鲁克林大桥等定义了纽约的标志性建筑一样知名；
- 打造具有城市外观和都市体验的地区，但又不与其他任何场地雷同，这是对现代纽约的一次革新；
- 用建筑来打造永久的城市肌理，建设令人心驰神往的公共场地。

这些理念指导整个规划的众多其他目标，如打造成功的地产项目，与附近的曼哈顿下城区连通并互相提升，建设一流的新公园和混合功能区，建设大面积滨水景观等。

斯坦顿·埃克斯塔特（Stanton Eckstut），联合设计师/规划师［与亚历山大·库珀（Alexander Cooper）合作设计］

协调性，或兼容性是多数设计导则（design guidelines）的核心。公共设计导则需要将某一项目放在更广的社会环境中进行考虑，包括项目所在地、当地特殊的景观形态、附近土地利用、场地与周围地区的交通联系等。无论土地所有者是私人还是公共机构，他们在规划场地时都可能会借助设计导则来增强场地内部的协调性，向各地块最终的开发者说明该地块的目标特色，以免出现不恰当的建筑。各地块的具体建设要求通常会记录在契约文书中，或地产销售或租赁合同中。在多数情况下，建设项目都要经过设计评审，判断项目是否达到了设计导则的具体要求，以及是否符合设计导则所体现的精神。

人们已经从以往成功的项目中总结出很多有用的经验。好的设计导则会要求规划设计必须体现场地的特征属性，但同时会给设计师留出灵活的创作空间去展现。因此，既要避免导则过于死板缺少灵活性，也要避免过分模糊而失去指导价值，必须在二者之间找到完美的平衡。如果导则条文要具备可实施性，就需要非常严格精准，杜绝一切理解偏差；如果设计评审过程可靠，且有可信赖的评审专家，导则就可以留出自由裁量的空间，供各方讨论研究。

设计导则的类型

很多建成项目都会发布城市设计研究的成果（书籍或网络信息），其中可以找到通用的设计指南。由于将主观描述转化成政策条文（而且还要征求各方的同意）存在很大难度，所以这类导则通常并非官方版本，但依然能够有效指导当地规划设计工作。《展望犹他》（Envision Utah）是一本优秀的地区设计指南，提出了包括盐湖城在内的瓦萨奇山谷（Wasatch

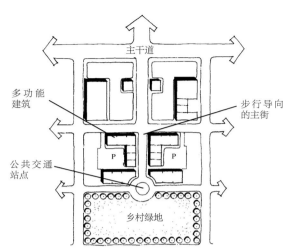

多功能中心：在公共交通站点步行范围内聚集了办公、零售、住宅和市政设施

图 15.2 《展望犹他》在以公交为导向的开发导则中倡导多功能中心开发（Envision Utah）

Valley）地区未来发展的美好愿景，明确了开发的总体原则（公交导向型、提高开发密度、保护河道等），并传达了场地规划设计的理念。该项目吸纳了当地成千上万的居民共同参与，其开发原则赢得了公众的广泛支持，并且成为复杂场地规划的参考标准（Envision Utah，未注明日期）。

设计导则的一大难点是准确度。最基本的导则仅仅是意向说明（statements of intent），比如：

"多户住宅、商业建筑和办公楼的设计应该与社区中的独户式住宅相协调"[田纳西州日耳曼敦（Germantown）设计导则]。

"建筑物朝向街道一面的底部两层应通过开窗或玻璃幕墙保证透光性和透明性"（《奥斯汀城市设计导则》），或"采用多功能混合布局的方式，保证上班族能够步行到达餐厅、娱乐场所或日常购物点"。

有效的声明应简洁明了，但又能为场地或建筑设计提供直接的指导。相比之下，量化指南（quantitative guidelines）则更加详细，提供了衡量建筑物或场地是否达到导则要求的系列标准。比如：

住宅应位于离公交站10min步行距离范围内，居民可直接通过人行道步行到达公交站；

主街两边建筑应该形成高4~6层的整齐街墙；

保证未来居民平均每1000人拥有2.75ac的公共开放空间（《温哥华城市开发导则》）。

如果项目方案有设计审查全程把关，上述导则条文就能够满足需要。在讨论过程中，各方将对"与独户式住宅相协调""保证透明性"或"外观整齐"等说法达成一致的理解。但是，这种基于普通法的理解并非长久之计，需要项目团队和评审团队都保持不变，一旦团队成员发生变化，这种导则就不太适用。

与文字相比，简图或图例能够更加清楚地呈现很多设计想法，如三维立体空间示意体量、细节和建筑形态等。设计导则有时需要用丰富的插图进行诠释，切忌仅用文字描述代替示意图。导则的目的是为设计理念提供范式诠释，而非呈现最终的结果。

在这方面，纽约巴特利公园城是一个很好的例子，它采用了图示导则（graphic guidelines）来构建大规模场地开发的原则框架（见第2章）。项目开发商——巴特利公园城管理局制定了包括街道和公共空间在内的开发方案，涵盖了公园、滨水大道、休闲区、购物广场、博物馆、学校和公共建筑等。由私人开发建设的场地则进行地块细分，各地块都制定了详细的开发导则。开发商通过投标的方式取得了地块的开发权，并知晓设计方案需要符合导则的要求，并且接受管理局的评审。虽然总体目标是创建和谐的建筑组群，但管理局同样也鼓励所有开发商对导则发挥创造性理解。最终，这里形成了丰富多样又和谐统一的建筑群。尽管主管开发的领导多次变更，更有超过50家开发商选择各自的设计团队推进项目，但在巴特利公园城为期25年的建设周期中，设计导则一直被沿用，保持了高度的连贯性。

通常情况下，规划主管部门与相关社区会共同制定本地区的城市设计方案，这会直接影响场地规划设计。中心城区的城市设计方案会关注建筑与街道的结合、主要步行道两旁场地的开发利用，以及停车区域设计等问题。这些导则有的纯粹是叙述性的，就像缅因州的波特兰市中心地区的设计导则一样，在条文中不鼓励设置封闭的街道和人行天桥；要求设计师关注距地面35ft（10m）高范围内的空间，因为这是距离行人最近的空间；鼓励使用砖等材料修建建筑物，以便与现有的城市肌理相协调。俄勒冈州的波特兰市出台了当地中心城区综合开发导则，其中引用了缅因州波特兰市和其他城市的大量优秀案例（City of Portland 2001）。多伦多等城市则主要关注需要改造的地区，出台相应导则以免未来的改造对当地宝贵的建筑和场地特色造成破坏。此类地区的规划标准通常会规定高度平面（height plane）和高层建筑物形态。因此，场地规划需要在清楚理解这些导则的前提下再制定项目的规划目标。

以英国为代表的一些国家要求场地规划方案必须通过自由裁量审查才能获得批准，因此规划师需要特别注意城市设计导则。约克郡（York）的城市设计方案就是一个很好的例子。该市制定了一份城市开发改造框架，并确定了一系列重要标准。这份导则被应用到10个对约克郡未来发展至关重要的场地中，包括英国糖业公司（British Sugar）建设项目等。

广场和开放空间6
在高密度功能区设置广场

内容

城市广场的设计应以公众使用为优先考虑的重点。公共开放空间的使用往往遵循房地产的黄金原则,即"除了地段,还是地段"。需要经过充分的分析和研究来进行广场的选址,考虑诸如现有广场的位置、与城市中心区步行和公交系统的连接、主要服务人群以及潜在使用者的多样性等方面。在高密度城市区建设开放空间,如果不考虑与周边广场尺寸和使用相适应,则容易导致使用频率的下降。反之,如果场地室外空间过少,则会过于拥挤。因此,需要将广场、开放空间和周边设施进行统筹考虑。

建议

- 根据潜在使用者聚集场所考虑新城市广场选址。集聚的范围一般可考虑从广场中心向外辐射137m左右。
- 分析两类空间的需求:一是有较高利用率和通行率的街角空间;二是街区内尽端路或步行道的绿岛。
- 通过估算活动集聚场所的职员数量,判断提供午餐空间所需的规模。
- 提供多样化的底商空间,鼓励职员、游客和购物者的白天活动。
- 将广场视为提升城市步行和公共交通出行模式的催化剂。
- 将广场纳入城市开放空间规划,提供并倡导安全的步道系统。
- 新城市广场选址需要与功能集聚场所有紧密联系。

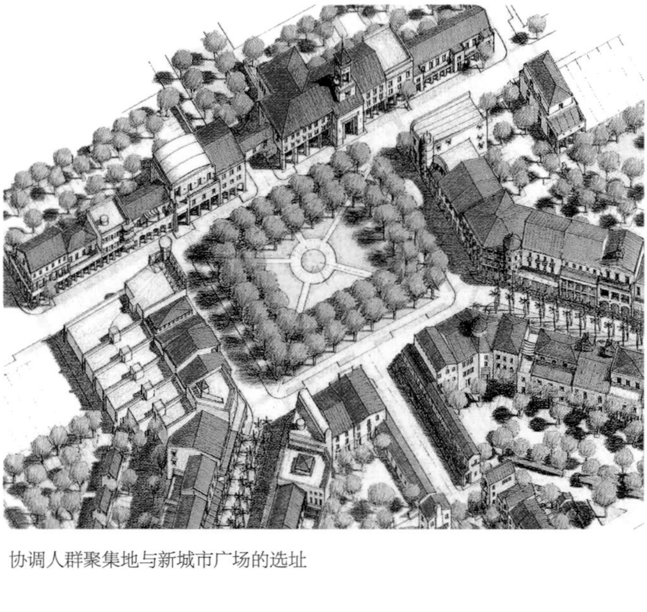

规划原则

密度
人文特征
多样性
可持续性
与室外空间的联系

协调人群聚集地与新城市广场的选址

奥斯汀城市设计导则

图 15.3 得克萨斯州奥斯汀城市设计导则建议在商业开发区布置广场(Austin Design Commission)

2. 社区风貌

在过去的30年里，日耳曼敦市已经从一个偏远农村发展成为一个拥有超过3.3万居民的成熟社区。通过精细化管控开发，它始终保持了最初的富有吸引力的品质，并在城市范围内提供了多样化的住房、服务及设施。

2.1 原则

主导这一转变的基本设计原则有：

1. **主要景观**。自然应该是城市的主要视觉特征，即使在商业区也是如此。建筑应与景观布局相契合，街道的布局也应与景观特征相匹配。在不同土地功能之间应种植较密集的植被以提供必要的分隔并避免冲突。
2. **住宅尺度**。虽然日耳曼敦市鼓励商住结合，但通常情况下建筑尺度及外观应保持住宅特征，并与独户家庭居住区风格保持一致。
3. **公共与私人场所**。所有从公共街道和开放空间可见的场所都应进行精细化管控，而更私密的场所则可以鼓励发挥个性。
4. **尊重多样性**。在鼓励建筑风格多样性的前提下，建筑单体不应过于追求新奇和哗众取宠。建筑材料和色彩应与自然特征相匹配，并与项目周边现有建筑相协调。
5. **限制公众传播**。公共标识和广告应进行适当限制和管控，以免减损景观的连续性。

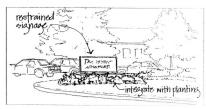

图 15.4 田纳西州日耳曼敦市的社区风貌导则（Carr Lynch Hack and Sandell）

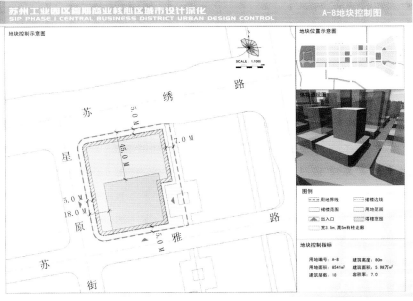

城市设计对中央商务区内的每一个地块均制定详细的形态指标
（图片由苏州工业园区管委会提供）

图 15.5 苏州工业园区地块开发建设图则（苏州工业园区管委会）

图 15.6 俄勒冈州波特兰市中心城区设计导则强调了转角设计的重要性（City of Portland）

C 工程设计

C 7 创造活力街角的转角设计

背景

城市中心区200ft（60m）见方的街区网格形成了众多十字路口以及建筑转角，这些频繁的路口和转角创造了独特的步行、骑行和车行活动空间。

提升建筑转角的策略包括大开窗、雨篷、天幕或标识等。将楼梯、电梯以及建筑上层入口等布置于街区中段，能有效解放地面层建筑转角的交通功能，使之可以集聚更多的商业零售功能。

建筑在转角处的退线处理创造了更多适合室外活动的开放空间，如咖啡座椅、人行步道自动售货机或者公共艺术和水景装置等。在公共道路对面的建筑转角处理还能营造门户感。街道转角设计可以将建筑设计与道路设计有机结合在一起，提升了路口空间的环境品质。而良好的建筑转角及道路设计有助于提升中心城区步行系统的整体活力。

位于西伯恩赛德（W Burnside）和23街路口的提勒广场（Thiele's Square）

导则

设计元素包括但不限于：设置不同的建筑高度，立面、平面的变化，大开窗，遮阳篷，雨篷，天幕，标识，以及突出建筑转角的步行入口等。

在地面层的街角设置灵活的零售设施。

将楼梯、电梯和其他上层建筑入口布置于街区中段。

中心城市基本设计指南

C 工程设计

本指南的若干应用方式如下：

1. 建筑转角面向公共交通路线。诺德斯特龙（Nordstrom）百货公司（远处背景）转角位于西南莫里森路（SW Morrison）和百老汇街交界处，在路口做退线处理，并面向市中心区先锋法院广场（Pioneer Courthouse Square）的公交站点。

2. 用标识或天幕、雨篷突出转角。位于西南第六大道和华盛顿街路口的零售店以其独特的标牌创造了有趣的转角空间。

3. 将通往上层建筑的入口布置于街区中段。杰克逊大楼的上层入口布置在道路中段，转角处可以布置更多的零售空间。

中心城市基本设计指南

约克郡：新美丽城市报告

图 15.7 英国约克郡的英国糖业公司场地规划开发导则（York New City Beautiful）

英国糖业公司
美丽城市导则

英国糖业公司基地是城市现有划定区域中一片重要棕地，具有重要的经济价值，需要在设计和经济发展上都予以重视。英国糖业公司的发展建设也有助于引导该城市未来的理念和标准。

关于约克郡西北部地区作为生态发展地的方案将英国糖业公司基地作为试点，将有助于实现美丽城市目标，并确保创新和高标准的可持续发展理念。试点项目的设计将成为本案例及更大范围城市未来发展和建设的标杆。

该基地目前已完成总体规划，将在约克郡中心发展规划之前推出。作为约克郡西北部地区的远期更新计划的先行方案，它将与约克郡中心发展规划互为补充和助益。

要实现规划的愿景，英国糖业公司基地的设计必须实现以下几点：

- 打造通往河流和历史悠久的绿地的直接通道；
- 打造通往主街道的中央道路，在约克郡中心区汇集，并延伸至城市核心区；
- 形成与城郊和新郊野公园强有力连接的道路网系统；
- 将环城路转变为林荫大道；
- 探索可持续的街道设计，加强行人和自行车与车站和市中心的联系；
- 加强基地与市中心之间的步行、骑行及机动车等的交通连接。

英国糖业公司基地在规划中为居住用地，可容纳1300户，位于城市西北的重要入口，南部与约克郡中心地块相连接。这两个项目为创造新就业和居住社区提供了长期的发展空间，可以满足城市未来20年的需求。该场地旨在通过经济增长创建具有高环境品质的新居住社区，从而吸引科技、科学和创意部门的高端人才。在工程建设期间，可提供400多个工作岗位，并为当地创造1亿英镑的经济收入。

场地开发

4. 英国糖业公司

英国糖业公司基地与约克郡中心地块共同构成了约克郡西北部发展区。这一具有重要地区意义的重点投资项目将对约克郡的未来发展起到重要作用。

该项目位于城市西郊，坐拥大教堂和乌斯河美景，是实现约克郡新美丽城市规划愿景的重要环节。基地选址位于城市核心区和乡村之间，未来将成为21世纪的新社区。

- **城市河流**：场地位于乌斯河的西南面，通过直达河流的特定道路和连接，可以提供更多游乐休闲活动。这些通往河流的通道应与场地内的绿道和绿色开放空间相连，并连接城市核心区和更广阔的郊区。

- **城墙和城门**：场地应通过新的干道经由约克郡中心地块通往城墙，或通过火车站通往新的城门。

- **城市街道、场所和空间**：位于英国糖业公司基地内的街道和广场应展示约克郡传统街区的风貌，并在基地内打造一条中央干道作为主轴，串联起社区内的公共广场。

- **城市公园**：该地块将打造一个平行于现有环路的线性公园，并可以通过场地直达该公园。这将会形成一条连接乡村的新通道，并直接进入规划中的郊野公园。由此将会减少外环地区的私家车使用，从而创造一个更可持续和健康的环境。此外，沿河还将有步道通往博物馆花园（未来的文化公园），这也是约克提出的伟大城市公园之一，通过城市公园的设计，场地与城市核心将有效地连接起来。

该导则的内容包括：保留市民使用河流和楔形绿化带的权利，接受环路并着手将其改建为林荫大道，修建一条穿过整个场地的中央大道，重现典型的约克式传统街道和广场建筑。

设计导则往往会着重突出某些因素。在澳大利亚，越来越多的城市开始制定水敏性城市设计导则，这得益于澳大利亚宣传机构的努力。这些组织提供了大量优秀案例，甚至包括场地水体利用的典型设计图稿，在此基础上，设计导则得以呈现的更加清晰完善，而且相关案例在其他国家也具有很强的参考性（South East Queensland Healthy Waterways Partnership 2007）。

设计审查

设计导则与设计审查紧密相关。一般来说，项目如果具备高效可靠的评审流程，对设计导则的要求就会降低。设计审查要考虑专家的审美差异，以及审查者对建筑施工、市场营销和场地使用的经验，进而根据审查结果对规则进行优化和调整。但即便是简单的评审流程依然需要一些通行的规范指导，以免设计审查完全陷入主观判断中。如果有公共部门监督评审流程，还需要提前制定书面规则便于评审决策（Scheer and Preiser 1994）。

很多机构都能够执行设计审查。最简单的做法是将评审任务交给单独个人，如欧洲很多城市都有专门的城市建筑师，负责验收在其职责区域内开展的所有建设项目。大型新建社区的开发商有时会聘请某位城市建筑师担任监理，监理相对独立，以免受到来自投资方或设计方不可控的压力。美国很多大学设有校园建筑师或规划师，任职者直接向校长和校董汇报，实际上拥有很大的项目审查权，可以在上报至高层决策者前，筛除预期不乐观的项目。私人开发机构通常会指定内部人员负责设计审查（通常为负责设计开发的副董）；如果负责人非常重视项目质量，这会是一种非常高效的安排，巴特利公园城项目的成功就是采用了这种策略。

然而，设立单独的监理也存在"独裁"的风险。审查人员可能会出于个人喜好而拒绝一些创新的想法，他们也可能无意识地会介入设计本身，如多次要求重新设计，直至项目建筑师放弃本来的设计思路，转而向评审者的偏好靠拢。德国参议员汉斯·斯蒂尔曼（Hans Stillman）在长达20年的时间里负责监管柏林城的建设工作，他与固执的开发商及其建筑师之间的拉锯战广为人知，但最终柏林城的重建清楚地说明，开发商和建筑师仍然敌不过他的个人意志。

　　第二种方法是设立一个专家小组（panel of experts），便于对审查有更加多样化的讨论。这些小组可以是专门为某个项目成立的临时小组，也可以是长期存在的常务委员会。波士顿中央干道的高架下挖工程就成立了一个设计顾问小组，专门审查腾出空地的利用提案，其中包括公园、步行道、建筑、街道空间等。小组由来自波士顿和其他各地的专业人员、建筑师、规划师、景观建筑师和艺术家等组成。所有项目从概念性规划到详细的施工文件，都经过了多次评审，在所有近期项目获批以后，小组就此解散。

　　常务设计审查小组可能会长期存在，其优势是能够保持设计指导思想的连贯性。巴尔的摩城市设计与建筑评审小组（The Baltimore Urban Design and Architecture Review Panel）负责评审本地所有城市更新项目并提供专业建议，小组至今已经工作了30多年，其中一些成员始终在组里。随着更新项目逐渐结束，小组得以重新组建，负责整座城市的地标建筑评审和顾问工作。克利夫兰的大学城（Cleveland's University Circle）的设计审查小组也存在了50多年，保持了相当高的成员延续性。该地区的40多家设计机构自愿组织起来，提交设计方案以供审查并征求意见，以保证大家共享的这一地区的有序开发。很多大学都设有设计审查小组，对校园内所有建设项目进行评审并提供建议，检查这些项目与大学总体规划的一致性以及确保它们能对校园环境产生正面影响。

　　设计审查委员会（又可称为管委会、理事会或顾问委员会）是旨在改善城市公共空间和建筑环境质量的公共机构。波士顿市政设计委员会（Boston Civic Design Commission，BCDC）和辛辛那提城市设计评审理事会（Cincinnati Urban Design Review Board）只是美国境内数百个此类委员会中的两个。它们的职责范围可以按地理位置（位于设计审查区内，或毗邻重要街道）、项目规模（某地区内的所有项目）或项目预期目标（不同区划的要求）等方式进行划分，其权力也有类似的区分。很多历史悠久地区的评审委员会都有绝对否决权，否决那些他们认为不合适的项目，如费城历史委员会（Philadelphia Historical Commission）。多数时候他们充当顾问小组的角色，负责向公众和开发商提出建议和进行宣传。尽管波士顿市政设计委员会只是一个顾问机构，但是市长或波士顿再开发管理局［Boston Redevelopment Authority，现称波士顿规划开发局（Boston Planning and Development Agency）］只有出具书面的解释说明才能推翻委员会的结论。

　　在社区层面也可以由居民发起成立设计审查委员会，负责审查在产权契约中规定的需要提交的建筑改造的设计方案。得克萨斯州的伍德兰社区成立了由志愿者组成的居民设计审查委员会，负责评审违反了现行标准的行为，并寻求建设性的解决方案。在场地规划时就需要确定此类组织的责权，因为这会影响场地的市场价值以及社区或所在区域的长期稳定性。

各国之间的设计审查差异很大。在中国，大规模建设项目的概念设计通常是以邀请赛的形式完成的。竞赛评审团会充当临时的设计审查小组，挑选出最有潜力的设计方案并提出改进意见。而在英国，通常采用公开听证的方式来评审规划和设计提案，特别是一些颇具争议的提案，以此广泛收集来自专业人员、利益群体和附近居民的意见与建议。在韩国首尔坡州图书城（Paju Book City），规划师和城市设计师制定了整个场地的建筑规范原则，每个区域都指定了建筑师负责审查项目，确保项目建设符合规划方案。

且不论设计审查的方法，邀请外界专家对总体方案和地块设计进行审查并提出建议有益于项目的良好运行，其成功的关键因素有以下几点：

在设计构思和各方态度还未完全确定之前，尽早着手评审；

采用设计导则引导评审讨论，避免出现过分主观的意见；

成立权威（由普通市民和专业人员共同组成）而又不涉及各方利益冲突的审查机构；

参观已完成的项目，学习成功经验，为后续项目做好储备。

可持续准则

当前，已有很多评估场地规划、建筑和景观的可持续性的相关机构组织。设立组织的初衷很简单：在可持续项目的信息可靠的前提下，市场自会选择那些绿色评级最高的工程项目，这些项目也会相应地具备更高的价值。现实也证实了这种设想，很多研究已发现，获得评级较高的建筑的市场价格更高，也更容易租赁或出售（Institute for Building Efficiency 2011）。最早的绿色建筑评价体系是英国建筑研究组织环境评价法（Building Research Establishment Environmental Assessment Method，BREEAM）以及后来的美国能源与环境设计先锋（Leadership in Energy and Environmental Design，LEED）。这两种标准很快得到广泛应用。同时，由于这两种标准背后的价值观和权重分值并不完全适用于所有地区，全球各地也以这二者为基础衍生出了很多相似的标准体系。如今已有数十种不同的评价体系，有些专属于个别国家，有些则针对诸如医疗中心或商业建筑等特殊建筑类型，或经修改后专门用于建筑室内环境评估、建筑再利用评估等。

大部分针对新建建筑的可持续评估体系都会将场地选址和规划纳入指标，权重在20%～30%。不过，如果场地内存在多栋建筑，并且有特别的基础设施建设要求，就应该单独对场地进行评估。在此简要介绍两种评估体系标准，以辅助规划师设计场地，并列出了一些可能对特定场所有所帮助的其他体系。

表 15.1　可持续评价体系

名称	制定者	国家（地区）	对象	参考链接
BCA 绿色建筑标志（BCA Green Mark）	新加坡建设局（Singapore Building Construction Authority）	新加坡	新建筑和住宅建筑	http://www.bca.gov.sg/greenmark/green_mark_criteria.html
香港绿色建筑评估体系（BEAM Plus）	香港绿色建筑协会（Hong Kong BEAM Society）	中国香港	新建筑，地产相关问题占比约为25%	http://www.beamsociety.org.hk/files/download/download-20130724174420.pdf
BREEAM 可持续社区评价体系（BREEAM Communities）	英国建筑研究院集团（BRE Global Ltd.）	英国	中大型混合功能建筑群，综合性环境和可持续性分析	http://www.breeam.org/communitiesmanual/
BREEAM 海湾地区评价体系（BREEAM GULF）	英国建筑研究院集团	中东	建筑物导向型的评分体系，专为海湾国家设计，场地问题占比约为30%	http://www.bream.org
日本建成环境效率综合评价体系（CASBEE Urban Development）	建筑物环境与能源性能研究所	日本	城市开发项目，建筑群、场地设计和公共区域质量	http://ibec.or.jp/CASBEE/english/download/CASBEE_UDe_2007manual.pdf
地球艺术社区（EarthCraft Communities）	南方能源研究所（Southface Energy Institute）	美国	规模大于35户的新建住宅区	http://www.earthcrafthouse.com
环境开发标准（EnviroDevelopment Standards）	澳大利亚环境开发/城市开发研究所	澳大利亚	评估开发项目的环境质量的综合性品牌体系	http://www.envirodevelopment.com.au/_dbase_upl/National_Technical_Standards_V2.pdf
常绿可持续发展标准（Evergreen Sustainable Development Standard）	华盛顿州商务部	美国	保障性住房项目若获得州政府资助，必须符合该可持续标准	http://www.commerce.wa.gov/Documents/ESDS-2.2.pdf
韩国绿色建筑评级体系（GBCS Korea）	韩国土地、基础设施和交通部与韩国环境部联合制定	韩国	以项目可持续性和能耗为依据的评级与认证体系	http://greenbuilding.re.kr
绿色社区（Green Communities）	国际奥杜邦学会（Audubon International）	美国	面向既有社区和新建社区的广泛的环境和社区评估体系	http://www.auduboninternational.org/Resources/Documents/SCP%20Fact%20Sheet.pdf

续表

名称	制定者	国家（地区）	对象	参考链接
法国HQE绿色建筑评估体系	Cerway公司，代表Certivia（非住宅项目）和CERQUAL（住宅项目）	法国及国际上一些国家和地区	广泛的环境质量评估体系，包括城市发展轨迹	http://www.behqe.com/tools-and-resources
印度LEED-NC体系	印度绿色建筑委员会	印度	印度专属的可持续社区和住宅建筑标准	http://www.igbc.in
LEED-ND绿色建筑标准	美国绿色建筑委员会	美国	最大面积不超过320ac（130hm^2）的场地规划	http://www.usgbc.org/resources/leed-neighborhood-development-v2009-current-version
瑞士MINERGIE超低能耗建筑技术标准	MINERGIE建筑研究所	瑞士及列支敦士登	新建筑和既有建筑能耗表现，较偏向住宅建筑	http://www.minergie.ch
QSAS体系	海湾研究与地区发展组织（GORD）	卡塔尔及海湾国家	中东地区综合性建筑物环境与能源性能评价体系	http://www.gord.qa/uploads/pdf/GSAS%20Technical%20Guide%20V2.1.pdf
可持续场地评价体系（SITES）	可持续性场地倡议组织	美国	着重强调自然、文化和环境因素的场地规划评价体系	http://www.sustainablesites.org/report/Guidelines%20and%20Performance%20Benchmarks_2009.pdf
三星评级体系	住房和城乡建设部，中国建筑科学研究院	中国	住宅、办公建筑、酒店和商业开发项目的环境与能耗性能	http://www.cabr.com.cn/engweb/Standards.htm

LEED-ND

LEED-ND（LEED for Neighborhood Development，LEED社区开发）是LEED评估体系的居住版本，旨在评估场地开发或再开发项目的可持续性，项目体量涵盖从若干栋建筑到占地1500ac（607hm^2）以内的完整社区。尽管该标准在商业及混合功能开发社区方面有一定应用，但主要应用对象仍是居住区规划。LEED-ND体系的开发团队认为，无论单体建筑的可持续性有多强，一个地区的能耗主要来源于交通，项目产生的环境影响也远远超出了建筑本身。新城市主义委员会（The Congress of New Urbanism）、自然资源保护协会（Natural Resources Defense Council）及美国绿色建筑协会（US Green Building Council）联合制定了LEED-ND标准，该标准以美国和加拿大主流的价值观为主导，但其他国家和地区追求实现步行友好、节能、可持续的项目也可以参照该标准。LEED-ND体系的应用并不局限于大学、军事基地、中央商务区或工业区等大型场地，也不限于北美地区。到2014年为止，已经有超过350个项目经LEED-ND认

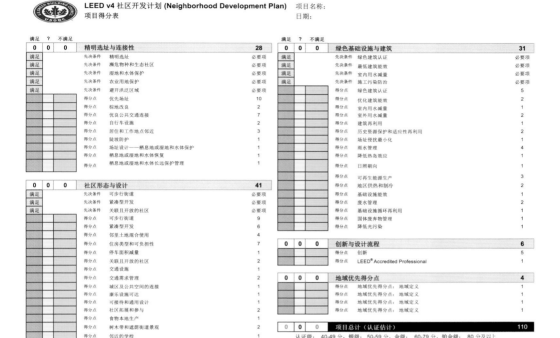

图 15.8 2013 年版的 LEED-ND 评分表，列出了评分细则和相应分值（Green Business Certification Inc. 提供）

证合格，为可持续场地规划提供了宝贵的经验范式（US Green Building Council 2013）。

LEED-ND体系总分值为110分（包括奖励分），评级包括合格（40分）、银级（50分）、金级（60分）和铂金级（80分）。评分标准非常详细，评分包括五个方面（LEED-ND 第四版评分表见图15.8）：

精明选址与连接性（28分）：鼓励紧凑型城市开发和多样化的道路交通规划。场地要满足五个必须条件，即临近既有建筑（或建筑空地）、避免占用濒危动物栖息地、对湿地的影响最小化、保留基本农田用地以及建设地块避开洪泛区。降低对小汽车的依赖性并最小化出行需求的选址会在这部分取得较高分数。然而，LEED-ND标准的批评者也认为，该标准过于看重选址因素，会诱导场地选址向认证标准靠拢，甚至在规划前就已经有选址偏好——但这恰恰是制定这一评分标准的目标。

社区形态与设计（41分）：强调场地的可步行性，前往购物场所、休闲场所、本地机构及其他社区的交通便利度。三个必需条件包括建设适宜步行的街道、有足够的人口密度支撑附近公交站点的运行、与周围片区之间有多样便利的交通线路。这些标准排除了大部分封闭式社区，鼓励多样化道路规划。是否拥有适宜步行的街道、便利的交通出行和紧凑的开发模式构成这部分评分体系的主要检验标准。

LEED-ND得分

精明选址与连接性
- P1 精明选址
- P2 濒危物种保护
- P3 湿地和水体保护
- P4 农业用地保护
- P5 避开洪泛区域
- C1 最佳选址——已开发场地回填
- C2 棕地再开发
- C3 选址减少对汽车的依赖
- C4 促进职住平衡
- C5 保护陡坡
- C6 基于生境、湿地和其他水体保护的场地设计

社区形态与设计
- P1 适合步行的街道
- P2 紧凑发展
- P3 相互联系且开放的社区
- C1 适合步行的街道
- C2 紧凑发展
- C3 混合功能社区
- C4 不同收入阶层的社区
- C5 道路网络体系
- C6 公共交通设施
- C7 市民公共空间的可达性
- C8 娱乐设施的可达性
- C9 可达性和通用设计
- C10 社区参与
- C11 有行道树的林荫道

绿色基础设施与建筑
- P1 通过认证的绿色建筑
- P2 建筑能耗最小化
- P3 建筑用水最小化
- P4 建造过程的污染防治
- C1 通过认证的绿色建筑
- C2 建筑能耗效率
- C3 建筑用水效率
- C4 景观水效率
- C5 雨洪管理
- C6 缓解热岛效应

创新与设计流程
- ① 示范性表现——精明选址与连接性中的
- ② 示范性表现——社区形态与设计中的
- ③ 示范性表现——绿色基础设施与建筑中的
- ④ LEED ND教育
- ⑤ 经过LEED认证的专业人员

区域优先得分点
- ○ 精明选址与连接性C-2棕地再开发
- ○ 精明选址与连接性C-5促进职住平衡
- ○ 社区形态设计C-4不同收入阶层的社区
- ○ 绿色基础设施与建筑C-2建筑能耗效率

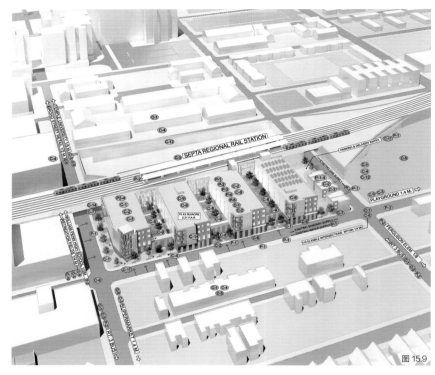

图15.9

图15.10

图15.9 费城帕塞奥沃德（Paseo Verde）保障性住房建设项目获LEED-ND白金认证的指标列表（WRT Design 提供）
图15.10 费城帕塞奥沃德保障性住房实景（Halkin Mason Photography LLC 提供）

绿色基础设施与建筑（31分）：如果场地内有经认证的绿色建筑，并采用了先进的绿色基础设施的建设方法，就会得到相应的分数。场地内必须拥有至少一栋LEED认证建筑，或经类似评级机构认证的建筑。其他必需条件为达到节能节水标准和采用优化的场地施工方式。如果场地满足以下要求，将得到额外分数，即采用地区供热和可再生能源，采取能够减弱热岛效应、优化处理固体废弃物或减少光污染的措施。

创新与设计流程（6分）：项目若采用了LEED-ND手册中未列出的新技术或创新的设计方式，将得到奖励分数。若项目聘用了经LEED认证的专业人员，也会得到奖励分数。

区域优先得分点（4分）：响应国家或地区层面的可持续政策的项目将获得额外分数。美国不同地区和大都市圈会根据当地的气候条

件、城市模式和景观差异，制定不同的可持续政策。例如，在加利福尼亚州圣何塞（San Jose），符合节能、湿地保护或棕地再开发的项目会得到额外分数；缅因州波特兰市则偏向于能够降低汽车依赖性、保留既有建筑和缩小职住通勤距离的项目。在其他国家，可持续策略也会随着国家政策或地方政策变化。在中国，采取地区供热的项目会得到附加分数；而在芬兰，采用可替代能源的场地能够得到额外分数。在美国绿色建筑委员会的指标得分网站（USGBC Credit Library）上可以查询优先事项评分准则（http://www.usgbc.org/rpc）。

LEED-ND绿色建筑标准已经成为优秀场地规划的典范，此处对它的简短介绍远未能完全展现它的精髓。无论场地规划师是否打算获得认证，LEED-ND手册都是一本值得拥有的参考书（US Green Building Council 2013）。手册从大量示范试点项目中总结出宝贵的经验法则、目标准则和标准。当然，LEED-ND标准必须经过调整才能适用于特定的场所、文化和建设类型，但总体而言，该手册给场地规划提供了一系列实用的目标方向。

可持续场地评价体系（SITES）

可持续性场地倡议组织（Sustainable Sites Initiative）创建了一种与LEED-ND体系互补的评价体系SITES，强调尊重场地本身和可持续性景观的详细措施。在美国绿色建筑协会的配合下，美国风景园林师协会（American Society of Landscape Architects）、得克萨斯大学奥斯汀分校约翰逊总统夫人野生花卉中心（the Lady Bird Johnson Wildflower Center at the University of Texas at Austin）和美国国家植物园（the United States Botanic Garden）共同提出了这些细则和性能标准。美国绿色建筑协会的姐妹组织——绿色企业认证公司（Green Business Certification Inc.）于2015年获得了SITES认证资格，目前采用SITES标准第二版对项目进行评估认证。LEED-ND标准强调建筑环境，而SITES标准则首先关注场地的自然特征，以及场地利用对自然环境的改造和增补。SITES既可作为高度开发地区的实用指南，也能为只包含最基本的建筑物的休闲和开放区域提供指导（Caulkins 2012）。

SITES体系背后的指导性原则是，场地要为本地居民及周边地区提供有用的生态系统，自然和人工系统的结合要在不牺牲后代利益的前提下更好地服务于当前用户。该体系力图平衡环境、经济和社会三方面问题。其导则几乎可以应用到任何形式的场地开发中：开放区域、公园、公用设施

SITES第二版得分卡摘要						
是	?	否				
3	0	0	1: 场址环境		可获分数:	13
是			环境 P1.1	有限开发农田		
是			环境 P1.2	保护涝原功用		
是			环境 P1.3	保护水生态系统		
是			环境 P1.4	保护受威胁和濒危物种栖息地		
3	0	0	环境 C1.5	重新开发退化的场址		3 – 6
			环境 C1.6	项目位于现有开发区域内		4
			环境 C1.7	连通多模式交通网络		2 – 3
0	0	0	2: 设计前评估和规划		可获分数:	3
是			设计前 P2.1	使用整合设计流程		
是			设计前 P2.2	开展设计前场址评估		
是			设计前 P2.3	指定并传达 VSPZ		
			设计前 C2.4	吸引使用者和利益相关者		3
0	0	0	3: 场址设计 - 水		可获分数:	23
是			水 P3.1	管理场地上的降水		
是			水 P3.2	减少景观灌溉用水		
			水 C3.3	管理超出基线的降水		4 – 6
			水 C3.4	减少室外用水		4 – 6
			水 C3.5	设计功能性雨水景观作为美化设施		4 – 5
			水 C3.6	恢复水生态系统		4 – 6
0	0	0	4: 场址设计 - 土壤和植被		可获分数:	40
是			土壤和植被 P4.1	制定并传达土壤管理计划		
是			土壤和植被 P4.2	控制并管理入侵植物		
是			土壤和植被 P4.3	使用适当植物		
			土壤和植被 C4.4	保留健康土壤和适当植被		4 – 6
			土壤和植被 C4.5	保留特殊地位的植被		4
			土壤和植被 C4.6	保留并使用本地植被		3 – 6
			土壤和植被 C4.7	保留并恢复本地植物群落		4 – 6
			土壤和植被 C4.8	优化生物量		1 – 6
			土壤和植被 C4.9	减少城市热岛效应		4
			土壤和植被 C4.10	利用植被最大限度减少建筑能耗		1 – 4
			土壤和植被 C4.11	降低发生灾难性火灾的风险		1 – 3
0	0	0	5: 场址设计 - 材料选择		可获分数:	41
是			材料 P5.1	不使用受威胁树种的木材		
			材料 C5.2	维护场址内建筑结构和铺面材料		2 – 4
			材料 C5.3	针对可拆卸性和适应性设计		3 – 4
			材料 C5.4	废旧利用材料和植物再利用		3 – 4
			材料 C5.5	使用含有回收物质的材料		3 – 4
			材料 C5.6	使用本地材料		3 – 5
			材料 C5.7	支持以负责方式开采原材料		1 – 5
			材料 C5.8	支持透明度和更安全化学		1 – 5
			材料 C5.9	支持材料制造的可持续性		5
			材料 C5.10	支持植物生产的可持续性		1 – 5

是	?	否				
0	0	0	6: 场地设计 - 人类健康和福利		可获分数:	30
			人类健康和福利 C6.1	保护并维护文化与历史场所		2 – 3
			人类健康和福利 C6.2	实现最佳的场址可达性、安全性和寻路性		2
			人类健康和福利 C6.3	促进平等使用场址		2
			人类健康和福利 C6.4	支持心理康复		2
			人类健康和福利 C6.5	支持体育活动		2
			人类健康和福利 C6.6	支持社交联系		2
			人类健康和福利 C6.7	提供场址内食品生产		3 – 4
			人类健康和福利 C6.8	减少光污染		4
			人类健康和福利 C6.9	鼓励高能效的多模式交通		4
			人类健康和福利 C6.10	最大限度减少接触环境烟雾		1 – 2
			人类健康和福利 C6.11	支持本地经济		3
0	0	0	7: 施工		可获分数:	17
是			施工 P7.1	传达并验证可持续施工实践		
是			施工 P7.2	控制并保留施工污染物		
			施工 P7.3	恢复施工期间受扰动的土壤		
			施工 C7.4	恢复受先前开发扰动的土壤		3 – 5
			施工 C7.5	从废弃物中转化施工和拆建材料		3 – 4
			施工 C7.6	从废弃物中转化可再利用的植被、岩石和土壤		3 – 4
			施工 C7.7	在施工期间保护空气质量		2
0	0	0	8: 运营和维护		可获分数:	22
是			运营和维护 P8.1	计划可持续场址维护		
是			运营和维护 P8.2	提供可回收物存储与收集		
			运营和维护 C8.3	回收有机物质		3 – 5
			运营和维护 C8.4	最大限度减少杀虫剂和化肥使用		4 – 5
			运营和维护 C8.5	减少室外能耗		2 – 4
			运营和维护 C8.6	使可再生来源满足景观电力需要		3 – 4
			运营和维护 C8.7	在景观维护期间保护空气质量		2 – 4
0	0	0	9: 教育和性能监控		可获分数:	11
			教育 C9.1	促进可持续性认知和教育		4
			教育 C9.2	制定并传达案例研究		3
			教育 C9.3	计划监控并报告场址性能		4
0	0	0	10. 创新或优良表现		奖励分数:	9
			创新 C10.1	创新或优良表现		3 – 9
3	0	0	预计总得分		总得分:	200

答标			场地认证级别	分数
是	达到项目信心分数		认证级	70
?	项目努力获得分数，但未达到 100% 信心分数		银级	85
否	项目无法获得这些得分		金级	100
			铂金级	135

图 15.11 SITES 标准细则（Green Business Certification, Inc. 提供）

管沟、交通道路用地、保护区、植物园、工业、零售和办公园区、住宅和商业园区、学校校园和研究机构、街道景观和广场、机场和军事设施等。

SITES体系为场地规划提供了一份实用的操作指南，尤其是建筑物和基础设施的布局，以及建成环境的室外开放空间规划（Sustainable Sites Initiative 2009）。这些导则既可作为优秀案例的评判依据，也可作为需要参照的要点清单。SITES也提供了一个4级评级体系，分为认证合格（总分250分，得分在100分以上或得分率为40%）、银级（125分或得分率50%）、金级（150分或得分率60%）和铂金级（200分或得分率80%）。达到不同等级需要项目绩效满足不同的必需条件。

SITES评级体系的评分细则分为九大类，涉及场地规划和建设的不同阶段及可持续发展需要考虑的关键因素。此外，创新或优良表现会得到额外分数。九大类要素中的七类要素具有先决条件，而且很多评分条目中，得分会依据项目的具体表现有所变化。标准一"场址环境"与LEED-ND的要求及先决条件极为相似（这两种体系已经逐渐保持一致）。另外，

工具栏15.2

场地的生态系统服务

调节全球气候
维持大气气体的历史平衡水平，生产可呼吸的空气，隔绝温室气体。

调节当地气候
通过遮光、蒸发和防风等措施调节当地气温、降水和湿度。

净化空气与水源
减少并消除空气和水中的污染物。

水资源供应和管理
流域和含水层水资源储存与使用。

水土流失和沉积治理
在生态系统中保持水土，杜绝水土流失和水土淤积现象。

防灾减灾
增强抵御洪灾、风暴潮、野火和干旱等自然灾害的能力。

授粉
为庄稼和其他植物的繁殖提供授粉媒介物种。

栖息地功能
为动植物提供避难和繁殖场所，从而保护生物和遗传多样性，促进生物进化过程。

垃圾分解处理
分解废弃物，实现营养物质的循环利用。

人类身心健康
通过人与自然的互动，促进人的身心健康，维持良好的社会关系。

食物和可再生非食物产品
生产食物、燃料、能源、药品和其他产品以满足人类需求。

文化效益
通过人与自然的互动，丰富人的文化、教育、美学和精神体验。

（SITES）

SITES对水资源、土地和植被、景观材料和人类身心健康的重视程度远远高于LEED-ND。标准八"运营和维护"给场地规划提供了全新的思考维度，标准九中有关竣工后场地性能监控的要求也远比其他任何场地评估体系都要详细。

当前，已有超过45个场地获得了SITES达标认证，还有50多个场地正在申请认证，其中很多已进行到场地性能监控阶段（Sustainable Sites Initiative 2017）。这些项目以开放空间、休闲娱乐项目和大学校园为主，但也涵盖了很多其他类型的场地。由于SITES标准的高要求，很少有项目

图15.12

图15.13

图15.14

得到最高等级认证。然而，追求认证仍然值得为之努力，因为采用这些标准导则作为设计指南将会极大地提高规划水准。在本书英文版写作之时（约2016年），LEED与SITES已宣布达成协议，将SITES纳入LEED评价体系中。

其他可持续场地评价体系

北美以外的其他国家和地区还采用了很多其他可持续场地评价体系。项目可按照其所在位置，从这些体系中选择适合的标准。这些评价体系都从其所在国普遍存在的问题出发，提出了相应的策略及目标。没有统一定律来确定具体因素的权重，不同指标因素的权重很大程度上取决于政策导向和决策选择。

BREEAM可持续社区评价体系（BREEAM Communities）是与LEED-ND体系相似的英国绿色住区评价体系。该体系由英国建筑研究院集团（BRE Global）制定，面向中大型多功能混合开发项目，尤其是含有重要住宅建筑的项目。项目申请方在互动网站上回答一系列问题后，该项目会得到相应的得分。这些问题涵盖五个方面：管理治理（9%）、社会经济福利（42%）、资源与能源（22%）、土地利用和生态（13%）、交通出行（14%）。该评价体系和英国规划与环境影响评价的要求一致，并提供给第三方进行认证。与其他BREEAM评价体系一样，项目评级从通过（得分达到总分的30%以上）到优秀（85%以上）（BRE Global 2012）。该机构也为其他国家的项目提供定制方案，如为中东地区提供了专属定制评级系统（BREEAM GULF），其中着重强调水资源节约和热效应缓解的策略。

宾夕法尼亚大学与卡塔尔最大的地产集团巴瓦集团（BARWA）合作，开发了一套综

图15.12 位于密苏里州圣查尔斯（St. Charles）的诺伟司国际总部（Novus International Headquarters）获SITES三星级认证标准（现为金级认证）（SWT Design 提供）
图15.13 诺伟司国际总部竣工后实景（SWT Design 提供）
图15.14 诺伟司国际总部场地内的湿地区（SWT Design 提供）

合性的卡塔尔可持续发展评价体系（Qatar Sustainability Assessment System，QSAS），已在本国完全实施，并在其他数个国家得到应用。该评价体系主要对炎热干旱气候条件下建设开发所面临的关键问题的解决措施提出了评判标准，包括生态保护、植被和遮光、沙漠化、降水径流、热岛效应和不利大风条件等。这些标准与能源、水资源、交通、气体排放和文化因素的相关标准一起，构成了一系列评价手册的基础，这些手册涉及商业开发、学校、住宅区和体育赛事观演设施。体育设施手册现已广泛应用到世界杯、奥运会和地区性体育运动场馆的建设中（Gulf Organization for Regional Development，未注明日期）。

由日本建筑环境与能源性能研究所（Institute for Building Environment and Energy Conservation，IBEC）提出的建成环境效率评价体系（Comprehensive Assessment System for Built Environment Efficiency，CASBEE）以城市开发为评价对象，是涵盖单体建筑、建筑群、热岛及整座城市开发建设的一系列可持续性评级体系（Murakami，Iwamura，and Cole 2014）。CASBEE城市建设评价体系（CASBEE for Urban Development）的评估规模分为容积率大于5和小于5两类，指标要素和分值会有相应的差异。评估体系较为复杂，评分要素通常分为三大类：对自然环境的影响（微气候和生态系统）、对公共服务系统的影响（水资源、交通、灾害和犯罪预防，以及日常生活便利度）和对当地社区的贡献（历史、文化、景观和更新）。此外，场地评估还会考虑是否减小对场地周边环境的负荷，如项目对当地微气候、建筑外观风貌和景观的环境影响，社会基础设施及当地环境管理。根据建筑容积率是否大于5，在打分表中采用相应的计算方式计算得分和权重。评分结果以一系列图表的形式呈现，便于规划师了解项目的优势和劣势。CASBEE城市开发评估手册对优秀措施的评价标准做出了详细解释，提供了建成项目的完整目录，并给出了详细的优缺点评估说明，这也是其最有价值的地方（Japan Sustainable Building Consortium and Institute for Building Environment and Energy Conservation 2017）。

澳大利亚也有很多关注场地的可持续评价体系，能够为场地规划提供有效参考。其中，最全面的是由澳大利亚城市发展研究所（Urban Development Institute of Australia）发起的环境标准计划（EnviroStandards program）。该计划为场地、建筑物及设施提供了评估和认证标准，评估对象分为九类，包括1500户以下的大型新建社区及配套商业设施、1500户以下的居住区、老年人社区、多单元居住区、混合功能区、工业园区、零售商业项目、学校校园及教育建筑以及医疗项目。尽管不同项目类型的评价标准会有所重叠，但标准会反映出不同功能的特定要求和可能带来的环境影响。指标要素总体上分为六大类：生态系统、废弃物、能源、材料、水资源和社区。场地规划师负责申请认证，由相关技术专家提供指导。同时，需要第三方评审员对场地进行现场考察，且证书会每年更新（Urban Development Institute of Australia 2013）。

居住类场地始终是可持续评价体系的一个特别关注点。美国场地规划评估项目中最有趣的一个体系是由南方能源研究所（Southern Energy Institute）、大亚特兰大住宅建造商协会（the Greater Atlanta Home Builders Association）、城市土地协会亚特兰大区委员会（Urban Land Institute Atlanta District Council）和亚特兰大地区委员会（Atlanta Regional Commission, www.earthcraft.org.）联合推出的地球艺术社区体系（EarthCraft Communities）。最初制定该标准的目的是在亚特兰大地区规模大于35户的住区和土地开发项目中推广环境积极应对措施，目前该体系已经过修改，应用到山坡社区和滨海社区建设项目中，反映了不同场地特殊的环境条件。该导则为中低密度住宅项目提供了有用的规划要点，现已应用到美国东南部地区大量社区的建设中。达到基准要求的项目会获得地球艺术社区认证（Certified EarthCraft Communities）。

美国其他地区的很多组织也提出了各自的可持续发展标准，有些已成为项目获取资金支持或公众批准的必要条件。在华盛顿州，所有接受公共援助的保障性住房项目都需要符合常绿可持续发展标准（Evergreen Sustainable Development Standard）（Washington State Department 2013）。宾夕法尼亚州居住用地建设标准（Pennsylvania Standards for Residential Site Development）是一套综合性住宅规划和设计标准，囊括了中大西洋地区最先进的措施和做法（Brown, Foster, and Duran 2007）。

在一些特定建筑物的评级系统中也包含了大量与场地有关的要素内容。例如，在LEED新建建筑体系（LEED New Construction）中，场地问题占总分值的25%；BREEAM新建建筑体系（BREEAM New Building）中，场地问题的权重也和前者类似。根据评估对象所在地而有所区别的BEAM Plus体系是世界上覆盖地域范围最广的评估体系，该体系最初起源于香港，现已在中国内地广泛使用。如果建筑物只是整个场地的一个部分，评分时就需要考虑到整个场地的成效，并占总评分的25%。印度的LEED-NC（新建建筑）体系中，场地规划的权重为29%，节水、多交通方式和减少对自然场地的干扰是其中尤其重视的因素（India Green Building Council，未注明日期）。总而言之，场地的可持续价值在绿色建筑评估领域得到了一致共识。

当场地规划的整个过程都以可持续标准为指导，而不是仅用来申请认证的得分标准时，场地规划才能取得最大成功。那些细微的调整可能会提高项目得分，进而达到最低标准，但只有严格遵守可持续性原则，才能获得最高等级的认可。

第16章
土地细分与整合

土地细分指的是将场地分割进行出售或租赁，或转让用作公共使用的做法。土地细分规划中会确定各地块的出入权和使用权，同时也要符合通行的产权制度。

土地细分的边界红线在建成环境中通常难以直接辨别，但它却是对建筑规划模式影响最强的做法之一。哪怕是战争和飓风灾难，也无法抹去隐性存在的土地所有权划分和界定。要完全抹去旧有产权划分的空间模式、开创全新的规划布局模式一定是困难重重，因此在重建过程中，人们往往延续旧有的街道路网和场地布局模式。地块的大小会影响建筑的形态，地块用途也可能会随着时间发生变化。通常而言，地块可以被再次划分，但如果反过来要把分属于不同主体的地块重新整合却极其困难。

土地细分

将场地细分（subdividing）成小片地块（lots）或地皮（plats）的过程有时也称为"划地皮"（platting），最终细分出的各地块分属不同的所有者，人们在其上建造房屋和其他设施。地块之间界限分明，通常在边界处立有绿篱或用界碑划定范围。土地细分也确定了道路、公共广场和出入通道等公共用地的规模和形态。在北美地区，很多地方都要求开发商对场地先进行一级开发，配备必要的基础设施，包括给水排水和下水管网、进出道路和电路电缆等，之后才能进行产权转让和申请建造工程许可。尽管并非所有地块都需要进行划分，但若该场地最终要由多方开发、出资或归属时，就必须要进行地块细分。合法的地块（或租赁地皮）才能保证租借方的安全利益，因为之后往场地上增加任何建筑物或道路等都会被视为对场地的投入和改造。

图 16.1 得克萨斯州达拉斯附近场地：各产权地块边界展现了场地细分这一隐性规划

通常，国家、州（省）和城市不同级别的政府部门都对土地细分过程做出明确规定，并且制定了基本标准用以规范建筑群的体量和形态、道路和公共通道的宽度，预留公共用地及做出其他重要决定（Listokin and Walker 1989）。一般情况下，土地细分方案必须经过规划委员会或同类机构批准，以确保细分方案符合相关规定，之后土地所有者才能向买家出具地契。

在要求开发商进行一级开发的地区，细分过程通常要经过两个步骤。首先是起草一份细分草案或初步规划（draft plan or preliminary plan of subdivision）并申请获批。这份草案需要确定不同用途地块和街道的规模与形态，确定需要移交给政府机构的地块，并设定各地块所需要的服务设施。审批机构通常会在方案的批准上附加很多条件，主要是针对开发带来的场地内外的影响需要采取相关治理措施。只有在所有基础设施配备完成，地块间的边界得到明确，缴清相关开发建设影响费，开发商对当地政府也履行完毕所有要求义务之后，最终的细分方案（final plan of subdivision）才能得到批准并在当地土地登记所备案。得到最终批复后，开发商会将街道和其他公共用地移交给当地市政部门，此时其他土地就可以自由对外出售。开发商可能还需要出具一份履约保证书（performance bond），以确保在其出售场地之后，场地内基础设施在某一具体的时间段内仍可正常运作。

如果大型项目开发时间较长，在审批前还需要额外增加一个环节，即在提交地块细分方案之前，需要有经过批准的总体开发概念规划

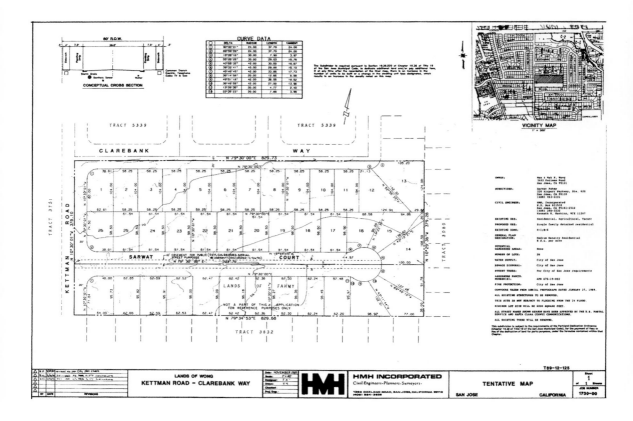

图 16.2　加利福尼亚州圣何塞某场地的土地初步细分方案（HMH Inc. 提供）

（development concept plan）或场地总体规划（master site plan），并签订开发协议（development agreement）。这些规划和协议规定了场地内各片区的建筑面积或住宅户数、公共用地位置及面积、开发商必须建设的公共设施、开发商需要改造的场地外公共服务或设施，以及建筑和公共设施的施工工期。政府相关部门将按照开发协议规定，审查各期的初步规划和最终方案。在本地区划法规或土地细分和开发建设相关规定中的规划单元开发（planned unit development，PUD）或规划开发（planned development）部分会对总体规划和开发协议的形式做出规定。在加拿大的部分地区，这些规划被称为二级规划，必须得到省级或市级相关部门的批准。

　　如果场地只需要细分为2~3个地块，并已有现成的道路和公共设施，大部分城市会对此简化相关流程，土地细分方案不需要通过详细的审查流程即可立即获批。但为了避免这成为开发商躲避正常审查环节的漏洞，通常会对开发商在5年或10年期中小地块开发的数量有所限制。

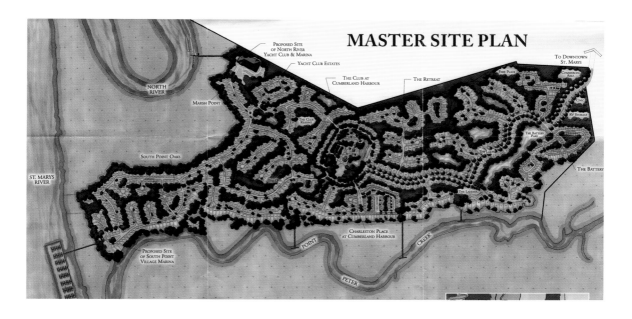

图 16.3 佐治亚州圣玛丽地区（St. Mary's）坎伯兰港（Cumberland Harbour）分期开发的场地总体规划（Atlantic Development Group 提供）

公共财产和设施

在进行土地细分时，需要预留一些地块作为公用，主要包括休闲区、生态保护区，或用作公用或休闲用设施。在进行细分规划时，也必须确定由谁支付公地的维护费用，尤其是在业主需求各异的居住区，更需要进行提前协商。很显然，最简单的办法是将这些土地捐赠或移交给当地政府。但这种处理方式要考虑几个方面的问题：第一，该地必须有便利的交通和众多使用人群；第二，上述条件往往会和当地居民的意愿相冲突，因为居民可能不希望带来巨大的交通流和将住区完全开放；第三，由于这些分散的公地维护成本很高，或者其设施不符合市政标准，政府也可能不愿将这些地方和设施纳入公共财产的范畴进行运营维护。此外，有的公地通常都是交通不便的剩余地块，对此当地政府也持谨慎接受的态度。

在有的情况下，多个场地可能共用一条车道，但为避开繁杂的城市建设规范，开发商并不愿将车道变成公共道路。在这种情况下，就需要对土地的绝对所有权和合同条款进行必要的改变。图16.4列出了几种可能的策略，其中一种是在后续转让合同条款中做出规定，赋予每个绝对拥有所有权的权益人对公用车道的共有权益（undivided interest）。这种积极条款（positive covenant）无法对初始所有人之外的对象实行，因此道路维护的工作完全建立在当前业主的责任心上。

只有当所有者群体较小、彼此联系密切，且所有权维护成本较低，维

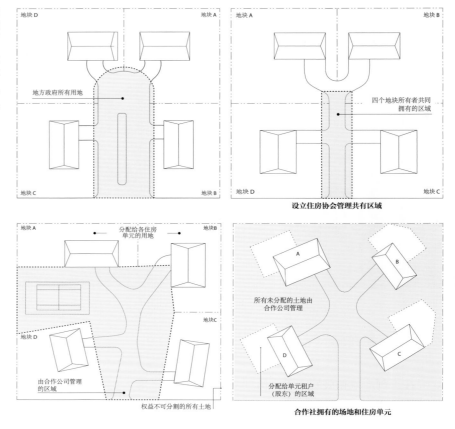

图 16.4 场地公共区域的不同规划方案：（左上）将公共区域移交当地政府或相关部门；（右上）赋予所有业主共有权益，公共区域由业主共同维护，或交由业委会维护；（左下）设立公共所有权机构进行管理；（右下）设立合作公司，负责管理私人场地的产权租赁（Adam Tecza/Gary Hack）

护公共设施产生的收益透明、分配公平时，共有权益的做法才具有可行性。例如，若干名业主可能共同享有其屋后的森林山谷，他们将此地视为自己户外活动区的延伸，也没有改造此地的想法，这样共有权益可以生效。但对于需要更密切维护和注意的设施，就必须制定其他方案。

大部分地区允许设立业主协会（mandatory homes association），这是第二种管理住区公共设施的方法。这类业主协会的名称多种多样，包括业主协会（homeowners' association）、不动产业主协会（property owners' association）、社区协会（community association）、市民协会（civic association）、不动产协会（property board）、不动产委员会（property committee）、不动产信托（property trust）、业主合作社（owners' corporation）或地产共有权益协会（common interest realty association）等。购买了房屋或公寓的业主即自动获得成员资格。这类协会通过投票表决，将维护费用分摊到所有业主名下。若不支付这些费用，协会可扣押业主财产，在房产出售时收取拖欠的费用。此类协会的规章制度应符合具体的国家或地方法律。

大型建设项目会将很多设施的维护责任永久性地指派给业主协会，如空地、湖泊、体育场馆、高尔夫球场等。如经允许，业主协会也可提供维护之外的其他服务，如组织社会活动、出版新闻报纸、赞助教育项目等。例如，哥伦比亚协会（Columbia Association）负责维护美国马里兰（Maryland）新城三分之一的土地以及该地区的大部分公共设施，在当地居民中拥有强大的社会影响力。协会本身并非政府机构，除了政府本身提供的服务外，该机构实际上负责很多额外的休闲区域和服务设施，代替了当地政府的作用。

第三种保有并维护公共设施的办法是公寓所有权制度（condominium ownership），也称为分层产权制度、公寓共有制度、集团共管或共有产权。对居住区而言，公寓协会（condominium corporation）（或业主委员会、公寓楼共管会、法人团体、业主合作社或经理人）负责管理公共设施，同时也包括独栋住宅所在地，若涉及公寓楼，则包括建筑本体、电梯楼梯、公共空间和建筑屋顶。区分所有权制度最初是为公寓住户制定的一种土地所有权制度，允许对建筑做三维空间上的分割。后来，由于长期维护场地和建筑外观需要高昂的维护成本，因此共管保有权（condominium tenure）制度就拓展到了中等密度的排房、半独立住宅甚至独立住宅。越来越多的商业区也开始采用一些有限度的共管制度对公共设施进行管理。

公寓单元的业主每年都必须至少举行一次例会，以便商议制定来年预算、确定维护等级、选取运维承包商，以及确定具体的投资方案。业委会也需要制定规范公共财产使用的相关规则以确保投资安全并保障生活质量。这些议题都极易引发意见的分歧，特别是在业主对其房产或居住单元

图 16.5 围绕马里兰州哥伦比亚城中心的公共空间和休闲设施由哥伦比亚协会负责维护和安排（Maryland Department of Commerce）

持有不同意见的时候。

尽管居住区需要运维的规模主要取决于公摊的设施量（如需要多少户的规模才适合修建一座游泳池或雇佣全职维护人员等），实际经验显示大于150户的住区就很难维持联系紧密的业主团体，因此很多专业团队更倾向于容量为50～75户甚至更小的项目。项目一大就容易出现高层公寓楼业主抱怨电梯易坏问题，而多层联排业主则抱怨门口草坪和公共空间需要维护的情况。此外，当大部分居住单元都用作出租而非自住时，矛盾也会频繁出现。许多业主会把房屋出租权限交给公寓业委会负责。

商业酒店式公寓常常会出现很多矛盾冲突，商住一体公寓或场地上同时有居住和商业功能的建筑时也有同样的问题。通常的解决办法是将每处商业单元都独立成套，如将办公区与商业区分开，或将住宅与商业区分开，并单独布局各自所需的公共空间和公共设施。另一种解决办法是产权共享（fractional ownership），即业主个体既享有自己所拥有房产的地表和空中的绝对产权，同时又对整栋大厦负有责任义务。在商业公寓中，可以与一个或多个业主或大型租户签订合同，分配公共空间和设施的维护费用，从而将业委会简化为一个主要负责集资的团体。

就住宅而言，合作社/合作机构（cooperative corporation，又称为co-op，coop）是从产权入手的另一种维护公共空间和设施的办法。这种形式更接近集体所有权，在合作占有中，所有土地和建筑由业主共同所有，而业主也是股份公司的股东。所有成员都有产权租赁证（proprietary lease），以确定业主的权利与义务；房产划分给业主，安排并征收设施维护费用。合作股份占有的一个特点是董事会通常拥有转让或共享的审批权，从而可以实现对建筑或场地的所有人群的控制。这种制度会滋长个人歧视，现任董事会常会以所有业主需要共同承担法人的经济责任为由，依据主观判断将任何社会地位不如他们的人排除在外。但反过来，可以通过非盈利的股份有限合作制（nonprofit limited dividend cooperative）等形式实现对中低收入阶层房产的积极保护。

合作机构在纽约非常普遍。早在完善的公寓共管法律出台前，这些合作股份公司就已经出现，并成为社会阶层隔离的一种手段。加拿大则采用股份有限公司（limited equity cooperatives）为低收入群体提供和保有住房：个人或家庭以低廉的价格购买公司股份，在搬离时再以较低的价格将所持股份重新售还给公司（可获得少量收益），从而保证其他同等收入人群能够再次使用房屋。出于社会原因，这类公司在欧洲很多国家得到推广，如芬兰叫作"公寓公司"（asunto-osakeyhtio），瑞典称为"住宅合作社"（bostadsrättsförening），挪威叫作"公寓合作社"（borettslag），英国称为"互助住房协会"（mutual housing associations or building societies），旨在缓和市场因素对房价的影响，鼓励责任共担。在印度，住房互助合作社（cooperative housing societies）是城市公寓一种非常普遍的所有权形式。

当然，多种所有权形式可以并存，特别是对于大型场地而言更是如此。一个居住区内可以有多种住宅产权形式，既存在绝对所有权，也有共管所有权和公司所有权形式，同时还设有住房协会负责维护独立场地外的公共设施。因此，至少需要两种层面的公共用地及设施：一种是独立地块内的，如面向公寓或住房协会成员开放的游泳池；另一种是与其他场地人群共享的，如大型运动场或运动设施，二者分别有各自的责任主体。

租赁

对于需要长期维护公共空间的大型场地开发项目而言，用租赁（leasehold tenure）代替持有产权的形式越来越普遍。长时间租赁（如99年）几乎与持有没有区别。在商业建筑中，在提前支付了租约的情况下，承租方和初始所有者实际上并无区别。

在租赁的土地上也可以拥有建筑物的所有权，这种方式下，要在每年支付的土地租金中涵盖公共道路或设施的维护费用，同时在租约中写明维护费用可根据逐年增加的开支进行定期调整。在纽约巴特利公园城项目（见第2章）中，户外公共空间的维护费用即是通过类似租约筹集的，并由巴特利公园城管委会（Battery Park City Conservancy）进行管理。美国纽约州通常不允许租赁公寓，但如果公寓占用的土地属于公益机构，则可例外。

只有当土地租赁期足够长时，土地上的自持房产作为抵押品才是安全的。一般来说，出借方会要求租期至少为贷款期限的1.5倍，这样才会对地产进行持久维护。土地租期通常为50~60年，商业建筑的土地租期一般为35年，但这也足够为出借方提供安全保证，而且也有利于承租方享受折旧产生的税收优惠减免。同时，房产所有者在租期结束时还可以获得增值和剩余价值。

租赁费率可以重新制定，因此包括大学在内的很多公共团体和非营利性组织往往会出租而非出售其名下的土地。特别是一些目前地价较低的地块，如果地价可能会因环境变化或城市的持续发展而飞涨，那么出租是一种非常有效的策略（Sagalyn 1993）。租赁是一种价值回收（value recapture）的机制，常被称为"非劳力增值"（unearned increment），即不是通过劳动创造所产生的土地升值（Ingram and Hong 2012）。而通过定期提高租金，就能获取土地价格上涨产生的增值部分。

以合适的租金出租土地，或先设置低租金而后逐年抬高，这些都能降低初期开发费用，也是开发建设筹措资金的一种办法，保障了建设的可行性。租赁住房也是保障低收入居民住房的重要手段。但是，公共土地进行租赁式开发在政治上和实际操作上都面临种种困难，尤其是用作住房建设时，因为考虑到支付能力较低的人群，土地租金的上涨速度几乎是无法抵消通货膨胀的；而在租约期满时赶走租户或业主也几乎是不可能的，哪怕出于公共目的的需要；更不必说如果出现长期不确定性或撤资行为而导致租赁终止。温哥华市在公有土地上以租赁开发的形式修建了大量住房单元，会要求预先付清土地租金以避免出现上述问题。

要让租赁的形式成为一种可接受的开发建设方式，其关键是处理好租约期满时的问题。在租期的最后几年，如果续租无望，继续维护房产或再投资就无法给承租人带来任何利益。再进一步推算，从租期还剩25～30年起，由于前景不确定，房产很难找到买主，即便购买也很难获得银行贷款，所以此时住宅房产的价值将会急剧下降，其结果就是无可避免地撤资或废弃。

租约到期问题其实有很多解决办法，对商业房产来说，常见的做法是在租期的最后几年允许土地所有者介入分担成本或出资修缮。另一做法是如果不再续租，就尽早通知所有者。若房产在原租期和续约期间大幅升值，就可能会出现一些问题，进而损害楼盘的经济利益。

若是利用地租支付公共空间和设施的维护费用，则会对租赁协议提出很高的要求。协议必须界定清楚哪些内容是包含在内的，而哪些责任义务是不包含的，而且场地内不同公共空间的维护责任必须明确到各方，特别是当安保问题尤为突出的话，更应该引起重视。

土地整合与调整

优秀的场地规划通常不会局限在地块边界内，而是具有更广阔的视野。在城郊的农业密集区，由于场地地块通常面积较小，又深受历史上农耕习作的深远影响，规划师尤其要具有这种视野。以曼谷周围地区为例，人们以家庭为单位，将稻田分割成狭窄的长条状土地，以满足每一代人对独立农田的需求。然而，按原有的长条状土地进行细分的建设模式并不适合城市开发，因此政府不得不将地块重新整合成较大的土地。

在快速建设的城市地区，无论城郊还是中心城区，都已有很多土地整合的做法，如土地联营（land pooling）、土地共享（land sharing）、强制性土地调整（compulsory land readjustment）程序、土地公共征收（public taking）及设立土地整合区（land assembly district）进行开垦和重建等。日本、韩国、中国台湾地区、澳大利亚、以色列、荷兰和德国等国家和地区都广泛采用了这些做法，美国、加拿大和中东部分国家也小范围地尝试采取一些措施。一般来说，这类措施需要在国家或州级层面立法加以保护，在实际应用中，可根据当地实际情况进行适当调整。

土地调整

土地联营（澳大利亚的叫法）、土地调整或土地整理（land readjustment，亚洲很多地区的叫法）、土地共享（曼谷的叫法）通常有三个目标：一是整合地块进行规划建设，避免碎片化用地带来的不便；二是保证建设如期进行，避免因部分业主拒不合作而耽误开发；三是自筹基础设施建设资金，保障建设进度。在日本，人们通过1.1万多个土地整理项目获取了大约30%的城市用地，中国台湾地区和韩国也采用类似做法获取了很大一部分城市建设用地（Hong and Needham 2007）。

土地整理的具体操作如下：

对于某处所有权分属多方，但地理位置适合开发建设的场地，由当地政府首先提出场地开发计划。场地规划要提出未来道路和基础设施布局，确定最终开发建设细分方案以及公园、学

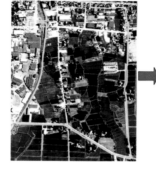 

图 16.6 泰国曼谷随机的占地模式和农耕用途给城市发展带来一定困难
图 16.7 日本某处土地整理前与整理后的土地航拍图（Metropolitan Area Planning Council, Boston）

图 16.8 日本土地整理的基本模式（Adam Tecza/Hideki Satou-Minoru Matsui, JICA）
图 16.9 中国台湾台北市信义区的市政厅周边，通过土地整理项目将小片地块整合而成（Lord Koxinga/Wikimedia Commons）

校、社区建筑物和其他设施的布局模式。同时，政府也要准备项目财务预算，估算包括道路、服务和各类设施在内的公共建设成本。

资金计划和开发规划需经当地政府委员会或其他相关机构批准。在一些国家，计划必须得到所有相关业主的一致同意，这是非常困难的。在其他国家，则需要该地区多数业主投票同意通过，其困难仍然不小。在德国和以色列，有两种土地整理的途径，即全体同意和非全体同意，二者分别有不同的程序（Alterman 2007）。在加拿大萨斯卡通市（Saskatoon），土地整理需至少51%的业主投票通过，市政府会在目标区域范围内获取足够的土地，以保证对土地整理规划的决定权。而像中国台湾等地区则要求在实施土地整理计划前，需获得大部分（80%～90%）业主普遍同意。

每一处现有土地和最终建设地块都独立估值，在有的土地整理规划中，业主可按估值将自己的土地出售给开发商，或交换新方案中的等值地块；而在有的地方，业主只能以现有土地交换新的土地。当然，哪怕项目尚未竣工，业主也可以公开出售所获得的土地。

有些国家的土地再分配有明确规定。以以色列为例，新地块的分配有三条指导原则：就近原则（尽可能靠近原有地块）、均衡原则（尽可能接近原有土地的相对价值）和补偿费用原则（若均衡原则无法实现，则提供补偿费用）（Alterman，2007）。对原业主来说，没有完美的土地再分配方案，但可以尽量采取策略实现公平，从而使人们接受土地整理方案。

当地政府（或土地建设部门）通常会保有一部分再分配后的土地，并将其出售所获收益用于支付开发费用和建设基础设施及服务的费用。有些国家和地区会对用作公共用途和出售的土地比例进行限制，如在中国台湾地区，此类土地不能超过总面积的40%。然而，在土地从农业用地向城市用地转化的过程中，由于地价持续上涨，即使业主以现有土地换得大约一半面积的新用地，仍然能从中获得较高收益。

在城中心和郊区都可见很多成功的土地整理项目，台北信义区就是一个成功的例子，信义区是台北市新市政厅的所在地，也是混合功能开发建设的密集区。日本福冈市的很多地区都经过了土地整理和再开发。另外，土地联营为泰国曼谷和清迈的基础设施建设与贫民区改造提供了基础。

强制购买

当然，很多土地整理都可以通过征收（expropriation）、行使土地征用权（exercise of eminent domain）或强制征用（compulsory taking）等方式实现，随后再进行土地的公共开发。在大部分国家，当地政府或公共开发集团（如国家住房建设公司）有权在城市更新或城市开发法律下购买土地作公共用途，而无论业主同意与否。此类权力的使用可能会有所限制，如在一些国家和地区，通过此类途径获得的土地只能用作公共建设项目，禁止将土地再次出售给任何私人或机构。在有些地方，此类土地仅限于作为住宅开发使用。在美国，在一系列判例裁决后逐渐确立了"公共用途"的定义，即不仅包括公共设施建设和衰败城区改建，也包括振兴地区经济发展的建设（Kelo 2005）。

土地征收非常强大，可以使场地规划突破以往不规则的地块形状和边界限制。然而，土地征收权的滥用时有发生，如美国在城市更新时期造成大量人口流离失所，以及在很多国家土地征收和转让过程中出现虚高估值和徇私现象。这些现象都使得公共部门需要谨慎行使征收权。在很多地方，只有在重要开发项目的土地征收过程中，遇到拒不合作的业主阻挠开发商继续开发建设时，公共团体才会授权进行土地强制征收。在马萨诸塞州坎布里奇东区重建项目中，为推进项目，该市授权开发商进行土地公共征收，但事实上，并没有真正行使该权力，这是因为私人业主在面临被征收的威胁时，表示愿意在符合规划的开发建设项目中与开发商合作。此类"外科手术式"的征收权行使方式可能是未来普遍的操作范式。

公共购买土地的做法事实上是将购买行为、成本以及基础设施建设的责任转移给了公共部门，同时转移的还有开发建设面临的风险（和回报）。这也许是土地大量废弃或没有业主的地区进行合理细分地块的最佳或唯一策略。以费城为例，市政府接管了约1.5万处场地，并将其重新整理划分进行重建。这些场地之前为狭窄的联排房屋，现大部分已经废弃。通过重新划分地块，可以建设完整的街区或较大片区，而无须考虑现有的地界和街道布局（McGovern 2006）。

将大部分基础设施建设成本转给重新划分地块后的最终开发商，此举能降低公共财政的承担额和风险。纽约市第42大街（时代广场）的再开发就是一个很好的例子，场地的开发商共同承担了这里高昂且无法预测的地铁站点线路改造费用（Sagalyn 2001）。与有针对性地行使征收权一样，公私合作制也是土地整合与开发的有效手段。

土地整合区

越来越多的政府设立了土地整合区（land assembly districts），并设立专门机构来负责整合土地及相关利益并进行地区重建，以此代替公共土地整理（Heller and Hills 2009）。在中东，这种机构以公开的特许房地

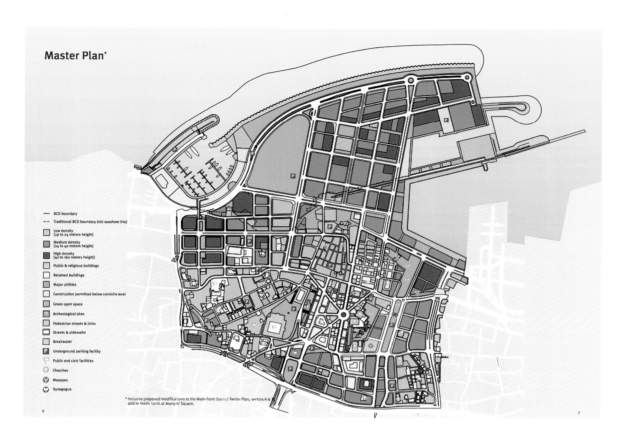

图 16.10 黎巴嫩首都贝鲁特中心城区总体规划，该地是典型的土地整合区（Solidere 提供）

产投资公司（chartered real estate investment companies）或信托公司（trusts）的形式（REICOs）出现，其中最知名也最成功的当属索利德尔（Solidere）公司，负责黎巴嫩首都贝鲁特中心城区的再开发项目。在沙特阿拉伯和其他一些国家也有其专属的代表性公司。

　　土地整合区的做法包含了土地和所有权强制交易，作为置换，业主可获得负责这些土地再开发的公司的股份。公司还可将股权出售给业主以外的投资人以获取建设资金。依照土地整合公司的创立方式，一旦土地整合完毕、重新划分结束、基础设施建设完成后，业主可将股份交换为开发地块，也可以像其他投资人一样保有股份，分得部分土地开发活动收益，这种做法所取得的收益常常很高。

　　在贝鲁特的索利德尔公司内部，有两种形式的股份。A组股份授予原始业主，以换取他们所拥有的财产权利（包括土地、建筑物和租赁权益）。这些股份可以用来换取可开发土地或再开发土地的租赁权，或者保留作股票收入分红。B组股份向外来投资者出售，用以筹集项目资金，这部分股份只能用作分红权益，但可以按市场价格出售或购买。尽管贝鲁特中心城区重建项目历经很多挑战，但最终取得的结果却是令人惊叹的，这也为其他国家的土地整理或公共征收提供了有效借鉴。

土地整合区也可通过业主自愿设立。在地价上涨迅速的地区，业主有时会联合起来将土地整合在一起，向开发商出售，所有业主共享收益。要有效实行这种"股权收购"（buy-out）策略，经济回报必须很高，如整合后的地块作为再开发场地，其价值必须远远超过单独地块价值的总和。这种土地入股的形式要求所有业主共同参与，因为必须就路权、街道和契约条款统一意见才能进行新的开发。在荷兰，有的开发商购买附近土地，请求政府充当土地联营的代理人，这种开发方式要比单独开发地块更加有效（Hong and Needham 2007）。通常情况下，这种做法确保了政府会出资建设基础设施。由于场地开发建设通常都需要政府和开发商共同参与，所以此类公私合作开发项目很可能会在未来得到进一步推广（Sagalyn 2007）。

第17章
场地的经济价值

　　场地的潜在利用价值决定了其经济价值（economic value）。这一简单的结论背后隐藏了一个重要的悖论，即用途决定了场地的市场价值，但其购买价格反过来又决定了开发建设的用途。本质上来说，土地的市场价值与其最高、最佳使用价值相接近。

土地市场

　　场地价值通常由土地市场决定，买卖双方通过协商达成合适的价格。公平市价（fair market value）的定义是在假定买卖双方对市场有清晰的认识，且均无迫切购买/出售需求的条件下，有购买意愿的买家和有出售意愿的卖家达成一致的价格。参照场地周边地区近期土地出售的同比价格，就能对场地的市场价格做出基本判断。

　　当然，出于场地的独特性，其他场地参考价格（comparables）并非完全适用于目标场地。面积、交通、物理特性和朝向都对价格有影响，此外，场地知名度、周围环境因素和社区发展模式也同样影响场地价格。上位规划中允许的场地用途，以及地方政府是否有其他用途的考量和意愿也决定了场地的价值，此外，场地拟建用途的市场情况也非常重要。通常还会将地区内土地价格的升值预期核算入场地的出售价格内，但这个价格需要减去场地规划和获批所需的时长带来的损失。

　　此外，土地价格还要考虑到特别成本和特殊条件。例如，棕地在开发前可能要先进行清理修复，因此其价格就可能要打个折扣。如果场地基础条件较差，或含有湿地等不可建设区，就会有额外的成本或受到开发限制，因此其价格也会相应降低。因岩石裸露而难以改造的场地价格也会相应调整；若存在保护限制或其他土地管理的限制，制定价格时也会考虑这些因素。

这些因素会在土地评估（land appraisal）中一一衡量，以参照物为基准根据因素对价格进行逐一调整。最终在大量评估基础上，确定这片场地的估价。

从用途角度确定场地价值

对业主而言，一块场地有其内在价值（intrinsic value），这是由场地所有权及用益物权所带来的。而多数情况下，场地的经济价值是由其潜在使用功能所产生的收益决定的。通过开发建设并出售场地，或赋予其可产生固定年收入的用途，也可二者兼而有之，都能产生经济收益。

场地收益减去将其开发利用的成本后的剩余，即为土地价值。简单来说即为：

$$LV=R-DC$$

式中：

LV=土地价值；

R =场地产生的收入；

DC=开发利用的成本。

然而，由于收入并非是当下立刻产生的，而且业主在获得收益前还需要进行投资，必须把资金成本也考虑在内。此外，上一年收入的1元钱并不等同于此刻的1元钱，场地产生的收入必须进行折算以反映它的现值（present value）。网上可见各式各样的年复利表，可为投资累积和预期收益的现值计算提供参考。

财务预算分析

当场地的开发建设时长会持续数年，必须考虑资金成本投入时，电子报表（spreadsheet）就是进行财务预算分析（pro forma financial analysis）的不二选择。

图17.1是一个最简单的财务报表的例子。建筑商希望购买一块地皮，建设并出售一座独栋房屋。在考虑利息和税率的情况下，他估算房屋的建设成本为20.24万美元，预计以25万美元的价格在建成当年出售。根据剩余价值公式计算，该场地的价值为4.76万美元。

表 17.1　年复利表（按 10% 计算）

年数（周期为年）	投入 1 美元的期末终值	每期投入 1 美元的累积值	定期获得 1 美元的每期储蓄金额（基金因子）	期末终值为 1 美元的现值	每期期末 1 美元的年金现值	贷款 1 美元的分期还款值
1	1.100000	1.000000	1.000000	0.909091	0.909091	1.100000
2	1.210000	2.100000	0.476190	0.826446	1.735537	0.576190
3	1.331000	3.310000	0.302115	0.751315	2.486852	0.402115
4	1.464100	4.641000	0.215471	0.683013	3.169865	0.315471
5	1.610510	6.105100	0.163797	0.620921	3.790787	0.263797
6	1.771561	7.715610	0.129607	0.564474	4.355261	0.229607
7	1.948717	9.487171	0.105405	0.513158	4.868419	0.205405
8	2.143589	11.435888	0.087444	0.466507	5.334926	0.187444
9	2.357948	13.579477	0.073641	0.424098	5.759024	0.173641
10	2.593742	15.937425	0.062745	0.385543	6.144567	0.162745
11	2.853117	18.531167	0.053963	0.350494	6.495061	0.153963
12	3.138428	21.384284	0.046763	0.318631	6.813692	0.146763
13	3.452271	24.522712	0.040779	0.289664	7.103356	0.140779
14	3.797498	27.974983	0.035746	0.263331	7.366687	0.135746
15	4.177248	31.772482	0.031474	0.239392	7.606080	0.131474
16	4.594973	35.949730	0.027817	0.217629	7.823709	0.127817
17	5.054470	40.544703	0.024664	0.197845	8.021553	0.124664
18	5.559917	45.599173	0.021930	0.179859	8.201412	0.121930
19	6.115909	51.159090	0.019547	0.163508	8.364920	0.119547
20	6.727500	57.274999	0.017460	0.148644	8.513564	0.117460
21	7.400250	64.002499	0.015624	0.135131	8.648694	0.115624
22	8.140275	71.402749	0.014005	0.122846	8.771540	0.114005
23	8.954302	79.543024	0.012572	0.111678	8.883218	0.112572
24	9.849733	88.497327	0.011300	0.101526	8.984744	0.111300
25	10.834706	98.347059	0.010168	0.092296	9.077040	0.110168
26	11.918177	109.181765	0.009159	0.083905	9.160945	0.109159
27	13.109994	121.099942	0.008258	0.076278	9.237223	0.108258
28	14.420994	134.209936	0.007451	0.069343	9.306567	0.107451
29	15.863093	148.630930	0.006728	0.063039	9.369606	0.106728
30	17.449402	164.494023	0.006079	0.057309	9.426914	0.106079
31	19.194342	181.943425	0.005496	0.052099	9.479013	0.105496
32	21.113777	201.137767	0.004972	0.047362	9.526376	0.104972
33	23.225154	222.251544	0.004499	0.043057	9.569432	0.104499
34	25.547670	245.476699	0.004074	0.039143	9.608575	0.104074
35	28.102437	271.024368	0.003690	0.035584	9.644159	0.103690
36	30.912681	299.126805	0.003343	0.032349	9.676508	0.103343
37	34.003949	330.039486	0.003030	0.029408	9.705917	0.103040
38	37.404343	364.043434	0.002747	0.026735	9.732651	0.102747
39	41.144778	401.447778	0.002491	0.024304	9.756956	0.102491
40	45.259256	442.592556	0.002259	0.022095	9.779051	0.102259

续表

年数 （周期为年）	投入1美元 的期末终值	每期投入1美元的累积值	定期获得1美元的每期储蓄金额（基金因子）	期末终值为1美元的现值	每期期末1美元的年金现值	贷款1美元的分期还款值
41	49.785181	487.851811	0.002050	0.020086	9.799137	0.102050
42	54.763699	537.636992	0.001860	0.018260	9.817397	0.101860
43	60.240069	592.400692	0.001688	0.016600	9.833998	0.101688
44	66.264076	652.640761	0.001532	0.015091	9.849089	0.101532
45	72.890484	718.904837	0.001391	0.013719	9.862808	0.101391
46	80.179532	791.795321	0.001263	0.012472	9.875280	0.101263
47	88.197485	871.974853	0.001147	0.011338	9.886618	0.101147
48	97.017234	960.172338	0.001041	0.010307	9.896926	0.101041
49	106.718957	1057.189572	0.000946	0.009370	9.906296	0.100946
50	117.390853	1163.908529	0.000859	0.008519	9.914814	0.100859

某地块上的独栋住宅

房屋和车库建造成本	$150000
营销成本	$10000
建设期间的利息	$12000
建设期间税费	$4000
成本合计	$176000
预期利润	$26400
合计	$202400
销售价	$250000

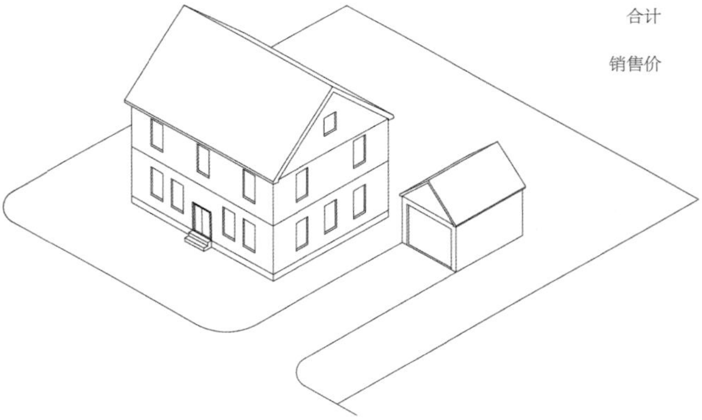

图17.1 一片地块上的独栋房屋
（Adam Tecza/Gary Hack）

表17.2给出了一个稍复杂的例子。开发商希望购买3.6ac（1.5hm²）土地建设10座独栋房屋。预期三年完工，并在第三年年底全部出售。他制作了一份简单的电子表格来计算收入的现值和可承担的土地购买价格。根据估价表1（表17.2）显示，按他的初步假设计算，该场地现值约为17万美元，或4.7万美元/ac（11.6万美元/hm²）。

在列表时也要考虑到其他假设。假定场地开价远远超过其初步估价，开发商会思考如果在初始估价的基础上将房屋的售价提高10%，或

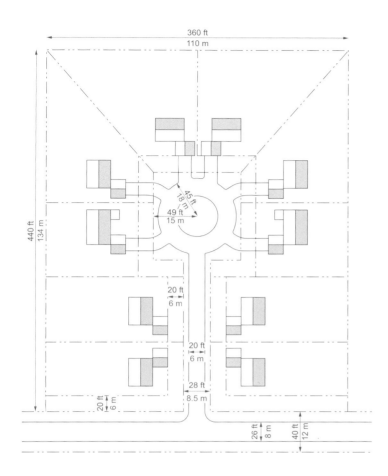

图17.2 在3.6ac（1.5hm²）土地上建设10座独栋房屋的布局示意图（Adam Tecza/Gary Hack）

表17.2 估价表1: 10栋独栋房屋建设分析

	合计	第一年	第二年	第三年
建成单元数	10	3	6	1
售出单元数	10	2	5	3
成本				
基础设施	150000	150000	—	—
房屋单元建设费用	1500000	450000	900000	150000
市场销售成本	90000	27000	54000	9000
税费	57000	19000	26000	12000
保险	26000	6000	14000	6000
建设期利息	153585	48900	104685	—
总成本	1976585	700900	1098685	177000
收入（销售收入）	2500000	500000	1250000	750000
收入减去成本	523415	-200900	151315	573000
减去建设费及盈利	296488	—	—	296488

续表

	合计	第一年	第二年	第三年
净收入	226927			
欠款余额		200900	49585	—
年终负债		-200900	-49585	226927
收入现值	170494			170494
土地价值				
每平方英尺现值	1.08			
每英亩现值	46839			

注：金额单位为美元。简化假设如下：所有项目资金以 15% 利率的贷款筹得，亏损计算已计入，建设费及盈利按偿还贷款本息总额的 15% 计，现值按 10% 贴现率计。
资料来源：Lynne Sagalyn/Gary Hack

每户提高27.5万美元，而非先前预估的25万美元，会有何变化。估价表2（表17.3）显示，此时每英亩的价格将会大幅攀升至大约11.5万美元（28.33万美元/hm²），即房价提高10%，他可承担的地价就能增加惊人的1.5倍。抑或开发商可考虑在保持每户25万美元售价的情况下，如果降低开发建设成本，并将利润预期从15%降至10%，会产生什么结果。据此估计，估价表3（表17.4）显示，场地价值为6.7万美元/ac（16.5万美元/hm²），可以看出，比起较高房价获得高收入的情况，降低成本而抬升地价的幅度小很多。

使用电子列表可以让开发商输入各种不同情景下的建设成本、售价和开发周期等数据，对各类开发形式进行比较并做出决策。例如，在场地上修建20座联排住宅而非此前考虑的10座独栋房屋，资金流会有什么影响？这可能意味着房屋单元缩小，建设成本下降，售价也相应降低，但这会对场地地价有何影响？这一类估算尽管较为粗略，但也能有效避免场地购买和规划建设项目的决策失误。

表17.3　估价表2: 10栋独栋房屋建设分析——按较高价格出售

	合计	第一年	第二年	第三年
建成单元数	10	3	6	1
售出单元数	10	2	5	3
成本				
基础设施	150000	150000	—	—
房屋单元建设费用	1500000	450000	900000	150000
市场销售成本	90000	27000	54000	9000
税费	57000	19000	26000	12000

续表

	合计	第一年	第二年	第三年
保险	26000	6000	14000	6000
建设期利息	100815	48900	51915	—
总成本	1923815	700900	1045915	177000
收入（销售收入）	2750000	550000	1375000	825000
收入减去成本	826185	-150900	329085	648000
减去建设费及盈利	288572	—	—	288572
净收入	537613			
欠款余额		150900	—	—
年终负债		-150900	178185	359428
收入现值	417296		147252	270043
土地价值				
每平方英尺现值	2.63			
每英亩现值	114642			

注：金额单位为美元。简化假设如下：所有项目资金以15%利率的贷款筹得，亏损计算已计入，建设费及盈利按偿还贷款本息总额的15%计，现值按10%贴现率计。
资料来源：Lynne Sagalyn/Gary Hack

表17.4　估价表3: 10栋独栋房屋建设分析——降低预期利润

	合计	第一年	第二年	第三年
建成单元数	10	3	6	1
售出单元数	10	2	5	3
成本				
基础设施	150000	150000	—	—
房屋单元建设费用	1500000	450000	900000	150000
市场销售成本	90000	27000	54000	9000
税费	57000	19000	26000	12000
保险	26000	6000	14000	6000
建设期利息	153585	48900	104685	—
总成本	1976585	700900	1098685	177000
收入（销售收入）	2,500000	500000	1250000	750000
收入减去成本	523415	-200900	151315	573000
减去建设费及盈利	197659	—	—	197659
净收入	325757			
欠款余额		200900	49585	—
年终负债		-200900	-49585	325757
收入现值	244746			244746

	合计	第一年	第二年	第三年
土地价值				
每平方英尺现值	1.55			
每英亩现值	67238			

注：金额单位为美元。简化假设如下：所有项目资金以 15% 利率的贷款筹得，亏损计算已计入，建设费及盈利按偿还贷款本息总额的 10% 计，现值按 10% 贴现率计。

资料来源：Lynne Sagalyn/Gary Hack

估算投资回报率

到目前为止，我们在假设具体建设项目的情况下，采用的是预期分析的方法来估算场地的剩余价值，即购买场地所需的成本。这样的分析也可反过来考虑：在设定土地出售价格的情况下，不同的开发用途会带来怎样的收益？评估场地开发项目收益的指标很多，其中最简单的一种是对项目净收入和净投资成本总额进行比较，即可得出项目的非杠杆投资回报率[unleveraged return on investment（ROI）]。但这样计算出的名义上的回报率忽略了资金的时间价值，所以会存在误差。更好的办法是计算投资回报率现值（present value ROI），它根据获得收入的时间将收入进行折现计算，同时也把成本依照产生时间进行折现。这种回报估算方法将所有购买成本和场地建设成本视为投资，并且假定开发商并未采用贷款的方式筹措项目资金。然而，由于大部分开发商都倾向于贷款筹集部分成本资金，所以杠杆投资回报率（leveraged return on investment）或股权回报率（return on equity，ROE）是更合理的计算方式。

在计算投资回报率（return on investment，ROI）时，在电子表格中的"成本"一栏中输入土地购买成本、建造开发成本以及每年的所有运营成本，再输入收入额，可计算每年的净收入和净成本，再采用合适的折现率计算收益现值。

那么：

投资回报率（ROI）=收益现值（PV returns）/投入资本现值（PV capital invested）

表17.5给出了一个简化的分析过程，依旧采用前面所述10个房屋单元的例子。假设土地购置费为18万美元，估算出的非杠杆名义投资回报率为17.7%。但若将每年的年收入折现计算在内，回报率就为负值。因此，慎用比较名义成本和名义收入的方法去估算投资回报率。

表 17.5　10 栋独栋房屋建设项目投资回报率估算

	合计	第一年	第二年	第三年
建成单元数	10	3	6	1
售出单元数	10	2	5	3
成本				
购买场地	180000	180000	—	—
基础设施	150000	150000	—	—
房屋单元建设费用	1500000	450000	900000	150000
市场销售成本	90000	27000	54000	9000
税费	57000	19000	26000	12000
保险	26000	6000	14000	6000
总成本	2003000	832000	994000	177000
收入（销售收入）	2500000	500000	1250000	750000
收入减去成本	497000	-332000	256000	573000
减去建设费（6%）	120180	—	—	120180
净收入	376820			
欠款余额		200900	49585	—
年终负债		-332000	-76000	376820
回报衡量，非杠杆分析				
名义投资回报率	17.7%			
年末负债现值	-81484	-301788	-62806	283111
现值投资回报率	negative			
回报衡量，股本回报率（ROE）（按 75% 贷款计算）				
25% 股本	568351			
建设期利息	150225	62400	74550	13275
项目总成本	2273405			
名义股本回报率（ROE）	39.9%			
收入现值	2050986	454500	1033000	563486
成本现值（含建设期利息）		813010	883050	233249
净收入现值	121677			
现值股本回报率（ROE）	21.4%			

注：金额单位为美元。假设如下：建设期利率为 15%，贴现率为 10%。
资料来源：Lynne Sagalyn/Gary Hack

但如果开发商只出资部分资金，剩余资金采用贷款方式筹集，那么多少比例的杠杆对开发商是合适的？如果开发商自行筹资仅占25%，分析显示其名义投资回报率会上升至39.9%。以现值计，项目原本为负的投资回报率就变成了21.4%的股本回报率。因此，大部分开发商都力图用贷款的方式为所有建设项目筹措资金也就不足为奇。

对于很多场地来说，回报并非出售后立即可得，而是以长期租金收入的形式获得。在租期结束时，场地仍然可能具有很高的残值或最终价值（residual or terminal value），即租约期满后将场地出售可获得的收入。计算现值的公式也必须将这一点考虑在内。此外，值得一提的是，30年后获得的资金收入现值很小，特别是如果贴现率很高的话。例如，以10%的贴现率计算，租期结束后获得的每1美元现值约为0.06美元。但无论如何这仍然能提高项目的盈亏底线。

金融经验法则

经验法则很有必要，但也存在风险。很多情况下，经验法则可以帮助人们快速做出决定，避免在不具可操作性的方案上浪费时间。很多开发商对场地估值都有大致的直觉考量标准，他们通常可以在更精确的数据分析前运用这些标准进行初步估算和判断。开发商通常以本地业务为主（否则或聘请当地专业人士），对具体的经验法则了如指掌，这些标准往往也只适用于当地情况。

以地价在最终成本中的占比为例。美国郊区或偏远地区的住宅开发项目中，每户的场地购买成本一般不应超过最终成本的25%～30%。当然，由于部分路段的地理位置优越，价格较高，因此中心城区开发项目的地价可能占比更高一些。相反，高密度开发项目由于建设成本较高，因此需要降低地价占比。建造办公楼的场地必须考虑密度，开发商常常以容积率价值（FAR value）来计算地价成本占比，指的是在场地上建造1ft^2办公面积的成本价值。如果单位面积价值为30美元/ft^2，预期容积率为0.35（郊区项目），则10美元/ft^2的地价就是比较合理的。在市中心，相应的单位面积价值为50美元/ft^2，预期容积率为8，则合理的地价为400美元/ft^2。在纽约等美国一线城市，住宅区的单位面积价值可能达到800美元/ft^2，甚至更高。

这类数字在不同国家之间差别很大。由于开发限制较少，美国的地价相对较低，但在欧洲和亚洲国家，地价在项目的最终成本中占有相当大的比重。在日本，土地常常占到项目成本的80%，在韩国则是70%。在欧洲，这一比率常常高达60%，并且各国间差异较大。欧洲很多城市政府为鼓励开发建设会降低成本，所以不同城市间土地市值变化很大。

场地规划需要掌握具体地区有关这些方面的金融经验法则，用来初步判断场地开发的经济效益。特别是在大型项目中，与了解土地和房地产市场的专业人士合作是非常关键的。

场地开发的财务预算

财务分析方法可帮助开发商判断某一场地是否值得购买,并决定合适的开发用途。财务分析应当与场地规划设计同时进行,在初始概念设计阶段就应当同步制作财务分析表来初步估算成本和收入。随着规划方案的不断完善和细化,财务分析表也不断丰富,最终形成完整的财务预算报表。

财务分析的最终成果是可直接指导项目财务管理的完整预期报表。财务预算(financial plan)和场地规划的建设方案将决定基础设施和施工的周期与时间。随着项目在场地和市场营销方面的经验积累,以及随着项目建筑施工的推进,财务预算需要相应进行精细调整。大型长周期项目无疑会经历经济波动,而不断调整财务预算能够准确地反映出实时开支和最准确的预期规划,因此就能避免项目的盲目推进。

图17.3是一处拟建的传统邻里社区开发(traditional neighborhood development,TND)项目的场地规划平面,并列出了经济技术指标。图17.4是该方案配套的财务预算报表,包含基础设施建设的必要花费和预期销售收

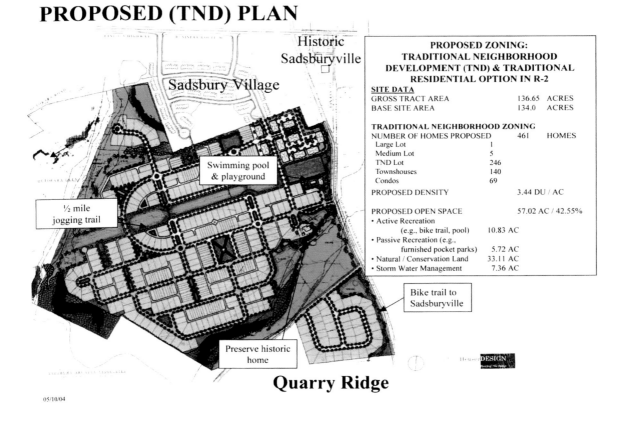

图17.3 宾夕法尼亚州塞兹博里(Sadsbury)传统社区开发项目场地规划平面及经济技术指标(W. Joseph Duckworth/Arcadia Land 提供)

Sadsbury Arcadia Associates, L.P.
Project Pro Forma (Cash Basis)

		Total	Year 2003	Year 2004	Year 2005	Year 2006	Year 2007	Year 2008	Year 2009	Year 2010	Year 2011	Year 2012	Year 2013
REVENUE													
Unimproved lot sales	Per Lot (2004)	41	0	0	41	0	0	0	0	0	0	0	0
Large Lot	$ -	$ -	$ -	$ -	$ -	$ -	$ -	$ -	$ -	$ -	$ -	$ -	$ -
Medium Lot	$ 50,000	$ 100,402	$ -	$ -	$ 100,402	$ -	$ -	$ -	$ -	$ -	$ -	$ -	$ -
TND Lot	$ 50,000	$ 1,957,835	$ -	$ -	$ 1,957,835	$ -	$ -	$ -	$ -	$ -	$ -	$ -	$ -
Townhouses	$ -	$ -	$ -	$ -	$ -	$ -	$ -	$ -	$ -	$ -	$ -	$ -	$ -
Condos	$ -	$ -	$ -	$ -	$ -	$ -	$ -	$ -	$ -	$ -	$ -	$ -	$ -
Total		$ 2,058,237	$ -	$ -	$ 2,058,237	$ -	$ -	$ -	$ -	$ -	$ -	$ -	$ -
Improved lot sales	Per Lot (2004)	420	0	0	0	22	49	84	83	67	84	31	0
Large Lot	$ 85,000	$ 87,795	$ -	$ -	$ -	$ 87,795	$ -	$ -	$ -	$ -	$ -	$ -	$ -
Medium Lot	$ 85,000	$ 311,958	$ -	$ -	$ -	$ -	$ 94,089	$ -	$ -	$ 217,869	$ -	$ -	$ -
TND Lot	$ 85,000	$ 21,193,985	$ -	$ -	$ -	$ 1,874,098	$ 3,339,397	$ 3,506,798	$ 3,581,356	$ 2,252,215	$ 4,059,601	$ 2,580,520	$ -
Townhouses	$ 60,000	$ 9,972,384	$ -	$ -	$ -	$ -	$ 800,232	$ 3,300,515	$ 3,465,579	$ 2,406,058	$ -	$ -	$ -
Condos	$ 50,000	$ 4,570,725	$ -	$ -	$ -	$ -	$ -	$ -	$ -	$ 772,077	$ 3,184,001	$ 614,647	$ -
Total		$ 36,136,847	$ -	$ -	$ -	$ 1,961,893	$ 4,233,719	$ 6,807,313	$ 7,046,935	$ 5,648,219	$ 7,243,602	$ 3,195,167	$ -
Sale of existing farm buildings		$ 50,000			$50,000								
Gross revenue		$ 38,245,084	$ -	$ -	$ 2,108,237	$ 1,961,893	$ 4,233,719	$ 6,807,313	$ 7,046,935	$ 5,648,219	$ 7,243,602	$ 3,195,167	$ -
Settlement costs		$ 572,926	$ -	$ -	$ 30,874	$ 29,428	$ 63,506	$ 102,110	$ 105,704	$ 84,723	$ 108,654	$ 47,927	$ -
Net Revenue		**$ 37,672,158**	**$ -**	**$ -**	**$ 2,077,364**	**$ 1,932,464**	**$ 4,170,213**	**$ 6,705,203**	**$ 6,941,231**	**$ 5,563,496**	**$ 7,134,948**	**$ 3,147,239**	**$ -**
COST OF GOODS SOLD													
Land acquisition	Per lot (2003)	461	0	0	94	0	123	119	0	125	0	0	0
Large Lot	$ 20,000	$ 20,827	$ -	$ -	$ 20,827	$ -	$ -	$ -	$ -	$ -	$ -	$ -	$ -
Medium Lot	$ 16,800	$ 97,393	$ -	$ -	$ 34,989	$ -	$ 18,821	$ -	$ -	$ 43,582	$ -	$ -	$ -
TND Lot	$ 14,400	$ 4,066,466	$ -	$ -	$ 1,364,564	$ -	$ 790,503	$ 902,780	$ -	$ 1,008,619	$ -	$ -	$ -
Townhouses	$ 10,000	$ 1,625,615	$ -	$ -	$ -	$ -	$ 817,839	$ 807,776	$ -	$ -	$ -	$ -	$ -
Condos	$ 7,500	$ 671,245	$ -	$ -	$ -	$ -	$ -	$ -	$ -	$ 671,245	$ -	$ -	$ -
Total		$ 6,481,545	$ -	$ -	$ 1,420,379	$ -	$ 1,627,163	$ 1,710,555	$ -	$ 1,723,447	$ -	$ -	$ -
Site improvements													
Fees and Permits		$ 386,975	$ -	$ -	$ 33,523	$ 27,428	$ 112,068	$ 60,435	$ 49,447	$ 104,075	$ -	$ -	$ -
Survey		$ 227,138	$ -	$ -	$ 19,676	$ 16,099	$ 65,779	$ 35,473	$ 29,023	$ 61,088	$ -	$ -	$ -
Erosion Control		$ 273,238	$ -	$ -	$ 23,670	$ 19,366	$ 79,129	$ 42,673	$ 34,914	$ 73,486	$ -	$ -	$ -
Clearing		$ 67,300	$ -	$ -	$ 5,830	$ 4,770	$ 19,490	$ 10,511	$ 8,600	$ 18,100	$ -	$ -	$ -
Site Excavation		$ 2,119,000	$ -	$ 50,000	$ 224,900	$ 143,100	$ 584,700	$ 315,315	$ 257,985	$ 543,000	$ -	$ -	$ -
Sanitary Sewer System		$ 1,177,750	$ -	$ -	$ 102,025	$ 83,475	$ 341,075	$ 183,934	$ 150,491	$ 316,750	$ -	$ -	$ -
Storm Sewer System		$ 1,682,500	$ -	$ -	$ 145,750	$ 119,250	$ 487,250	$ 262,763	$ 214,988	$ 452,500	$ -	$ -	$ -
Water Distribution System		$ 1,346,000	$ -	$ -	$ 116,600	$ 95,400	$ 389,800	$ 210,210	$ 171,990	$ 362,000	$ -	$ -	$ -
Public Utilities		$ 1,009,500	$ -	$ -	$ 87,450	$ 71,550	$ 292,350	$ 157,658	$ 128,993	$ 271,500	$ -	$ -	$ -
Site Lights and Signs		$ 336,500	$ -	$ -	$ 29,150	$ 23,850	$ 97,450	$ 52,553	$ 42,998	$ 90,500	$ -	$ -	$ -
Curbs		$ 538,400	$ -	$ -	$ 46,640	$ 38,160	$ 155,920	$ 84,084	$ 68,796	$ 144,800	$ -	$ -	$ -
Paving - Interior Roads		$ 1,682,500	$ -	$ -	$ 145,750	$ 119,250	$ 487,250	$ 262,763	$ 214,988	$ 452,500	$ -	$ -	$ -
Paving - Exterior Roads		$ 117,775	$ -	$ -	$ 10,203	$ 8,348	$ 34,108	$ 18,393	$ 15,049	$ 31,675	$ -	$ -	$ -
Sidewalks / Aprons		$ 302,850	$ -	$ -	$ 26,235	$ 21,465	$ 87,705	$ 47,297	$ 38,698	$ 81,450	$ -	$ -	$ -
Dedication		$ 841,250	$ -	$ -	$ 72,875	$ 59,625	$ 243,625	$ 131,381	$ 107,494	$ 226,250	$ -	$ -	$ -
Site Maintenance		$ 286,025	$ -	$ -	$ 24,778	$ 20,273	$ 82,833	$ 44,670	$ 36,548	$ 76,925	$ -	$ -	$ -
Site Landscaping		$ 1,177,750	$ -	$ -	$ 102,025	$ 83,475	$ 341,075	$ 183,934	$ 150,491	$ 316,750	$ -	$ -	$ -
Amenities		$ 1,250,000	$ -	$ -	$ 50,000	$ -	$ 700,000	$ -	$ 100,000	$ 400,000	$ -	$ -	$ -
Hard cost contingency		$ 1,477,245	$ -	$ 5,000	$ 121,708	$ 95,488	$ 460,161	$ 210,404	$ 182,149	$ 402,335	$ -	$ -	$ -
$ 25,221,059		$ 16,299,696	$ -	$ 55,000	$ 1,388,786	$ 1,050,371	$ 5,061,766	$ 2,314,449	$ 2,003,640	$ 4,425,683	$ -	$ -	$ -
Sewer fees/AIM reimbursement - EDU		$ 2,439,819	$ -	$ -	$ 447,187	$ -	$ 622,252	$ 646,994	$ -	$ 723,386	$ -	$ -	$ -
Sadsbury Twp Bldg and Garage		$ 1,050,000	$ -	$ -	$ 850,000	$ -	$ -	$ -	$ 200,000	$ -	$ -	$ -	$ -
Total cost of goods sold		$ 26,221,059	$ -	$ 55,000	$ 4,056,353	$ 1,050,371	$ 7,311,181	$ 4,671,998	$ 2,203,640	$ 6,872,516	$ -	$ -	$ -
Gross margin		$ 11,451,099	$ -	$ (55,000)	$ (2,028,989)	$ 882,094	$ (3,140,968)	$ 2,033,205	$ 4,737,591	$ (1,309,020)	$ 7,134,948	$ 3,147,239	$ -

图 17.4 （本页及下页）宾夕法尼亚州塞兹博里传统社区开发项目预期财务预算表（项目周期为 11 年）（W. Joseph Duckworth/Arcadia Land 提供）

入。该项目由场地原业主和开发商合作开发，在推进建设项目的同时，生地也作为股份入股该公司，这是一种常见的抵御收款延迟和市场周期规律的方法。如预期报表所示，该项目预计可达到85.9%的内部收益率（internal rate of return，IRR）。但如果该项目不幸在金融危机时开盘，那么预期报表就需要经历多次改动。

为大型开发项目制定财务预算有一个重要原则，即大规模的项目通常会分为两部分进行：首先建设完善基础设施并获得审批，随后再进行单独的建设施工。开发商可以自行施工建设，也可以将场地出售给更精通市场销售的商人。这种做法能避免人们容易犯的一个错误，即认为商业项目超收可以弥补场地开发成本的超支，或反过来认为重新定价地块出售就能弥补商业项目的亏损。不少大型开发项目都曾因未能区分清楚这两个阶段而陷入困境。

Sadsbury Arcadia Associates, L.P.
Project Pro Forma (Cash Basis)

	Total	Year 2003	Year 2004	Year 2005	Year 2006	Year 2007	Year 2008	Year 2009	Year 2010	Year 2011	Year 2012	Year 2013
SOFT COSTS												
Architecture	80,147		5,997	11,150	3,300	7,350	12,600	12,450	10,050	12,600	4,650	-
Charitable Contributions	4,650		650	500	500	500	500	500	500	500	500	-
Engineering - Site	603,847		104,797	113,700	129,150	-	124,950	131,250	-	-	-	-
Engineering - Geotechnical Studies	40,000		-	10,000	10,000	-	10,000	10,000	-	-	-	-
Engineering - Plan Sets	9,500		500	3,000	2,000	-	2,000	2,000	-	-	-	-
Engineering - Pump Station	-		-	-	-	-	-	-	-	-	-	-
Engineering - Sewage Treatment Plant	-		-	-	-	-	-	-	-	-	-	-
Entitlements Consultant	-		-	-	-	-	-	-	-	-	-	-
Environmental	27,712		12,712	15,000	-	-	-	-	-	-	-	-
Fiscal Impact Studies	4,110		4,110	-	-	-	-	-	-	-	-	-
Government Fees - Other	24,280		9,280	15,000	-	-	-	-	-	-	-	-
Government Fees - Sadsbury Township	97,028		82,028	15,000	-	-	-	-	-	-	-	-
Insurance	73,862		250	6,085	4,774	23,008	-	10,520	-	9,107	20,117	-
Land Planning - Township Building	3,500		1,000	2,500	-	-	-	-	-	-	-	-
Land Planning - Other	63,911		63,911	-	-	-	-	-	-	-	-	-
Landscape Architecture	35,329		5,329	30,000	-	-	-	-	-	-	-	-
Legal Fees	182,575		53,575	51,000	12,000	12,000	12,000	12,000	12,000	12,000	6,000	-
Market Research	-		-	-	-	-	-	-	-	-	-	-
Marketing and Public Relations	8,173		3,173	5,000	-	-	-	-	-	-	-	-
Office Supplies	9,725		125	1,200	1,200	1,200	1,200	1,200	1,200	1,200	1,200	-
Postage/Shipping	3,387		987	300	300	300	300	300	300	300	300	-
Professional Fees	28,280		1,280	3,000	3,000	3,000	3,000	3,000	3,000	3,000	3,000	3,000
Property/Project Management	57,500		1,500	4,500	24,500	9,000	4,500	4,500	9,000	-	-	-
Property Taxes	50,000		-	10,000	10,000	10,000	10,000	10,000	-	-	-	-
Reference Material	2,035		2,035	-	-	-	-	-	-	-	-	-
Reimbursable Expenses	(5,203)		(5,203)	-	-	-	-	-	-	-	-	-
Reproduction and Presentation	9,783		6,783	2,000	500	-	500	-	500	-	-	-
Traffic	26,817		11,817	15,000	-	-	-	-	-	-	-	-
Travel & Meals	3,046		2,246	800	-	-	-	-	-	-	-	-
Total soft costs	1,443,995	-	367,883	314,735	201,224	66,858	192,070	196,807	56,167	29,800	15,650	3,000
Cash flow from operations	10,007,104		(422,883)	(2,343,725)	680,869	(3,207,826)	1,841,135	4,540,784	(1,365,187)	7,105,348	3,131,589	(3,000)
FINANCING												
Bank fees and loan closing costs	600,000			150,000		150,000	150,000		150,000			
Loan balance (beg of period)					3,240,351	3,050,626	7,552,113	7,489,005	4,629,515	7,669,115	2,558,863	219,047
Loan draws	25,116,059			3,206,353	1,050,371	7,311,181	4,671,998	2,003,640	6,872,516	-	-	-
Interest accrued	2,219,133			33,998	231,324	365,595	370,379	422,071	403,248	322,449	56,559	13,510
Debt service	(27,102,635)			-	(1,471,419)	(3,175,289)	(5,105,485)	(5,285,202)	(4,236,164)	(5,432,701)	(2,396,375)	-
Loan balance (end of period)	232,557			3,240,351	3,050,626	7,552,113	7,489,005	4,629,515	7,669,115	2,558,863	219,047	232,557
Capital calls from LPs	715,408			435,000	280,408	-	-	-	-	-	-	-
Cash flow after financing activities	8,085,935		-	12,117	993,036	259,820	778,066	1,257,648	1,259,222	1,121,165	1,672,846	735,214	(3,000)
AH fee paid (9% of net rev)	3,385,994			-	182,463	125,968	423,273	603,468	624,711	500,715	642,145	283,252	-
IRR 85.90%												
Capital distributions to LPs	4,700,041		-	-	734,535	139,289	337,612	654,180	634,512	620,450	1,030,501	454,463	94,500
Net change in cash during period	(100)		12,117	76,039	(5,437)	17,181	-	-	-	-	(2,500)	(97,500)
Cash account (beg of period)	100	100	100	12,217	88,256	82,819	100,000	100,000	100,000	100,000	100,000	97,500
Cash account (end of period)	-	100	12,217	88,256	82,819	100,000	100,000	100,000	100,000	100,000	97,500	-

提高场地商业价值

场地规划需谨慎考虑场地建设的成本和收益，反过来，合理的建筑和公共空间布局也能提高场地的商业价值。在场地规划领域，有很多规划设计手段都长期被证实为能够有效地创造场地价值，相关机构也制定了许多公共政策来鼓励开发商保障公众利益（Hack and Sagalyn 2011）。这些重要的价值创造（value creation）策略包括：

城市设计

总体规划的获批是提高场地价值的有效保障。若开发商未获得场地开发建设审批，场地还需要经历申请审批这一步，也会存在风险从而带来贬值。漫长的审批过程会影响项目开发的时机，甚至可能导致开发商错过有利的经济周期，进而增加场地的持有成本。而且，场地周边未来的开发建设也许会阻挡视野或进出通路，又或造成大量同类建筑涌入而带来市场竞争，这些因素都会影响开发商对场地的估价。比起高昂但确定的成本，开发商对这种不确定性更加烦心。

就开发周期持续数年的大型项目而言，争取后续阶段的开发权会大幅提升场地价值。将设计导则应用于后续阶段开发阶段，就能保障开发建设的稳定性。例如，佛罗里达州滨海城（Seaside）尽管面积小于附近社区，但此处的住宅售价却高出附近同类建筑数倍。该项目规划对建筑形式和建筑类型都做了详细要求，社区的公共场所年均维护费用也很高。随着开发建设逐步推进，该项目逐渐获得了市场认可，后续项目的市场价值也显著提升。因此，提升场地价值的一种常见策略是将最优质的场地留作末期开发，从而获得最大限度的市场认可。

密度

增加建筑面积无疑可以提高场地价值，以此来补偿公共空间和便利设施的建设与维护成本。美国包括纽约在内的很多城市都采用激励性区划（incentive zoning）的机制，鼓励特定的公共设施建设，并以此激励提高容积率的建设，如改造地铁站、建设公共开放区域、建设保障性住房、保护历史建筑、保护或建造艺术剧院或其他文化场馆等。此类区划若运用得当，能产生很高收益，并且在补偿公共利益性建设成本后仍有结余，因此开发商十分青睐这种一举两得的方法（Kayden 1978）。

近期通过的曼哈顿中城哈得逊区（Hudson Yard District）的区划采取了复杂的激励性措施，以期完成当局制定的场地开发方案。在开发强度最大的场地，开发商可以以113美元/ft^{2}的价格购买额外可建设区域的开发权（即地区改善奖励，District Improvement Bonus），将容许容积率从基础水平的10大幅提高至33。其中，土地价格会随通货膨胀而上涨。所获资金将

图17.5 未来建成环境的确定性和建设要求的一致性大幅度提高了佛罗里达州滨海城的市场价值

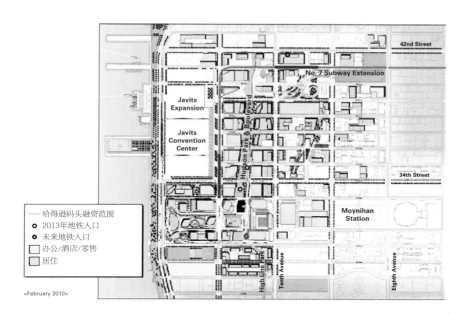

图 17.6 纽约市哈得逊区场地规划图，图中标出了部分开放空间、交通线路和文化便利设施，这些设施的建设资金可通过开发商购买奖励容积率来筹得（NYC Department of City Planning）

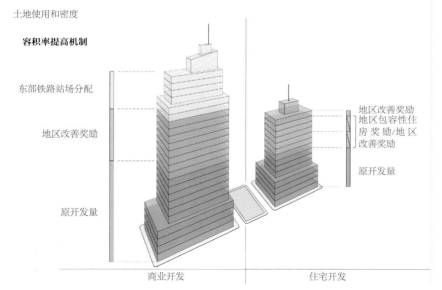

图 17.7 纽约市哈得逊园区开发项目的额外容积率奖励，来自对开发商建造地区便利设施、场地改造和包容性住宅的奖励（NYC Department of City Planning）

直接投入公共区域建设项目，包括该区域内一条宽阔的林荫大道，以及基础设施和交通设施建设。建设包容性住房也会获得奖励，此外，开发商也可通过购买并转让其他低密度地区开发权至本场地，将现有开发项目的基准容积率从6.5提升至12。通过这种开发权转让和购买机制，哈得逊区的建筑、基础设施和便利设施的大部分建设资金能实现自筹。

建筑高度与视野

即使是在建筑面积被严格限制的情况下,只要能够增加建筑高度,也可以对场地的商业价值带来巨大影响。一项对美国城市办公楼租金的研究显示,价值与高度成正比,特别是当建筑高度可以高出周围阻挡视线的建筑时,价值会大幅攀升。在纽约市中心有一条不成文的规律是办公楼租金以0.5美元/ft^2的差价随楼层上涨,即一栋60层的建筑物底层单位租金为45美元,顶层则高达75美元,上涨幅度高达68%。如果有极具特色的视野景观,高层产生的价格增长则更高:若视野内可见中央公园,单位租金可攀升至100美元,上涨122%。在美国其他城市,办公楼租金同样会随高度增加。在芝加哥,这一幅度为20%~45%,波士顿为20%~50%,旧金山为20%~30%,在所有这些城市中,高度上升带来的收益多少主要取决于视野类型和周围建筑高度。

高度对住宅建筑的价格也具有显著影响。在纽约,公寓价格每层上涨0.5%~2%,具体涨幅取决于视野如何。在温哥华,这一数字是每层上涨2.5%,而在华盛顿州的贝灵翰姆(Bellingham),可观赏海景的每户家庭住房价格比没有海景的类似住房高出大约60%(Benson et al. 1998)。

其他国家和地区情况也基本类似,但略有不同。在中国香港,具有远景视野的住宅单元售价比不具有该视野的户型高出3%,但正对小区后山的住宅单元售价则下降了6%(Jim and Chen 2009)。在荷兰,水景观住宅价格会高出10%~12%。在中国广州的老城区,河景住宅的价格比其他类似住宅要高出6%。

图17.8 温哥华市福溪北岸(North False Creek)地区的开发规范鼓励高层建筑,这样可以更好地欣赏山景和开发商建造的公共广场

图17.9 波士顿路易斯堡广场边的住区,房产价格比没有绿地视野的住宅高出60%(Darling Kindersley Ltd/Alamy Stock Photo)

开放空间

　　有大量生活故事和确切的证据表明，开放空间作为一种产品具有很高的价值。面朝纽约中央公园的街区住宅与其他住宅哪怕仅相隔一个街区，其售价也会相差甚远，通常会高出10%~20%甚至更多。拥有公园视野的公寓比同一栋楼的其他公寓价格高出至少20%。这导致了纽约超高建筑的爆发式建设，为拥有中央公园视野，有些建筑物甚至超过了100层。土耳其研究人员发现，若居住区内的人均绿地面积达到7~14m^2，该地区的住宅价格会上涨20%~33%（Altunkasa and Uslu 2004），这一数字与很多城市相关规范中所提倡的绿地面积一致。芬兰的研究则显示，该国的价值差距会小一些：临近开放空间的公寓售价比500m外的公寓售价高出约7%，但这也和芬兰城市开放空间资源充裕相关（Tyrvainen 1997；Tyrvainen and Miettinen 2000）。在加利福尼亚州的研究发现，若周围的开放场地是高尔夫球场，则房价平均会上涨7.6%（Do and Grudnitski 1995）。更早的一份针对费城和科罗拉多州波尔得市（Boulder）未开发土地的研究显示，若场地附近有溪流经过，当地地价可能会上涨10倍之多；反之，地价会随场地离开放空间的距离增大而不断下降（Correll, Lillydahl, and Singell 1978）。

　　开放空间哪怕面积很小，也会对房价产生巨大影响。在波士顿市，占地约1ac（4047m^2）面向路易斯堡广场（Louisburg Square）的房产要比地区平均房价高出60%。在纽约巴特利公园城中，在雷克特公园（Rector Park）和泪珠公园等开放空间周围的狭长地带附近的公寓被允许以"园景公寓"而非"临街公寓"的名义营销。此外，像波士顿联邦大道（Commonwealth Avenue）和纽约公园大道等重要林荫大道附近的房地产项目也有此类优势。

混合功能

　　开发商往往倾向于混合功能开发的场地规划，因为这样能够更加灵活地规划建设布局，同时也可投放多个地产市场以分散风险。在大型项目中，开发商还能创造其他功能的内部市场，如居住产生零售需求，办公楼催生了餐厅和商店等。除此以外，混合功能也被认为是一种符合公共利益的开发形式，它能够减少出行需求，增加全天道路人流量，而且住宅能够增添一种社区感。

　　很多城市都采取各种措施来鼓励混合功能开发。在纽约，开发商修建了多处新剧院，以换取在剧院上方建造办公楼或住宅楼的开发权。温哥华市中心的伍德沃德（Woodward）项目是一处面积为110万ft²（约10.2万m²）的混合功能综合建筑群，其中包括一所当代艺术高等院校、200户保障性住房、一家超市、非营利性组织办公场所、联邦和市政机构办公地、一家托儿中心，以及536户普通公寓。这一项目得以实施是由于市政当局允许开发商在场地中建设超过原定高度限制的建筑，并对开发商在市中心的另一处场地给予更多的开发自主权（Enright and Henriquez Partners 2010）。

纽约西切尔西（West Chelsea）地区也采用了相同策略。高线公园在此穿过成片的旧仓库和一些新锐建筑群。规划部门允许在符合新近实施的特殊区划条例的情况下，通过转让临近地区的开发权和出售扩展开发权来筹集高线公园建设所需的大笔资金。获奖无数的高线公园已经成为吸引开发商投资的热门地区，此举无疑也促使西切尔西区转变为一处融合了艺术馆、餐厅、商户、办公楼和住宅区的独特的多功能建筑区（James Corner Field Operations and Diller, Scofidio & Renfro 2015）。

图17.10 温哥华市伍德沃德项目允许增加建筑物高度和高端商业及居住区建筑面积，作为交换，开发商需要补贴此处的保障性住房、社区设施和一所新建大学等建设项目（Henriquez Partners/© Bob Matheson 提供）

图 17.11 纽约高线公园沿线地区开发权的转让与出售为该公园建设筹集了大笔资金，高线公园也成为沿线新建公寓楼住户的休憩场所

地区特色

场地规划的一个重要目的就是创造独具特色的社区或地区，而单独的一座建筑无法实现这一点，营造地区特色（district identity）需要该地区的多座建筑有统一的风格。街道、开放空间和建筑物的形式统一，建筑材料和细节一致，地区功能和谐等，都能赋予该地区独特的风情。

具有独特场所特色（distinct identity）的地方要比那些泯然于众或不和谐的地区具备更高的经济价值。土耳其的一项研究发现，保持众多建筑物的正立面和谐及色彩一致能够最有效地提高当地的地价，紧随其后的是相同且有趣的建筑特点这一要素（Topcu and Kubat 2009）。

新城市主义社区的核心主题之一就是场所特色，这些社区有详细的设计规范，涵盖了从街道形式到建筑细节的各方面。针对这种特色风情场地的商业价值的研究发现，买主愿意加价11%来购买此类社区中的独立式家庭住宅（Eppli and Tu 1999）。尽管该研究并未分析造成这种额外加价的因素，但社区的总体特色必然起到了一定作用。当然，并非所有人都偏好新城市主义社区，市场调研发现，大约有1/3的美国家庭愿意购买这类较小面积的宅地，并选择这类社区中所流行的建筑形式（Hirschhorn and Souza 2001; Bohl 2002）。

上海太平桥项目（见第2章）成功的关键也在于地区特色。规划将传统里弄住宅进行修复，并转为店铺、餐厅、精品店、娱乐场所，同时还营建了公园空间，这些策略都赋予了新天地区别于上海市中心其他地区的特色。俯视公园绿地的高层酒店、办公楼、住宅楼和商业建筑的租金与市场价值大幅攀升，带来远超原始建设费用数倍的收益。太平桥极富创意的场地规划和开发不仅提升了这里的生活质量，而且产生了巨大收益。

图 17.12　马里兰州盖瑟斯堡（Gaithersburg）肯特兰镇（Kentlands）郊区的集合式住宅，这些建筑仿照旧式住宅和商业区的建筑风格，获得了更高的商业价值

图 17.13　上海太平桥地区步行街两侧的建筑融汇古今，高低错落，采用了和而不同的材料、风格和规模

第18章
影响评估

在绝大多数地区，如果场地面积超标、位置特殊或利用了不可替代的资源，场地规划都需要对开发项目进行影响评估。环境影响评估诞生于20世纪70年代，目的是在决策制定前将相关影响呈现给公众，并允许公众发表评论和提出建议。此后，其他种类的影响评估陆续诞生，其中较为重要的有财政影响评估、健康影响报告和气候影响报告。这些影响评估是推动项目审批过程的重要因素，所以场地规划者必须对此非常熟悉。

影响评估认为，在方案确定前，要板上钉钉地明确所有重要的场地建设规范是不可能的，因此需要仔细分析比选各情景方案，才能权衡利弊和确定最佳方案。但大部分分析工具和技术都以辅助决策为目的，而非排除建设的可能性。很多项目会因为规划师没有公开项目影响，遭到竞争对手质疑批评而被迫搁浅。如果及时公开影响评估，各方均可讨论并权衡各种利弊，同时可提出补救措施来应对负面影响。此外，影响评估过程通常会规定评论周期和决策期限，避免拖延时间。

环境影响评估

项目的环境影响评估标准名目众多：美国、中国香港和印度称为环境影响评估（environmental impact assessment，EIA），澳大利亚、加拿大和中国大陆称为环境评估（environment assessments，EA），欧盟及很多成员国称为策略性环境评估（strategic environmental assessment，SEA），新西兰称为环境效应评估（assessment of environmental effects，AEE），澳大利亚维多利亚州称为环境效应声明（environment effects statement，EES）等，不一而足。评估标准通常由国家政府颁布，在一些联邦制国家，可能只有当更高一级政府介入时，国家标准才具有法律效力。省级或州级政府也可能会颁布类似的标准，某些地方的当地政府也可以制定影响公开程序。

《美国国家环境政策法》（National Environmental Policy Act，NEPA）规定，所有可能产生明显环境影响的联邦行为（包括政策和项目）都必须发布环境影响声明（environmental impact statements，EIS）。美国大部分州都规定超过特定标准的项目必须进行环境分析，如纽约州的环境质量报告（New York State environmental quality review，SEQR）和加利福尼亚州的环境质量评估（California's environmental quality assessment，CEQA）。部分城市也依例行事，如波士顿规定所有面积超过5万ft^2（4645m^2）的建筑项目必须提交一份项目影响报告（project impact report，PIR），而纽约市的做法是要求绝大多数大型项目都要经过土地使用统一评估程序（uniform land use review procedure，ULURP）并完全公开项目影响。在实际操作中，若多级政府都要求提交环境影响声明（EIS），可以出具统一报告。

环境影响评估过程一般包括六个步骤：①详细审查项目，找出可能产生显著影响的要素；②展开环境分析；③制定环境影响分析并起草影响报告初稿（draft impact report）；④就报告广泛征询公众和相关机构意见；⑤出具最终影响报告；⑥决定项目是否继续开展。在这一较为宽泛的框架内，还有不胜枚举的地方规范、范例和调整之处。因此，我们在本章节只聚焦环境影响分析的一般内容。

上述环节是一个循序渐进逐渐累积的过程，各步骤环环相扣。也许在第一步审查中没有找到任何显著影响要素，那么就无须进行后续研究。但除非场地建筑变化很小或没有明显改变环境，否则大部分项目都不太可能出现这种结果。如果审查发现了显著影响因素，就需要展开环境影响分析并按分析框架完成研究评估报告，并征求外界评论及详细研究减缓影响的措施（mitigation measures）。最终的影响报告会对相关评论进行评估，并提出变更方案或者减缓影响的计划。只有在完成这一步之后，才能决定项目是否继续。如果项目计划在实施过程中出现明显变动，就需要出具辅助环境影响声明（supplemental EIS，SEIS），重复上述步骤。这可能会导致开发进度滞后或项目中期停工，因此开发商通常会尽量避免出现这种情况。

环境影响报告的内容

环境影响报告涵盖项目的自然、人工、文化、经济和社会等方面的环境影响，同时包括了场地对内和对外的影响。工具栏18.1列出了可能的环境影响类型。当然，并非每一个项目都会对全部类型产生影响，具体内容也由审查评估报告的机构规定。大部分环境影响报告的内容如下：

项目目标和计划。环境影响报告首先要相对详细地陈述项目的必要性和开发目标。同时，简要介绍影响场地规划的规范制度和其他限制因素。随后，报告要尽可能详细地描述意向计划书，包括方案、图片和必要的统计数据，方便决策者判断项目的可行性。

多方案比选。报告要展示多种备选方案，从"保持现状不建设"（no-build）的底线开始，这是衡量其他方案的基础。通常报告会列出包括若干不同开发程度的备选方案及其相应的降低影响的策略。尽管备选方案多种多样，但必须遵从理性原则，即选择相对合理的方案。一份详实负责的环境影响声明不会提出不切实际或明显不可能的备选方案。

环境影响。接下来，报告要依据所收集的证据和分析材料，比较场地规划方案与备选方案，分类陈述环境影响。报告要将直接影响和间接影响分别列出，并区分短期和长期效应。同时，还要找出与地方或国家政策相冲突的地方，包括节约能源、保护历史资源、避免大量消耗不可替代资源和经济开发目标等。通过这种矩阵比较，报告会指出不同保护措施的具体影响。对于环境影响明显的措施，报告还要指明这些影响是暂时的还是永久的。这个部分是整个报告的核心，当前有许多很实用的操作手册可供分析参考，如纽约市环境质量评估技术手册（New York City Mayor's Office of Environmental Coordination 2014）等。

减缓措施。这一部分要阐述减缓、消除或补偿环境影响的措施。例如，为了缓解湿地减少的问题，可以在场地内其他地方或者场地外围建设人工湿地；交通影响可以通过改善场地周围交通线路布局得到缓解。减缓措施可包括实体建设、生态行动、经济补偿等，所有这些措施都是推动项目继续进行的关键。

报告编制人员名单。报告要列出所有参与编写的人员和机构及其资质，并记录所有与公众或利益相关方进行的会议，这是审核机构确定报告专业性和公平性的依据。

环境影响报告的内容必然会较为繁杂，因此有必要区分总结性内容和其他佐证结论的大量细节。报告还应该将交通量观测和分析、风向研究、生态环境档案、经济研究等其他细节分析纳入附录，以供关

工具栏18.1

环境影响清单

土地改造
地形改造
土壤运出和填埋
斜坡、侵蚀、滑坡和沉降
矿区复原
土壤污染
海岸线变化对潮间带的影响
清淤和填埋水平面以下土地

水资源
地下水位变化和地下水水文
地下水补给
地下水污染
径流形式、数量、速率和污染变化
对现有河道的影响
水体富营养化
降雪累积和融化
水体化学成分和生物成分的变化
气候变化和海平面上升的预期影响

植被
对树木、林木植被覆盖和物种的影响
湿地退化
地被植被变化
对特有物种和濒危物种的影响
物种入侵
对农业和天然食物来源的影响

野生动物
对栖息地和食物链的影响
对迁徙模式的影响
引入新生捕食者

气候
风场类型
日照
热岛效应
湿度变化
积雪堆积
周围空气质量、尘埃和颗粒物
小气候效应——阳光、风和地形
对全球变暖的影响

噪声
场地内外声音衰减
机场声锥现象
与适合人体的音量的关系

交通
出行选择
所有出行方式的路线质量
因场地布局和路网划分产生的出行
对周边地区道路和交通网络的影响
公共交通需求
物流和货物运输
自行车出行
步行道和小路

废弃物
场地产生的大量固体废弃物
垃圾收集方法和处理地点
废水处理系统
化粪池系统
冷却水排放

能源
能源需求和节能措施
场地内能源生成
能源分布网

美学
场地外观与视野
天际线
视觉隐私
与现有建筑的协调性
建筑物与行人环境的关系
对地标和历史建筑的影响

经济
建设过程中和后期维护所提供的就业
为当地政府带来的税收和开支
对公共设施和活动的支持

文化
场地使用者的人口情况
教育、休闲和其他公共服务需求
场地设施的可负担能力
场地内新建休闲和文化设施

注这些专题的人员阅读。在编写最终的影响报告时，还要体现所有根据公众和相关组织的评论所进行的调整，具体的评论也应作为附录收录其中。

环境影响报告的审批

最终的环境影响报告将提交给相关地方机构、州级或省级机构以及联邦或国家机构进行审查和批准，负责审查的机构在批准前需要弄清楚两个问题：第一，这份报告是否全面详细？即是否缺少重要信息，是否提出了备选方案，评估部分是否详细？一份标准的环境影响声明是一切决策的先决条件，很多项目延期都是因为未能做到这一点。

掌握全面详细的影响报告之后，审批机构要考虑的第二个问题就是这些影响和减缓措施是否可行。美国环保局将影响分为四个等级：无异议（lack of objections, LO）、存在环境隐患（environmental concerns, EC）、环境异议（environmental objections, EO）、环境影响不合格（environmental unsatisfactory, EU）（Environmental Protection Agency 2017）。评级为EU的项目很少能进行下去，但评级为EC或EO的项目则可能会因其他方面效益显著而得以继续，但必须采取足够的减缓保护措施或附加条件（Environmental Protection Agency 2012b）。

其他国家或地区也都出台了各自的环境影响评审标准来决定开发项目是否继续。在加拿大，只有当环境部部长认定项目不会造成任何显著的环境负面效应，或联邦内阁认为相关环境影响是事出有因时，项目方可继续。美国加利福尼亚州环境质量评估（CEQA）规定，单一公共机构不具备批准项目的权力，除非各类环境影响都有一种或多种研究结论作为支撑。这些研究结论包括减轻项目环境影响的调整或变更、减缓措施或补偿行为。在某些地区，决策者有极大的自主裁量权，参考过往案例可能是预测项目审批结果最可靠的标准。

财政影响评估

在美国，很多地方政府会发布财政影响报告，向公众公开说明场地开发项目会为政府带来的财政收入和支出情况。此类研究是美国政府体系的特有产物，因为美国市镇、县、区和州政府因开发建设而产生的投入往往无法与当地税收、服务费用、杂税、销售税和所得税中获得的收入相抵。

而且一些新的土地建设用途往往会令地方政府入不敷出，如家庭导向型的住房建设所征收的房产税收入无法满足因此带来的政府教育投入。所以，地方政府会考虑从新区场地开发中征收额外收入和税费。又如，尽管开发项目会建设场地内所有必需的基础设施，但项目也可能会催生更多的交通流量，抑或增加了污水处理厂的负荷，这些都无法完全依靠使用费来承担。财政影响报告能够帮助政府机构预测项目建设预期收支情况，而不需要猜测资金流向。同时，财政影响评估报告也有助于为确定向开发商征收税费的额度提供依据，并保证政府和现有居民利益不受损失。

财政影响研究通常只针对一个地区的主管政府部门，但如果项目需要多地政府或多区共同批准，通常的做法是为相关机构分别制作各自的收支分析报表。

成本估算

为政府机构估算财政支出是一项复杂的任务，因为支出既包括年度运行费用（operating expenditures），也包含因扩大职能而产生的不固定资本支出（capital expenditures）。一所资源充裕的学校接收数十名新生可能只需要增加一到两名老师，但如果当地突然增加数百名学生，就必须扩大现有学校或另行新建学校。资本设施建设通常由政府投资和债券收益分期支付。所以，进行支出分析时，明确区分运行支出和资本支出是非常有必要的。

估算年度支出的方法很多，最简单的方法是直接采用当地人均成本（average cost per capita），即某个特定服务的年度支出总额除以用户总人数。但如果场地预计人口数与现有的人口统计数据不符，采用这种方法得出的数据就可能出现严重偏差。老年住区显然不会有太多的学龄儿童，却需要高于平均水平的医疗服务支出；享受公共服务的群体包括在当地工作、学习的人和一些访客，而并非仅包括本地居民。因此，将商业区和工业区的警务治安费用分摊给居住区，或将学校教育开支分摊给商业区建设项目都是错误的。所以，还需要根据场地用途对开支进行分类，这种方法有时被称为"分类人均支出"法（disaggregated per capita costs）。

这两种方法也可用来估算由开发建设产生的场地外资本支出。包括警察、消防、学校、医院、图书馆、污水处理、供水厂等在内的所有公共服务系统的更新支出，以及场地、建筑、基础设施和资本设备（使用年限达5年以上）等，都会按照用户人数平均计算，得出场地开发需要承担的支出额。这种做法与上面提到的估算运行支出的方法存在同样的潜在错误。更好的做法是依据各系统的设计规模计算资本支出。如果每1万名居民或就业岗位需要一处消防站，则可以按照这个人数计算得到人均支出，再据此进行场地开发的投入计算。由于大部分地方政府采用发行债券的方式筹集此类设施资金，所以还需要计算年度债务清偿支出（debt service cost）。有的时候，在场地尚处于分析阶段时，可能已经因服务场地的设施升级而产生了具体的资本支出，如附近可能已经修建了一条下水主干道，其他开发项目已承担部分资金，那么这时候可根据场地未来所需容量进行成本分摊。

如果我们把债务清偿支出计算在年度运行支出中，就可以估算出为新建场地提供服务的政府机构的支出份额。进而，财政分析要考虑的下一个问题就是，政府将能获得多少收入来负担其支出的成本。

估算收入

政府未来收入（future governmental revenues）的估算需要从更广义的角度来思考开发项目对当地经济的影响。商业地产项目可能会产生地方销售或所得税，其员工可能居住在本地区，因此也会缴纳其他税费，他们的部分收入会用于当地消费，也会为政府带来更多收入。个人收入的再流通被称为乘数效应（multiplier effect），一般会产生直接收入3～8倍的效益，具体数额取决于购买当地服务和商品的供给。同时，收入估算还要区分施工类收入和建设项目的长期持续性财政收入。在施工建设期间，建造商和其员工缴纳的消费税与所得税会刺激当地财政收入的增长，但当场地结束施工投入使用后，财政收入就会回归到稳定的水平。同时发生变化的还有税收来源，房地产开发项目竣工并在市场上出售后，房屋税和个人所得税会代替最初的消费税与所得税成为主要的税收来源。

在估算收入时，应该全面考虑所有收入来源和获得收入的政府机构。同时，还要考虑政府间收入转让。例如，某县征收的部分消费税会发放给地方政府用于学校教育开支或转为其他用途。用乘数来反映真实获得的收入是合理的做法。例如，一个家庭每年的当地消费额为4万美元，并按一定比例缴纳消费税，同时因社群内部资源的流通而产生12万美元的地方支出。通过列表将收入源和获得收入的政府机构分门别类，是最准确的收入估算方法。

在开发商拟定项目财政影响报告时，有时会夸大项目带来的政府收入，缩小由此产生的政府开支。常见的错误是认定所有类别的税收都会增加。实际上，有些税收只是代替现有税收，如会有新的商户淘汰部分原有

Table 19: Summary of Fiscal Impacts for City of Davis DRAFT FISCAL ANALYSIS CANNERY DEVELOPMENT (APPLICANT ABSORPTION)

	Cumulative Absorption (Year) 1	2	3	4	5	6	7	8	9	10	11	12	13	14	15
Revenues															
Property Taxes	$245,547	$533,052	$654,976	$668,898	$683,074	$697,780	$713,031	$728,838	$745,218	$762,185	$779,760	$797,962	$816,805	$836,307	$856,486
Property Transfer Tax	$63,008	$72,514	$23,665	$6,769	$6,913	$7,062	$7,217	$7,377	$7,543	$7,715	$7,894	$8,078	$8,270	$8,468	$8,673
Sales and Use Taxes	$78,394	$184,215	$230,095	$234,242	$238,471	$242,785	$247,186	$251,674	$256,252	$260,922	$265,685	$270,543	$275,499	$280,554	$285,709
Prop. 172 Public Safety Sales Tax	$3,753	$8,819	$11,015	$11,214	$11,416	$11,623	$11,833	$12,048	$12,267	$12,491	$12,719	$12,952	$13,189	$13,431	$13,678
Municipal Service Tax	$16,901	$41,614	$53,745	$54,820	$55,916	$57,034	$58,175	$59,339	$60,525	$61,736	$62,971	$64,230	$65,515	$66,825	$68,161
Parks Maintenance Tax	$10,290	$23,976	$33,203	$33,203	$33,203	$33,203	$33,203	$33,203	$33,203	$33,203	$33,203	$33,203	$33,203	$33,203	$33,203
Public Safety Tax	$13,302	$35,711	$51,817	$52,854	$53,911	$54,989	$56,089	$57,211	$58,355	$59,522	$60,712	$61,927	$63,165	$64,428	$65,717
Transient Occupancy Tax	$0	$0	$0	$0	$0	$0	$0	$0	$0	$0	$0	$0	$0	$0	$0
Business License Tax	$0	$8,121	$19,301	$19,880	$20,476	$21,090	$21,723	$22,375	$23,046	$23,737	$24,449	$25,183	$25,938	$26,717	$27,518
Franchise Fees	$3,953	$9,342	$13,444	$13,848	$14,263	$14,691	$15,132	$15,586	$16,053	$16,535	$17,031	$17,542	$18,068	$18,610	$19,168
Property Tax In-Lieu of Vehicle License Fees	$92,872	$201,614	$247,729	$252,995	$258,356	$263,919	$269,687	$275,666	$281,861	$288,278	$294,926	$301,810	$308,937	$316,313	$323,946
Gas Tax Revenues	$13,900	$32,850	$47,277	$48,695	$50,156	$51,660	$53,210	$54,807	$56,451	$58,144	$59,889	$61,685	$63,536	$65,442	$67,405
Community Services Revenue	$8,711	$20,586	$29,627	$30,516	$31,432	$32,375	$33,346	$34,346	$35,377	$36,436	$37,531	$38,657	$39,817	$41,011	$42,241
Fines and Forfeitures	$254	$601	$865	$891	$918	$945	$973	$1,003	$1,033	$1,064	$1,096	$1,129	$1,162	$1,197	$1,233
Discount Rate	3.2%														
Sub-Total Revenues	$550,885	$1,173,013	$1,416,760	$1,428,823	$1,458,504	$1,489,157	$1,520,804	$1,553,471	$1,587,184	$1,621,970	$1,657,865	$1,694,900	$1,733,103	$1,772,505	$1,813,139
Percentage change from prior year		53.04%	17.20%	0.84%	2.04%	2.06%	2.08%	2.10%	2.12%	2.14%	2.17%	2.19%	2.20%	2.22%	2.24%
Discounted Total		$1,136,641	$1,330,261	$1,299,988	$1,285,846	$1,272,161	$1,258,911	$1,246,078	$1,233,644	$1,221,590	$1,209,908	$1,198,581	$1,187,594	$1,176,932	$1,166,582
Expenditures	1	2	3	4	5	6	7	8	9	10	11	12	13	14	15
Public Works	$36,808	$64,560	$75,156	$78,084	$81,126	$84,287	$87,570	$90,982	$94,527	$98,209	$102,036	$106,011	$110,141	$114,432	$118,891
Community Development	$13,111	$31,214	$45,253	$46,953	$48,718	$50,548	$52,448	$54,419	$56,464	$58,585	$60,787	$63,071	$65,441	$67,900	$70,452
Community Services	$29,781	$65,451	$89,160	$92,509	$95,984	$99,590	$103,331	$107,212	$111,240	$115,419	$119,754	$124,253	$128,920	$133,763	$138,788
Asset Management	$94,542	$256,095	$323,930	$336,483	$349,523	$363,068	$377,138	$391,754	$406,935	$422,706	$439,087	$456,103	$473,779	$492,139	$511,211
Police	$115,721	$275,420	$399,181	$414,065	$429,504	$445,519	$462,132	$479,363	$497,237	$515,778	$535,010	$554,959	$575,651	$597,116	$619,381
Fire	$70,410	$167,327	$242,152	$250,804	$259,765	$269,046	$278,659	$288,615	$298,927	$309,608	$320,670	$332,128	$343,994	$356,285	$369,015
General Government	$32,020	$70,486	$96,172	$99,945	$103,865	$107,939	$112,173	$116,573	$121,146	$125,898	$130,837	$135,969	$141,302	$146,845	$152,605
Sub-Total Expenditures	$392,394	$930,554	$1,271,003	$1,318,842	$1,368,485	$1,419,998	$1,473,451	$1,528,919	$1,586,476	$1,646,203	$1,708,180	$1,772,493	$1,839,230	$1,908,481	$1,980,343
Percentage change from prior year		57.83%	26.79%	3.63%	3.63%	3.63%	3.63%	3.63%	3.63%	3.63%	3.63%	3.63%	3.63%	3.63%	3.63%
Discounted Total		$901,699	$1,193,403	$1,199,924	$1,206,483	$1,213,079	$1,219,713	$1,226,384	$1,233,094	$1,239,841	$1,246,628	$1,253,452	$1,260,316	$1,267,219	$1,274,162
NET GENERAL FUND BALANCE	$158,491	$242,460	$145,757	$109,980	$90,020	$69,159	$47,353	$24,553	$708	-$24,233	-$50,315	-$77,593	-$106,127	-$135,976	-$167,204
Discounted value Net GF Balance	$158,491	$234,942	$136,858	$100,063	$79,363	$59,082	$39,198	$19,694	$550	-$18,251	-$36,720	-$54,872	-$72,722	-$90,287	-$107,580
Cumulative Discounted GF Balance	$158,491	$393,433	$630,291	$630,355	$709,718	$768,799	$807,998	$827,692	$828,242	$809,991	$773,271	$718,399	$645,677	$555,390	$447,810

Key Development Assumptions

Inflation				
General Rate of Revenue Inflation:	2.0%	Turnover %	Single Family	4.0%
Inflation for Personnel Costs:	3.7%		Multi Family	5.0%
Inflation for Non-Personnel Costs:	4.0%		Non Res.	3.0%
			Study Years	
Annual Real Estate Market Price Appreciation		1-5	6-10	11-15
Affordable for-sale units		2.0%	3.0%	3.0%
Residential for-sale units		2.0%	3.0%	3.0%
Multifamily rental units		2.0%	3.0%	3.0%
Non-residential properties		1.0%	2.5%	3.5%
Prop 13 annual increase (no turnover/sale)		2.0%	2.0%	2.0%

	Units
Total Residential	547
Non-Residential	**Square Feet**
Retail	63,790
Office	55,600

Parks and Open Space	Acres
Park	5.77
Greenbelts	5.6
Habitat	7.5
Streets	**Linear Ft.**
Two-Lane Arterial	1,478
Collector Street 1	1,109
Collector Street 2	1,162
Residential Lane	15,259

图 18.1 加利福尼亚州戴维斯（Davis）坎纳瑞开发项目（Cannery Development）的财政影响分析表（City of Davis）

商户。第二个错误是认为新居民的所有消费税都会在本地缴纳，但实际上很大一部分消费可能会向周边地区流失。对大型项目而言，将所有财政收入全部一次计算在内是错误的，因为这些收入并不会立即实现，而是在较长的周期内逐渐实现。这可能会给政府机构和公共服务组织带来困难，因为当下就要升级服务设施，但收回成本的周期却长达数年。

了解了这些注意事项，财政影响分析就可以如环境影响分析那样，以客观数据为基础展开项目讨论和审批进程。已有一些咨询机构开发出快速估算项目财政影响的模型工具，而且地方政府和开发商对同一项目的财政影响估算相差较大也很常见，二者分别雇用不同的咨询团队，得出的结果也不尽相同。此外，当前也有一些开源影响评估模型，如弗莱冈尼学会（Fregonese Associates）专门针对美国制定的Envision Tomorrow（Fregonese Associates，未注明日期）。

健康影响评估

健康影响评估（Health impact assessments，HIAs）关注政策和措施对人体健康的影响，目前已逐渐得到世界各国的重视。大多数健康影响评估用于项目或政策制定，如建立社区诊所而非扩建医院急诊科，又如降低公共交通费用以减少汽车使用量等，但健康影响评估有时候也会用于城市审核建设项目的健康影响，将评估报告作为必要或鼓励的措施。包括世界银行国际金融公司在内的部分国际组织都要求对其大型建设项目进行健康影响评估。在有些地方，健康影响评估与环境影响评估可互相替代，但在其他地区，健康影响评估是单独的一项必须要求。

健康影响评估有多种形式，有时是简单的检查清单，有时是与环境影响评估类似的完整评估过程。在小型社区内，检查清单会列出项目需要关注的方面，并列出需要重视健康影响的地区。而更详细的评估过程则会具体指出需要项目投资方提出详细应对措施的问题，如安全问题（避免机动车事故，保护行人安全）、对抗肥胖（鼓励步行和公共交通出行，多样化出行选择，就近配备新鲜食品销售点，鼓励运动休闲）、交际（鼓励社区互动，收入阶层和年龄段混合，附近配备学校和社区活动设施）、减少环境危害（水质、洪水、空气质量、污染物接触）等（Harris et al. 2007）。

健康影响分析对健康一词采用了广义的定义，综合了身体、精神和社会交往三个方面。规划和政策对不同经济阶层和种族群体的社区居民的分布影响（distributional impacts）是至关重要的，也是每一份健康影响评估的重点。诸如老人、儿童、慢性病患者、贫困人口和行动不便者等弱势群体（vulnerable populations），更是评估报告需要特别关注的对象。

完整的健康影响评估步骤与环境影响评估一样，包括详细审查、制定框架、开展评估、撰写报告、最终决策、监测已竣工项目（Horton 2010；Harris et al. 2007）。评估工作的第一步是利用可获取的当地数据制定健康指标。工具栏18.2列出了可能的健康指标（indicators）和决定因素，但单独某个项目并不一定需要用到所有指标和因素。这些指标中，有些是健康环境标准，有些是压力或疾病的表现。总的来说，由于人体具有适应性，甚至在不达标的环境下也能生存，所以健康和环境之间的关系是非常复杂的。虽然30min步行或通勤距离内配备有初级医疗设施是比较理想的，但社区也可能会提供较远距离的交通方式和服务设施补偿。不过在其他条件一样的情况下，临近原则仍然是较为理想的目标。

有关健康和环境的研究数不胜数，有时也难以解释为何某些研究结论截然相反。除了相关资深专业人士能对健康影响展开深入研究并获取数据外，也有很多优秀的网站提供出版刊物的链接。美国国家卫生研究院在其PUBMED网站上提供了检索数据库（www.ncbi.nim.nih.gov/pubmed），世界卫生组织也编撰了有关城市健康、道路安全和肥胖问题的数据与分析资料（World Health Organization 2014b）；此外，也有

CHARTER TOWNSHIP OF MERIDIAN
HEALTH IMPACT ASSESSMENT

Please provide written responses to each applicable question. For those questions which are not applicable, please indicate so on the form. Attach additional sheets if more space is necessary to respond fully to the questions. Submit completed form with your project/development application.

Project Name:____________________, **Address/Location:** ______________________ **Case #** ________
Type of Project: ☐ **Residential** ☐ **Commercial** ☐ **Office** ☐ **Public**

Water Quality Considerations/Impacts

YES NO
What is the source of water for the proposed project/development? ____________________
What is the estimated daily water demand? ____________________
☐ ☐ **If public water,** is there available capacity to handle this project in the municipal facilities?
☐ ☐ **If private well,** is the water considered potable (safe)?
☐ ☐ Is the project/development within existing municipal service areas?
☐ ☐ Are there nearby sources of potential water contamination? IF YES LIST ____________________
☐ ☐ Are there underground storage tanks? IF YES LIST____________________
☐ ☐ Are their gasoline or oil pipelines? IF YES LIST ____________________
☐ ☐ Is there a nearby known source of contaminated soil? IF YES LIST____________________
☐ ☐ Are there abandoned wells on the site? IF YES LIST ____________________
☐ ☐ Will the water supply require on-site treatment, such as iron removal?
☐ ☐ Are there any wetlands on the site?
If YES what is/are the size(s) of the wetland(s)? ____________________
☐ ☐ If wetlands are being impacted, is adequate mitigation being proposed?
☐ ☐ Is the project located in a known floodplain?
☐ ☐ Will the proposed project affect groundwater recharge?
What percentage of the parcel is covered by impervious surfaces? ____________________
☐ ☐ Does the project affect the overall percentage of impervious surfaces in the watershed?

Wastewater Considerations/Impacts

YES NO
☐ ☐ Does the project/development require an on-site wastewater system?
☐ ☐ **If YES**, are the soils appropriate to support a septic system?
☐ ☐ Is project/development within the service area of the municipal sewage system?

Air Quality Considerations/Impacts

YES NO
☐ ☐ Does the project/development entail demolition activities?
☐ ☐ **If YES**, has the site been examined for asbestos and/or lead?
☐ ☐ Are there plans for mitigating dust?
☐ ☐ Will the project/development result in increased stationary air emissions?
☐ ☐ **If YES**, are emissions controlled contaminants? PLEASE LIST____________________
☐ ☐ Has the applicant obtained necessary permits?
☐ ☐ Will the project result in increased air emissions from cars?
What is the increase in traffic volume projected for peak hours? ____________________
☐ ☐ Is the proposed use compatible with adjacent uses?
☐ ☐ Is the site near known areas affected by radon?

Solid & Hazardous Waste Disposal

YES NO
☐ ☐ Is the proposed project/development located near any facility handling or disposing of hazardous waste?
☐ ☐ Is there historic evidence of solid or hazardous waste disposal or releases on or adjacent to the site?
☐ ☐ Are there plans in place to prevent the release of hazardous materials into the environment in the case of fire?
If YES describe____________________
☐ ☐ Does the project entail hazardous waste disposal?
☐ ☐ ___ **If YES** is the proposed waste handling or disposal activity compatible with adjacent use and/or zoning?
☐ ☐ Is the proposed waste handling or disposal activity compatible with the Ingham County Solid Waste Management Plan?
☐ ☐ Is the facility near vulnerable resources (e.g. nursing homes) that may require contingency planning for extra protection in the event of an on-site fire? IF ANY LIST____________________

Noise Considerations/Impacts

YES NO
☐ ☐ Is the project/development likely to generate noises that will create a nuisance to neighboring uses?
If YES please list type of noise(s) and hours ____________________
☐ ☐ Are there engineered or non-engineered measures that can be employed to mitigate nuisance noises?
If YES please list ____________________
☐ ☐ Does the generated noise violate the noise ordinance?

Social Capital

YES NO
☐ ☐ Does the project/development promote interaction between neighbors?
If Yes please list____________________
☐ ☐ Is the physical design of the project harmonious with the overall neighborhood?

Physical Activity and Injury Prevention

YES NO
☐ ☐ Does the project/development provide mobility options for those who cannot drive?
☐ ☐ Does the project/development have sidewalks that lead to local destinations?
If YES what is the proposed width of the sidewalks? ____________________
☐ ☐ Does the project/development have or connect to a trail system for walking or biking?
☐ ☐ Does the project/development contain elements that enhance the feeling of neighborhood safety?
☐ ☐ Are local streetlights being provided?
☐ ☐ Are houses oriented toward the street to provide "eyes on the street?"
☐ ☐ Can a child walk safely to school?
☐ ☐ Are there sidewalks/pathways along the route to the school(s)?
☐ ☐ What is the walking distance to the area's schools?____________________
☐ ☐ Is the visibility at intersections good?/Can drivers see short children?
☐ ☐ Does the route contain known dangerous intersections?
If YES please list____________________
☐ ☐ Are there crossing guards at these intersections?
☐ ☐ Will the project/development contain a significant elderly population?
☐ ☐ Can the elderly walk to important destinations (i.e. banks, post office, and library)?
What is the walking distance to these destinations? ____________________
☐ ☐ Are there sidewalks/pathways along the routes to these destinations?
☐ ☐ Does the route contain known dangerous intersections?
☐ ☐ Does the project contain design elements to calm traffic such as speed humps, extended corners, raised street crossings, or similar features? IF ANY LIST ____________________
☐ ☐ Does the project/development present unsafe conditions or deter access and free mobility for the physically handicapped?
☐ ☐ For projects/development on arterial streets does the plan include pedestrian crossing signals and/or mid-street islands?
☐ ☐ Is public transportation available?
If YES where and how close is the nearest bus stop? ____________________
☐ ☐ Does the nearest bus stop have a shelter?
☐ ☐ Does the nearest the bus stop have a bench?

Health Equity/Food Systems (HOUSING PROJECTS ONLY)

YES NO
☐ ☐ Does the project provide for a diversity of housing types to accommodate a variety of income groups?
What is the square footage of the smallest dwelling unit?____________________
What is the estimated market price? ____________________
☐ ☐ Does this price represent an "affordable house" given the area median income?
☐ ☐ Is the proposed project/development located in an area that provides easy access to healthy foods?
What is the distance to the nearest full service grocery store?____________________
What is the distance to the nearest convenience store? ____________________
☐ ☐ Does the neighborhood have a disproportionate number of liquor/party stores?
☐ ☐ Is the project/development located in a neighborhood or region characterized by concentrated poverty?
☐ ☐ Are affected residents involved in the planning process?
☐ ☐ Are disadvantaged populations at greater risk of exposure to environmental hazards?

Growth Objectives/Regional Growth Project

YES NO
☐ ☐ Is the project located within the designated growth area of the Tri-County Regional Growth Project?

图 18.2 健康影响检查单（Meridian Township, Ohio）

包括考科蓝组织（Cochrane Collaboration）和坎贝尔组织（Campbell Collaboration）在内的其他一些非营利性组织在线提供了健康与环境关系的系统研究。

无论采用健康影响评估还是环境影响评估，健康与场地规划的议题都日益引起广泛关注，这也是场地规划师需要特别注意的问题。

气候影响评估

气候影响评估（climate impact assessment）是最新的影响评估类型。多数情况下，气候影响评估涉及两个独立的问题：项目对当地和全球气候会产生怎样的影响，气候的可预测性和不可预测性变化会对场地产生怎样的影响？尽管这两个问题涉及互相关联的概念，但前者通常是指如何减缓气候影响，而后者则是关于如何适应气候变化。当前人类社会对这两个问题的研究才刚刚起步，但很多地方、州、省和国家政府已强制规

工具栏18.2

健康状况和健康判定指标示例

生活状况

区域就业人口比例

相对或绝对贫困人口比例

符合健康保障标准的就业岗位比例，如收入自足且有带薪病假及医保等

住房状况

收入中位数与住房成本中位数之比

生活在过度拥挤环境里的人口比例

生活在供暖、供水或卫生服务不足环境中的家庭比例

交通

人均车辆出行里程

选择公共交通通勤的家庭比例

交通事故数量、类型和发生位置

零售和公共服务设施

居住地800m半径范围内拥有全品类超市或生鲜农贸市场的人口比例

居住地30min公交或步行通勤距离内拥有初级公共医疗设施的人口比例

居住地800m半径范围内拥有地区公共交通站点、400m半径范围内拥有地方公共交通站点的人口比例

距离公立小学和中学在800m和400m半径范围内的住宅单元比例

公园和自然空间

距离社区/地区公园、开放空间或公共开放海滩在400m半径范围内的人口比例

人均社区公园和人均自然保护区面积

树冠覆盖面积比例

初级医疗服务设施

享受公立医疗服务或医疗保险的人口比例

居住地1.6km范围内拥有医疗中心或初级护理服务的家庭比例

环境质量

离干道和有害污染物工厂在安全距离以外生活的人口比例

饮用水供水能力

周围噪声在65dB以下地区生活的人口比例

可耕地面积

人均废弃物产生量

社会凝聚力

有选举权的人口的选举投票参与率

社区安全感和"信任"感知水平

暴力和财产犯罪率

住宅种族/民族/收入等级隔离

资料来源：Mark B. Horton

定必须提交气候影响报告，由此也诞生了一批辅助气候影响评估的工具（Condon, Cavens, and Miller 2009）。美国的加利福尼亚州、华盛顿州和加拿大的不列颠哥伦比亚省已颁布了减少温室气体排放量的规定，也制定了协议标准以检验新项目是否达标。其他一些政府则规定环境影响声明中需要包含气候影响（New York City Mayor's Office of Environmental Coordination 2014）。

气候影响

场地开发对气候的影响分为两个层面：宏观层面上，排出温室气体加剧长期的全球变暖和气候变化；微观层面上，影响场地微气候，如产生热岛效应、影响空气湿度、设施排放热废气、吸收太阳辐射等。每种影响都需要进行分析，并且会使用到很多工具。

温室气体的累积会在大气层蓄热进而加剧全球变暖已成为共识。尽管每年全球气温都会出现波动，但平均气温的总体趋势仍在不断升高，极端天气也在增多。引起全球变暖的四类主要的温室气体包括二氧化碳、甲烷、一氧化二氮和氟化气体，其中前两种气体对气候变化影响最大。无论是发电厂、汽车、工厂、供热系统、原油开采和炼制，只要燃烧化石燃料，就会释放二氧化碳。这种气体占美国温室气体排放总量的82%。甲烷产生的温室效应也很强大，占比为9%，煤炭加工、农业生产和垃圾填埋场的固体有机废弃物腐化都会释放出甲烷气体。大部分国家都制定了宏大目标，到2040年前大幅度降低人均温室气体排放量，或降低国家经济的碳强度。因此，将新场地开发项目的温室气体排放量降低至标准以下，是所有开发项目的重要内容之一。

场地开发的温室气体排放分析需要关注能源使用情况和交通情况这两个主要源头，但也不可忽略其他较小的排放源。在评估排放数据时，直接和间接的排放量都需要考虑在内。此外，如何划定场地界限是一个难题，如大学校园当然要同时考虑场地内能源消耗和来往校园产生的固定通勤交通量，但是否应包括教职人员乘坐飞机参加学术会议产生的温室气体呢——因为飞机可是最大的温室气体排放源之一，而像远程视频等校园内的活动和设施则不会造成过多的长途交通量。因此，在划定场地温室气体排放的分析范围时，一个实用的标准是考量项目的具体方面是否会对排放量造成显著影响；如果不会，则可以将其排除而不计算在内。

人类在建成环境中的行为也会对温室气体排放造成很大影响。在一栋设计成自然通风的办公楼中，只有当使用者真正利用自然通风时，建筑性能才能达到预期目标。又如，设计天然草坪的本意是为了减少维护工作，但如果使用者恰恰不喜欢自然生长的草地而定期修剪，这反而与目标背道而驰。同理，大部分低排放量的环境营造都需要改变人们固有的行为模式，如放弃汽油动力汽车转而购买电动汽车、共享汽车，放弃单独驾车转而利用公共交通通勤，调低恒温器的温度等。

伦敦萨顿区（Sutton）的贝丁顿零碳社区（BedZED）是人类行为改变碳排放量的典范。该社区的建筑内集成了居住-办公复合功能，采用了公共交通、自然通风和被动式太阳能供暖等多种创新设计。对该社区的运行研究显示，在当地居民依旧沿用传统生活方式的情况下，场地温室气体总排放量仍然减少了12%，但同时研究也指出，如果改变居民行为，包括循环利用办公用纸、放弃使用私有车辆、改变饮食结构等措施，这个数字会达到47%（Hodge and Haltrecht 2009）。

图 18.3

图 18.4

分项	"萨顿区平均模式"	"贝丁顿社区平均模式"	"贝丁顿社区理想模式"
	根据REAP软件提供平均数据计算所得	2007年监测数据所得	基于贝丁顿社区平均数据进行修正，碳排放假设居民致力于节能减排的理想模式；能源供应基于最初设计预测
居家能耗	用电3.9kWh/人/天，其他燃料18.2kWh/人/天	用电3.4kWh/人/天，20%电力来自于太阳能光伏发电和热水：5.2kWh/人/天	能源需求为零，通过可再生能源满足所有需求
私人汽车交通	5282km/年	2015km/年	私人汽车和出租车均为零
私人汽车拥有量	1.6辆/户	0.6辆/户	0
火车	897km/年	4992km/年	4992km/年
公共汽车	465km/年	676km/年	676km/年
航空	3245km/年	10063km/年	0
消耗品（包括衣服、家具、工具、器具、个人护理等）	与英国典型消耗量相当	与英国典型消耗量相当 包括回收衣物、久用待换物品以及偶尔的消费购买	英国典型消耗量的41% 包括回收衣物、久用待换物品。- 烟草珠宝降为零；- 视听设备减少了75%；- 衣物/家具/织物/个人护理等减少了50%；- 家庭器具/工具/运维/休闲娱乐等减少了20%
		依循"典型西方生活方式"的消费模式	
饮食	REAP典型饮食	25%的蔬菜水果肉类等为有机食品	健康素食，其他进一步减少量依照SEI食品报告计算
食物浪费	与英国人均消费水平相当	比英国人均消费水平低20%	比英国人均消费水平低30%
私人服务（医疗、诊护、邮政、供水、教育、餐饮等）	与英国典型水平相当；萨顿区用水量为171L/天/户	与英国典型水平相当；用水量降至87L/天/户	大部分与英国典型水平相当；以下除外：- 用水量降至65L/天/户；- 手机账单和外出就餐降低一半；- 个人医疗处理为零
政府和资本投资	与英国典型水平相当	与英国典型水平相当	与英国典型水平相当
碳生态足迹	11.2	9.9	6

图 18.5

图 18.3 英国萨顿区贝丁顿低碳社区俯视图（谷歌地球）
图 18.4 英国萨顿区贝丁顿社区实景（Tom Chance/Wikimedia Commons）
图 18.5 贝丁顿社区生态环境与碳排放量预期分析（Bioregional Development Group 提供）

最后一个问题是，在比较场地排放量水平时，应该采用什么样的参考标准。有一种方法是提出一份具有不同的场地形式和功能布局的比选方案，将其与优选方案相比较。另一种方法是参照场地所在地理区域内已知的其他项目的排放量，如居住区可与附近的小区比较，如果是商业地产就与其他近期获得批准的同类项目做比较。在公开温室气体排放量数据的城市，以往的气候影响研究也是很好的参照数据，可以将排放量估算结果与全市同类项目的平均水平进行比较。还有些城市会记录它们的温室气体排放量，对外提供当地一般建筑的平均碳强度，因此也可以用这一数据作为参考（New York City Mayor's Office of Environmental Coordination 2014）。

计算出预期碳排放量之后，可将数据录入电子表格以便比较。图18.6展示了美国伊利诺伊州艾尔本（Elburn）拟建车站地区的温室气体排放量研究。排放量数据采用Criterion's INDEX GHG估算工具计算得出（Condon, Cavens, and Miller 2009）。

工具栏18.3

温室气体排放源

设备运行排放

场地内供暖和热水锅炉、场地内发电、工业加工和短时排放等直接排放；

购买场地外的电力或暖气并在场地内消耗时产生的间接排放；

场地内生成的固体废弃物产生的间接排放，包括固体废弃物运输和处理；

场地内景观维护、基础设施（如路灯）运行和运维措施消耗的能。

汽车排放

场地使用者的私人车辆产生的直接排放；

场地运行期间，来往场地的车辆产生的间接排放。

施工排放

操作施工车辆和设备产生的直接排放；

项目所用建筑材料的生产和运输过程中产生的排放（尤其是钢筋和混凝土）。

来源：New York City Mayor's Office of Environmental Coordination 2014

表2
现有基准以及项目目标的指标体系

指标要素	单位	全市现有	车站地区目标	车站地区设计方案 A	B	C
人口统计						
人口	居住人口	3324		6868	5882	7441
就业	员工数	948		3151	5893	3551
土地使用						
混合使用	0～1之间	0.19	0.50 或更多	0.40	0.57	0.36
均衡使用	0～1之间	0.71	0.90 或更多	0.87	0.89	0.81
住房						
住房单元数	总住房单元数	1306		3276	2895	3664
单户住宅密度	住房单元数/净英亩	2.60	14.00 或更多	16.00	14.62	16.00
多户家庭住宅密度	住房单元数/净英亩	8.22	28.00 或更多	26.61	26.39	28.65
单户住宅公摊份额	%总住房单元数	76.6		38.5	10.9	12.5
多户家庭住宅公摊份额	%总住房单元数	21.3		61.5	89.1	87.5
设施估算	距离最近零售店的平均步行距离(ft)	4952	2000 或更少	1906	3048	3110
交通工具与住房的距离	距离最近车站的平均步行距离(ft)	2909	1000 或更少	952	928	1146
就业						
就业与住房平衡	就业人数/户	0.73	0.90～1.10	0.96	2.04	0.97
就业密度	就业人数/净英亩	21.04	70.00 或更多	49.92	52.82	60.09
商业建筑密度	平均容积率	0.20	0.65 或更多	0.54	0.56	0.59
靠近就业的交通	距离最近车站的平均步行距离(ft)	1384	1000 或更少	731	959	1087
娱乐活动						
公园或校园空间供应	平均面积(ac)/千人	19.8	3.0～8.0	4.0	4.9	5.9
公园或校园与住房的距离	距离最近公园/学校操场的平均步行距离(ft)	2144	1000 或更少	1725	1319	1165
出行						
街段长度	平均长度(ft)	658	300 或更少	315	399	452
街道网络密度	道路中线长度(mi)/mi²	6.8		27.6	24.8	18.9
交通服务覆盖面	车站数/mi²	1.0	10.0 或更多	22.6	18.1	13.6
以公交为导向的住宅密度	车站距离 1/4mi 半径范围内的每净英亩住房单元数	4.03	28.00 或更多	21.90	23.71	27.95
以公交为导向的就业密度	车站距离 1/4mi 半径范围内的每净英亩就业人口	15.78		49.92	51.52	61.32
步行线路覆盖率	有步行道的街道占比(%)	91.9	100.0 或更多	99.7	99.7	100.0
街道非直线系数	道路起讫点间的实际步行距离与两点间直线距离的比值	1.84	1.40 或更少	1.38	1.33	1.36
自行车路覆盖率	有自行车道的街道占比(%)	33.16	50.00 或更多	44.29	49.41	27.67
基于居住的车辆行驶里程	mi/天·人	25.0		20.6	20.9	20.2
基于非居住的车辆行驶里程	mi/天·工作岗位	15.0		12.4	12.5	12.1
气候变化						
住宅建筑能源使用量	百万热量单位/年·人	50.92		45.51	41.69	41.84
住宅车辆能源使用量	百万热量单位/年·人	41.51		34.18	34.66	33.59
住宅总能源使用量	百万热量单位/年·人	92.42		79.69	76.35	75.43
非住宅建筑能源使用量	百万热量单位/年·工作岗位	45.66		43.34	42.47	11.85
非家庭用车的能源使用量	百万热量单位/年·工作岗位	24.90		20.51	20.80	20.15
非住宅的总能源使用量	百万热量单位/年·工作岗位	70.56		63.85	63.26	32.00
住宅建筑二氧化碳排放量	磅/人·年	6462		4561	4735	3634
住宅车辆的二氧化碳排放量	磅/人·年	6340		5221	5294	5130
住宅二氧化碳总排放量	磅/人·年	12802		9781	10029	8764
非住宅建筑二氧化碳排放量	磅/工作岗位·年	7286		4343	4823	1029
非家用车辆二氧化碳排放量	磅/工作岗位·年	3804		3132	3176	3078
非住宅建筑二氧化碳总排放量	磅/工作岗位·年	11090		7476	7999	4107

图 18.6 伊利诺伊州艾尔本（Elburn）车站地区气候变化指标（Lincoln Institute of Land Policy 提供）

应对气候变化

一份有力的气候影响分析报告除了分析场地如何减缓气候影响之外，还应该讨论场地如何应对未来可能出现的气候变化。据科学家预测，气候变化的部分影响包括平均气温升高、极端天气增多（气温波动增大，温差增大；降水降雪量波动）、冰盖融化、极端大风天气增多（龙卷风和飓风）、海平面上升、永久冻土层融化等。现有的建筑规范标准规定，建筑抗灾害能力应达到抵御百年一遇风暴的要求，但这一标准在未来也会持续变化，各地面临的问题也不尽相同。河滨或海滨场地需要加强防护措施；气候温暖地带日照强烈的城市需要特别注意热岛效应。

图 18.7 被飓风桑迪引发的风暴潮淹没的新泽西州塔克顿（Tuckerton）居住区

是否利用太阳能供暖，还是遮荫避免气温过高，这些都根据当地的地理位置和气候进行决策。建筑规划的一个重要目标就是增强场地对长期气候变化的适应能力。

应对气候变化的场地规划面临两大问题：每年气候影响存在波动，以及气候异常强度预测不准确。以沿海地区海平面上升状况为例：全球气温每升高2.5℃，海平面可能会上升1~2m，但随着格陵兰岛和西南极洲冰原融化加速，这个数字可能会达到7m甚至更多（Intergovernmental Panel on Climate Change 2007）。制定适应海平面上升的设计标准存在很大难度，原因在于今天针对海平面升高2m制定的防御标准看起来是合理的，但在未来很可能需要进一步加大防护的强度和力度，同时还要留出抵御飓风带来巨浪的安全缓冲地带。

适应气候变化的设计不能是事后补救，因为它会影响场地的整体布局。例如，在海滨场地四周修建巨大的防波堤会阻隔地平面视线，使得人们会在堤坝上行走和活动；如果场地附近河流或水域的水位抬升，那么场地径流就需要有蓄滞洪区或修建地下储水池以免径流倒灌。此外，很多适应性措施也可以同时兼具其他功能，如地下空间同时作为地下设施和停车场，或者径流收集可作为景观灌溉用途等。如此一来，场地设计既具备应对气候变化的能力，也能产生更好的功能效益。我们会在本书的其他章节中进一步展开详细讨论。

第19章
场地设计方案

场地设计方案包括场地分析、策划、布局规划、基础设施以及景观设计等各方面。规划设计方案为客户提供足够的细节信息以供决策、制定项目财务预算、集合人力资源来实施建设。政府部门和市民可据此设想建设完毕后的场地风貌和氛围,利益相关群体则能了解他们的设想在方案中是否得到实现。理想状态下,在设计方案逐步成型的过程中,各方人员都有所参与,因此其中大部分想法都会符合人们的预期。不过,当一份完整丰富的场地规划设计方案出炉,人们会看到它是如何将各方面进行融合,既展现出令人惊叹的精彩,又对所有现实问题有恰当的回应。

如前面所述场地规划的各方面一样,场地设计方案也没有统一的表现形式,但我们可以从成功案例中了解如何构思和表达。下面将用案例来介绍相关经验。

阿纳纳斯社区
菲律宾西朗市

ACM土地公司(ACM Landholdings, Inc.)是菲律宾一家土地和住宅开发公司,与菲律宾最大的海事船员管理公司之一的菲律宾越洋运输集团(Philippine Transmarine Carriers, Inc.)合作开发返航海员的居住社区。ACM的设计愿景是"建设倡导可持续生活方式的活力社区,同时保有菲律宾特色"(ACM Homes,未注明日期)。ACM公司聘请了Sasaki事务所进行距离马尼拉市中心约30km的甲米地省西朗市(Silang, Cavite Province)新建社区的规划设计。本章所有插图均选自Sasaki事务所项目报告(Sasaki Associates 2015),并由该事务所提供。

阿纳纳斯(Ananas)这块面积为247hm^2的优质农业用地在多年前由

ACM公司购得，目前用于种植菠萝和其他农作物。该公司试图在保存场地内农田和有机融合生态系统的前提下，为日常生活注入"灵魂"（ACM Homes，未注明日期）。场地周围地区正在迅速城市化，一旦新的环城公路甲米地—拉古纳高速公路（Cavite-Laguna Expressway，CALAX）建成，将进一步加快这种趋势。该高速公路将经过场地北侧，场地周边散落分布有商业区、工业区和居住区。

场地情况

地段以平坦高地为主，东西两侧是陡峭的沟壑和河流。此地植被茂密，季风带来的丰沛降雨提供了地下水补给，场地内河道彼此交错纵横。场地内现有两处住区和若干片树林及种植园，地段内有一条公路贯穿而过，将场地一分为二，也是当前场地的进出干道。

考虑到山谷和河流保护所需的土地与排水缓冲带，场地规划师估计此地可建设面积为195hm^2，占总面积的79%。

规划理念

场地规划方案设置了宏大目标：与其他地方继续挤占城郊农田而谋取名义上的城市化不同，阿纳纳斯社区反其道而行之，规划将城市用地点缀于农业用地之中，成就一片现代农业都市（agripolitan town）。这种令人难忘的规划理念实现了客户"为日常生活注入灵魂"的愿望。

下一步则是将理念付诸设计，实现能够将理念融于场地之中的建筑布局。四方面的主要结构性策略确定了项目的主要空间布局：建设中央公园和东西向道路，以迎合当地微气候中的主导风向；沿东西向生态走廊布局食品生产和销售系统；建设一条连通社区各处、富有场所感的宽阔主街；保持并丰富现有的天然生态系统以增强场地适应性。

第 19 章　场地设计方案　309

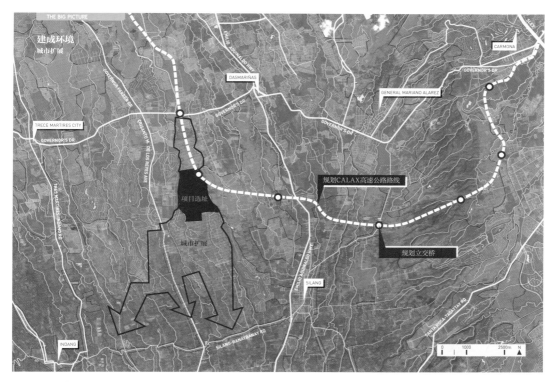

图 19.1　阿纳纳斯场地位于菲律宾马尼拉市城市边缘

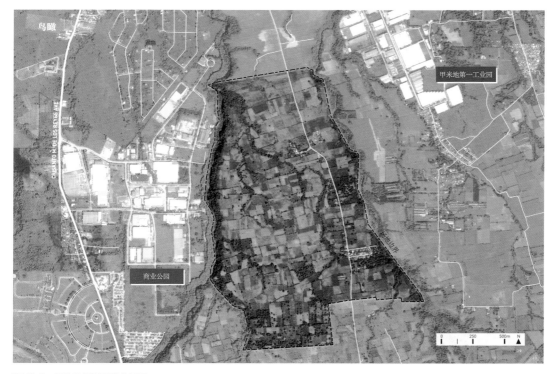

图 19.2　场地及周围环境航拍图

场地规划与设计 上
认知·方法

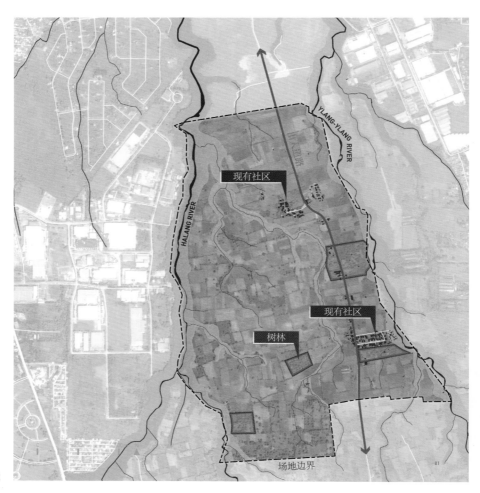

图 19.3 场地现状

可建设用地净范围

根据前面的分析,右图展示了最适宜建设的区域,这些适宜建设地带不包括陡峭的斜坡、峡谷、河流缓冲区以及将对水质产生影响的区域。

因此,在247hm²的场地中,共有195hm²(78.8%)适合开发建设区。峡谷和溪流区虽然不可直接开发建设为可销售区域,但拥有重要的景观价值和社区价值,并且可以作为阿纳纳斯开放空间系统的功能要素进行整合。

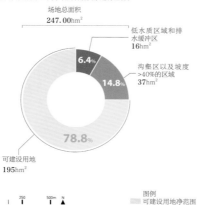

场地总面积
247.00hm²

低水质区域和排水缓冲区
16hm²

沟壑区以及坡度>40%的区域
37hm²

可建设用地
195hm²

图 19.4 可建设用地净范围

图例
可建设用地净范围

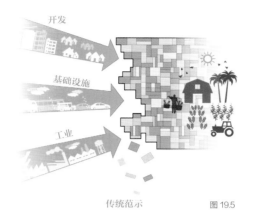
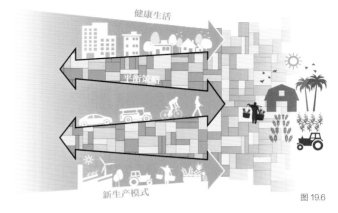

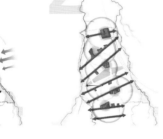

总体规划平面

场地总体规划通过街道路网、农业和生态廊道以及不同功能区的布局和典型建筑形式阐述了规划理念，并用总体平面图、3D模型俯瞰图和详细的场地基础设施布线示意图等多种图表传达设计思路。总体方案的重心并不是建筑物的具体结构和外形，而是高质量的公共领域。前者会在开发的后期阶段进一步细化，而眼下的关键问题是建筑物高度、体量与街道和公共空间的布局关系，以及项目希望打造和展现的场所感。

图 19.5　传统开发模式：城市建设蚕食农业用地
图 19.6　新开发模式：寻求城市建设和农田之间的平衡
图 19.7　规划中的四个主要结构性策略

道路体系和重要基础设施都需要绘制示意图，其中尤其需要注意的是所有街道类型的规范化路口设计。社区中轴道路是最重要的街道，需要与沿线功能相协调；住区内道路则进一步缩窄，旨在方便行人步行和隔离汽车的同时，吸收生态湿地中的径流。通过系列街景可以描绘出社区的空间序列和空间关系，而且也展现了街道中隐含的创新性基础设施设计。

总体规划框架
1　文化中心和广场
2　中央公园
3　潘巴塔（PAMBATA）儿童博物馆
4　室内运动中心
5　网球俱乐部
6　农业研究所
7　小学
8　阿纳纳斯农民市场
9　混合用途的零售中心
10　混合用途的商业中心
11　混合用途的教育中心
12　自然中心
13　烹饪学校
14　食品中心和餐馆
15　主教堂
16　食物森林公园
17　中学
18　零售亭
19　社区中心
20　授粉者之路

图 19.8　阿纳纳斯社区总平面图

第 19 章 场地设计方案 313

图 19.9　3D 模型搭建的社区鸟瞰图

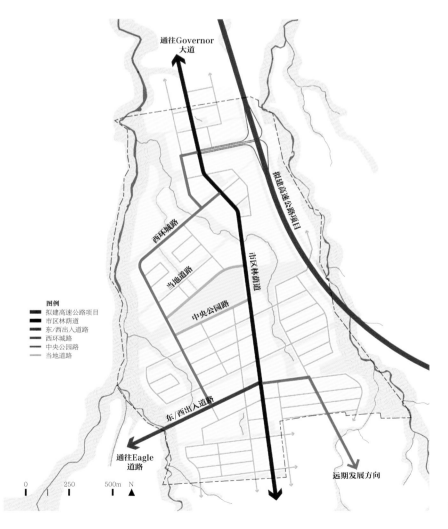

图 19.10　道路体系示意图

街道断面类型
市区林荫道

退线	人行道	行道树	停车区	车行道	行道树	车行道	行道树	自行车道	行道树	车行道	行道树	车行道	停车区	行道树	人行道	退线
2.0	2.0	2.0	2.5	3.5	2.0	3.5	2.0	3.0	2.0	3.5	2.0	3.5	2.5	2.0	5.0	2.0

40m 道路路面

图 19.11 林荫道及沿线设施剖面图

美好街道
城市林荫道—城市生活

活力街道
商店、咖啡店和餐厅赋予街道活力,并提供了适合步行的场所,与整个社区融为一体

蒸散
通过树冠层截留和蒸散能够减少雨水径流,并有助于降低周围空气的温度

树冠截留
一棵成熟的金合欢树每年可截留多达20m³的雨量

步行优先的街道
人行横道使交通稳静化,并营造了行人友好的城市环境

生物沼泽池
通过植被、土壤和有机物过滤径流中的沉淀物和污染物,并提升了渗透性

610~1220mm深的人工生物过滤介质

多孔管

200mm厚骨料基层

结构性土壤促进植物生长,并提升雨水渗透性

水流路径

溢流至雨水沟

图 19.12 林荫道效果图及配套设施示意

第19章 场地设计方案 315

街道断面类型
居住区慢速车道

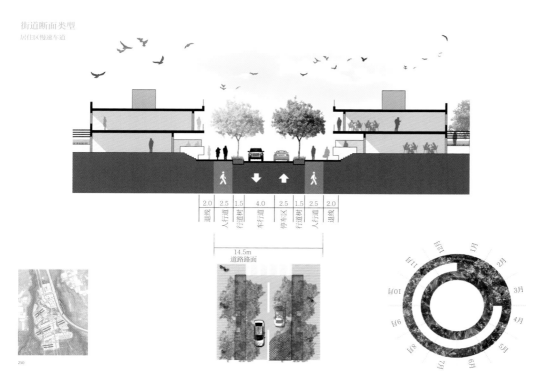

图 19.13 住区内道路和沿线设施剖面

创建场所
多样化的生活性街道和社区

图 19.14 住区内道路效果图及配套设施示意

详细平面图

对于总平面图中的重要节点,需要将其专门放大进行更加详细的展示和说明。例如,中央公园是社区的文化和交往中心,方案展示了公园如何容纳空间活动和配置相关设施的空间策划。这并非去实际设计一座公园,而是构建了相关空间场景,供有意向的投资方和建设方共同协商讨论。在方案展示中需要图文并茂,同时十分重要的是展示中央公园内不同节点的景观和氛围,文化中心和运动中心内有遮蔽的篮球场的效果图也展现了未来可能的场景。

居住是场地的主要用途,因此规划师研究了典型的住宅建筑群布局,以及住区与整个都市农业地带的关系。街区尺度较大,可容纳多种住宅建筑群布局,在这里我们只对其中一种加以说明:当面向一条都市农业作物授粉廊道时,宽阔的住宅街区内部可设置停车区、晾衣区以及其他一些住户不愿意被人从公共街道上看到的活动场所。在菲律宾进行居住区开发还需要考虑的一个重要问题是,是否对住区设置安保门禁。有很多开发商和

图 19.15　中央公园鸟瞰图
图 19.16　中央公园功能分区示意图
图 19.17　文化中心和休闲区节点放大

图19.18

图19.19

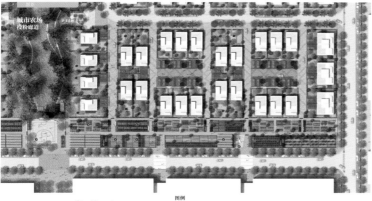

图19.20

图 19.18 文化中心效果图
图 19.19 休闲区遮蔽式运动场效果图
图 19.20 住宅建筑群和授粉廊道布局示意图

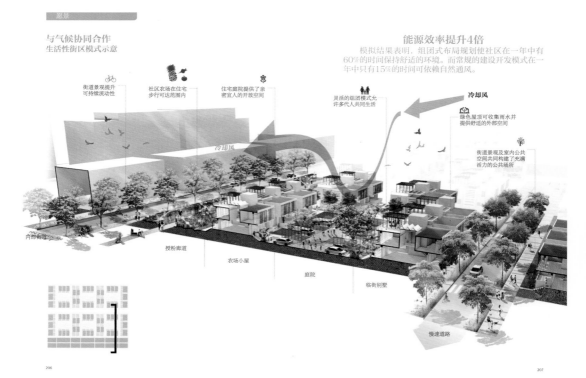

图 19.21 住宅建筑群剖面示意

图 19.22 授粉廊道和住宅区效果图

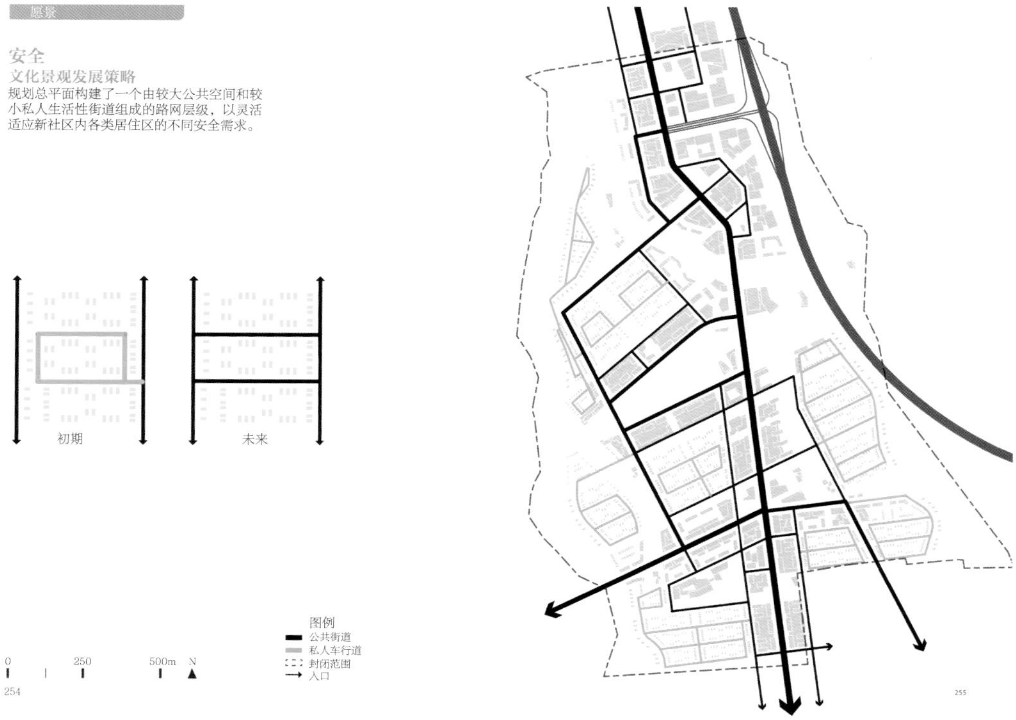

愿景
安全
文化景观发展策略
规划总平面构建了一个由较大公共空间和较小私人生活性街道组成的路网层级，以灵活适应新社区内各类居住区的不同安全需求。
初期
未来
图例
公共街道
私人车行道
封闭范围
入口
0
250
500m
N
254
255

图 19.23　住宅区安保策略示意图

创建场所
中心公园和市场
8.3hm²
场地内的有机农场
本地社区花园和果园提供了安全的食物，并与当地景观之间形成深切联系
从农场到餐桌
支持本地经济
在当地咖啡厅和餐厅出售本地种植收获的农产品，为本地农民及其家庭提供支持
10000名当地农民
甲米地省
甲米地省马尼拉市附近最具生产力的农业地区之一，以高品质的农产品而闻名
MERCADO ANANAS
FRESH LOCAL
PRODUCE

图 19.24　中央公园农贸市场

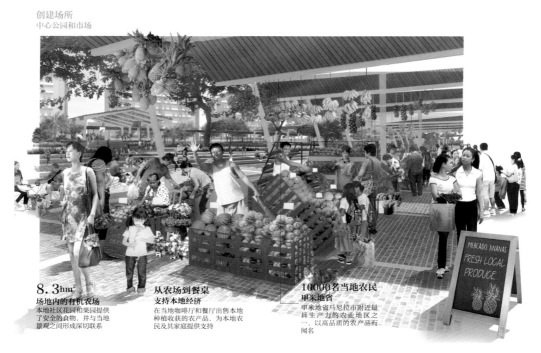

图 19.25 生态走廊与建筑和谐相融

购房者支持设置门禁，然而封闭式社区的进出道路迂回且与周围社区的来往路径有限，因此并不利于步行。在此，规划师提倡更多开放式街道网络，但也通过设计表示可以将街道开放与否留待建设动工时再确定，甚至在住宅投入使用后，仍然可以更改道路的封闭开放程度。

　　都市农业同样需要农产品销售场所，方案平面中的社区干道沿线已标出了几处可设立农贸市场的地点。此外，场地内河流和山谷需作为生态廊道加以细心保护，这些都是社区宝贵的财富。详细平面图阐释了如何将这些生态走廊融入建筑群中且不改变其水文状况的布局。

策划与分期

场地规划通常从一系列大致的策划功能入手，在细化方案的过程中逐渐确认并进行调整。图19.26展示的是阿纳纳斯社区规划的经济指标，以此为基础，估计社区的总建筑面积为1225300m²，最终人口容量为3万。

规模如此之大的社区通常很难在短时间内建成，因此可以分期进行规划建设。阿纳纳斯社区项目共分为5期，首先建设中央公园、部分核心区域和休闲区及其北侧住宅区，主要营造出标志性景观和社区特色；随后，在甲米地—拉古纳（CALAX）高速公路完工以后便着手公园以南区域的开发；之后沿高速公路立交布局混合功能商业中心，届时场地逐渐形成南北方向布局，后续阶段则是不断实现具体的建设项目，进而完善社区整体。

图 19.26 场地开发策划

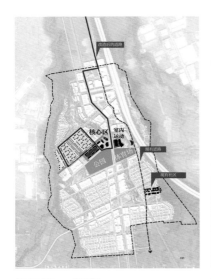

图 19.27　一期建设

图 19.28　二期建设

图 19.29　三期建设

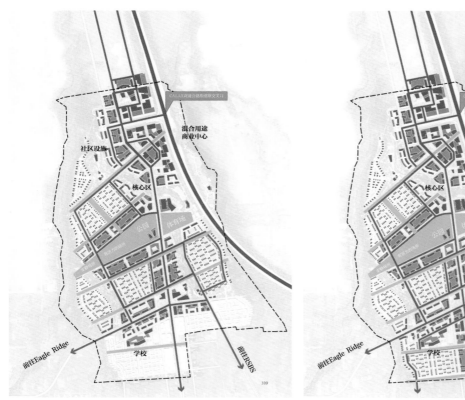

图 19.30　四期建设　　　　　　　　图 19.31　五期建设

总结

　　场地设计方案需要吸引观众的注意力，引发他们的投资和建造热情，传达场地开发的目标及思路，并提出场地建设的理念和详细细节。综合使用效果图、示意图和文字表达才能有效地表现设计方案。优秀的方案表达能构建场地的关键性结构元素，同时又不会过早涉及建筑和景观细节。设计方案表达是场地设计中的一环，也是场地得以通过审批、地块细分并着手布局基础设施的保证。最重要的是场地设计方案要呈现出场所的特色，这样可以在后续规划设计过程中不断持续激发规划设计师的创意。

场地规划与设计术语表

（按英文术语首字母排序）

1. 酸化（Acidification）：由于从大气或其他来源吸收二氧化碳而引起的水体化学成分的变化。101
2. 可适应性（Adaptability）：随时间变化能够适应并改变建成环境的能力。30-31
3. 适应气候变化（Adaptation to climate change）：根据实际或预期的温度、海平面或天气条件的变化，对自然系统或建成环境进行相应调整。300，306
4. 时效占有/逆权侵占（Adverse possession）：通过长期占用土地，且合法所有人未采取行动禁止此类使用，从而确立的土地使用权。132
5. 反射率（Albedo）：物体表面光的反射比率。82-84
6. 老窗户采光权原则（Ancient lights）：英国的法规，规定任何连续20年能被日光照射到的建筑周围不能新建会遮挡其采光的建筑。85
7. 发起人（Animateur）：精心策划对话并使对话变得生动的人。167
8. 评估（Appraisal）：估计场地或建筑物的价值，通常基于不动产的市场价格、收入潜力和重置成本。47，154，157，159，161，165，197，231，244-246，249，251，253-255，272，278，291-293，295-302，305
9. 含水层（Aquifer）：包含或传输地下水的地质构造。69-70，251
   承压含水层（confined aquifer）：承压水所在的地质层面称为承压含水层。承压水是充满于上下两隔水层之间的含水层中的水，通常处于承压状态，当上覆的隔水层被钻井凿穿，水能从钻孔上升或喷出。69-70
   非承压含水层（unconfined aquifer）：位于透水层之下，水分可以上下流动的含水层，其中上表面（地下水位）通过透水层可与空气接触。69
10. 拱廊（Arcade）：一种带顶的走廊，通常在一侧或两侧设有商店。221
11. 合法权利（As-of-right）：除特殊例外或许可外，场地允许的开发权利，包括相关形式和规模等内容。128，141，143
12. 期望标准（Aspirational criteria）：用于检验规划充分性的目的和目标。232
13. 人均成本（Average costs per capita）：总投资及运营成本除以设施服务的人数。296
14. 日均交通量（Average daily traffic，ADT）：每天在道路上行驶的车辆（或等效车辆）的平均数。114
15. A级计权刻度分贝（A-weighted scale decibels, dBA）：人耳感觉到的声音的相对响度，其中低频声音的分贝值进行了折算。119-122
16. 平衡的生态系统（Balanced ecology）：生态群落中的一种动态平衡状态，其中遗传、物种和生态系统多样性保持相对稳定，并只有通过自然演替才会逐渐改变。23
17. 避免破坏（Bal tashchit）：犹太法律中的基本道德原则，呼吁不破坏和浪费，保护地球家园并改善物质和精神生活。232，234
18. 美（Beauty）：产生美感的品质，例如形状、颜色或形式等，特指视觉感受。27-28，227
19. 基岩（Bedrock）：在可渗水土壤下方的坚固岩石。48，59-63，65-66，68，80
20. 行为环境（Behavior setting）：个体行为与静态社会结构相整合的物理环境。182-183
21. 生物地理气候带（Biogeoclimatic zones）：有相对一致的大气气候、土壤、植被和动物生活的大型地理区域。94
22. 生物群落（Biotic community）：栖息在相同地区并相互作用的一组独立有机生命体。92-93，97-98
23. 借景（Borrowed landscape或scenery）：将背景或远处的景观元素融入造园中的原则（日语为shakkei）。111
24. 棕地（Brownfield）：可感或可测的环境受到污染的场地，通常由于此前的工业或商业用途所致。138，163，241，248-249，271

25. 建筑管理规定（Building control regulations）：泰国对场地和建筑最大尺寸规模进行限定的相关规范。135
26. 公共汽车（Buses）：用于在道路上载客的大型机动车辆，通常有固定行驶路线。190，303
27. 全面产权/股权收购（Buy-out）：一种土地整合方式，在同一区域内所有业主接受的前提下，与多位业主达成收购协议。270
28. 地籍制度（地籍）（Cadastral system或cadaster）：土地划界和产权登记制度。133-134
    地契登记制度（deed registration system）：将土地权利转移文件（地契）登记在案的制度。133
    私人转移系统（private conveyance system）：通过私人契据或其他转让文件转让土地产权的制度，通常没有进行正规记录或登记，常见于许多发展中国家。134
    产权登记系统（title registration system）：产权证书本身就是证明土地所有权的凭证，并不强制登记。133
    托伦斯系统（Torrens system）：由国家保存土地产权登记册，以保证产权不可分割，并且通过产权登记而非契据转让土地所有权的制度。133
29. 资本成本或支出（Capital costs or expenditures）：用于固定资产的财务支出，如建筑物、基础设施和景观等。296
30. 核算（Capitalize）：将资产负债表科目中某一项目的金额记为长期资产，而不是作为开支。271
31. 碳排放（Carbon emission）：由于石油、煤炭和天然气燃烧，或者自然物衰变，碳被释放到大气中的过程，其中碳通常以二氧化碳的形式存在。37，303-305
32. 碳足迹（Carbon footprint）：企业机构、活动、产品或个人通过交通运输、食品生产和消费以及各类生产过程等引起的碳排放的集合，可转化为受到这些碳排放影响的地理区域，或转化为提供相应服务所需的区域。24-25
33. 研讨会（Charrette）：一系列简短而密集的会议，供专业技术人员、利益相关者和市民在会上就目标达成一致，勾勒规划草图，并就必要性达成共识。165，168-173
34. 特许房地产投资公司或信托公司[Chartered real estate investment companies or trusts（REICOs）]：国家特许的房地产公司，通过向业主提供股份、建设基础设施、重新开发地块和营业收入产生资产收入。269
35. 储水池（Cistern）：位于地下用于收集雨水的水池，可按需使用。37，306
36. 公民评审团（Citizens' jury）：讨论或审查规划的会议，由具代表性的居民参会。169
37. 市民空间（Civic spaces）：城市中属于所有人的公共区域，也可称为：市民广场（civic square）、城市或城镇广场（city or town square）、人民广场、广场（piazza）、市政广场（plaza mayor）、田园广场（campo）和中央广场（zócalo）等。222
38. 民法传统（Civil law traditions）或拿破仑法（Napoleonic law）：一种编纂成法典的综合法律体系（相对普通法而言），涵盖实体法、程序法和刑法，起源于欧洲，已传播到法国、荷兰、西班牙和其他国家的许多殖民地，并且是俄罗斯、中国等国家法律制度的基础。125
39. 黏土（Clay）：一种天然的非常细颗粒的材料，在潮湿时呈塑性，主要由铝的含水硅酸盐组成。22，62-66，68，70，76，99，102
40. 客户（Clients）：为专业工作支付佣金和报酬的个人或组织。29，155-157，160，162，164-166，172，174，178，181，186，193，199，203，212，214，219，229，307-308
41. 气候影响评估（Climate impact assessment）：几种用于评估场地规划和开发可能影响当地或全球范围气候的方法。300，302
42. 顶峰群落（Climax communities）：生态演替的最后阶段，一般持续不变直到环境因人为干扰、火灾或其他事件改变为止。93
43. 闭环基础设施系统（Closed-loop infrastructure systems）：可回收利用场地废料或产品的系统，例如水循环（water loops）、能量循环（energy loops）、碳循环（carbon loops）和材料循环（material loops）。23
44. 围堰（Cofferdam）：将水抽干，使得可在水位线以下施工作业的防水外壳。77
45. 公共用地或财产（Common land or property）：由两个或两个以上个人或实体拥有的土地，如住房协会。

160，231，256-258，263
46. 普通法系（普通法）（Common law traditions）：源于英国的判例法传统，并在其曾经的殖民地（美国等地）广泛实施，是以判例为基础的未编纂成文的法律理论体系。125-126，132，236
47. 公地（Commons）：整个社区共同拥有的土地或公共空间。116，128-129，259
48. 通信系统（Communications systems）：全方位的通信媒介，各种通信方式都有相应的传输和交换装置。115，158
49. 其他场地参考价格（Comparables）：与最近在同类地点交易的类似产权相比，预估的场地或建筑物的价值。271
50. 与周围环境协调（Compatibility with surroundings）：与场地附近的建筑物或景观在用途、形式、高度、比例、材料、颜色和/或细节等方面的特性相兼容与协调。28-29，53，195，227，235-237，239，294
51. 堆肥废弃物（Composting wastes）：通过好氧细菌、真菌和其他微生物加速有机物分解的过程，用于生产可用作肥料的物质。24
52. 综合规划（Comprehensive plan）：协调统筹安排土地利用、基础设施、交通、公共设施、住房等要素的长期城市规划，对于营造美丽、健康和成功的社区至关重要。113
53. 并发规定（Concurrency requirements）：要求批准建设周期与场地基础设施建设时间表保持协调一致。113
54. 公寓所有权（Condominium）、分层产权制度（strata title）、公寓共有制度（commonhold）、集团共管（syndicate of co-ownership）、共有产权（co-propriété）：一种所有权形式，单独的个人或公司拥有建筑物或建筑群的一部分，场地属于集体共同持有。126，261
    公寓协会（condominium corporation）、业主委员会（strata council）、公寓楼共管会（commonhold association）、法人团体（body corporate）、业主合作社（owners' corporation）、经理人（syndic）：业主选择用于管理场地综合资产的实体，负责提出或决定运维费用支出。261
55. 保护地役权（Conservation easement）：在产权地块上永久性禁止建造或开发的相关限制。131
56. 一致性规定（Consistency requirements）：开发建设规范和批准建设项目与社区规划保持一致。113
57. 人工湿地（Constructed wetland）：为截留或处理城市和工业废水、灰水或雨洪径流而人为建造的湿地。100，293
58. 等高线图（Contour map）：在场地上绘制等高线的地图。72-74
59. 信号灯路口（Controlled intersection）：具有可调控车流和人流的交通监控设备的交叉路口。114
60. 合作社/合作机构（Cooperative corporation，又称为co-op、coop）：用于集体所有财产（通常为住房）组建的合作制度，其中持有股份的个人对所占有的部分财产拥有专有租赁权，并且实体的董事会有权批准所有股份转让。260-263
    公寓公司（asunto-osakeyhtio）（芬兰）：根据《住房公司法》规定，对芬兰约四分之一的公寓实行合作社所有权形式，旨在确保住房得到良好维护并使其保值。262
    公寓合作社（borettslag）（挪威）：该国住房合作的共同形式，其组织方式与斯堪的纳维亚半岛的其他国家类似。263
    住宅合作社（bostadsrattsförening）（瑞典）：由瑞典国家住房委员会授权的具有合作所有权的住房协会，用以在产权运维提升与股东支付年度费用能力之间保持平衡，其中转售的增值作为资本收益进行征税。262-263
    住房互助合作社（cooperative housing societies）（印度）：提升印度住房所有权的协会。263
    股份有限公司（limited equity or limited dividend cooperative）（加拿大）：一种内部低价购买股份的合作社，所有者退出时必须将股份卖回合作社，以实现与投资额成比例的增值。262
    互助住房协会（mutual housing associations）（英国）：可追溯到19世纪的自我管理合作实体，股东在进入时支付适量的保证金，在居住期间拥有永久租赁权，退出时不从增值中获益。263
61. 契约/合同（Covenants）：卖方记录在契据上的对财产使用的相关限制。123，128，131-133，135，160，235，243，270
62. 穿行地役权（Cross easement）：记录在契约上的场地使用或通行的互惠权利。131
63. 文化景观（Cultural landscape）：与历史事件、活动或人有关，或具有特殊文化意义或美学价值的区域。118

64. 昼夜平均声级（Day-night average sound level, DNL）：24小时内的平均噪声级，其中在晚上10点到早上7点之间人为地将噪声进行增加10分贝加权处理，以填补夜间背景噪声的减少。120
65. 债务清偿支出（Debt service costs）：为偿还抵押贷款而支付的利息和摊销款项。297
66. 分贝（Decibel）：用于测量声音强度的对数计量单位，是量度相同单位的给定声压与参考基准声压的比例，基准声压一般为0.0002微巴。119-120
67. 人口分析（Demographic analysis）：地区现有人口和预计人口的特征分析。177
68. 密度（Density）：使用空间容量的度量单位，用家庭或人口数除以场地或地区的面积。25-26，31，34，39，46，76-77，109，115，129。136-139，141-143，156，178，181，190，198，200-201，215，217，223，228，231，234，236，238，247，254，261，280，284-285，305
69. 设计、规划或开发竞赛（Design, plan, or development competition）：通过邀请专业人士提交方案来寻求想法或规划的方法。168-169，173-176，193-194，217，244

    竞赛评审委员会（competition jury）：指定用于评估参赛作品的评审组，由杰出的专业人士和主办方代表组成。173

    决定性竞赛（definitive competition）：竞赛项目目标明确且内容精确，获胜方案将可能得到实施。173

    开发商设计竞赛（developer-design competition）：其中开发商和设计团队共同组成参赛团队，需提交规划方案和投融资方案。174

    创意竞赛（idea competitions）：其目的在于征集创意想法，不一定选择最终获胜规划或团队进行实施。173-175

    邀请赛（invited competition）：由主办方选择若干专业人士或团队提交方案，通常会提供竞赛资金。174，244

    调整式竞赛（mediated competition）：主办方代表与参赛者团队紧密合作，以确保方案尽可能符合客户的愿望。174

    公开赛（open competitions）：竞赛对所有注册者开放，通常由评审委员会评出结果。173-175

    团队选拔赛（team selection competition）：要求参赛团队提交创意和资格证明文件，旨在协助主办方选择合作团队进行后续场地规划编制。174
70. 设计导则（Design guidelines）：通过意向说明（statement of intent）、量化要求（quantitative rules）或图示（graphic suggestions）来指导场地规划设计。47，53-54，139，162，231-233，235-238，240，242，244，283
71. 设计审查（Design review）：审议规划和建筑设计可行性的过程，可有专家组（panel of experts）或公众听证（public inquiry）（英国）等方式。139，141，164，231，233，236，242-244
72. 设计审查委员会（Design review commission）或建筑审查委员会（architectural review commission）：政府设立的用于审查项目可行性的正式机构，可提供咨询，也可具有决策权。164，243-244
73. 独立式住宅（或独立住宅）（Detached housing）：自己场地上的独立式单户单元，包括平房（bungalows）、别墅（villas）、小地块住宅（small lot housing）和地界零线住宅（zero lot line houses）261
74. 开发协议（Development agreement）：地方政府或组织与开发商之间签订的协议，规定了场地建造内容、形式、减缓影响的措施以及建设周期。141，162，258
75. 总体开发概念规划（Development concept plan）或场地总体规划（master site plan）：较大场地的概念性规划，可分期开发建设，用以指导后续单独分区开发。257-259，311
76. 开发管理规划（Development control plan）（澳大利亚）：通过详细规划和设计导则来进行地方环境规划中的规划控制。135
77. 开发或项目影响报告（Development or project impact report）：由场地开发商编制，概述拟建场地开发的正负面影响的报告。292
78. 开发许可（Development permit）：授权开发的许可证（在有自由裁量审查的地方），通常随附必须条件列表。141-142，160
79. 建设规范（Development regulations）：有关许可开发项目的用途、密度、形式、体量及其他特征的公共管理规定。58，135，137，139，141-143，158，162，259，291
80. 开发权（Development rights）或授权（entitlements）：区划或其他开发管控条例规定的开发容量，或

由特例或开发协议拟定的允许开发容量。130，139-141，163，237，283-285，287-289
81. 直接观察（Direct observation）：通过观察和记录空间活动来研究人类行为的方法。182
82. 分类人均支出（Disaggregated per capita costs）：人均成本经济核算，用以说明相关人群中个体和群体的情况。296
83. 贴现率（Discount rate）：用以将未来收入折算为投资现值的利率。26，276-280
84. 自由裁量审查（Discretionary review）：审议相关规划设计方案的目标或导则的过程。139，141，237
85. 处理厂（Disposal field）：特别准备的地下区域，存储化粪池流出的污水以进行下一步净化。70
86. 分布影响（Distributional impacts）：个人或社会阶层受到环境变化的影响。299
87. 地区供热（制冷）系统[District heating (and cooling) system]：基于某种能源，通过绝缘管道（insulated pipes）在一个地区内分配热水或蒸汽（和冷冻水），系统可包括热或冷储存（heart or cooling storage）。115，158，247-249
88. 地区特色（District identity）：地区的布局、自然地貌、建造形式或景观等特征。39，289，311
89. 分区规划（District plan）：地区级规划或二级规划，详细界定了理想的社区形式。113，139
90. 清淤（Dredging）：用真空泵或挖铲去除水体底部的污物。294
91. 废弃景观（Drosscape）：人类活动改造后基本上无法使用的区域，如松散填埋区、采石场、矿渣堆、尾矿堆或矿池等。76，118
92. 干旱（Drought）：降雨频率较低的长时期，如100年一遇的干旱（100-year-occurrence drought）等。24，70，91-92，103，130，251，253
93. 沙丘（Dunes）：由风形成的沙堆、沙脊或松散沉积物，通常出现在海岸或沙漠中。79，97-98
94. 地役权（Easement）：使用、转让或从邻近产权地块获益的权利，并登记在该产权的契据上。126，131-133，135，160，166
    保护地役权（conservation easement）：不得对某些交由外部土地信托的地块进行使用和开发。131
    立面地役权（façade easement）：不经产权持有人（如历史社团）许可变更建筑物立面的相关限制。131
    维修地役权（maintenance easement）：为了维护设施而进入他人地块的权利，如位于地界线上的建筑墙体（如地界零线住房）或穿过他人地块的下水道。131
    时效性地役权（prescriptive easements）：在当地法律规定的期限内，未经业主许可但因长期使用而获得的地役权，如通道等。132
    隐私地役权（privacy easement）：不得向某处相邻地块开窗户或设置视线。131
    采光地役权（solar easement）：禁止遮挡相邻地块、建筑或相关设备（如开敞空间、窗户或太阳能板等）采光的要求。131
    视线地役权（view easement）：要求地块建设不得阻碍其他地块的风景和视野。131
95. 生态廊道（Ecological corridor）：线性或带状布局的景观生态空间，可供野生物种在不同生态单元区域之间迁移和交换。311，320
96. 生态斑块（Ecological patch）：景观格局的基本组成单元，相对匀质，主要通过内部动力变化。92-93，223
97. 生态学（Ecology）：生物体之间以及与所在物理环境之间的关系。92-94
98. 经济单元（Economic unit）：经济的三个基本单元：公司、家庭和政府。29
99. 经济价值（Economic value）：度量商品或服务为主体带来利益的价值，如人们愿意为商品或服务支付的最高金额。29-30，39，138，241，271，289
100. 生态交错群落（Ecotone）：两个生物群落之间的过渡区，群落在此相遇或融合。93
101. 有效利用（Efficient use）：通过延长使用时间、扩大用户范围或活动类型来达到设备或空间的优化利用。25
102. 废水（Effluent）：排放到环境中的液体废物或污水。70，294
103. 蕴含能量（Embodied energy）：场地开发及建造过程涉及的所有消耗的能量。224
104. 能耗（Energy consumption）：在过程或系统中，由机构、定居点或社会团体消耗的能量。24，170，195，245-246，248，303
105. 授权（Entitlement）：参见开发权（Development rights）。141-142，162

场地规划与设计术语表　329

106. 环境影响评价（Environmental impact assessment）：分析场地对环境的改变及其影响，并与备选方案（包括不开发的方案）进行比较的过程。在不同国家和地区的名称、过程和内容差别较大，如环境影响评估（environmental impact assessment）（美国、中国香港和印度）、环境评估（environment assessments）（澳大利亚、加拿大和中国）、战略性环境评估（strategic environmental assessment）（欧盟）、环境效应评估（assessment of environmental effects）（新西兰）、环境效应声明（environmental effects statement）（澳大利亚维多利亚州）、州环境质量报告（state environmental quality review）（美国纽约州）、加利福尼亚州环境质量评估（California environmental quality assessment）（美国加利福尼亚州）、土地使用统一评估程序（uniform land use review procedure）（美国纽约）和项目影响报告（project impact report）（美国波士顿）。如果方案变更，则可能需要补充环境影响报告书（supplemental environmental impact statement）。161，252-254，291-295，298-300，302
107. 环境痕迹（Environmental trace）：自然环境中披露路径或使用模式的一些标记。183
108. 公平（Equity）：对场地变更的影响或收益分配的平等或公平性衡量，特别关注资源较少的群体。111
109. 权益（Equity，金融学含义）：产权所有权的权益价值超过对该财产的所有债权及留置权的部分。房地产投资的权益风险最大。259-260，269
110. 草案（Esquisse）：场地规划或建筑设计的概念性方案。157，169，171，195，257
111. 不动产（Estate）：具有法律地位或所有权地位的财产，属于所有者的权利。123，125-127，130
　　　绝对所有权（fee simple absolute）：指在某一土地上拥有的最高权利。125
　　　终身地产权（life estate）：个人终身对土地和建筑物的所有权。125
112. 富营养化（Eutrophication）：湖泊或其他水体中的营养物质过量，通常由于农业或城市土地的化肥径流所致，可通过水面上的藻类植物判断。101，294
113. 杂税（Exaction）：为获取许可证或开发权而需在交易中付出的税款。34，295
114. 征收（Expropriation）：出于公共用途或利益，从其所有者处以非自愿的方式获得财产的方式，通常为有偿征收。类似的条款包括强制征用（compulsory taking）、强制收购（compulsory purchase）、土地征用（eminent domain）和征用（condemnation）。123，125，128，262，265，267-268，270，296-297
115. 公平市价（Fair market value）：有动机的买卖双方同意以公开交换的方式交易财产的协议金额。271
116. 容积率价值（FAR value）：产权购买方将按照开发权的容积率所支付的金额。参阅容积率（FAR）。280
117. 财务预算（Financial plan）：确定场地开发收支的多年度计划，其中成本包括硬性成本（施工）和软性成本（服务和施工利息等）。155，162，164，194，267，281，307
118. 财务预算报表（Financial pro forma）：按年度计算项目的预计成本和收入，以分析投资价值。158，160，194，281
119. 财政影响评估（Fiscal impact assessment）：分析场地开发对政府主体成本收益及其分配给特定运营实体的影响。291，295-296
120. 容积率（Floor area ratio，FAR）或建筑面积指标（floor space index）：场地上的建筑面积除以场地面积。参阅容积率价值（FAR value）。31，35，41，49，136-137，140，142，253，280，284-285，305
121. 焦点小组访谈（Focus group）：代表性用户聚集在一起，对方案进行预评或提出意见的一种讨论方式。186
122. 形态设计准则（Form-based code）：规定建筑物的物理形式而非用途的土地建设规范。138
123. 产权共享（Fractional ownership）：各利益主体可以在一年中的特定时间段内各自拥有或占用场地或建筑物的方式。130，262
124. 冻融循环周期（Freeze-thaw cycles）：温度低于和高于零度的24小时周期。65
125. 冻深线（Frost line）：在冬季易结冰地表以下的深度。70
126. 总体规划（General plan）：参阅综合规划（Comprehensive plan）。113，141-142，241，243，258-259，269，283，311-312
127. 地理信息系统（Geographic information system, GIS）：用于捕获、存储、操作、分析、管理、绘制和

呈现空间或地理数据的计算机软件。61，67，72，112，148，151，206

128. 堪舆术（Geomancy）：在场地上放置或安排建筑物以考虑来自地球的自然力或预兆的艺术。225
129. 地形学（Geomorphology）：研究地貌和其他地球特征的构造、起源和形成过程的地质科学。58-59
130. 坡度（Gradient）：对场地或道路倾斜程度的度量，通常采用高度与距离之比或百分比表示。22，28，65，68，73-76，82，102，310
131. 砾石（Gravel）：由小型水磨石或碎石组成的松散集合体，通常直径在0.25in（6mm）与0.75in（19mm）之间。64-65，68，76-77
132. 温室气体排放［Greenhouse gas (GHG) emissions］：通过吸收太阳暖化地球表面所产生的红外线辐射而造成温室效应的气体排放，包括二氧化碳（CO_2）、甲烷（CH_4）、二氧化氮（NO_2）和水蒸气。25，37，302，304
133. 绿色基础设施（Green infrastructure）：利用自然系统收集、过滤、滞洪和运输水，提高空气质量，回收利用废弃物，并实现其他基本功能。37，158，161，233，248
134. 地被植物（Ground cover）：用于防止地表受到侵蚀和抑制杂草的水平分布而种的植物。98，101
135. 地下水（Groundwater）：在地表以下土壤、沙子和岩石的裂缝和空间中发现的水，是地球上20%淡水的来源。22，59，62-63，65-66，69-70，77-78，98-99，101，105，148，294，308，315，318
136. 栖息地廊道（Habitat corridor）：参阅生态廊道（Ecological corridor）。94-95
137. 盐生植物（Halophyte species）：在高盐度水域或盐雾地区（包括红树林沼泽、盐碱半沙漠、滨海沼泽和海滨）生长的植物。97
138. 健康（Health）：身体、思想或精神健全，相对无疾病或顽疾的状态。105，119-120，161，195，241，251，291，298-301，303，311
139. 健康影响评估（Health impact assessment）：对项目或开发的健康影响和影响分布进行分析，例如产生的危害、对空气和水的质量和状态的影响。298-300
140. 健康指标（Health indicators）：用于衡量或预测开发对人口的可能影响的可量化特征。299
141. 热岛效应（Heat island effect）：由于硬质表面材料的吸热和保温，城区人口密集的建成区的温度明显高出周围乡村地区。83-84，248，253，294，302，305，315
142. 高度限制（Height limits）：设置建筑物最大高度的规定。137，195，288
143. 高度平面（Height planes）：限制建筑高度的倾斜面，通常要求建筑物从街道后移，以允许阳光穿过。237
144. 最高、最佳使用（Highest and best use）：土地或财产的合法使用，可能产生最高的经济回报。271
145. 历史委员会（Historic commission）/地标委员会（landmark commission）/遗产委员会（heritage commission）：设立作为历史遗产或地区管理者的委员会或委员，以审议任何变更方案。162，243
146. 历史保护（Historic preservation）：对特殊保护的构筑物、场所和地区进行编目、研究和命名，并鼓励明智使用的过程。46，139
147. 历史税收抵免（Historic tax credits）：用于修复或改善历史上产生收入的财产的支出的收入抵免（抵免可出售给其他人以获得改善资本）。117
148. 屋主联合会、业主协会、产权委员会、业主委员会、财产信托、业主公司或共同利益不动产协会（Homeowners' association, property owners' association, property board, property committee, property trust, owners' corporation, or common interest realty association）：为管理场地的共同拥有部分而设立的实体，有权按比例向业主收取费用。132-133，260-261
149. 人际交往（Human contact）：与他人见面或打招呼，参加公共活动，或者只是在公共场所观察陌生人。26
150. 腐殖质（Humus）：由土壤微生物分解树叶和其他植物材料而形成的土壤有机成分。63，93
151. 胡同（Hutong）：亚洲城市中前工业时代的狭窄住宅街道。190
152. 湿土（Hydric soils）：在生长季节时长期处于饱和、淹水或积水条件下以在上层营造厌氧条件而形成的土壤。98
153. 特色（Identity）：参阅地区特色（District identity）。21-22，27-28，31-32，39，42，118，178，198，219，234-235，237，286，289-290，307-308，311，321，323

154. 激励性区划（Incentive zoning）：如果业主提供公共利益，他们将获得更高容积率的开发法规，例如设立额外的公共开敞空间、经济适用房或公共设施。284
155. 渗透池或渗透区（Infiltration basin or zone or bioretention or recharge basin）：专门用于储存雨水径流或洪水，允许它们缓慢渗入地下水的区域。37
156. 日射（Insolation）：到达某一特定区域的太阳辐射量。86
157. 利益群体（Interest groups）：关心场地开发成果，或希望促进场地上的设施或使用的场地所有者和为其工作的专业人士以外的群体。154，166-167，170，233-244
158. 内部收益率（Internal rate of return, IRR）：使项目所有收入或损失的净现值等于零的贴现率。282
159. 互联网参与平台（Internet platforms for engagement）：促进公众参与开发项目设计和审查的互联网项目。169
160. 潮间带（Intertidal zone）：在低潮线与高潮线之间海岸线上的区域，又称为前滨或滨海带。47，78，96，294
161. 内在价值（Intrinsic value）：以有形和无形因素衡量的场地实际价值。272
162. 土地整合区（Land assembly district）：有权通过投票决定批准或不批准出售其土地的业主区。265，268-270
163. 垃圾填埋场（Landfill or tip）：通过掩埋和覆盖土壤来处置废料的区域。24，47，76，302
164. 地形分级（Landform grading）：一种修改陡坡的方法，以便将径流引至受保护的排水道，从而最大限度地减少侵蚀。103
165. 地标（Landmark）：参阅历史文物保护（Historic preservation）。106，107，109，111，117，118，139，243，294
166. 土地联营（Land pooling）：一些业主所拥有宗地的征用、重新划分和重新分配，这些业主受益于宗地和基础设施的合理化（澳大利亚和印度），又称为土地共享（land sharing，泰国）和土地调整（land readjustment）。265，267，270
167. 土地调整（或土地整理）（Land readjustment）：将若干业主所有的地块合并，重新规划和重新分割，安装基础设施，并将较小的地块归还给原业主的正式程序；也称为土地联营（land pooling）、土地共享（land sharing）、强制性土地整理程序（compulsory land readjustment procedure）、土地公共征收（public taking of lands）、土地整合区（land assembly districts）。265-268，270
168. 景观（Landscape）：土地的所有可见特征，包括地形、植被、地表以及人为改进，又称为田园景色（landschap，荷兰）、自然景色（landsceap，古英语）或风景（landschaft，德国）。3，7，10，14，20-21，23，30-31，37-39，41，54，64，66，72，76，79，81，88，92-94，99-101，107，109，111-112，118，145，155，157，159-161，163，183-185，198，202，208，210-212，221，223，232-235，239，243-244，248-251，253，286，304，306-307，310，316-317，319-321，323
169. 景观生态学（Landscape ecology）：区域内生态系统之间的模式和相互作用，特别是空间异质性的独特影响。92-94
170. 景观基质（Landscape matrix）：存在景观斑块和廊道的背景生态系统。92
171. 土地所有制（Land tenure）：土地由声称"持有"土地的个人控制的法律制度，这是完全所有权（ownership）与租赁权（leasehold）的常见区别。127
172. 印度群岛建设法规（Law of the Indies）：西班牙王国在16～18世纪为其帝国的美洲和菲律宾属地颁布的法律体系，其中规定了定居点的形式。227-228
173. 租赁（Leasehold）：业主（出租人）和租户（承租人）之间签订的一种合同，在规定的时间内转让使用财产的某些权利。可以通过定期付款（periodic payments）或预付租赁权（prepaid leasehold）支付根据该合同持有的财产权。39，47，54，125-126，129-131，133，235，244，256，260，262-264，269
174. 岩礁（Ledge）：从墙壁或悬崖上突出的狭窄水平面。34
175. LEED（Leadership in Energy and Environmental Design）：能源与环境设计先锋，这是由美国绿色建筑委员会（USGBC）主办的可持续性建筑认证体系。其中包括LEED-ND，旨在评估场地开发的可持续

性。46，187，244-255

176. 历史遗存（Legacy structures）：因其独特的设计、在其中居住的人员或机构，或者在其中发生的事件而具有特殊意义的遗址或建筑物，通常有50年以上的历史。又称为历史建筑（historic structures）、地标（landmarks）、文化古迹（cultural monuments）和遗址（heritage structures and sites）。116-117
177. 激光雷达测量（LIDAR survey）：激光探测和测距，一种利用脉冲雷达来测量距离和绘制地形图的遥感方法。73
178. 生命周期成本（Life cycle costs）：在设施使用寿命期间产生的总成本，通常表示为以反映货币价值的适当利率贴现的年度成本之和。26
179. 生活方式（Lifestyle）：反映个人或群体的态度和价值观的生活方式或生活习惯。21，161，177-180，234，303，307
180. 照明装置（Lighting fixtures）：通常安装在街道灯杆上的照明设施，这些装置采用发光二极管（light-emitting diode，LED）、高压钠（high-pressure sodium，HPS）和致密陶瓷金属卤化物（compact ceramic metal halide，CCMH）等照明技术。190
181. 阈限池塘（Liminal pond）：在雨季存水，在一年中其他时间干燥的区域。100
182. 活动能力受限（Limited mobility）：由于疾病、先天性疾病、意外或神经肌肉和骨科损伤，导致在没有他人陪伴的情况下行走或移动能力减弱。27
183. 液化（Liquefaction）：饱和土壤或部分饱和土壤在外应力作用下（例如地震）基本丧失强度的现象，导致土壤像液体一样运动。78
184. 装卸平台（Loading dock）：卡车装卸的专用区域，通常具有可升高到卡车底盘高度的平台。25
185. 壤土（Loam）：砂、粉土和黏土比例大致相等的土壤，通常还含有腐殖质。64-68
186. 亏本出售商品（Loss leader）：以低于生产成本的价格出售或出租场地或建筑空间，旨在吸引其他买家或承租人。29
187. 曼陀罗（Mandala）：用印度教和佛教符号表示宇宙的几何图形，通常为内嵌正方形的圆形。225
188. 红树林（Mangrove）：有树木或灌木的沿海沼泽，在涨潮时部分被淹没，作为洪峰的屏障，植被在地面上有缠结的根，形成密集的灌木丛。96-97
189. 大运量交通系统（Mass transit systems）：通常可指代所有模式的公共交通系统，但具体而言，指基于地面或地下独立路权的重轨交通系统，该系统还有各种名称：地铁、快速公交、地下铁路、地下铁路（德国）、哥本哈根市郊铁路、快速铁路等，在世界各国称呼各不相同，如Metropolitaine、subterraneo、T、MTA、CTA、Sky Train、MRT、MetroTrain、MetroRail、Marta、WMATA和El等。74，114，121，294，303
190. 总体控制规划（Master control plan）：一套影响发展的综合性法规，源于一个地区性或全市性的规划。113
191. 总体规划（Master plan）：一个地区的总体空间规划和发展指南。39-40，113，141-142，241-243，258-259，269，283，311-312
192. 意象地图（Mental map）：对用于定位和导航的区域的空间感及其表达。106-109
193. 指标（Metrics）：允许监控和管理目标的绩效指标。24，159，168，278
194. 减缓气候变化（Mitigation of climate change）：为减少温室气体排放（GHG）所做的努力。300
195. 减缓措施（Mitigation measures）：场地开发商被要求抵消开发场地的负面环境影响所采取的措施。293，295
196. 形态学分析（Morphological analysis）：研究一个区域的整体形态，从而得出普遍规律；是一种详尽地探索所有可能形态以响应多目标计划的设计方法。218
197. 乘数效应（Multiplier effects）：初始投资产生的二级及进一步支出，例如企业新员工转移到某个地区的支出。297
198. 自然实验（Natural experiment）：可以通过分析环境的正常变化得出的结论，例如当公共汽车服务延伸到某个区域时，该区域街道上的汽车交通量发生变化。190
199. 邻里（Neighborhood）：个人分享社会关系、使用设施或价值观的特定区域。24，29，124，141-

142，198，220
200. 邻里规划（Neighborhood plan）：对某个特定区域的改进计划以及未来发展法规，又称为分区（subarea）或二级规划（secondary plan）。113，139
201. 新城市主义（New urbanism）：一种城市设计运动，该运动提倡混合宜于步行的步行社区和多样化社区以包括广泛的工作和职能，其社区建造具有连续性的特点。217，220，246，289
202. 新村或新邻里（New village or neighborhood）：小规模的新开发项目，该项目通常以学校或当地购物区为中心，以鼓励本地互动。30
203. NIMBY（Not in my back yard）：邻避症候群，群体抵制在其生活区附近进行他们认为不良发展（太庞大、车辆太多和外来人员太多）的抗争口号。29
204. 不建设的方案（No-build alternative）：不改变现状的选择，这是比较环境变化影响的基准。161，293
205. 噪声影响区（Noise impact area）：由噪声源类型定义的区域，不应位于不相容的土地用途（如住宅、学校、医院或礼拜场所）内；对于大多数管辖区内的机场，限制为65dB社区噪音等效水平（CNEL）。120
206. 办公（Offices）：行政、职业和文书工作领域，例如办公园区（office parks）、商务园区（business parks）、高科技办公园区（high-tech office parks）和总部园区（headquarters campuses）。29，41-42，44，46，48-49，51，53，119，137，166，184，195-196，200，217，228，231，236，262，280，285-287，288，290，302-303，321
207. 空地率（Open space ratio）：专用于开放空间的场地面积比例，有时包括屋顶上的开放空间。137
208. 运营和维护支出（Operating and maintenance expenditures）：使用空间或基础设施所需的照明、供暖、制冷、燃气、维护、清洁及其他活动的年度费用。26
209. 机会成本（Opportunity costs）：因不采取行动而丧失的收入，例如不出租、出售或使用财产。30
210. 有机的形式（Organic forms）：从自然形态流出或模仿自然形态的形态，通常呈曲线状、分枝状或豆荚状。223
211. 正交街区模式（Orthogonal block pattern）：开发区周边街道的直线性布局。199，219，223
212. 所有权（或产权）（Ownership）：业主拥有使用和享有财产的一系列权利（传统形式包括普通采邑权、部分采邑权、终生产业、公寓所有权和合作所有权等）；所有权可以包括矿业权、开发权、空间所有权和用水权。31，123-134，165，256，259-263，265，269，272
213. 参数化建模（Parametric modeling）：一种基于算法思想的过程，该过程可以生成复杂的几何图形，并优化响应特定参数的形状。223
214. 停车需求（或停车要求）（Parking requirements）：根据惯例、法规或驾驶员调查估计的停车需求或要求。137，231
215. 模式汇编（Pattern book）：针对特定气候和环境的理想规划配置、场地布置和建筑类型的集合。216，220
216. 模式语言（Pattern Language）：社区、场地和建筑设计的词汇表，基于久经考验的实践，最初由亚历山大及其同事编制。198-199，219-220
217. 行人流线研究（Pedestrian cordon studies）：过人行道上特定线路的行人数量的研究。184
218. 履约保证书（Performance bond）：为证明将履行合同条款，开发商、土地拥有者或承包商邮寄的现金、证券或信用证，并在证明履行完义务后予以解除。257
219. 试点项目（Pilot project）：为改进未来项目而作为概念测试进行的项目。190-191，241，249
220. 场所（Place）：场地的特定位置，通常充满活动，居住者在其中有归属感。5，9，13-15，20-23，26-32，37，39，46，52，58，82，102，104，106-112，115-116，118，120，124，141，159，161，164，177，181-183，188，191-195，198，217-219，222-224，234，238-241，245-251，284，288-289，311，316，320，323
221. 规划单元开发（Planned unit development, PUD）或规划开发区[planned development（PD）area]：一种多阶段开发项目，其中开发密度从通常的规则修改为有利于建设的方式，如规定了设施、开放空间、场地布置和开发时间的场地特定要求，并对场地使用进行一定优化。141，258
222. 规划单元法（单元规划）（Planning cell, Planungszelle）：一个约有25名随机挑选的人在一段有限的时间（例如一周）内担任公共顾问，由两位过程指导主持讨论有关规划或政策问题，然后在报告中总结其方案的过程。该过程由Peter Dienel设计。169

223. 规划条件和职责（Planning conditions and obligations）：以申请人符合特定条件并履行义务为准授予的开发批准。142

224. 规划许可（Planning permission）：英格兰和威尔士地方政府根据可能引发规划调查（公共审议过程）的申请授予的建筑或开发许可；又称为规划义务（planning obligation）。142，156

225. 容积率（Plot ratio）：参阅容积率（Floor area ratio）。

226. 组团（Pod）：无穿过性道路的开发单元。51

227. 现值（Present value）：投资者今天为一项未来回报资金的投资支付的金额，根据投资者的货币时间价值对未来收益进行折现。272-274，276-280

228. 隐私（Privacy）：通过隔绝视觉、声音和人的存在以远离他人。131，184，294

229. 地区生产力（Productivity of locations）：比较在不同地点销售的同一产品的相对收益，因销售量、人员成本或房地产成本不同而有所不同。29

230. 财务预算分析（Pro forma financial analysis）：按年度对一个项目的预计成本和收入进行核算，以便对其作为投资的价值进行分析。272

231. 策划（Program）/计划（brief）/项目范围（project scope）：对所寻求的场地改进的范围、目的和质量进行的书面说明。5，9，14-17，29，115，143，154-159，162，175，193-203，215，219，232，307，316-317，321

232. 财产（Property）：土地的所有权状况，包括无财产（no property，不属于任何人）、公共财产（common property，属于某地区的一组业主或居民）、国有财产（state property，属于政府）或私有财产（private property，属于个人或公司）。128-130，133，259-261，269，301

233. 产权租赁（Proprietary lease）：随附所有权形式的租赁，例如对合作社股份持有人做出住宅单位产权租赁。129，260，262

234. 原型（或模式）（Prototype）：建筑或场地开发的一种常见形式，不同于具有完全独特程序的建筑物。159，190，216-218

235. 公众参与（Public engagement）：将人们聚集在一起解决共同重要问题的过程，通常包括普通公民、利益相关者和专业人士。156，166-170

236. 公开听证（Public inquiry）（英格兰和威尔士）：在裁定规划许可之前向公众和受影响方征求意见的过程。135，142

237. 降雨（Rainfall）：由于各种原因由天而降的雨水。
    对流降雨（convection rainfall）：太阳将地面加热，水分蒸发，上升时冷却，蒸汽凝结形成云，表面冷却后降落到地上，形成降雨。88-89
    锋面降雨（frontal rainfall）：寒冷的极地气团与温暖的热带气团相遇形成锋面。当空气完全饱和时，就会下雨。88-89
    地形降雨（relief rainfall）：当空气在地形要素上方上升时（例如高山和山丘），空气被迫冷却就会形成降雨。88-89

238. 雨水花园（Rain garden）：一个用于收集不透水区域雨水的浅凹陷区，例如屋顶、车道、道路、人行道、停车场和压实草坪区，该区域种植有能快速吸收水分的植物。161

239. 雨影（Rain shadow）：由于被一系列的山丘或山脉遮挡，不受盛行带雨风影响而降雨量很少的地区。89

240. 理性选择（Rational choice）：基于决策者可用信息从自身利益出发做出的决策。229

241. 不动产（Real property）：固定资产，主要是土地和建筑物，以区别于动产（personal property，书籍、汽车或其他可移动物体）、无形动产（intangible personal property，股票、债券或许可证）或知识产权（intellectual property，例如专利或商标）。123

242. 开垦（Reclamation）：填土或筑堤以供耕种或开发之用。76

243. 地形修整（Recontouring）：通过土壤分级、填充和提取调整土地表面轮廓。76，103

244. 休闲娱乐区（或休闲区、休闲场地、游乐区）（Recreation areas）：设计用于运动、公共和家庭活动、团队比赛和娱乐休闲的各种设施或场地。35，188，197，237，259，261，316-317，321

245. 管制性征收（Regulatory taking）：实施政府法规，将私人财产的使用限制到不能使用或开发的程度。125
246. 修复（Remediation）：通过围堵（containment）、清除（removal）、场外处理（ex-situ treatment）或原位修复（in-situ remediation）来减少场地污染物。158
247. 渲染（Render）：通常通过创建三维草图或图画映像（渲染），制作容易被外行人阅读的图画的过程。203，207，210，212-214
248. 可再生能源（Renewable energy sources）：使用时不会耗尽的能源，例如风能或太阳能。248
249. 剩余价值（Residual value）：资产全部折旧完毕后的残值或剩余价值，又称为终值（terminal value）。263
250. 韧性（Resilience）：在发生重大天气事件、洪水或人为灾难后，一个地方恢复原状的能力。24
251. 投资回报率（Return on investment, ROI）：投资产生的收益（回报和损益）与投资金额的比，通常用百分比表示。278-279
   杠杆投资回报率（leveraged ROI）：对为执行项目而取得的贷款进行会计处理后与被投资权益相关的损益，又称为股本回报率（return on equity，ROE）。278
   非杠杆投资回报率（unleveraged ROI）：假设项目所需的所有资本都来自投资者股权的损益。278
252. 路权（Right-of-way）：公众通过购买、奉献或地役权获得的，用于车辆、行人和基础设施通行的土地。131，270
253. 河岸走廊（Riparian corridor）：以河流两侧或湖泊或其他水体边缘为边界的土地。79，95，101-102
254. 径流（Runoff）：不被土壤吸收，而是在重力作用下流向池塘、溪流或湖泊的部分降水。24，34，37，69，91，96-103，158-163，197，212，229，253，294，306，312-318
255. 安全（Safety）：基本上没有危险、风险或伤害的环境。27，77，104，114-115，120，165，184，197-198，220，238，256，261，263，299，301，305，315，319
256. 盐沼（Salt marsh）：经常被海水淹没的沿海草地。97
257. 砂土（Sand）：崩解性岩石的小颗粒，通常被水流运动包围，典型尺寸为0.0625～2mm。62，64-66
258. 二级规划（加拿大）[Secondary plan (Canada)]：详细的区域规划，这是对全市规划的详细说明。113，169，258
259. 安全（Security）：相对没有犯罪、人身攻击和威胁的环境。27，183，185，263
260. 场所感（Sense of place）/恋地情结（topophilia）：当地居民和许多游客在看到某些建筑物或场所时深切感受到的强烈认同感和特色。21，159，234
261. 化粪池系统（Septic system）：一种在化粪池（septic tank）或沉淀池（Imhoff tank）中分离和沉淀固体，然后将液体废弃物分配到地下多孔排水瓦管化粪池处理场（septic disposal field）进行进一步处理的系统。294
262. 序列标记法（Serial notation techniques）：记录在一片区域中移动的人所经历的空间、活动和特征顺序的符号系统。184
263. 建筑退线（或后退面）（Setback plane）：一种用于界定建筑物的外部界限，要求从街道后退到更高的楼层的有角度平面；也称为倾斜面（slant plane）。137
264. 店铺（Shop houses）/排屋（chop houses）：一楼有商店，并且上面有储存、生产和生活空间的传统民居，这在古老的亚洲城市很常见。218
265. 粉土（Silt）：由流水携带并沉淀为沉积物的细黏土或其他材料。62，64-65，68
266. 建筑密度（Site coverage ratio）：场地上建筑物占用的总面积除以场地面积。137
267. 可持续场地评价体系（SITES®）：针对促进气候缓解、防洪、降低能源消耗、改善健康和增加户外娱乐活动的场所的以可持续性为重点的评级体系。246，249-250
268. 云量（Sky cover）：天空被云遮住的程度，通常用一年中的平均值来表示。86
269. 天空开阔度（Sky view factor, SVF）：从地面上可以看到的天空部分，通常为0～1的无量纲值；又称为天空曝光面（sky plane exposure）。83
270. 泥浆护壁（Slurry wall）：建筑工地边缘的地下墙，通常通过挖沟和用混凝土填充空腔来建造，以保护场地免受土壤和地下水的侵入。70

271. 精明准则（SmartCode）：一份基于模型横断面，注重从区域到社区再到街区和建筑物的所有规划规模的规划和分区文件。220，221
272. 社会基础设施（Social infrastructure）：用于满足社区社会需求的设施和空间，例如学校、城市房屋、社区中心、娱乐设施和宗教场所。116，138，253
273. 土壤（Soil）：植物生长的上层土地，通常为有机残留物、黏土、壤土和矿岩颗粒的混合物。21-23，59-60，62-70，76，78，83，90-99，101-103，106，148，151，158，206，294，314
274. 土壤层（Soil horizons）：按颜色、质地和材料成分区分的土层。63
275. 土壤试钻（Soil test boring）：使用手动工具或钻机采集的某一位置土壤剖面的垂直样本。60
276. 光伏阵列（Solar array）：一组相连的太阳能电池板或反射镜，用于为太阳能炉供电或为电网和当地消费发电。24
277. 阳光权（Solar rights）：不受邻里阻挠的享受阳光的权利。85
278. 固体废弃物（Solid wastes）：通过住宅、商业、农业或工业用途产生的废弃物，又称为垃圾（garbage）、废物（refuse）或废品（trash）。248，294，304
279. 至日（Solstice）：一年中太阳中午到达天空最高点（summer solstice，夏至）或最低点（winter solstice，冬至）的两个时间，这标志着一年中日照时间最长和最短的时期。80
280. 空间句法（Space syntax）：一套基于几何关系分析空间结构的理论和技术。223
281. 特定区域规划（Specific area plan）：参阅分区规划（District plan）、邻里规划（Neighborhood plan）和二级规划（Secondary plan）。113，139
282. 比热容（Specific heat）：使1g材料温度升高1℃所需的热量。83
283. 利益相关者（利益相关方）（Stakeholders）：在某种情况下，有直接财务或其他有形利益关系的人。155，159，162，164-167，170-174，186，193，293，307
284. 意向说明（Statement of inten）：土地所有者提出的在商定的时间表内完成某一地点的具体改进的建议。236
285. 临街住宅（Street-oriented housing）：每个单元都有一个面向街道的前门的住房。31
286. 结构化调查（Structured survey）：一种使用确定问题的调查收集有关行为和偏好数据的方法。186
287. 土地细分规划（Subdivision plan）：将场地细分为多个属性的规划，以便提供进出通道和其他形式的基础设施。通常，在任何场地工作开始之前，必须批准细分草案或初步规划（draft or preliminary plan of subdivision），并在开发商完成所有立桩标界、修建道路和安装基础设施等义务后，提交最终细分规划文件（final plan of subdivision）。126，160，256
288. 细分规定（Subdivision regulations）：地方政府或公共设施区的规定和要求，用以规定最小财产规模、路权尺寸和基础设施规范。130，135
289. 沉降（Subsidence）：一片土地由于地下水开采、采矿或石油开发活动而逐渐下沉。70，77，138，294
290. 阳光（Sunlight）：日光划过天空并落于地面，其位置通常由高度（与地面角度）和方位角（其指南针方向）来确定。28，79-80，82，85-86，88，92-93，96，99，183，198，218，224，294
291. 地表形态（Surface form）：场地的地形。59
292. 地表地质学（Surficial geology）：场地的形状和材料，包括疏松地形。59-60
293. 可持续性（Sustainability）：在开发中，避免消耗自然资源以维持生态平衡，尽量减少对气候和大环境的影响，以及培养场地在极端压力后迅速恢复的能力。参阅韧性（Resilience）。23-24，195，231，228，244-246，249，253，255
294. 可持续性评价体系（Sustainability rating systems）：场地开发的地点、区域和国家标准，通常与认证系统相结合，最常见的是由LEED、BREEAM、CASBEE和BEAM管理的系统。252
295. 排水沟（Swale or swail）：一种浅的洼地，通常用来收集和滞留径流；生态调节沟（vegetated swales）或生物洼地（bioswales）也会吸收一些径流并过滤掉，改善水质。37，103，161
296. 参与式工作坊（Take part workshop）：由劳伦斯·哈普林提出的社区参与过程，参与者可在其中通过表演创造性的生活方式来了解场地。232
297. 征用（Taking）：参阅征收（Expropriation）。123，125，128，267，331，333
298. 风土（Terroir）：一个地方的独特特征，地形、土壤和底土、降雨、气候和人类传统的微妙融合。21-

22，163
299. 热质量（Thermal mass）：材料吸收和储存热能的能力，其中高密度材料（例如混凝土和砖）比轻质材料（例如木材）保持能量的时间更长。83
300. 环境修复（Tikkun olam）：一种犹太人的理念，定义为实施善行以完善或修复世界。232
301. 地形（Topography）：土地的表面形态。21，28，33，35，58-59，69-77，86-89，92，94，96，103，106，114，120，145-146，151，156，158-159，163，195，202-204，207-213，222-228，294
302. 市镇公地（Town common）：城镇所有居民拥有的土地，通常位于中心，最初在新英格兰用来放牧动物。28，128
303. 城镇景观（Townscape）：城镇或城区的形态和外观，由戈登·卡伦引入的术语。184
304. 传统邻里社区开发（Traditional neighborhood development，TND）：由街道、街区、中等规模的地段、公园和当地服务设施组成的社区，通过提高连接程度和密度来提高步行能力。281
305. 断面（Transect）：从人口密集的市中心到农村，通过典型生活聚落的横断面，确定典型的发展模式。220-221
306. 开发权转让（Transfer of development rights，TDR）：出售或以其他方式将未使用的场地开发权利转让给相邻场地或者接收区。130，140，285
307. 公交导向开发（Transit-oriented development，TOD）：一种围绕公交车站的高密度发展模式，鼓励步行和乘坐公共交通工具，而不是驾驶汽车；又称为公交社区（transit village）。236
308. 非劳力增值（Unearned increment）：由于其他人和整个社会的行为，财产价值的上升超过了一般通货膨胀以及对它的改进。264
309. 大学（Universities）：通常将本科教育与研究生科研、专业学校相结合的高等院校。30-31，200，242-243，246
310. 非结构化对话（Unstructured dialogue）：没有严格议程的对话。135
311. 用户（User）：使用场地，但可能没有所有权权益的个人。72，109，111，154，156-157，164-166，177-197，208，211，219，249，296
312. 用户代言人（User advocate）：负责为用户说话或促进用户利益的个人。191
313. 公用设施管沟（Utility corridors）：采用多个基础设施部件为获得多用途而建造的管道或结构，有时加倍以作为服务连接。249-250
314. 价值创造（Value creation）：由于所处环境的质量，导致财产的价值大于创造和销售成本。283
315. 价值回收（Value recapture）：当公共设施得到改善时（例如修建公交线路或公园），收回私人财产的增值部分。264
316. 瓦士图·沙史塔（Vastu Shastra）：一个传统的印度教原则体系，用于指导场地的设计、布局、测量和空间几何关系。224-225
317. 矢量图（Vector-based graphics）：用点或节点创建，用线连接，通常用于CAD程序的多边形的使用。205
318. 生态调节沟（Vegetated swales）：有植被覆盖的露天渠道，这种渠道有助于过滤和减缓径流，然后将其排放到蓄水区。37
319. 视线地役权（View easement）/视线平面(view plane)：受合同或法规限制的开发区域，以免阻挡视线。131
320. 视域（Viewshed）：从场地上的单点可以看到的环境，通常为自然特征。112
321. 可视化（Visualization）：描述拟开发项目的形式和特征的方法。可以从速写到模型和水彩渲染，再到计算机生成的图像。159，188，205-207
322. 视觉偏好研究（Visual preference study）：一种通过对构筑物或场景进行成对比较，以得出视图者偏好的方法。188
323. 弱势群体（Vulnerable populations）：可能承受环境变化的最大影响，并且没有资源或手段抵御这些影响的群体。299
324. 可步行性（Walkability）：用步行进行日常生活的能力，一部分由附近的目的地、安全人行道的存在和缺少威胁所产生，一部分通过计算步行指数（WalkScore）进行量化。247

325. 节水（Water conservation）：减少用水的策略，例如低水分种植、灰水再利用和排出蒸发冷却器。255
326. 水压（Water pressure）/静水压力（hydrostatic pressure）：由测量高度以上水的重量产生的流体压力。这种压力还可以由压力泵产生。70
327. 水质（Water quality）：水的化学、物理、生物和辐射特性，标准通常规定了特定用途的最低质量。100-102，299
328. 用水权（Water rights）：根据财产规模从地下水资源或水道中取水的权利。可以将用水权出售给其他财产所有者或者从其他财产所有者处获得用水权。130
329. 地下水位（Water table）：浸水土壤的上层。65-66，69-70，77，98，294
330. 湿地（Wetland）：具有永久性或季节性积水特征的区域，采用适合潮湿条件和原性土壤的植物材料。参阅人工湿地（Constructed wetland）。24，33-34，69，71，77，79，90，95，98-100，138，145，151，158，229，231，247-249，271，294，312
331. 防风林或防风林带（Wind break or shelter belt）：为背风面提供防护而种植的一排树木。88，104，251
332. 风寒指数（Wind chill factor）：风速会使裸露的皮肤感觉更冷，指寒冷天气的感知空气温度。86
333. 风玫瑰图（Wind rose）：特定时间或一个季节或一年中的平均风速和风向图。86
334. 零净准则（Zero net criterion）：现场生产或补偿等于或大于现场消费的目标，例如零净能源、零净径流或零净碳排放。24
335. 分区法规（或区划）（Zoning regulations）：规定场地上建筑用途、面积、形式和其他特征的开发规则。85，113，123，130-131，135，138-139，141，233，243，258，284，288

参考文献

AASHTO. 1999. *Guide for the Development of Bicycle Facilities*. 3rd ed. Washington, DC: American Association of State Highway and Transportation Officials.

AASHTO. 2011. *A Policy on Geometric Design of Highways and Streets*. 6th ed. Washington, DC: American Association of State Highway and Transportation Officials.

Abu Bakar, Abu Hassan, and Soo Cheen Khor. 2013. A Framework for Assessing the Sustainable Urban Development. *Precedia—Social and Behavioral Sciences* 85: 484–492. http://www.sciencedirect.com/science/article/pii/S1877042813025044.

A. C. M. Homes. n.d. Silang Township Project. http://www.acmhomes.com/home/?page=project&id=23.

Acorn. 2013. Acorn UK Lifestyle Categories. http://www.businessballs.com/freespecialresources/acorn-demographics-2013.pdf.

Adams, Charles. 1934. *The Design of Residential Areas: Basic Considerations, Principles and Methods*. Cambridge, MA: Harvard University Press.

Adams, David, and Steven Tiesdell, eds. 2013. *Shaping Places: Urban Planning, Design and Development*. London: Routledge.

Adams, Thomas. 1934. *The Design of Residential Areas: Basic Considerations, Principles and Methods*. Cambridge, MA: Harvard University Press.

Adnan, Muhammad. 2014. Passenger Car Equivalent Factors in Heterogenous Traffic Environment: Are We Using the Right Numbers? *Procedia Engineering* 77:106–113. http://www.sciencedirect.com/science/article/pii/S1877705814009813.

Agili, d.o.o. 2017. Modelur Sketchup Tool. http://modelur.eu.

Agrawal, G. P. 2002. *Fiber-Optic Communication Systems*. Hoboken, NJ: Wiley.

Alexander, Christopher. 1965. The City Is Not a Tree. *Architectural Forum* 172 (April/May). http://www.bp.ntu.edu.tw/wp-content/uploads/2011/12/06-Alexander-A-city-is-not-a-tree.pdf.

Alexander, Christopher, and Serge Chermayeff. 1965. *Community and Privacy: Towards a New Architecture of Humanism*. Garden City, NY: Anchor Books.

Alexander, Christopher, Sara Ishikawa, Murray Silverstein, Max Jacobson, Ingrid Fiksdahl-King, and Shlomo Angel. 1977. *A Pattern Language: Towns, Buildings, Construction*. New York: Oxford University Press. See also https://www.patternlanguage.com/.

Al-Kodmany, Kheir. 2015. Tall Buildings and Elevators: A Review of Recent Technological Advances. *Buildings* 5:1070–1104. doi:10.3390/buildings5031070.

Al-Kodmany, Kheir, and M. M. Ali. 2013. *The Future of the City: Tall Buildings and Urban Design*. Southampton, UK: WIT Press.

Alonso, Frank, and Carolyn A. E. Greenwell. 2013. Underground vs. Overhead: Power Line Installation Cost Comparison and Mitigation. *PowerGrid International* 18:2. http://www.elp.com/articles/powergrid_international/print/volume-18/issue-2/features/underground-vs-overhead-power-line-installation-cost-comparison-.html.

Alshalalfah, B. W., and A. S. Shalaby. 2007. Case Study: Relationship of Walk Access and Distance to Transit with Service, Travel and Personal Characteristics. *Journal of Urban Planning and Development* 133 (2): 114–118.

Alterman, Rachel. 2007. Much More Than Land Assembly: Land Readjustment for the Supply of Urban Public Services. In Yu-Hung Hong and Barrie Needham, eds., *Analyzing Land Readjustment: Economics, Law and Collective Action*, 57–85. Cambridge, MA: Lincoln Institute of Land Policy.

Altunkasa, M. Faruk, and Cengiz Uslu. 2004. The Effects of Urban Green Spaces on House Prices in the Upper Northwest Urban Development Area of Adna (Turkey). *Turkish Journal of Agriculture and Forestry* 28:203–209.

American Cancer Society. n.d. EMF Explained Series. http://www.emfexplained.info/?ID=25821.

American Institute of Architects. 2012. Insights and Innovations: The State of Senior Housing. Design for Aging Review 10. http://www.greylit.org/sites/default/files/collected_files/2012-11/Insights-and-Innovation-The-State-of-Senior-Housing-AARP.pdf.

American Planning Association. 2006. *Planning and Urban Design Standards*. Hoboken, NJ: Wiley.

Andris, Clio. n.d. Interactive Site Suitability Modeling: A Better Method of Understanding the Effects of Input Data. Esri, ArcUser Online. http://www.esri.com/news/arcuser/0408/suitability.html.

Appleyard, Donald. 1976. *Planning a Pluralist City: Conflicting Realities on Ciudad Guayana*. Cambridge, MA: MIT Press.

Applied Economics. 2003. Maricopa Association of Governments Regional Growing Smarter Implementation: Solid Waste Management. https://www.azmag.gov/Documents/pdf/cms.resource/Solid-Waste-Management.pdf.

Aquaterra. 2008. International Comparisons of Domestic Per Capita Consumption. Prepared for the UK Environment Agency, Bristol, England.

Arbor Day Foundation. Tree Guide. http://www.arborday.org.

ArcGIS 9.2. n.d. http://webhelp.esri.com/arcgisdesktop/9.2/index.cfm?TopicName=Performing_a_viewshed_analysis.

Arch Daily. n.d. Shopping Centers. http://www.archdaily.com/search/projects/categories/shopping-centers.

Architectural Energy Corporation. 2007. Impact Analysis: 2008 Update to the California Energy Efficiency Standards for Residential and Nonresidential Buildings. California Energy Commission. http://www.energy.ca.gov/title24/2008standards/rulemaking/documents/2007-11-07_IMPACT_ANALYSIS.PDF.

Ataer, O. Ercan. 2006. Storage of Thermal Energy. In Yalcin Abdullah Gogus, ed., *Energy Storage Systems: Encyclopedia of Life Support Systems (EOLSS). Developed under the Auspices of UNESCO*. Oxford: Eolss Publishers; http://www.eolss.net.

Atkins. 2013. Facebook Campus Project, Menlo Park, EIR Addendum. City of Menlo Park, Community Development Department. https://www.menlopark.org/DocumentCenter/View/2622.

Audubon International. n.d. Sustainable Communities Program. http://www.auduboninternational.org/Resources/Documents/SCP%20Fact%20Sheet.pdf.

Austin Design Commission. 2009. Design Guidelines for Austin. City of Austin. https://www.austintexas.gov/sites/default/files/files/Boards_and_Commissions/Design_Commission_urban_design_guidelines_for_austin.pdf.

Ayers Saint Gross Architects. 2007. Comparing Campuses. http://asg-architects.com/ideas/comparing-campuses/.

Bailie, R. C., J. W. Everett, Bela G. Liptak, David H. F. Liu, F. Mack Rugg, and Michael S. Switzenbaum. 1999. *Solid Waste*. Chapter 10. Boca Raton, FL: CRC Press. https://docs.google.com/viewer?url=ftp%3A%2F%2Fftp.energia.bme.hu%2Fpub%2Fhullgazd%2F Environmental%2520Engineers%27%2520Handbook%2FCh10.pdf.

Barber, N. L. 2014. Summary of Estimated Water Use in the United States in 2010. US Geological Survey, Fact Sheet 2014-3109. doi:10.3133/fs20143109.

Barker, Roger. 1963. On the Nature of the Environment. *Journal of Social Issues* 19 (4): 17–38.

Barr, Vilma. 1976. Improving City Streets for Use at Night – The Norfolk Experiment. *Lighting Design and Application* (April), 25.

Barton-Aschman Associates. 1982. *Shared Parking*. Washington, DC: Urban Land Institute.

Bassuk, Nina, Deanna F. Curtis, B. Z. Marrranca, and Barb Nea. 2009. Site Assessment and Tree Selection for Stress Tolerance: Recommended Urban Trees. Urban Horticulture Institute, Cornell University. http://www.hort.cornell.edu/uhi/outreach/recurbtree/pdfs/~recurbtrees.pdf.

Battery Park City Authority. n.d. Battery Park City. http://bpca.ny.gov/.

Bauer, D., W. Heidemann, and H. Müller-Steinhagen. 2007. Central Solar Heating Plants with Seasonal Heat Storage. CISBAT 2007, Innovation in the Built Environment, Lausanne, September 4–5. http://www.itw.uni-stuttgart.de/dokumente/Publikationen/publikationen_07-07.pdf.

Beatley, Timothy. 2000. *Green Urbanism: Learning from European Cities*. Washington, DC: Island Press.

Beckham, Barry. 2004. *The Digital Photographer's Guide to Photoshop Elements: Improve Your Photos and Create Fantastic Special Effects*. London: Lark Books.

Belle, David. 2009. *Parkour*. Paris: Éditions Intervista.

Ben-Joseph, Eran. n.d. Residential Street Standards and Neighborhood Traffic Control: A Survey of Cities' Practices and Public Official's Attitudes. Institute of Urban and Regional Planning, University of California at Berkeley. nacto.org/docs/usdg/residential_street_standards_benjoseph.pdf.

Benson, E. D., J. L. Hansen, A. L. Schwartz, Jr., and G. T. Smersh. 1998. Pricing Residential Amenities: The Value of a View. *Journal of Real Estate Finance and Economics* 16:55–73.

Bentley Systems, Inc. n.d. PowerCivil for Country. https://www.bentley.com/en/products/product-line/civil-design-software/powercivil-for-country.

Berger, Alan. 2007. *Drosscape: Wasting Land in Urban America*. New York: Princeton Architectural Press.

Berhage, Robert D., et al. 2009. *Green Roofs for Stormwater Runoff Control*. National Risk Management Research Laboratory, Environmental Protection Agency.

Beyard, Michael D., Mary Beth Corrigan, Anita Kramer, Michael Pawlukiewicz, and Alexa Bach. 2006. *Ten Principles for Rethinking the Mall*. Washington, DC: Urban Land Institute; http://uli.org/wp-content/uploads/ULI-Documents/Tp_MAll.ashx_.pdf.

Bidlack, James, Shelley Jansky, and Kingsley Stern. 2013. *Stern's Introductory Plant Biology*. 10th ed. New York: McGraw-Hill. http://www.mhhe.com/biosci/pae/botany/botany_map/articles/article_10.html.

Biohabitats. n.d. Hassalo on Eighth Wastewater Treatment and Reuse System. http://www.biohabitats.com/projects/hassalo-on-8th-wastewater-treatment-reuse-system-2/.

Bioregional Development Group. 2009. BedZED Seven Years On: The Impact of the UK's Best Known Eco-Village and Its Residents. http://www.bioregional.com/wp-content/uploads/2014/10/BedZED_seven_years_on.pdf.

Blakely, Edward J., and Mary Gail Snyder. 1997. *Fortress America: Gated Communities in the United States*. Washington, DC: Brookings Institution Press.

Blondel, Jacques-François, and Pierre Patte. 1771. *Cours d'architecture ou traité de la décoration, distribution et constructions des bâtiments contenant les leçons données en 1750, et les années suivantes*. Paris: Dessaint.

Bloomington/Monroe County Metropolitan Planning Organization. 2009. Complete Streets Policy. https://www.smartgrowthamerica.org/app/legacy/documents/cs/policy/cs-in-bmcmpo-policy.pdf.

Bohl, Charles C. 2002. *Place Making*. Washington, DC: Urban Land Institute.

Bond, Sandy. 2007. The Effect of Distance to Cell Phone Towers on House Prices in Florida. *Appraisal Journal* 75 (4): 362. https://professional.sauder.ubc.ca/re_creditprogram/course_resources/courses/content/appraisal%20journal/2007/bond-effect.pdf.

Bonino, Michele, and Filippo De Pieri, eds. 2015. *Beijing Danwei: Industrial Heritage in the Contemporary City*. Berlin: Jovis.

Botma, H., and W. Mulder. 1993. Required Widths of Paths, Lanes, Roads and Streets for Bicycle Traffic. In *17 Summaries of Major Dutch Research Studies about Bicycle Traffic*. De Bilt, Netherlands: Grontmij Consulting Engineers.

Bourassa, Steven C., and Yu-Hung Hong, eds. 2003. *Leasing Public Land*. Cambridge, MA: Lincoln Institute for Land Policy.

BRE Global Ltd. 2008. BREEAM GULF. http://www.breeam.org.

BRE Global Ltd. 2012. BREEAM Communities Technical Manual. http://www.breeam.org/communitiesmanual/.

Brewer, Jim, et al. 2001. *Geometric Design Practices for European Roads*. Washington, DC: US Federal Highway Administration.

British Water. 2009. Flows and Loads – Sizing Criteria, Treatment Capacity for Sewage Treatment Systems. http://www.clfabrication.co.uk/lib/downloads/Flows%20and%20Loads%20-%203.pdf.

Brooks, R. R. 1998. *Plants That Hyperaccumulate Heavy Metals*. New York: CAB International.

Brown, Michael J., Sue Grimmond, and Carlo Ratti. 2001. Comparison of Methodologies for Computing Sky View Factor in Urban Environments. Los Alamos National Laboratory. http://senseable.mit.edu/papers/pdf/2001_Brown_Grimmond_Ratti_ISEH.pdf.

Brown, Peter Hendee. 2015. *How Real Estate Developers Think: Design, Profits and the Community*. Philadelphia: University of Pennsylvania Press.

Brown, Sally L., Rufus L. Chaney, J. Scott Angle, and Alan J. M. Baker. 1995. Zinc and Cadmium Uptake by Hyperaccumulator Thlaspi caerulescens and Metal Tolerant Silene vulgaris Grown on Sludge-Amended Soils. *Environmental Science and Technology* 29:1581–1585.

Brown, Scott A., Kelleann Foster, and Alex Duran. 2007. Pennsylvania Standards for Residential Site Development. Pennsylvania State University. http://www.engr.psu.edu/phrc/Land%20Development%20Standards/PP%20presentation%20on%20Pennsylvania%20Residential%20Land%20Development%20Standards.pdf.

Bruun, Ole. 2008. *An Introduction to Feng Shui*. Cambridge: Cambridge University Press.

Bruzzone, Anthony. 2012. Guidelines for Ferry Transportation Services. National Academy of Sciences, Transit Cooperative Research Program Report 152.

Brydges, Taylor. 2012. Understanding the Occupational Typology of Canada's Labor Force. Martin Prosperity Institute, University of Toronto. http://martinprosperity.org/papers/TB%20Occupational%20Typology%20White%20Paper_v09.pdf

Buchanan, Colin. 1963. *Traffic in Towns: A Study of the Long Term Problems of Traffic in Urban Areas*. London: Her Majesty's Stationery Office.

Burian, Steven J., Stephen J. Nix, Robert E. Pitt, and S. Rocky Durrans. 2000. Urban Wastewater Management in the United States: Past, Present, and Future. *Journal of Urban Technology* 7 (3): 33–62. http://www.sewerhistory.org/articles/whregion/urban_wwm_mgmt/urban_wwm_mgmt.pdf.

C40 Cities. 2011. 98% of Copenhagen City Heating Supplied by Waste Heat. http://www.c40.org/case_studies/98-of-copenhagen-city-heating-supplied-by-waste-heat.

Calabro, Emmanuele. 2013. An Algorithm to Determine the Optimum Tilt Angle of a Solar Panel from Global Horizontal Solar Radiation. *Journal of Renewable Energy* 2013:307547.

Calctool. n.d. http://www.calctool.org/CALC/eng/civil/hazen-williams_g.

California Department of Transportation. 2002. Guide for the Preparation of Traffic Impact Studies. Department of Transportation, State of California, Sacramento. http://www.dot.ca.gov/hq/tpp/offices/ocp/igr_ceqa_files/tisguide.pdf.

California Department of Transportation. 2011. California Airport Land Use Planning Handbook. http://www.dot.ca.gov/hq/planning/aeronaut/documents/alucp/AirportLandUsePlanningHandbook.pdf.

California School Garden Network. 2010. Gardens for Learning. Western Growers Foundation, California School Garden Network. http://www.csgn.org/sites/csgn.org/files/CSGN_book.pdf.

California State Parks. 2017. California Register of Historic Places. Office of Historic Preservation. http://ohp.parks.ca.gov/?page_id=21238.

Callies, David L., Daniel J. Curtin, and Julie A. Tappendorf. 2003. *Bargaining for Development: A Handbook of Development Agreements, Annexation Agreements, Land Development Conditions, Vested Rights and the Provision of Public Facilities*. Washington, DC: Environmental Law Institute.

Calthorpe, Peter. 1984. *The Next American Metropolis: Ecology, Community and the American Dream*. New York: Princeton Architectural Press.

Campanella, Thomas J. 2003. *Republic of Shade*. New Haven: Yale University Press.

Campbell Collaboration. n.d. http://www.campbellcollaboration.org.

Canada Mortgage and Housing Corporation. 2002. *Learning from Suburbia: Residential Street Pattern Design*. Ottawa: CMHC.

Canadian Environmental Assessment Agency. 2014. Basics of Environmental Assessment. https://www.ceaa-acee.gc.ca/default.asp?lang=en&n=B053F859-1.

Carmona, Matthew, Tim Heath, Taner Oc, and Steve Tiesdell. 2010. *Public Places, Urban Spaces: The Dimensions of Urban Design*. Abingdon, UK: Routledge.

Carr, Stephen, Mark Francis, Leanne G. Rivlin, and Andrew M. Stone. 1992. *Public Space*. Cambridge: Cambridge University Press.

Casanova, Helena, and Jesus Hernandez. 2015. *Public Space Acupuncture*. Barcelona: Actar.

Cascadia Consulting Group. 2008. Statewide Waste Characterization Study. California Integrated Waste Management Board. http://www.calrecycle.ca.gov/Publications/Documents/General%5C2009023.pdf.

Caulkins, Meg. 2012. *The Sustainable Sites Handbook: A Complete Guide to the Principles, Strategies, and Best Practices for Sustainable Landscapes*. New York: Wiley.

Center for Applied Transect Studies. n.d. (a) Resources & Links. http://transect.org/resources_links.html.

Center for Applied Transect Studies. n.d. (b) Smart Code. http://www.smartcodecentral.com.

Center for Design Excellence. n.d. Urban Design: Public Space. http://www.urbandesign.org/publicspace.html.

Cervero, Robert. 1997. *Paratransit in America: Redefining Mass Transportation*. New York: Praeger.

Cervero, Robert, and Erick Guerra. 2011. Urban Densities and Transit: A Multi-dimensional Perspective. UC Berkeley Center for Future Urban Transport, Working Paper UCB-ITS-VWP-2011-6. http://www.its.berkeley.edu/publications/UCB/2011/VWP/UCB-ITS-VWP-2011-6.pdf.

Chakrabarti, Vibhuti. 1998. *Indian Architectural Theory: Contemporary Uses of Vastu Vidya*. Richmond, UK: Curzon.

Chapin, Ross, and Sarah Susanka. 2011. *Pocket Neighborhoods: Creating Small Scale Community in a Large Scale World*. Newtown, CT: Taunton Press. See: http://www.pocket-neighborhoods.net/whatisaPN.html.

Chapman, Perry. 2006. *American Places: In Search of the Twenty-first Century Campus*. Lanham, MD: Rowman and Littlefield.

Chee, R., D. S. Kang, K. Lansey, and C. Y. Choi. 2009. Design of Dual Water Supply Systems. World Environmental and Water Resources Congress 2009. doi:10.1061/41036(342)71.

Chen, Liang, and Edward Ng. 2009. Sky View Factor Analysis of Street Canyons and Its Implication for Urban Heat Island Intensity: A GIS-Based Methodology Applied in Hong Kong. PLEA 2009 – 26th Conference on Passive and Low Energy Architecture, Quebec City, Canada, p. 166.

Chief Medical Officer of Health. 2010. The Potential Health Impact of Wind Turbines. Ontario Government, Toronto. http://www.health.gov.on.ca/en/common/ministry/publications/reports/wind_turbine/wind_turbine.pdf.

Childress, Herb. 1990. The Making of a Market. *Places* 7 (1). http://escholarship.org/uc/item/65g000cb#page-1.

Chrest, Anthony P., Mary S. Smith, and Sam Bhuyan. 1989. *Parking Structures: Planning, Design, Construction, Maintenance, and Repair*. New York: Van Nostrand Reinhold.

Chung, Chuihua Judy, Jeffrey Inaba, Rem Koolhaas, and Sze Tsung Leong, eds. 2001. *Harvard Design School Guide to Shopping*. Cologne: Taschen.

Cisco, Inc. 2007. How Cisco Achieved Environmental Sustainability in the Connected Workplace. Cisco IT Case Study. http://www.cisco.com/c/dam/en_us/about/ciscoitatwork/downloads/ciscoitatwork/pdf/Cisco_IT_Case_Study_Green_Office_Design.pdf.

City of Austin. n.d. Water Quality Regulations. https://www.municode.com/library/tx/austin/codes/environmental_criteria_manual?nodeId=S1WAQUMA_1.6.0DEGUWAQUCO_1.6.8RUIMTECOTARST.

City of Carlsbad. 2006. Design Criteria for Gravity Sewer Lines and Appurtenances. City of Carlsbad, California. http://www.carlsbadca.gov/business/building/Documents/EngStandVol1chap6.pdf.

City of Chicago. n.d. A Guide to Stormwater Best Management Practices. https://www.cityofchicago.org/dam/city/depts/doe/general/NaturalResourcesAndWaterConservation_PDFs/Water/guideToStormwaterBMP.pdf.

City of Fort Lauderdale. 2007. Building a Liveable Downtown. http://www.fortlauderdalegov/planning_zoning/pdf/downtown_mp/120508downtown_mp.pdf.

City of Portland. 1991. Downtown Urban Design Guidelines. City of Portland (Maine), Planning Department. http://www.portlandmaine.gov/DocumentCenter/Home/View/3375.

City of Portland. 2001. Central City Fundamental Design Guidelines. City of Portland (Oregon), Bureau of Planning and Sustainability. https://www.portlandoregon.gov/bps/article/58806.

City of Seattle. 2007. *Jefferson Park Site Plan Final Environmental Impact Statement*. Prepared by Adolfson Associates for the Department of Planning and Development.

City of Toronto. 2002. Water Efficiency Plan. Department of Works and Emergency Services, Toronto, and Veritec Consulting Limited. https://www1.toronto.ca/City%20Of%20Toronto/Toronto%20Water/Files/pdf/W/WEP_final.pdf.

City of Vancouver. n.d. Subdivision Bylaw. https://vancouver.ca/your-government/subdivision-bylaw-5208.aspx.

City of York Council. n.d. York New City Beautiful: Toward an Economic Vision. http://www.urbandesignskills.com/_uploads/UDS_YorkVision.pdf.

CityRyde LLC. 2009. Bicycle Sharing Systems Worldwide: Selected Case Examples. http://www.cityryde.com.

Claritas. n.d. Claritas PRIZM$_{NE}$ Lifestyle Categories. http://www.claritas.com.

Clark, Robert R. 2009 [1984]. General Guidelines for the Design of Light Rail Transit Facilities in Edmonton. http://www.trolleycoalition.org/pdf/lrtreport.pdf.

Clark, William R. 2010. Principles of Landscape Ecology. *Nature Education Knowledge* 3(10): 34. http://www.nature.com/scitable/knowledge/library/principles-of-landscape-ecology-13260702.

Claytor, Richard A., and Thomas R. Schueler. 1996. *Design of Stormwater Filtering Systems*. Ellicot City, MD: Center for Watershed Protection.

Clinton Climate Initiative. n.d. https://www.clintonfoundation.org/our-work/clinton-climate-initiative.

Cochrane Collaboration. n.d. http://www.cochrane.org.

Coleman, Peter. 2006. *Shopping Environments: Evolution, Planning and Design*. Oxford: Architectural Press. http://samples.sainsburysebooks.co.uk/9781136366512_sample_900897.pdf.

Collyer, G. Stanley. 2004. *Competing Globally in Architectural Competitions*. London: Academy Press.

Collymore, Peter. 1994. *The Architecture of Ralph Erskine*. London: Academy Editions.

Commission for Architecture and the Built Environment. n.d. Case Studies. http://webarchive.nationalarchives.gov.uk/20110118095356/http://www.cabe.org.uk/case-studies.

Commission on Engineering and Technical Systems. 1985. *District Heating and Cooling in the United States: Prospects and Issues*. Washington, DC: National Academies Press.

Community Planning Laboratory. 2002. New Towns: An Overview of 30 American New Communities. CRP 410, City and Regional Planning Department, California Polytechnic State University, Zeljka Pavlovich Howard, faculty advisor. http://planning.calpoly.edu/projects/documents/newtown-cases.pdf.

Condon, Patrick M., Duncan Cavens, and Nicole Miller. 2009. *Urban Planning Tools for Climate Change Mitigation*. Cambridge, MA: Lincoln Institute of Land Policy. http://www.dcs.sala.ubc.ca/docs/lincoln_tools%20_for_climate%20change%20final_sec.pdf.

Conference Board of Canada. 2017. Municipal Waste Generation. http://www.conferenceboard.ca/hcp/details/environment/municipal-waste-generation.aspx.

Consumer Product Safety Commission. 2010. Public Playground Safety Handbook. http://www.cpsc.gov//PageFiles/122149/325.pdf.

Corbin, Juliet, and Anselm Strauss. 2007. *Basics of Qualitative Research: Techniques and Procedures for Developing Grounded Theory*. 3rd ed. New York: Sage.

Corbisier, Chris. 2003. Living with Noise. *Public Roads* 67 (1). https://www.fhwa.dot.gov/publications/publicroads/03jul/06.cfm.

Cornell University. Recommended Urban Trees: Site Assessment and Tree Selection for Stress Tolerance. http://www.hort.cornell.edu/uhi/outreach/recurbtree/pdfs/~recurbtrees.pdf.

Correll, Mark R., Jane H. Lillydahl, and Larry D. Singell. 1978. The Effects of Greenbelts on Residential Property Values: Some Findings on the Political Economy of Open Space. *Land Economics* 54 (2):207–217.

Cotswold Water Park. n.d. http://www.waterpark.org.

Coulson, Jonathan, Paul Roberts, and Isabelle Taylor. 2015. *University Planning and Architecture: The Search for Perfection*. 2nd ed. Abingdon, UK: Routledge.

Crankshaw, Ned. 2008. *Creating Vibrant Public Spaces: Streetscape Design in Commercial and Historic Districts*. 2nd ed. Washington, DC: Island Press.

Craul, Phillip J. 1999. *Urban Soils: Applications and Practices*. New York: Wiley.

Creative Urban Projects. 2013. Cable Car Confidential: The Essential Guide to Cable Cars, Urban Gondolas, and Cable Propelled Transit. http://www.gondolaproject.com.

Crewe, Catherine, and Ann Forsyth. 2013. LandSCAPES: A Typology of Approaches to Landscape Architecture. *Landscape Journal* 22 (1): 37–53.

C.R.O.W. 1994. *Sign Up for the Bike: Design Manual for a Cycle-Friendly Infrastructure*. C.R.O.W. Record 10. The Netherlands: Centre for Research and Contact Standardization in Civil and Traffic Engineering.

DAN. 2013. Making a Site Model. SectionCut blog. http://sectioncut.com/make-a-site-model-workflow/.

Darin-Drabkin, H. 1971. Control and Planned Development of Urban Land: Toward the Development of Urban Land Policies. Paper presented at the Interregional Seminar on Urban Land Policies and Land-Use Control Measures, Madrid, November. ESA/HPB/AC.5/6.

Davenport, Cyndy, and Ishka Voiculescu. 2016. *Mastering AutoCAD Civil 3D 2016: Autodesk Official Press*. 1st ed. New York: Wiley.

Davison, Elizabeth. n.d. Arizona Plant Climate Zones. Cooperative Extension, College of Agriculture and Life Sciences, University of Arizona. http://cals.arizona.edu/pubs/garden/az1169/#map.

Del Alamo, M. R. 2005. *Design for Fun: Playgrounds*. Barcelona: Links International.

Denver Water. n.d. Water Wise Landscape Handbook. http://www.denverwater.org/docs/assets/6E5CC278-0B7C-1088-758683A48CE8624D/Water_Wise_Landscape_Handbook.pdf.

Department of Agriculture. n.d. Plant Hardiness Zone Map. Agricultural Research Service, US Department of Agriculture. http://planthardiness.ars.usda.gov/PHZMWeb/.

Department of Agriculture, Soil Survey Staff. 1975. Soil Taxonomy — A Basic System of Soil Classification for Making and Interpreting Soil Surveys. US Department of Agriculture, Agricultural Handbook 436.

Department of Agriculture, Soil Survey Staff. 2015. Illustrated Guide to Soil Taxonomy. Version 2.0. US Department of Agriculture, Natural Resources Conservation Service, National Soil Survey Center.

Department of Commerce. 1961. Rainfall Frequency Atlas of the United States. Prepared by David M. Hershfield. Technical Paper no. 40. http://www.nws.noaa.gov/oh/hdsc/PF_documents/TechnicalPaper_No40.pdf.

Department of Housing and Urban Development. n.d. 24 CFR Part 51 Environmental Criteria and Standards, Subpart B — Noise Abatement and Control. US Consolidated Federal Register. http://www.hudnoise.com/hudstandard.html.

Design Trust for Public Space. 2010. High Performance Landscape Guidelines: 21st Century Parks for New York City. http://designtrust.org/publications/hp-landscape-guidelines/.

Dezeen. n.d. (a). Playgrounds. https://www.dezeen.com/tag/playgrounds/.

Dezeen. n.d. (b). Shopping Centers. https://www.dezeen.com/tag/shopping-centres/.

Diepens and Okkema Traffic Consultants. 1995. *International Handbook for Cycle Network Design*. Delft, Netherlands: Delft University of Technology.

Dionne, Brian. n.d. Escalators and Moving Sidewalks. Catholic University of America. http://architecture.cua.edu/res/docs/courses/arch457/report-1/10b-escalators-movingwalks.pdf.

District Energy St Paul. n.d. http://www.districtenergy.com.

Ditchkoff, Stephen S., Sarah T. Saalfeld, and Charles J. Gibson. 2006. Animal Behavior in Urban Ecosystems: Modifications Due to Human-Induced Stress. *Urban Ecosystems* 9:5–12. https://fp.auburn.edu/sfws/ditchkoff/PDF%20publications/2006%20-%20UrbanEco.pdf.

Do, A. Quang, and Gary Grudnitski. 1995. Golf Courses and Residential House Prices: An Empirical Examination. *Journal of Real Estate Finance and Economics* 10 (10): 261–270.

Dober, Richard P. 2010 [1992]. Campus Planning. Digital Version. Society for College and University Planning. https://www.scup.org/page/resources/books/cd.

Doebele, William. 1982. *Land Readjustment*. Lexington, MA: Lexington Books.

Domingo Calabuig, Débora, Raúl Castellanos Gómez, and Ana Ábalos Ramos. 2013. The Strategies of Mat-building. *Architectural Review*, August 13. http://www.architectural-review.com/essays/the-strategies-of-mat-building/8651102.article.

Dorner, Jeanette. n.d. An Introduction to Using Native Plants in Restoration Projects. National Park Service, US Department of the Interior, Washington, DC. http://www.nps.gov/plants/restore/pubs/intronatplant/toc.htm.

Dowling, Richard, David Reinke, Amee Flannery, Paul Ryan, Mark Vandehey, Theo Petritsch, Bruce Landis, Nagui Rouphail, and James Bonneson. 2008. *Multimodal Level of Service Analysis for Urban Streets. NCHRP Report 616*. Washington, DC: Transportation Research Board; http://onlinepubs.trb.org/onlinepubs/nchrp/nchrp_rpt_616.pdf.

Downey, Nate. 2009. Roof-Reliant Landscaping: Rainwater Harvesting with Cistern Systems in New Mexico. New Mexico Office of the State Engineer. http://www.ose.state.nm.us/water-info/conservation/pdf-manuals/Roof-Reliant-Landscaping/Roof-Reliant-Landscaping.pdf).

Duany, Andres, Elizabeth Plater-Zyberk, and Robert Alminana. 2003. *New Civic Art: Elements of Town Planning*. New York: Rizzoli.

Dubbeling Martin, Michaël Meijer, Antony Marcelis, and Femke Adriaens, eds. 2009. *Duurzame stedenbouw: perspectieven en voorbeelden / Sustainable Urban Design: Perspectives and Examples*. Wageningen, Netherlands: Plauwdrukpublishers.

Duffy, Francis, Colin Cave, and John Worthington. 1976. *Planning Office Space*. London: Elsevier.

Dunphy, Robert T., et al. 2000. *The Dimensions of Parking*. 4th ed. Washington, DC: Urban Land Institute and National Parking Association.

EarthCraft Communities. n.d. http://www.earthcraft.org/builders/resources/.

East Cambridgeshire District Council. 2008. Percolation Tests. Technical Information Note 6. http://www.eastcambs.gov.uk/sites/default/files/Guidance%20Note%206%20-%20Percolation%20Tests.pdf.

Eden Project. n.d. www.edenproject.com.

Edwards, J. D. 1992. *Transportation Planning Handbook*. Washington, DC: Institute of Transportation Engineers.

Effland, William R., and Richard V. Pouyat. 1997. The Genesis, Classification, and Mapping of Soils in Urban Areas. *Urban Ecosystems* 1:217–228.

Egan, D. 1992. A Bicycle and Bus Success Story. In *The Bicycle: Global Perspectives*. Montreal: Vélo Québec.

Ellickson, Robert C. 1992–1993. Property in Land. *Yale Law Journal* 102:1315.

Energy Storage Association. n.d. Pumped Hydroelectric Storage. http://energystorage.org/energy-storage/technologies/pumped-hydroelectric-storage.

Engineering Tool Box. n.d. http://www.engineeringtoolbox.com/sewer-pipes-capacity-d_478.html.

Enright, Robert, and Henriquez Partners. 2010. *Body Heat: The Story of the Woodward's Redevelopment*. Vancouver: Blueimprint Press.

Envac. n.d. Waste Solutions in a Sustainable Urban Development: Envac's Guide to Hammarby Sjöstad. http://www.solaripedia.com/files/719.pdf.

Environmental Protection Agency. 1994. Composting Yard Trimmings and Municipal Solid Waste. http://www.epa.gov/composting/pubs/cytmsw.pdf.

Environmental Protection Agency. 2000a. Constructed Wetlands Treatment of Municipal Wastewaters. http://water.epa.gov/type/wetlands/restore/upload/constructed-wetlands-design-manual.pdf.

Environmental Protection Agency. 2000b. Decentralized Systems Technology Fact Sheet: Small Diameter Gravity Sewers. http://water.epa.gov/scitech/wastetech/upload/2002_06_28_mtb_small_diam_gravity_sewers.pdf.

Environmental Protection Agency. 2000c. Introduction to Phytoremediation. National Risk Management Research Laboratory, Cincinnati, US Environmental Protection Agency. EPA/600/R-99/107. http://www.cluin.org/download/remed/introphyto.pdf.

Environmental Protection Agency. 2002a. Collection Systems Technology Fact Sheet: Sewers, Conventional Gravity. http://water.epa.gov/scitech/wastetech/upload/2002_10_15_mtb_congrasew.pdf.

Environmental Protection Agency. 2002b. Wastewater Technology Fact Sheet: Anaerobic Lagoons. http://water.epa.gov/scitech/wastetech/upload/2002_10_15_mtb_alagoons.pdf.

Environmental Protection Agency. 2002c. Wastewater Technology Fact Sheet: Package Plants. http://water.epa.gov/scitech/wastetech/upload/2002_06_28_mtb_package_plant.pdf.

Environmental Protection Agency. 2002d. Wastewater Technology Fact Sheet: Sewers, Pressure. http://water.epa.gov/scitech/wastetech/upload/2002_10_15_mtb_presewer.pdf.

Environmental Protection Agency. 2002e. Wastewater Technology Fact Sheet: Slow Rate Land Treatment. http://water.epa.gov/scitech/wastetech/upload/2002_10_15_mtb_sloratre.pdf.

Environmental Protection Agency. 2002f. Wastewater Technology Fact Sheet: The Living Machine®. http://water.epa.gov/scitech/wastetech/upload/2002_12_13_mtb_living_machine.pdf.

Environmental Protection Agency. 2006. Biosolids Technology Fact Sheet: Heat Drying. http://water.epa.gov/scitech/wastetech/upload/2006_10_16_mtb_heat-drying.pdf.

Environmental Protection Agency. 2012a. Municipal Solid Waste Generation, Recycling and Disposal in the United States: Facts and Figures for 2012. http://www.epa.gov/waste/nonhaz/municipal/pubs/2012_msw_fs.pdf.

Environmental Protection Agency. 2012b. Part 1502 – Environmental Impact Statement. Code of Federal Regulations, Title 40. US Government Publishing Office. https://www.gpo.gov/fdsys/pkg/CFR-2012-title40-vol34/pdf/CFR-2012-title40-vol34-part1502.pdf.

Environmental Protection Agency. 2014. Energy Recovery from Waste. http://www.epa.gov/epawaste/nonhaz/municipal/wte/index.htm.

Environmental Protection Agency. 2016. Heat Island Cooling Strategies. https://www.epa.gov/heat-islands/heat-island-cooling-strategies.

Environmental Protection Agency. 2017. Environmental Impact Statement Rating System Criteria. https://www.epa.gov/nepa/environmental-impact-statement-rating-system-criteria.

Environmental Protection Agency. n.d. (a). Electric and Magnetic Fields (EMF) Radiation from Power Lines. http://www.epa.gov/radtown/power-lines.html.

Environmental Protection Agency. n.d. (b). Mixed-Use Trip Generation Model. https://www.epa.gov/smartgrowth/mixed-use-trip-generation-model.

Envision Utah. n.d. http://www.envisionutah.org.

Enwave. n.d. http://www.enwave.com/disstrict_cooling_system.html.

EPA Victoria. 2005. Dual Pipe Water Recycling Schemes – Health and Environmental Risk Management. http://www.epa.vic.gov.au/~/media/Publications/1015.pdf.

Eppley Institute et al. 2004. Anchorage Bowl: Parks, Natural Open Space and Recreation Facilities Plan. Draft Plan. Land Design North; Eppley Institute for Parks and Public Lands, Indiana University; and Alaska Pacific University. http://eppley.org/wp-content/uploads/uploads/file/62/Anchorage.pdf.

Eppli, Mark J., and Charles C. Tu. 1999. *Valuing the New Urbanism: The Impact of New Urbanism on Prices of Single Family Homes*. Washington, DC: Urban Land Institute.

Eriksen, Aase. 1985. *Playground Design: Outdoor Environments for Learning and Development*. New York: Van Nostrand Reinhold.

Ernst, Michelle, and Lilly Shoup. 2009. Dangerous by Design: Transportation for America and the Surface Transportation Policy Partnership. http://culturegraphic.com/media/Transportation-for-America-Dangerous-by-Design.pdf.

Ervin, Stephen, and Hope Hasbrouck. 2001. *Landscape Modeling: Digital Techniques for Landscape Visualization*. New York: McGraw-Hill.

Esri. n.d. GIS Solutions for Urban and Regional Planning: Designing and Mapping the Future of Your Community with GIS. http://www.esri.com/library/brochures/pdfs/gis-sols-for-urban-planning.pdf.

Euroheat and Power. n.d. District Heating and Cooling Explained. http://www.euroheat.org.

Ewing, Reid. 1996. *Best Development Practices*. Washington, DC: Planners Press.

Ewing, Reid H. 1999. Traffic Calming: State of the Practice. Institute of Transportation Engineers, Washington, DC, Publication no. IR-098.

Faga, Barbara. 2006. *Designing Public Consensus: The Civic Theater of Community Participation for Architects, Landscape Architects, Planners and Urban Designers*. New York: Wiley.

Farvacque, C., and P. McAuslan. 1992. Reforming Urban Policies and Institutions in Developing Countries. Urban Management Program Paper No. 5. World Bank, Washington, DC.

Federal Communications Commission. 1999. Questions and Answers about Biological Effects and Potential Hazards of Radiofrequency Electromagnetic Fields. OET Bulletin 56, 4th ed. http://transition.fcc.gov/Bureaus/Engineering_Technology/Documents/bulletins/oet56/oet56e4.pdf.

Federal Emergency Management Agency. n.d. FEMA 100 Year Flood Zone Maps. http://msc.fema.gov.

Federal Highway Administration. 2000. Roundabouts: An Informational Guide. US Department of Transportation, FHWA Publication No. RD-00-067.

Federal Highway Administration. 2001. Geometric Design Practices for European Roads. https://international.fhwa.dot.gov/pdfs/geometric_design.pdf.

Federal Highway Administration. 2003. *Manual on Uniform Traffic Control Devices for Streets and Highways*. Washington, DC: US Department of Transportation.

Federal Highway Administration. 2006. Pedestrian Characteristics. https://www.fhwa.dot.gov/publications/research/safety/pedbike/05085/chapt8.cfm.

Federal Highway Administration. 2008. Traffic Volume Trends. http://www.fhwa.dot.gov/ohim/tvtw/08dectvt/omdex/cfm.

Federal Highway Administration. 2013a. Highway Functional Classification Concepts, Criteria and Procedures. https://www.fhwa.dot.gov/planning/processes/statewide/related/highway_functional_classifications/fcauab.pdf.

Federal Highway Administration. 2013b. Traffic Analysis Toolbox Volume VI: Definition, Interpretation and Calculation of Traffic Analysis Tools Measures of Effectiveness. http://ops.fhwa.dot.gov/publications/fhwahop08054/sect4.htm.

Federal Highway Administration. 2014. Road Diet Informational Guide. http://safety.fhwa.dot.gov/road_diets/info_guide/ch3.cfm.

Federal Highway Administration. n.d. (a). Noise Barrier Design—Visual Quality. http://www.fhwa.dot.gov/environment/noise/noise_barriers/design_construction/keepdown.cfm.

Federal Highway Administration. n.d. (b). Separated Bike Lane Planning and Design Guide. https://www.fhwa.dot.gov/environment/bicycle_pedestrian/publications/separated_bikelane_pdg/page00.cfm.

Ferguson, Bruce K. 1994. *Stormwater Infiltration*. Ann Arbor, MI: CRC Press.

Ferguson, Bruce K. 1998. *Introduction to Stormwater: Concept, Purpose, Design*. Hoboken, NJ: Wiley.

Ferguson, Bruce K. 2005. *Porous Pavements. Integrative Studies in Water Management and Land Development*. Ann Arbor, MI: CRC Press.

Fibre to the Home Council. 2011. FTTH Council – Definition of Terms. http://ftthcouncil.eu/documents/Publications/FTTH_Definition_of_Terms-Revision_2011-Final.pdf.

Field, Barry. 1989. The Evolution of Property Rights. *Kyklos* 42:319–345.

Fiorenza, S., C. L. Oubre, and C. H. Ward. 2000. *Phytoremediation of Hydrocarbon Contaminated Soil*. Boca Raton: Lewis Publishers.

Fischer, Richard A., and J. Craig Fischenich. 2000. Design Recommendations for Riparian Corridors and Vegetated Buffer Strips. US Army Engineer Research and Development Center, EDRC TN-EMRRP-SR-24. http://el.erdc.usace.army.mil/elpubs/pdf/sr24.pdf.

Fish and Wildlife Service. 2012. Land-Based Wind Energy Guidelines. http://www.fws.gov/windenergy/docs/WEG_final.pdf.

Fish and Wildlife Service. n.d. National Spatial Data Infrastructure: Wetlands Layer. http://www.fws.gov/wetlands/Documents/National-Spatial-Data-Infrastructure-Wetlands-Layer-Fact-Sheet.pdf.

Fisher, Scott. 2010. How to Make a Contour Model Correctly. Salukitecture. http://siuarchitecture.blogspot.com/2010/10/how-to-make-contour-model-correctly.html.

Fitzpatrick, Kay, et al. 2006. Improving Pedestrian Safety at Unsignalized Crossings. NCHRP Report #562. Transportation Research Board, Washington, DC.

Fleury, A. M., and R. D. Brown. 1997. A Framework for the Design of Wildlife Conservation Corridors with Specific Application to Southwestern Ontario. *Landscape and Urban Planning* 37:163–186.

Florida, Richard. 2002. *The Rise of the Creative Class: And How It Is Transforming Work, Leisure, Community and Everyday Life*. New York: Basic Books.

Florida Department of Transportation. 2009. Quality/Level of Service Handbook. http://www.fltod.com/research/fdot/quality_level_of_service_handbook.pdf.

Foletta, Nicole, and Simon Field. 2011. Europe's Vibrant New Low Car(bon) Communities. Institute for Transportation and Development Policy, New York. https://www.itdp.org/europes-vibrant-new-low-carbon-communities-2/.

Foley, Conor. 2007. *A Guide to Property Law in Uganda*. Nairobi: United Nations Centre for Human Settlements (Habitat).

Fondación Metrópoli. 2008. Ecobox: Building a Sustainable Future. Fondación Metrópoli, Madrid. http://www.fmetropoli.org/proyectos/ecobox.

Forman, Richard T. T. 1995. *Land Mosaics: The Ecology of Landscapes and Regions*. Cambridge: Cambridge University Press.

Frank, L. D., and D. Hawkins. 2008. *Giving Pedestrians an Edge: Using Street Layout to Influence Transportation Choice*. Ottawa: Canada Mortgage and Housing Corporation.

Fregonese Associates. n.d. Envision Tomorrow: A Suite of Urban and Regional Planning Tools. http://www.envisiontomorrow.org/about-envision-tomorrow/.

Fruin, J. J. 1970. Designing for Pedestrians, a Level of Service Concept. PhD dissertation, Polytechnic Institute of Brooklyn.

Fujiyama, T., C. R. Childs, D. Boampomg, and N. Tyler. 2005. Investigation of Lighting Levels for Pedestrians—Some Questions about Lighting Levels of Current Lighting Standards. In *Walk21-VI, Everyday Walking Culture. 6th International Conference of Walking in the 21st Century*, 1–13. Zurich, Switzerland Walk21. https://docs.google.com/viewer?url=http%3A%2F%2Fdiscovery.ucl.ac.uk%2F1430%2F1%2FWalk21Fujiyama.pdf.

Gaborit, Pascaline, ed. 2014. *European and Asian Sustainable Towns: New Towns and Satellite Cities in Their Metropolises*. Brussels: Presses Interuniversitaires Européennes.

Gaffney, Andrea, Vinita Huang, Kristin Maravilla, and Nadine Soubotin. 2007. Hammarby Sjöstad, Stockholm, Sweden: A Case Study. http://www.aeg7.com/assets/publications/hammarby%20sjostad.pdf.

Galbrun, L., and T. T. Ali. 2012. Perceptual Assessment of Water Sounds for Road Traffic Noise Masking. Proceedings of the Acoustics 2012 Nantes Conference. http://hal.archives-ouvertes.fr/docs/00/81/12/10/PDF/hal-00811210.pdf.

Gatje, Robert F. 2010. *Great Public Squares: An Architect's Selection*. New York: W. W. Norton.

Gautier, P-E, F. Poisson, and F. Letourneaux. n.d. High Speed Trains External Noise: A Review of Measurements and Source Models for the TGV Case up to 360 km/h. http://uic.org/cdrom/2008/11_wcrr2008/pdf/S.1.1.4.4.pdf.

Gaventa, Sarah. 2006. *New Public Spaces*. London: Mitchell Beazley.

Gehl, Jan, and Lars Gemzøe. 1996. *Public Life—Public Space*. Copenhagen: Danish Architectural Press and Royal Academy of Fine Arts.

Gehl, Jan, and Lars Gemzøe. 2004. *Public Spaces, Public Life*. Copenhagen: Danish Architectural Press.

Gehl, Jan, and Lars Gemzøe. 2006. *New City Spaces*. Copenhagen: Danish Architectural Press.

Geist, Johann F. 1982. *Arcades: The History of a Building Type*. Cambridge, MA: MIT Press.

Geller, Roger. n.d. Four Types of Cyclists. http://www.portlandonline.com/transportation/index.cfm?&a=237507&c=44597.

Giannopoulos, G. A. 1989. *Bus Planning and Operation in Urban Areas*. Aldershot: Avebury Press.

Gibbs, Steve. 2005. A Solid Foundation for Future Growth. *Land Development Today* 1 (7): 8–10.

Giddens, Anthony. 1991. *Modernity and Self-Identity: Self and Society in the Late Modern Age*. Cambridge: Polity Press.

Glaser, Barney G., and Anselm L. Strauss. 1967. *The Discovery of Grounded Theory: Strategies for Qualitative Research*. Chicago: Aldine.

Global Designing Cities Initiative. 2016. *Global Street Design Guide*. Washington, DC: Island Press. https://gdci-pydi2uhbcuqfp9wvwe.stackpathdns.com/wp-content/uploads/guides/global-street-design-guide.pdf.

Global Legal Group. 2008. International Comparative Legal Guide to Real Estate. www.ilgc.co.uk.

GoGreenSolar.com. n.d. How Many Solar Panels Do I Need? https://www.gogreensolar.com/pages/how-many-solar-panels-do-i-need.

Gold, Martin E. 1977. *Law and Social Change: A Study of Land Reform in Sri Lanka*. New York: Nellen Publishing.

Gold, Martin E., and Russell Zuckerman. 2015. Indonesian Land Rights and Development. *Columbia Journal of Asian Law* 28 (1): 41–67.

Goldberger, Paul. 2005. *Up from Zero: Politics, Architecture and the Rebuilding of New York*. New York: Random House.

Gold Coast City Council et al. 2013. SEQ Water Supply and Sewerage Design and Construction Code: Design Criteria. http://www.seqcode.com.au/storage/2013-07-01%20-%20SEQ%20WSS%20DC%20Code%20Design%20Criteria.pdf.

Google. 2016. Google Charleston East Project. Informal Review Document, City of Mountain View. http://www.mountainview.gov/depts/comdev/planning/activeprojects/charleston_east.asp.

Google Earth Pro. n.d. https://support.google.com/earth/answer/3064261?hl=en.

Gordon, David L. A. 1997. *Battery Park City: Politics and Planning on the New York Waterfront*. Philadelphia: Gordon and Breach.

Gordon, Kathi. 2004. The Sea Ranch: Concept and Covenant. The Sea Ranch Association. http://www.tsra.org/photos/VIPBooklet.pdf.

GRASS. n.d. http://grass.osgeo.org/.

Grava, Sigurd. 2002. *Urban Transportation Systems: Choices for Communities*. New York: McGraw-Hill.

Great Lakes-Upper Mississippi River Board of State and Provincial Public Health and Environmental Managers. 2004. Recommended Standards for Wastewater Facilities. Health Research Inc. http://10statesstandards.com/wastewaterstandards.html.

Greenbaum, Thomas. 2000. *Moderating Focus Groups*. Thousand Oaks, CA: Sage.

Green Dashboard. n.d. Waste Diverted from Landfills. District of Columbia Government, Washington, DC. http://greendashboard.dc.gov/Waste/WasteDivertedFromLandfills.

GreenerEnergy. n.d. Tilt and Angle Orientation of Solar Panels. http://greenerenergy.ca/PDFs/Tilt%20and%20Angle%20Orientation%20of%20Solar%20Panels.pdf.

Greywater Action. n.d. How to Do a Percolation Test. http://greywateraction.org/content/how-do-percolation-test.

Gulf Organization for Research and Development. n.d. QSAS: Qatar Sustainability Assessment System Technical Manual, Version 2.1. http://www.gord.qa/uploads/pdf/GSAS%20Technical%20Guide%20V2.1.pdf.

Gustafson, David, James L. Anderson, Sara Heger Christopherson, and Rich Axler. 2002. Constructed Wetlands. University of Minnesota Extension. http://www.extension.umn.edu/environment/water/onsite-sewage-treatment/innovative-sewage-treatment-systems-series/constructed-wetlands/index.html.

Gustafson, David, and Roger E. Machmeier. 2013. How to Run a Percolation Test. University of Minnesota Extension. http://www.extension.umn.edu/environment/housing-technology/moisture-management/how-to-run-a-percolation-test/.

GVA Grimley LLP. 2006. Milton Keynes 2031: A Long Term Sustainable Growth Strategy. Milton Keynes Partnership. http://milton-keynes.cmis.uk.com/milton-keynes/Document.

Gyourko, Joseph E., and Witold Rybczynski. 2000. Financing New Urbanism Projects: Obstacles and Solutions. *Housing Policy Debate* 11 (3): 733–750.

Habraken, N. John. 2000. *Supports: An Alternate to Mass Housing*. Urban International Press.

Hack, Gary. 1994a. Discovering Suburban Values through Design Review. In Brenda Case Scheer and Wolfgang F. E. Preiser, eds., *Design Review: Challenging Aesthetic Control*. New York: Chapman and Hall.

Hack, Gary. 1994b. Renewing Prudential Center. *Urban Land*, November.

Hack, Gary. 2013. Business Performance in Walkable Shopping Areas. Active Living Research Program, Robert Wood Johnson Foundation. http://activelivingresearch.org/business-performance-walkable-shopping-areas.

Hack, Gary, and Lynne Sagalyn. 2011. Value Creation through Urban Design. In David Adams and Steven Tiesdell, eds., *Urban Design in the Real Estate Development Process*, 258–281. Hoboken, NJ: Wiley-Blackwell.

Hall, Edward. 1966. *The Hidden Dimension*. Garden City, NY: Doubleday.

Halprin, Lawrence. 2002. *The Sea Ranch ... Diary of an Idea*. Berkeley, CA: Spacemaker Press.

Hammer, Thomas R., Robert E. Coughlin, and Edward T. Horn. 1974. The Effect of a Large Urban Park on Real Estate Value. *Journal of the American Institute of Planners* 40 (4): 274–277.

Handy, Susan, Robert G. Paterson, and Kent Butler. 2003. Planning for Street Connectivity: Getting from Here to There. American Planning Association, Chicago, Planning Advisory Service Report 515.

Harris, P., B. Harris-Roxas, E. Harris, and L. Kemp. 2007. Health Impact Assessment: A Practical Guide. Centre for Health Equity Training, Research and Evaluation (CHETRE), University of New South Wales Research Centre for Primary Health Care and Equity, Sydney. http://hiaconnect.edu.au/wp-content/uploads/2012/05/Health_Impact_Assessment_A_Practical_Guide.pdf.

Haugen, Kathryn M. B. 2011. International Review of Policies and Recommendations for Wind Turbine Setbacks from Residences: Noise, Shadow Flicker and Other Concerns. Minnesota Department of Commerce, Energy Facility Permitting. http://mn.gov/commerce/energyfacilities/documents/International_Review_of_Wind_Policies_and_Recommendations.pdf.

Heaney, James P., Len Wright, and David Sample. 2000. Sustainable Urban Water Management. In Richard Feld, James P. Heaney, and Robert Pitt, eds., *Innovative Urban Wet-Weather Flow Management Systems*. Lancaster, PA: Technomic Publishing Company; http://unix.eng.ua.edu/~rpitt/Publications/BooksandReports/Innovative/achap03.pdf.

Heath, G. W., R. C. Brownson, J. Kruger, et al. 2006. The Effectiveness of Urban Design and Land Use and Transport Policies and Practices to Increase Physical Activity: A Systematic Review. *Journal of Physical Activity and Health* 3 (Suppl 1): S55–S76.

Hebrew Senior Housing. n.d. NewBridge on the Charles. http://www.hebrewseniorlife.org/newbridge.

Hegemann, Werner, and Elbert Peets. 1996 [1922]. *American Vitruvius: An Architect's Handbook of Civic Art*. New York: Princeton Architectural Press.

Heller, Michael, and Rick Hills. 2009. Land Assembly Districts. *Harvard Law Review* 121 (6): 1466–1527.

Hendricks, Barbara E. 2001. *Designing for Play*. Aldershot, UK: Ashgate.

Henthorne, Lisa. 2009. Desalination – a Critical Element of Water Solutions for the 21st Century. In Jonas Forare, ed., *Drinking Water—Sources, Sanitation and Safeguarding*. Swedish Research Council Formas. http://www.formas.se/formas_shop/ItemView.aspx?id=5422&epslanguage=EN.

Hershberger, Robert G. 2000. Programming. In American Institute of Architects, *The Architect's Handbook of Professional Practice*. 13th ed. http://www.aia.org/aiaucmp/groups/aia/documents/pdf/aiab089267.pdf.

Hershfield, David M. 1961. Rainfall Frequency Atlas of the United States: For Durations from 30 Minutes to 24 Hours and Return Periods from 1 to 100 Years. Technical Paper No. 40. US Department of Commerce; http://www.nws.noaa.gov/oh/hdsc/PF_documents/TechnicalPaper_No40.pdf.

High Tech Finland. 2010. District Heat from Nuclear. http://www.hightech.fi/direct.aspx?area=htf&prm1=898&prm2=article.

Hillier, Bill. 1996. *Space Is the Machine*. Cambridge: Cambridge University Press. See also http://www.spacesyntax.org/publications/commonlang.html.

Hirschhorn, Joel S., and Paul Souza. 2001. *New Community Design to the Rescue: Fulfilling Another American Dream*. Washington, DC: National Governors Association.

Hodge, Jessica, and Julia Haltrecht. 2009. *BedZED Seven Years On: The Impact of the UK's Best Known Eco-Village and Its Residents*. London: Peabody. http://www.bioregional.com/wp-content/uploads/2014/10/BedZED_seven_years_on.pdf.

Holl, Steven. 2011. *Horizontal Skyscraper*. Richmond, CA: William Stout Publishers.

Holsum, Laura M. 2005. The Feng Shui Kingdom. *New York Times*, April 25.

Hong, Yu-Hung, and Barrie Needham. 2007. *Analyzing Land Readjustment: Economics, Law and Collective Action*. Cambridge, MA: Lincoln Institute of Land Policy.

Hong Kong BEAM Society. 2012. BEAM Plus New Buildings, Version 1.2. http://www.beamsociety.org.hk/files/download/download-20130724174420.pdf.

Hong Kong Government. 1995. Sewerage Manual: Part 1, Key Planning Issues and Gravity Collection System. Drainage Services Department. http://www.dsd.gov.hk/TC/Files/publications_publicity/other_publications/technical_manuals/Sewer%20Manual%20Part%201.pdf.

Hoornweg, Daniel, and Perinaz Bhada-Tata. 2012. What a Waste: A Global Review of Solid Waste Management. World Bank Urban Development Series. http://www-wds.worldbank.org/external/default/WDSContentServer/WDSP/IB/2012/07/25/000333037_20120725004131/Rendered/PDF/681350WP0REVIS0at0a0Waste20120Final.pdf.

Horose, Caitlyn. 2015. Let's Get Digital! 50 Tools for Online Public Engagement. Community Matters. http://www.communitymatters.org/blog/let%E2%80%99s-get-digital-50-tools-online-public-engagement.

Horton, Mark B. 2010. A Guide for Health Impact Assessment. California Department of Public Health. http://www.cdph.ca.gov/pubsforms/Guidelines/Documents/HIA%20Guide%20FINAL%2010-19-10.pdf.

Huat, Low Ing, Dadang Mohamad Ma'soem, and Ravi Shankar. 2005. Revised Walkway Capacity Using Platoon Flows. *Proceedings of the Eastern Asia Society for Transportation Studies* 5:996–1008.

Hughes, Philip George. 2000. *Ageing Pipes and Murky Waters: Urban Water System Issues for the 21st Century*. Wellington, New Zealand: Office of the Parliamentary Commissioner for the Environment.

Hunter, William W, J. Richard Stewart, Jane C. Stutts, Herman H. Huang, and Wayne E. Pein. 1998. A Comparative Analysis of Bicycle Lanes versus Wide Curb Lanes: Final Report. US Department of Transportation, Federal Highway Administration, Report #FHWA-RD-99-034, May.

Hwangbo, Alfred B. 2002. An Alternative Tradition in Architecture: Conceptions in Feng Shui and Its Continuous Tradition. *Journal of Architectural and Planning Research* 19 (2): 110–130.

Hyodo, T., C. Montalbo, A. Fujiwara, and S. Soehodho. 2005. Urban Travel Behavior Characteristics of 13 Cities Based on Household Interview Survey Data. *Journal of the Eastern Asia Society for Transportation Studies* 6:23–38.

IBI Group. 2000. *Greenhouse Gas Emissions from Urban Travel: Tool for Evaluating Neighborhood Sustainability*. Ottawa: Canada Mortgage and Housing Corporation. http://www.cmhc-schl.gc.ca/odpub/pdf/62142.pdf.

Illumination Engineering Society. 2014. Standard Practice for Roadway Lighting. ANSI/IES RP-8.

India Green Building Council. n.d. LEED-NC India. http://www.igbc.in.

Ingram, Gregory K., and Yu-Hung Hong. 2012. *Value Capture and Land Policies*. Cambridge, MA: Lincoln Institute of Land Policy.

Ingram, Gregory K., and Zhi Liu. 1997. Determinants of Motorization and Road Provision. World Bank Working Paper. http://www-wds.worldbank.org/external/default/WDSContentServer/WDSP/IB/2000/02/24/000094946_99031911113162/additional/127527322_20041117172108.pdf.

Ingram, Gregory K., and Zhi Liu. 1999. Vehicles, Roads and Road Use: Alternative Empirical Specifications. World Bank Working Paper. www.siteresources.worldbank.org/Interurbantransport/resources/wps2038.pdf.

Institute for Building Efficiency. 2011. Green Building Asset Valuation: Trends and Data. http://www.institutebe.com/InstituteBE/media/Library/Resources/Green%20Buildings/Research_Snapshot_Green_Building_Asset_Value.pdf.

Institute of Transportation Engineers. 1999. *Traffic Engineering Handbook*. 5th ed. Englewood Cliffs, NJ: Prentice-Hall.

Institute of Transportation Engineers. 2004. *Parking Generation*. Washington, DC: ITE.

Institute of Transportation Engineers. 2006. Context Sensitive Solutions for Designing Major Thoroughfares for Walkable Communities. http://www.ite.org/css/.

Institute of Transportation Engineers. 2010. Designing Walkable Urban Thoroughfares: A Context Sensitive Approach. Institute of Transportation Engineers and Congress for the New Urbanism. http://www.ite.org/css/rp-036a-e.pdf.

Institute of Transportation Engineers. 2014. *Trip Generation Handbook*. 3rd ed. Washington, DC: ITE.

Institute of Transportation Engineers. 2017. *Trip Generation*. 10th ed. Washington, DC: ITE.

Intergovernmental Panel on Climate Change. 2007. Magnitudes of Impact. United Nations Environment Program and World Health Organization. http://www.ipcc.ch/publications_and_data/ar4/wg2/en/spmsspm-c-15-magnitudes-of.html.

International Labor Organization. n.d. International Standard Classification of Occupations, ISCO-88. http://www.ilo.org/public/english/bureau/stat/isco/isco88/index.htm.

International Standards Organization. 2009. Environmental Management: The ISO 14000 Family of International Standards. http://www.iso.org/iso/theiso14000family_2009.pdf.

International Water Association. 2010. International Statistics for Water Services. Specialist Group – Statistics and Management, Montreal. http://www.iwahq.org/contentsuite/upload/iwa/document/iwa_internationalstats_montreal_2010.pdf.

Iowa State University, University Extension. 1997. Farmstead Windbreaks: Planning. Pm-1716.

Itami, Robert M. 2002. *Estimating Capacities for Pedestrian Walkways and Viewing Platforms: A Report for Parks Victoria*. Brunswick, Victoria, Australia: GeoDimensions Pty Ltd.

Jacobs, Allan B. 1993. *Great Streets*. Cambridge, MA: MIT Press.

Jacobs, Allan B., Elizabeth Macdonald, and Yodan Rofe. 2002. *The Boulevard Book*. Cambridge, MA: MIT Press.

Jacobs, Jane. 1992 [1962]. *The Death and Life of Great American Cities*. New York: Vintage Press.

Jacobsen, P. L. 2003. Safety in Numbers: More Walkers and Bicyclists, Safer Walking and Biking. *Injury Prevention* 9:205–209.

Jacquemart, G. 1998. *Modern Roundabout Practice in the United States*. National Cooperative Highway Research Program, Synthesis of Highway Practice 264. Washington, DC: National Academy Press.

James Corner Field Operations and Diller, Scofidio & Renfro. 2015. *The High Line*. London: Phaidon Press.

Japan Sustainable Building Consortium and Institute for Building Environment and Energy Conservation. 2017. CASBEE: Comprehensive Assessment System for Built Environment Efficiency. http://www.ibec.or.jp/CASBEE/english/.

Jarzombek, Mark M. 2004. *Designing MIT: Bosworth's New Tech*. Boston: Northeastern University Press.

Jefferson Center. n.d. Citizens Juries. http://jefferson-center.org/.

Jewell, Nicholas. 2015. *Shopping Malls and Public Space in Modern China*. London: Routledge.

Jim, C.Y., and Wendy Y. Chen. 2009. Value of Scenic Views: Hedonic Assessment of Private Housing in Hong Kong. *Landscape and Urban Planning* 91:226–234.

Katz, Robert. 1977. *Design of the Housing Site*. Champaign: University of Illinois Press.

Kayden, Jerold S. 1978. *Incentive Zoning in New York City: A Cost-Benefit Analysis*. Cambridge, MA: Lincoln Institute of Land Policy.

Kayden, Jerold S. 2000. *Privately Owned Public Space: The New York City Experience*. New York: Wiley.

Kelo. 2005. Kelo et al. v. City of New London et al., 545 U.S. 369.

Kenny, J. F., N. L. Barber, S. S. Hutson, K. S. Linsey, J. K. Lovelace, and M. A. Maupin. 2009. Estimated Use of Water in the United States in 2005. Geological Survey Circular 1344.

Kenworthy, Jeff. 2013. Trends in Transport and Urban Development in Thirty-Three International Cities 1995–6 to 2005–6: Some Prospects for Lower Carbon Transport. In Steffen Lehmann, ed., *Low Carbon Cities: Transforming Urban Systems*. London: Routledge.

Kenworthy, Jeff. 2015. Non-Motorized Mode Cities in a Global Cities Cluster Analysis: A Study of Trends in Mumbai, Shanghai, Beijing and Guangzhou since 1995. Working paper prepared for Hosoya Schaefer Architects AG.

Kenworthy, Jeff, and Felix B. Laube. 2001. *Millennium Cities Database for Sustainable Transport. Brussels: International Union of Public Transport*. Perth: Murdoch University Institute for Sustainability and Technology Policy.

Kenworthy, Jeff, and Craig Townsend. 2002. An International Comparative Perspective on Motorization in Urban China. *IATSS Research* 26 (2): 99–109.

Khan, Adil Mohammed, and Md. Akter Mahmud. 2008. FAR as a Development Control Took: A New Growth Management Technique for Dhaka City. *Jahangirnagar Planning Review* 6:49–54.

Khattak, Asad J., and John Stone. 2004. Traditional Neighborhood Development Trip Generation Study. Final Report. Center for Urban and Regional Studies, University of North Carolina at Chapel Hill.

Kittelson and Associates et al. 2003. Transit Capacity and Quality of Service Manual. 2nd ed. Transportation Research Board of the National Academies, Washington, DC, TCRP Report 100.

Klett, J. E., and C. R. Wilson. 2009. Xeriscaping: Ground Cover Plants. Colorado State University Extension. http://www.ext.colostate.edu/pubs/garden/07230.html.

Knoll, Wolfgang, and Martin Hechinger. 2007. *Architectural Models: Construction Techniques*. Plantation, FL: J. Ross Publishing.

Kohn, A. Eugene, and Paul Katz. 2002. *Building Type Basics for Office Buildings*. New York: Wiley.

Kost, Christopher, and Mathias Nohn. 2011. Better Streets, Better Cities: A Guide to Street Design in Urban India. Institute for Transportation and Development Policy and Environmental Planning Collaborative. http://www.itdp.org/documents/Better Streets111221.pdf.

Kroll, B., and R. Sommer. 1976. Bicyclists' Response to Urban Bikeways. *Journal of the American Institute of Planners* 42 (January): 41–51.

Kulash, Walter M. 2001. *Residential Streets*. 3rd ed. Washington, DC: Urban Land Institute.

Kulash, Walter M., Joe Anglin, and David Marks. 1990. Traditional Neighborhood Development: Will the Traffic Work? *Development* 21 (July/August): 21–24.

Kumar, Manish, and Vivekananda Biswas. 2013. Identification of Potential Sites for Urban Development Using GIS Based Multi Criteria Evaluation Technique. *Journal of Settlements and Spatial Planning* 4 (1): 45–51.

Kuusiola, Timo, Maaria Wierink, and Karl Heiskanen. 2012. Comparison of Collection Schemes of Municipal Solid Waste Metallic Fraction: The Impacts on Global Warming Potential for the Case of the Helsinki Metropolitan Area, Finland. *Sustainability* 4:2586–2610.

LaGro, James A., Jr. 2008. *Site Analysis: Linking Program and Concept in Land Planning and Design*. 2nd ed. New York: Wiley.

Lancaster, R. A., ed. 1990. *Recreation, Park and Open Space Standards and Guidelines*. Ashburn, VA: National Recreation and Park Association. http://www.prm.nau.edu/prm423/recreation_standards.htm.

Landcom. Inc. n.d. Street Tree Design Guidelines (Australia). http://www.landcom.com.au/publication/download/street-tree-design-guidelines/.

LaPlante, John, and Thomas P. Kaeser. 2007. A History of Pedestrian Signal Walking Speed Assumptions. Third Urban Street Symposium, June 24–27, Seattle, Washington.

Larco, Nico and Kristin Kelsey. 2014. *Site Design for Multifamily Housing: Creating Livable, Connected Neighborhoods*. 2nd ed. Washington, DC: Island Press.

Larwood, Scott, and C. P. van Dam. 2006. Permitting Setback Requirements for Wind Turbines in California. California Wind Energy Collaborative. http://energy.ucdavis.edu/files/05-06-2013-CEC-500-2005-184.pdf.

Law Handbook. 2017. Environmental Impact Assessment. Fitzroy Legal Services, Inc., Victoria, Australia. http://www.lawhandbook.org.au/2016_11_03_03_environmental_impact_assessment_eia/.

Leaf, W. A., and D. F. Preusser. 1998. Literature Review on Vehicle Travel Speeds and Pedestrian Injuries. National Highway Traffic Safety Administration, US Department of Transportation.

Lee, Jennifer H., Nathalie Robbel, and Carlos Dora. 2013. Cross Country Analysis of the Institutionalization of Health Impact Assessment. Social Determinants of Health Discussion Paper Series 8 (Policy and Practice). Geneva: World Health Organization; http://apps.who.int/iris/bitstream/10665/83299/1/9789241505437_eng.pdf.

Leinberger, Christopher B. 2008. *The Option of Urbanism: Investing in a New American Dream*. Washington, DC: Island Press.

Lennertz, Bill, and Aarin Kutzenhiser. 2006. *The Charrette Handbook*. Chicago: American Planning Association Publishing.

Letema, Sammy, Bas van Vliet, and Jules B. van Lier. 2011. Innovations in Sanitation for Sustainable Urban Growth: Modernised Mixtures in an East African Context. On the Waterfront 2011. https://www.researchgate.net/publication/233740032_Innovations_in_sanitation_for_sustainable_urban_growth_Modernised_mixtures_in_an_East_African_context.

Levlin, Erik. 2009. Maximizing Sludge and Biogas Production for Counteracting Global Warming. http://urn.kb.se/resolve?urn=urn:nbn:se:kth:diva-81528.

Li, Huan, and Robert L. Bertini. 2008. Optimal Bus Stop Spacing for Minimizing Transit Operation Cost. ASCE, Proceedings of the Sixth International Conference of Traffic and Transportation Studies Congress.

Lin, Zhongjie. 2014. Constructing Utopias: China's Emerging Eco-cities. ARCC/EAAE 2014 Architectural Research Conference, "Beyond Architecture: New Intersections & Connections." http://www.arcc-journal.org/index.php/repository/article/download/310/246.

Lincolnshire. n.d. Design Guide for Residential Areas. http://www.e-lindsey.gov.uk/CHttpHandler.ashx?id=1647&p=0.

Listokin, David, and Carole Walker. 1989. *The Subdivision and Site Plan Handbook*. New Brunswick, NJ: Rutgers Center for Urban Policy Research.

Locke, John. 1988 [1689]. *Two Treatises of Government*. Cambridge: Cambridge University Press.

Los Angeles County. 2011. Model Street Design Manual for Living Streets. http://www.modelstreetdesignmanual.com/.

Los Angeles Department of City Planning. 1983. Land Form Grading Manual. http://cityplanning.lacity.org/Forms_Procedures/LandformGradingManual.pdf.

Los Angeles Urban Forestry Division. n.d. Street Tree Selection Guide. http://bss.lacity.org/UrbanForestry/StreetTreeSelectionGuide.htm.

Lowe, Will. n.d. Software for Content Analysis – A Review. http://dl.conjugateprior.org/preprints/content-review.pdf.

Low Impact Development Center. n.d. Low Impact Development (LID): A Literature Review. US Environmental Protection Agency.

Lund, John W. 1990. Geothermal Heat Pump Utilization in the United States. Klamath Falls: Oregon Institute of Technology Geo-Heat Center.

Luttik, Joke. 2000. The Value of Trees, Water and Open Space as Reflected by House Prices in the Netherlands. *Landscape and Urban Planning* 48 (3–4): 161–167.

Lynch, Kevin. 1960. *Image of the City*. Cambridge, MA: MIT Press.

Lynch, Kevin. 1962. *Site Planning*. Cambridge, MA: MIT Press.

Lynch, Kevin. 1973. *Site Planning*. 2nd ed. Cambridge, MA: MIT Press.

Lynch, Kevin, and Gary Hack. 1984. *Site Planning*. 3rd ed. Cambridge, MA: MIT Press.

Lyndon, Donlyn, and Jim Alinder. 2014. *The Sea Ranch: Fifty Years of Architecture, Landscape, Place, and Community on the Northern California Coast*. New York: Princeton Architectural Press.

Macdonald, Elizabeth. n.d. Graphics for Planners: Tutorials in Computer Graphics Programs. http://graphics-tutorial.ced.berkeley.edu/photoshop.htm.

Mahmood, Qaisar, et al. 2013. Natural Treatment Systems as Sustainable Ecotechnologies for the Developing Countries. *BioMed Research International* 2013: 796373. doi:10.1155/2013/796373. http://www.ncbi.nlm.nih.gov/pmc/articles/PMC3708409/.

Malczewski, Jacek. 2004. GIS-Based Land-Use Suitability Analysis: A Critical Overview. *Progress in Planning* 62:3–65.

Marcus, Claire Cooper, and Carolyn Francis, eds. 1998. *People Places: Design Guidelines for Public Spaces*. 2nd ed. New York: Wiley.

Marcus, Clare Cooper, and Wendy Sarkissian. 1986. *Housing as if People Mattered: Site Design Guidelines for Medium-Density Family Housing*. Berkeley: University of California Press.

Marsh, William M. 2010. *Landscape Planning: Environmental Applications*. 5th ed. New York: Wiley.

Marshall, Richard. 2001. *Waterfronts in Post-industrial Cities*. Abingdon, UK: Taylor and Francis.

Marshall, Stephen. 2005. *Streets and Patterns: The Structure of Urban Geometry*. London: Spon Press.

Marshall, Wesley E., and Norman Garrick. 2008. Street Network Types and Road Safety: A Study of 24 California Cities. University of Connecticut, Storrs, CT. http://www.sacog.org/complete-streets/toolkit/files/docs/Garrick%20%26%20Marshall_Street%20Network%20Types%20and%20Road%20Safety.pdf.

Martens, Yuri, Juriaan van Meel, and Hermen Jan van Ree. 2010. *Planning Office Spaces: A Practical Guide for Managers and Designers*. London: Laurence King Publishing.

Martin, William A., and Nancy A. McGuckin. 1998. Travel Estimation Techniques for Urban Planning. NCHRP Report 365. Washington, DC: National Research Council, Transportation Research Board.

Maryland Department of the Environment. 2007 [2000]. Maryland Stormwater Design Manual. http://www.mde.state.md.us/programs/Water/StormwaterManagementProgram/MarylandStormwaterDesignManual/Pages/Programs/WaterPrograms/SedimentandStormwater/stormwater_design/index.aspx.

Mateo-Babiano, Iderlina. 2003. Pedestrian Space Management as a Strategy in Achieving Sustainable Mobility. Working paper for Oikos PhD Summer Academy, St. Gallen, Switzerland. http://citeseerx.ist.psu.edu/viewdoc/similar?doi=10.1.1.110.5978&type=sc.

Matsui, Minoru, and Chikashi Deguchi. 2014. The Characteristics of Land Readjustment Systems in Japan, Thailand and Mongolia and an Evaluation of the Applicability to Developing Countries. Proceedings of International Symposium on City Planning 2014, Hanoi, Vietnam. http://www.cpij.or.jp/com/iac/sympo/Proceedings2014/3-fullpaper.pdf.

Maupin, Molly A., Joan F. Kenny, Susan S. Hutson, John K. Lovelace, Nancy L. Barber, and Kristin S. Linsey. 2014. Estimated Use of Water in the United States in 2010. US Geological Survey, Reston, VA, Circular 1405. http://pubs.usgs.gov/circ/1405/.

McCamant, Kathryn, and Charles Durrett. 2014. *Creating Cohousing: Building Sustainable Communities*. Gabriola, BC: New Society Publishers.

McCann, Barbara, and Susanne Rynne. 2010. Complete Streets. American Planning Institute, Washington, DC, PAS 559.

McDonough, William, and Michel Braungart. 2002. *Cradle to Cradle: Remaking the Way We Make Things*. New York: North Point Press.

McGovern, Stephen J. 2006. Philadelphia's Neighborhood Transformation Initiative: A Case Study of Mayoral Leadership, Bold Planning and Conflict. *Housing Policy Debate* 17:529–570.

McHarg, Ian L. 1971. *Design with Nature*. Philadelphia: Natural History Press.

McMonagle, J. C. 1952. Traffic Accidents and Roadside Features. *Highway Research Board Bulletin* 55:38–48.

Meachem, John. n.d. Googleplex: A New Campus Community. Clive Wilkinson Architects. http://www.clivewilkinson.com/pdfs/CWACaseStudy_GoogleplexANewCampusCommunity.pdf.

Melbourne Water Corporation. 2010. Constructed Wetlands Guidelines. Melbourne, Australia. http://www.melbournewater.com.au/Planning-and-building/Forms-guidelines-and-standard-drawings/Documents/Constructed-wetlands-guidelines-2010.pdf.

Metro Jacksonville Magazine. 2012. Sunflowers for Lead, Spider Plants for Arsenic. *Metro Jacksonville* Magazine, July 8. http://www.metrojacksonville.com/article/2010-jun-sunflowers-for-lead-spider-plants-for-arsenic.

Michael Sorkin Studio. 1992. *Wiggle*. New York: Monacelli Press.

Michelson, William. 2011. Influences of Sociology on Urban Design. In Tridib Banerjee and Anastasia Loukaitou-Sideris, eds., *Companion to Urban Design*. London: Routledge.

Miles, Mike, Laurence M. Netherton, and Adrienne Schmitz. 2015. *Real Estate Development*. 5th ed. Washington, DC: Urban Land Institute.

Miller, Norm. 2014. Workplace Trends in Office Space: Implications for Future Office Demand. Working Paper, University of San Diego, Burnham-Moores Center for Real Estate. http://www.normmiller.net/wp-content/uploads/2014/04/Estimating_Office_Space_Requirements-Feb-17-2014.pdf.

Ministry of Land, Infrastructure and Transport, Japan. n.d. Urban Land Use Planning System in Japan. http://www.mlit.go.jp/common/000234477.pdf.

Minnesota Pollution Control Agency. 2008. Minnesota Stormwater Manual. http://www.pca.state.mn.us/index.php/view-document.html?gid=8937.

Moeller, John. 1965. Standards for Outdoor Recreation Areas. American Planning Association, Chicago, Information Report No. 194. https://www.planning.org/pas/at60/report194.htm.

Montgomery, Michael R., and Richard Bean. 1999. Market Failure, Government Failure, and the Private Supply of Public Goods: The Case of Climate-Controlled Walkway Networks. *Public Choice* 99:403–437.

Moore, Robin C., Susan M. Goltsman, and Daniel S. Iacofano, eds. 1992. *Play for All Guidelines: Planning, Design and Management of Outdoor Play Settings for All Children*. 2nd ed. Berkeley, CA: MIG Communications.

Morar, Tudor, Radu Radoslav, Luiza Cecilia Spiridon, and Lidia Păcurar. 2014. Assessing Pedestrian Accessibility to Green Space Using GIS. *Transylvanian Review of Administrative Sciences* 42: E 116–139. http://www.rtsa.ro/tras/index.php/tras/article/download/94/90.

Morrall, John F., L. L. Ratnayake, and P. N. Seneviratne. 1991. Comparison of Central Business District Pedestrian Characteristics in Canada and Sri Lanka. *Transportation Research Record* (1294): 57–61.

Moudon, Anne Vernez. 2009. Real Noise from the Urban Environment: How Ambient Community Noise Affects Health and What Can Be Done about It. *American Journal of Preventive Medicine* 37 (2): 167–171.

Moughtin, Cliff, Rafael Cuesta, Christine Sarris, and Paola Signoretta. 2003. *Urban Design: Method and Techniques*. 2nd ed. Oxford: Architectural Press.

Mundigo, Axel, and Dora Crouch. 1977. The City Planning Ordinances of the Laws of the Indies Revisited, I. *Town Planning Review* 48:247–268. http://codesproject.asu.edu/sites/default/files/THE%20LAWS%20OF%20THE%20INDIEStranslated.pdf.

Murakami, Shuzo, Kazuo Iwamura, and Raymond J. Cole. 2014. CASBEE: A Decade of Development and Application of an Environmental Assessment System for the Built Environment. Japan Sustainable Building Consortium and Institute for Building Environment and Energy Conservation. http://www.ibec.or.jp/CASBEE/english/document/CASBEE_Book_Flyer.pdf.

Murdock, Steve H., Chris Kelley, Jeffrey Jordan, Beverly Pecotte, and Alvin Luedke. 2015. *Demographics: A Guide to Methods and Data Sources for Media, Business, and Government*. New York: Routledge.

Muthukrishnan, Suresh, et al. 2006. Calibration of a Simple Rainfall-Runoff Model for Long-Term Hydrological Impact Evaluation. *URISA Journal* 18 (2): 35–42.

NASA. n.d. ESRL Solar Position Calculator. US National Aeronautics and Space Administration. http://www.esrl.noaa.gov/gmd/grad/solcalc/azel.html.

Nasar, Jack L. 2006. *Design by Competition: Making Competitions Work*. Cambridge: Cambridge University Press.

National Association of City Transportation Officials. n.d. Urban Bicycle Design Guide. https://nacto.org/publication/urban-bikeway-design-guide/.

National Charrette Institute. n.d. http://www.charretteinstitute.org.

National Health and Medical Research Council. 2010. Wind Turbines and Health: A Rapid Review of the Evidence. Australian Government. http://www.nhmrc.gov.au/_files_nhmrc/publications/attachments/new0048_evidence_review_wind_turbines_and_health.pdf.

National Institutes of Health. n.d. Pubmed. http://www.ncbi.nim.nih.gov/pubmed.

National Oceanic and Atmospheric Administration. n.d. LIDAR Data Access Viewer. https://coast.noaa.gov/dataviewer/#/lidar/search/.

National Park Service. n.d. An Introduction to Using Native Plants in Restoration Projects. US Department of the Interior. http://www.nps.gov/plants/restore/pubs/intronatplant/toc.htm.

National Renewable Energy Laboratory. n.d. PVWATTS – A Performance Calculator for Grid Connected PV Systems. http://rredc.nrel.gov/solar/calculators/PVWATTS/version1/.

National Research Council. 2007. Elevation Data for Floodplain Mapping. National Research Council, Committee on Floodplain Mapping Technologies. http://www.nap.edu/catalog/11829.html.

National Research Council. 2011. Improving Health in the United States: The Role of Health Impact Assessment. National Research Council, Committee on Health Impact Assessment. Washington, DC: National Academies Press. http://www.nap.edu/download.php?record_id=13229.

National Weather Service. n.d. Precipitation Frequency Estimates. National Weather Service, US National Oceanic and Atmospheric Administration. http://www.nws.noaa.gov/oh/hdsc/index.html.

Natural Resources Canada. 2004. Micro-Hydropower Systems: A Buyer's Guide. https://docs.google.com/viewer?url=https%3A%2F%2Fwww.nrcan.gc.ca%2Fsites%2Fwww.nrcan.gc.ca%2Ffiles%2Fcanmetenergy%2Ffiles%2Fpubs%2Fbuyersguidehydroeng.pdf.

Natural Resources Canada. 2005. An Introduction to Micro-Hydropower Systems. http://www.nrcan.gc.ca/sites/www.nrcan.gc.ca/files/canmetenergy/files/pubs/Intro_MicroHydro_ENG.pdf.

Natural Resources Conservation Service. 2010. Field Indicators of Hydric Soils in the United States: A Guide for Identifying and Delineating Hydric Soils, Version 7.0. US Department of Agriculture. ftp://ftp-fc.sc.egov.usda.gov/NSSC/Hydric_Soils/FieldIndicators_v7.pdf.

Natural Resources Conservation Service. 2017. Wind Rose Data. US Department of Agriculture. http://www.wcc.nrcs.usda.gov/climate/windrose.html.

Needham, Barrie. 2007. The Search for Greater Efficiency: Land Readjustment in the Netherlands. In Yu-Hung Hong and Barrie Needham, eds., *Analyzing Land Readjustment: Economics, Law and Collective Action*, 127–128. Cambridge, MA: Lincoln Institute of Land Policy.

Nelesson, Anton. 1994. *Visions for a New American Dream: Process, Principles and an Ordinance to Plan and Design Small Communities.* 2nd ed. Chicago: Planners Press.

New Jersey Department of Environmental Protection. 2016. Stormwater Best Management Practices Manual. http://www.njstormwater.org/bmp_manual2.htm.

Newman, Oscar. 1972. *Defensible Space: Crime Prevention through Environmental Design*. New York: Macmillan.

Newman, Oscar. 1980. *Community of Interest*. Garden City, NY: Anchor/Doubleday.

New South Wales Roads and Traffic Authority. 2003. NSW Bicycle Guidelines. http://www.rms.nsw.gov.au/business-industry/partners-suppliers/documents/technical-manuals/nswbicyclev12aa.i.pdf.

New York City. 2017. Vision Zero Plan. http://www.nyc.gov/html/visionzero/pages/home/home.shtml.

New York City Department of Parks and Recreation. n.d. Approved Species List. http://www.nycgovparks.org/trees/street-tree-planting/species-list.

New York City Department of Transportation. 2009. Street Design Manual. http://www.nyc.gov/dot.

New York City Mayor's Office of Environmental Coordination. 2014. CEQR Technical Manual. http://www.nyc.gov/html/oec/html/ceqr/technical_manual_2014.shtml.

New York Department of City Planning. 2006. New York City Pedestrian Level of Service Study Phase I. http://www1.nyc.gov/assets/planning/download/pdf/plans/transportation/td_ped_level_serv.pdf.

Nijkamp, Peter, Marc van der Burch, and Gabriella Vindigni. 2002. A Comparative Institutional Evaluation of Public-Private Partnerships in Dutch Urban Land-Use and Revitalisation Projects. *Urban Studies* 39 (10): 1865–1880.

Noble, J., and A. Smith. 1992. Residential Roads and Footpaths – Layout Considerations – Design Bulletin 32. London: Her Majesty's Stationery Office.

North Carolina State University. n.d. Wetlands Identification. http://www.water.ncsu.edu/watershedss/info/wetlands/onsite.html.

Nowak, David J., and Daniel E. Crane. 2001. Carbon Storage and Sequestration by Urban Trees in the USA. *Environmental Pollution* 116:381–389.

OECD. 2006. Speed Management. Organisation for Economic Co-operation and Development and European Conference of Ministers of Transport.

Oke, T. R. 1987. *Boundary Layer Climates*. New York: Routledge.

Oke, T. R. 1997. Urban Climates and Global Environmental Change. In R. D. Thompson and A. Perry, eds., *Applied Climatology: Principles and Practices*, 273–287. London: Routledge.

Oldenburg, Ray. 1999. *The Great Good Place: Cafés, Coffee Shops, Bookstores, Bars, Hair Salons and Other Hangouts at the Heart of a Community*. Boston: Da Capo Press.

Oregon Department of Energy. n.d. Small, Low-Impact Hydropower. http://www.oregon.gov/ENERGY/RENEW/Pages/hydro/Hydro_index.aspx#Regulation.

Parolek, Daniel G., Karen Parolek, and Paul C. Crawford. 2008. *Form-Based Codes: A Guide for Planners, Urban Designers, Municipalities and Developers*. New York: Wiley.

Parsons Brinkerhoff Quade & Douglas, Inc. 2012. Track Design Handbook for Light Rail Transit. 2nd ed. National Academy Press, Transit Cooperative Research Program Report 155. http://onlinepubs.trb.org/onlinepubs/tcrp/tcrp_rpt_155.pdf.

Paschotta, Rudiger. n.d Optical Fiber Communications. In *RP Photonics Encyclopedia*. http://www.rp-photonics.com/optical_fiber_communications.html.

Pattern Language. n.d. http://www.patternlanguage.com.

Paulien and Associates. 2011. Utah System of Higher Education: Higher Education Space Standards Study. http://higheredutah.org/wp-content/uploads/2013/06/pff_2011_spacestandards_study.pdf.

Payne, Geoffrey. 1996. Urban Land Tenure and Property Rights in Developing Countries: A Review of the Literature. World Bank, Washington, DC. http://sheltercentre.org/sites/default/files/overseas_development_administration_1996_urban_land_tenure_and_property_rights.pdf.

PBC Geographic Information Services. n.d. http://www.pbcgis.com/viewshed/.

Pelling, Kirstie. 2009. Safety in Numbers. *iSquared* 8:22–26. http://www.crowddynamics.com.

Pennsylvania Department of Environmental Protection. 2003. Best Management Practices (BMP) for the Management of Waste from Land Clearing, Grubbing and Excavation (LCGE). http://www.elibrary.dep.state.pa.us/dsweb/Get/Document-49033/254-5400-001.pdf.

Philadelphia Water Department. 2011. Green City Clean Waters: The City of Philadelphia's Program for Combined Sewer Overflow Control. http://www.phillywatersheds.org/.

Planungszelle (Planning Cell). n.d. http://www.planungszelle.de/.

Play Enthusiast. n.d. *Play Enthusiast's Playground Blog*. https://playenthusiast.wordpress.com/.

Plummer, Joseph T. 1974. The Concept and Application of Life Style Segmentation. *Journal of Marketing* 38:35–42. http://bulatov.org.ua/teaching_courses/marketing_files/Lecture%2010%20ltM%20Life%20Style%20segmentation.pdf.

Poirier, Desmond. 2008. Skate Parks: A Guide for Landscape Architects and Planners. MLA thesis, Kansas State University, Manhattan. http://hdl.handle.net/2097/954.

Pollard, Robert. 1980. Topographic Amenities, Building Height and the Supply of Urban Housing. *Regional Science and Urban Economics* 10 (8): 181–199.

Pollution Control Systems. 2014. Wastewater Treatment Package Plants. Pollution Control Systems, Inc. http://www.pollutioncontrolsystem.com/Page.aspx/31/PackagePlants.html.

Pomeranz, M., B. Pon, H. Akbari, and S.-C. Chang. 2002. The Effect of Pavements' Temperatures on Air Temperatures in Large Cities. Paper LBNL-43442. Lawrence Berkeley National Laboratory, Berkeley, CA.

Portland Planning Department. 1991. Downtown Urban Design Guidelines. http://www.portlandmaine.gov/DocumentCenter/Home/View/3375.

Potter, Stephen. 2003. Transport Energy and Emissions: Urban Public Transit. In D. A. Hensher and K. J. Button, eds., *Handbook of Transport and the Environment*. Amsterdam: Elsevier.

Powell, Donald. 2011. Pillars of Design. *Urban Land*, October 18. http://urbanland.uli.org/development-business/pillars-of-design/.

Profous, George V. 1992. Trees and Urban Forestry in Beijing, China. *Journal of Arboriculture* 18 (3): 145–154. http://joa.isa-arbor.com/request.asp?JournalID=1&ArticleID=2501&Type=2.

Project for Public Spaces. 2009. What Makes a Successful Place? http://www.pps.org/reference/grplacefeat/.

Project for Public Spaces. n.d. Great Public Spaces. http://www.pps.org/places/.

Punter, John. 1999. *Design Guidelines in American Cities: A Review of Design Policies and Guidance in Five West Coast Cities*. Liverpool: Liverpool University Press.

Punter, John. 2003. *The Vancouver Achievement: Urban Planning and Design*. Vancouver: UBC Press.

Pushkarev, Boris, and Jeffrey M. Zupan. 1975a. Capacity of Walkways. *Transportation Research Record* (538).

Pushkarev, Boris, with Jeffrey Zupan. 1975b. *Urban Space for Pedestrians*. Cambridge, MA: MIT Press.

PWC Consultants. 2014. The Future of Work: A Journey to 2022. https://www.pwc.com/gx/en/managing-tomorrows-people/future-of-work/assets/pdf/future-of-rork-report-v16-web.pdf.

Ragheb, M. 2013. Vertical Axis Wind Turbines. http://mragheb.com/NPRE%20475%20Wind%20Power%20Systems/Vertical%20Axis%20Wind%20Turbines.pdf.

Rapoport, Amos. 1969. *House Form and Culture*. New York: Prentice Hall.

Ratti, Carlo, and Matthew Claudel. 2016. *The City of Tomorrow: Sensors, Networks, Hackers and the Future of Urban Life*. New Haven: Yale University Press.

Rees, W. G. 1990. *Physical Properties of Remote Sensing*. Cambridge: Cambridge University Press.

Reilly, William J. 1931. *The Law of Retail Gravitation*. New York: W. J. Reilly. https://www.scribd.com/doc/70608682/Reilly-s-law-of-retail-gravitation.

Reindel, Gene. 2001. Overview of Noise Metrics and Acoustical Objectives. AAAE Sound Insulation Symposium, 21–23 October 2001. http://www.hmmh.com/cmsdocuments/noise_metrics_emr.pdf.

Reiser + Umemoto. 2006. *Atlas of Novel Techtonics*. New York: Princeton Architectural Press.

Rios, Ramiro Alberto, Francisco Arango, Vera Lucia Vincenti, and Rafael Acevedo-Daunas. 2013. Mitigation Strategies and Accounting Methods for Greenhouse Gas Emissions from Transportation. Inter-American Development Bank. http://www10.iadb.org/intal/intalcdi/PE/2013/12483.pdf.

Roberts, Marion, and Clara Greed, eds. 2013. *Approaching Urban Design: The Design Process*. London: Routledge.

Robinson, Charles Mulford. 1911. *The Width and Arrangement of Streets*. New York: Engineering News Publishing Company.

Robinson, Charles Mulford. 1916. *City Planning, with Special Reference to the Planning of Streets and Lots.* New York: G. P. Putnam's Sons.

Rodrigue, Jean-Paul. 2013. *The Geography of Transport Systems.* 3rd ed. New York: Routledge. Summary at https://people.hofstra.edu/geotrans/index.html.

Rodrigues, Luis. n.d. Urban Design: Pedestrian-Only Shopping Streets Make Communities More Livable. Sustainable Cities Collective. http://www.smartcitiesdive.com/ex/sustainablecitiescollective/pedestrian-only-shopping-streets-make-communities-more-livable/130276/.

Roger Bayley, Inc. 2010. The Challenge Series: The 2010 Winter Olympics: The Southeast False Creek Olympic Village, Vancouver, Canada. http://www.thechallengeseries.ca.

Rogers, Anthony L., James F. Manwell, and Sally Wright. 2006. Wind Turbine Acoustic Noise. Renewable Energy Research Laboratory, University of Massachusetts at Amherst. http://www.minutemanwind.com/pdf/Understanding%20Wind%20Turbine%20Acoustic%20Noise.pdf.

Roper Center. n.d. Polling Fundamentals. Roper Center, Cornell University. http://ropercenter.cornell.edu/support/polling-fundamentals/.

Rosenberg, Daniel K., Barry R. Noon, and E. Charles Meslow. 1997. Biological Corridors: Form, Function, and Efficacy. *BioScience* 47 (10): 677–687 http://www.jstor.org/stable/view/1313208?seq=1.

Ross, Catherine L., Marla Orenstein, and Nisha Botchwey. 2014. *Health Impact Assessment in the United States.* New York: Springer.

Rossiter, David G. 2007. Classification of Urban and Industrial Soils in the World Reference Base for Soil Resources. *Journal of Soils and Sediments.* doi:10.1065/jss2007.02.208.

Rouphail, N., J. Hummer, J. Milazzo II, and P. Allen. 1998. Capacity Analysis of Pedestrian and Bicycle Facilities: Recommended procedures for the "Pedestrians" Chapter of the *Highway Capacity Manual.* Federal Highway Administration Report Number FHWA-RD-98-107. Office of Safety & Research & Development, US Federal Highway Administration.

Rudy Bruner Award. n.d. Winners and Case Studies. http://www.rudybruneraward.org/winners/.

RUMBLES. 2009. Vacuum Sewers: Technology That Works Coast-to-Coast. Rocky Mountain Section of AWWA and Rocky Mountain Water Environment Association. http://www.airvac.com/pdf/Western_States_E-print.pdf.

Russell, Francis P. 1994. Battery Park City: An American Dream of Urbanism. In Brenda Case Scheer and Wolfgang F. E. Preiser, eds., *Design Review: Challenging Aesthetic Control.* New York: Chapman and Hall.

Ryan, Zoe. 2006. *The Good Life: New Public Spaces for Recreation.* New York: Van Alen Institute/Princeton Architectural Press.

Sagalyn, Lynne B. 1989. Measuring Financial Returns When the City Acts as an Investor: Boston and Faneuil Hall Marketplace. *Real Estate Issues* 14 (Fall/Winter): 7–15.

Sagalyn, Lynne B. 1993. Leasing: The Strategic Option for Public Development. Paper prepared for the Lincoln Institute of Land Policy and the A. Alfred Taubman Center for State and Local Government, JFK School of Government, Harvard University.

Sagalyn, Lynne B. 2001. *Times Square Roulette: Remaking the City Icon.* Cambridge, MA: MIT Press.

Sagalyn, Lynne B. 2006. The Political Fabric of Design Competitions. In Catherine Malmberg, ed., *The Politics of Design: Competitions for Public Projects*, 29–52. Princeton, NJ: Policy Research Institute for the Region.

Sagalyn, Lynne B. 2007. Land Assembly, Land Readjustment and Public-Private Development. In Yu-Hung Hong and Barrie Needham, eds., *Analyzing Land Readjustment: Economics, Law and Collective Action*, 159–182. Cambridge, MA: Lincoln Institute of Land Policy.

Sagalyn, Lynne. 2016. *Power at Ground Zero: Money, Politics, and the Remaking of Lower Manhattan.* New York: Oxford University Press.

Sam Schwartz Engineering. 2012. Steps to a Walkable Community: A Guide for Citizens, Planners and Engineers. http://www.americawalks.org/walksteps.

Santapau, H. n.d. Common Trees (India). http://www.arvindguptatoys.com/arvindgupta/santapau.pdf.

Santos, A., N. McGuckin, H. Y. Nakamoto, D. Gray, and S. Liss. 2011. *Summary of Travel Trends: 2009 National Household Travel Survey.* Washington, DC: US Department of Transportation.

Sasaki Associates. 2015. Ananas Master Plan, Silang, Cavite, Philippines. Prepared for ACM Homes. http://www.sasaki.com/project/389/ananas-new-community/.

Sauder School of Business. 2011. Integrated Community Energy System: Southeast False Creek Neighborhood Energy Utility. Quest Business Case. http://www.sauder.ubc.ca/Faculty/Research_Centres/ISIS/Resources/~/media/AEE7D705491345178C4568992FB87658.ashx.

Scheer, Brenda Case, and Wolfgang F. E. Preiser, eds. 1994. *Design Review: Challenging Aesthetic Control.* New York: Chapman and Hall.

Scheyer, J. M., and K. W. Hipple. 2005. *Urban Soil Primer.* Lincoln, NE: United States Department of Agriculture, Natural Resources Conservation Service, National Soil Survey Center. http://soils.usda.gov/use.

Schmidt, T., D. Mangold, and H. Müller-Steinhagen. 2004. Central Solar Heating Plants with Seasonal Storage in Germany. *Solar Energy* 76:165–174.

Schmitz, Adrienne. 2004. *Residential Development Handbook.* 3rd ed. Washington, DC: Urban Land Institute.

Schoenauer, Norbert. 1962. *The Court Garden House.* Montreal: McGill University Press.

Schwanke, Dean. 2016. *Mixed-Use Development: Nine Case Studies of Complex Projects*. Washington, DC: Urban Land Institute.

Senda, Mitsuru. 1992. *Design of Children's Play Environments*. New York: McGraw-Hill.

Seskin, Stefanie, with Barbara McCann. 2012. Complete Streets: Local Policy Workbook. Smart Growth America and National Complete Streets Coalition, Washington, DC.

Seskin, Stefanie, with Barbara McCann, Erin Rosenblum, and Catherine Vanderwaart. 2012. Complete Streets: Policy Analysis 2011. Smart Growth America and National Complete Streets Coalition, Washington, DC.

Shackell, Aileen, Nicola Butler, Phil Doyle, and David Ball. n.d. *Design for Plan: A Guide to Creating Successful Play Spaces*. Play England. Nottingham: DCSF Publications.

Sharky, Bruce G. 2014. *Landscape Site Grading Principles: Grading with Design in Mind*. New York: Wiley.

Sherman, Roger. 1978. Modern Housing Prototypes. Open Source Publication: https://ia800708.us.archive.org/7/items/ModernHousingPrototypes/ModernHousingPrototypesRogerSherwood.pdf.

Shoup, Donald C. 1997. The High Cost of Free Parking. *Journal of Planning Education and Research* 17:3–20.

Shoup, Donald C. 1999. The Trouble with Minimum Parking Requirements. *Transportation Research Part A, Policy and Practice* 33:549–574.

Siegal, Jacob S. 2002. *Applied Demography: Applications to Business, Government, Law, and Public Policy*. San Diego: Academic Press.

Siegel, Michael L., Jutka Terris, and Kaid Benfield. 2000. *Developments and Dollars: An Introduction to Fiscal Impact Analysis in Land Use Planning*. Washington, DC: Natural Resources Defense Council; http://www.nrdc.org/cities/smartgrowth/dd/ddinx.asp.

Simpson, Alan. 2010. York: New City Beautiful: Toward an Economic Vision. City of York Council. http://www.urbandesignskills.com/_uploads/UDS_YorkVision.pdf.

Sinclair Knight Merz. 2010. Lane Widths on Urban Roads. Bicycle Network, Victoria, Australia. https://docs.google.com/viewer?url=https%3A%2F%2Fwww.bicyclenetwork.com.au%2Fmedia%2Fvanilla_content%2Ffiles%2FLane%2520Widths%2520SKM%25202010.pdf.

Singh, Varanesh, Eric Rivers, and Carla Jaynes. 2010. Neighborhood Pedestrian Analysis Tool (NPAT). *Arup Research Review*, 58–61 http://publications.arup.com/Publications/R/Research_Review/Research_Review_2010.aspx.

Sitkowski, Robert, and Brian Ohm. 2006. Form-Based Land Development Regulations. *Urban Lawyer* 28 (1): 163–172.

Sitte, Camillo. 1945. *The Art of Building Cities: City Building According to Artistic Principles*. Trans. C. T. Stewart. New York: Reinhold.

SketchUp. n.d. 3D Warehouse. https://3dwarehouse.sketchup.com/.

Slater, Cliff. 1997. General Motors and the Demise of Streetcars. *Transportation Quarterly* 51.

Smallhydro.com. n.d. Small Hydropower and Micro Hydropower: Your Online Small Hydroelectric Power Resource. http://www.smallhydro.com.

SmartReFlex. 2015. Smart and Flexible 100% Renewable District Heating and Cooling Systems for European Cities: Guide for Regional Authorities. Intelligent Energy Europe Programme of the European Union. http://www.smartreflex.eu/20151012_SmartReFlex_Guide.pdf.

Smith, H. W. 1981. Territorial Spacing on a Beach Revisited: A Cross-National Exploration. *Social Psychology Quarterly* 44 (2): 132–137.

Society for College and University Planning. 2003. Campus Facilities Inventory Report, 2003. Executive Summary. http://www.scup.org/knowledge/cfi/.

Solar Electricity Handbook. 2013. Solar Angle Calculator. Coventry, UK: Greenstream Publishing; http://solarelectricityhandbook.com/solar-angle-calculator.html.

Solarge. n.d. http://www.solarge.org/uploads/media/SOLARGE_goodpractice_dk_marstal.pdf.

Solar Power Authority. n.d. How to Size a Solar PV System for Your Home. https://www.solarpowerauthority.com/how-to-size-a-solar-pv-system-for-your-home/.

Solidere. n.d. Beirut City Center: Developing the Finest City Center in the Middle East. http://www.solidere.com/sites/default/files/attached/cr-brochure.pdf.

Solomon, Susan G. 2005. *American Playgrounds: Revitalizing Community Space*. Lebanon, NH: University Press of New England.

South Australia Health Commission. 1995. Waste Control Systems: Standard for the Construction, Installation and Operation of Septic Tank Systems in South Australia. http://greywateraction.org/content/how-do-percolation-test.

South East Queensland Healthy Waterways Partnership and Ecological Engineering. 2007. Water Sensitive Urban Design: Developing Design Objectives for Urban Development in South East Queensland. http://waterbydesign.com.au/techguide/.

Southworth, Michael, and Eran Ben-Joseph. 1997. *Streets and the Shaping of Towns and Cities*. New York: McGraw-Hill.

Souza, Amy. 2008. Pattern Books: A Planning Tool. *Planning Commissioners Journal* 72: 1–6. https://docs.google.com/viewer?url=http%3A%2F%2Fplannersweb.com%2Fwp-content%2Fuploads%2F2012%2F07%2F210.pdf.

Sovocool, Kent A. 2005. Xeriscape Conversion Study, Final Report. Southern Nevada Water Authority. http://www.snwa.com/assets/pdf/about_reports_xeriscape.pdf.

Sprankling, John G. 2000. *Understanding Property Law*. Charlottesville, VA: Lexis Publishing.

Springfield Plastics. n.d. http://www.spipipe.com/Apps/PipeFlow Chart.pdf.

Steiner, Ruth Lorraine. 1997. Traditional Neighborhood Shopping Districts: Patterns of Use and Modes of Access. Monograph 54, BART@20, University of California at Berkeley. http://www.fltod.com/research/marketability/traditional_neighborhood_shopping_districts.pdf.

Stern, Robert A. M., David Fishman, and Jacob Tilove. 2013. *Paradise Planned: The Garden Suburb and the Modern City*. New York: Monacelli Press.

Steward, Julian. 1938. Basin-Plateau Aboriginal Sociopolitical Groups. Bureau of American Ethnology Bulletin 120.

Still, G. Keith. 2000. Crowd Dynamics. PhD dissertation, University of Warwick. http://wrap.warwick.ac.uk/36364/.

Strom, Steven, Kurt Nathan, and Jake Woland. 2013. *Site Engineering for Landscape Architects*. 6th ed. New York: Wiley.

Stucki, Pascal, Christian Gloor, and Kai Nagel. 2003. Obstacles in Pedestrian Simulations. Department of Computer Sciences, ETH Zurich. http://www.gkstill.com/CV/PhD/Papers.html.

Stueteville, Robert, et al. 2001. Urban and Architectural Codes and Pattern Books. In *New Urbanism: Comprehensive Report and Best Practices Guide*. Ithaca, NY: New Urban Pub.

Sullivan, Robert G., Leslie B. Kirchler, Tom Lahti, Sherry Roché, Kevin Beckman, Brian Cantwell, and Pamela Richmond. n.d. Wind Turbine Visibility and Visual Impact Threshold Distances in Western Landscapes. Argonne National Laboratory, University of Chicago. http://visualimpact.anl.gov/windvitd/docs/WindVITD.pdf.

SunEarth Tools. n.d. Sun Exposure Calcuator. http://www.sunearthtools.com/dp/tools/pos_sun.php.

Sunset Magazine. n.d. US Climate Zones. http://www.sunset.com/garden/climate-zones/climate-zones-intro-us-map.

Sustainable Sites Initiative. 2009. SITES Guidelines and Performance Benchmarks 2009. American Society of Landscape Architects, Lady Bird Johnson Wildflower Center at the University of Texas at Austin, and the United States Botanical Garden. http://www.sustainablesites.org/report/Guidelines%20and%20Performance%20Benchmarks_2009.pdf.

Sustainable Sites Initiative. 2017. Certified Projects. http://www.sustainablesites.org/projects/.

Sustainable Sources. 2014. Greywater Irrigation. http://www.greywater.sustainablesources.com.

Suthersan, Suthan S. 1997. *Remediation Engineering: Design Concepts*. Boca Raton, FL: CRC/Lewis Press.

Suthersan, Suthan S. 2002. *Natural and Enhanced Remediation Systems*. Boca Raton, FL: Arcadis/Lewis Publishers.

Tal, Daniel. 2009. *Google SketchUp for Site Design: A Guide to Modeling Site Plans, Terrain and Architecture*. New York: Wiley.

Tang, Dorothy, and Andrew Watkins. 2011. Ecologies of Gold: The Past and Future Mining Landscapes of Johannesburg. *Places*. The Design Observer Group, posted February 24, 2011. http://places.designobserver.com/feature/ecologies-of-gold-the-past-and-future-mining-landscapes-of-johannesburg/25008/.

Tangires, Helen. 2008. *Public Markets*. New York: W. W. Norton.

Telft, Brian C. 2011. Impact Speed and a Pedestrian's Risk of Severe Injury or Death. AAA Foundation for Traffic Safety, Washington, DC. https://www.aaafoundation.org/sites/default/files/2011PedestrianRiskVsSpeed.pdf.

Tertiary Education Facilities Management Association. 2009. Space Planning Guidelines. 3rd ed. Tertiary Education Facilities Management Association, Inc., Hobart, Australia. http://www.tefma.com/uploads/content/26-TEFMA-SPACE-PLANNING-GUIDELINES-FINAL-ED3-28-AUGUST-09.pdf.

Tetra Tech, Inc. 2011. Evaluation of Urban Soils: Suitability for Green Infrastructure and Urban Agriculture. US Environmental Protection Agency, Publication No. 905R1103.

Texas A&M University System. 2015. Facility Design Guidelines. Office of Facilities Planning and Construction. http://assets.system.tamus.edu/files/fpc/pdf/Facility%20Design%20Guidelines.pdf.

Thadani, Dhiru A. 2010. *The Language of Towns and Cities: A Visual Dictionary*. New York: Rizzoli.

Thomas, R. Karl, Jerry M. Melillo, and Thomas C. Peterson, eds. 2009. *Global Climate Change Impacts in the United States*. United States Global Change Research Program. New York: Cambridge University Press.

Thomas, Randall, and Max Fordham, eds. 2003. *Sustainable Urban Design: An Environmental Approach*. London: Spon Press.

Thomashow, Mitchell. 2016. *The Nine Elements of a Sustainable Campus*. Cambridge, MA: MIT Press.

Thompson, Donna. 1997. Development of Age Appropriate Playgrounds. In Susan Hudson and Donna Thompson, eds., *Playground Safety Handbook*, 14–27. Cedar Falls, IA: National Program for Playground Safety.

Thompson, Donna, Susan Hudson, and Mick G. Mack. n.d. Matching Children and Play Equipment: A Developmental Approach. *EarlychildhoodNews*. http://www.earlychildhoodnews.com/earlychildhood/article_print.aspx?ArticleId=463.

Thompson, F. Longstreth. 1923. *Site Planning in Practice: An Investigation of the Principles of Housing Estate Development*. London: Henry Frowde and Hodder & Stoughton.

Tiner, Ralph W. 1999. *Wetland Indicators: A Guide to Wetland Identification, Delineation, Classification and Mapping*. Boca Raton, FL: CRC Press.

Tonnelat, Stephane. 2010. The Sociology of Public Spaces. https://www.academia.edu/313641/The_Sociology_of_Urban_Public_Spaces.

Topcu, Mehmet, and Ayse Sema Kubat. 2009. The Analysis of Urban Features that Affect Land Values in Residential Areas. In Kaniel Koch, Lars Marcus, and Jesper Steen, eds., *Proceedings of the 7th International Space Syntax Symposium*, 26:1–9. Stockholm: KTH.

Transportation Research Board. 2003. Design Speed, Operating Speed and Posted Speed Practices. NCHRP Report 504. Transportation Research Board, Washington, DC.

Transportation Research Board. 2010. *Highway Capacity Manual*. 5th ed. Washington, DC: Transportation Research Board.

Tree Fund. Pottstown, Pennsylvania. n.d. Greening Our Cities and Towns. http://www.pottstowntrees.org/H2-Best-street-trees.html.

Turley, R., R. Saith, N. Bhan, E. Rehfuess, and B. Carter. 2014. The Effect of Slum Upgrading on Slum Dwellers' Health, Quality of Life and Social Wellbeing. The Cochrane Collaboration. http://www.cochrane.org/CD010067/PUBHLTH_the-effect-of-slum-upgrading-on-slum-dwellers-health-quality-of-life-and-social-wellbeing.

Turner, Paul Venable. 1984. *Campus: An American Planning Tradition*. New York: Architectural History Foundation; Cambridge, MA: MIT Press.

Tyrvainen, Liisa. 1997. The Amenity Value of the Urban Forest: An Application of the Hedonic Pricing Method. *Landscape and Urban Planning* 37:211–222.

Tyrvainen, Liisa, and Antti Miettinen. 2000. Property Prices and Urban Forest Amenities. *Journal of Environmental Economics and Management* 39:205–223.

UK Office of Water Services. 2007. International Comparison of Water and Sewerage Service. http://www.ofwat.gov.uk/regulating/reporting/rpt_int2007.pdf.

UN Centre for Human Settlements. 1999. Reassessment of Urban Planning and Development Regulations in African Cities. United Nations Centre for Human Settlements (Habitat), Nairobi. http://www.sampac.nl/EUKN2015/www.eukn.org/dsresource8b42.pdf?objectid=147674).

UN Department of Economic and Social Affairs. 1975. *Urban Land Policies and Land-Use Control Measures*. Vol. II, *Western Europe*. New York: United Nations.

UN Environment Programme. 2004. Constructed Wetlands: How to Combine Sewage Treatment with Phytotechnology. http://www.unep.or.jp/ietc/publications/freshwater/watershed_manual/03_management-10.pdf.

UN Environment Programme. 2005. International Source Book on Environmentally Sound Technologies for Municipal Solid Waste Management (MSWM). http://www.unep.or.jp/ietc/ESTdir/Pub/msw/index.asp.

UN Environment Programme. 2010. Waste and Climate Change: Global Trends and Strategy Framework. http://www.unep.or.jp/ietc/Publications/spc/Waste&ClimateChange/Waste&ClimateChange.pdf.

United Nations. 1989. The Convention on the Rights of the Child. UN Office of the High Commissioner for Human Rights. http://www.ohchr.org/EN/ProfessionalInterest/Pages/CRC.aspx.

United States Housing Authority. 1949. *Design of Low-Rent Housing Projects: Planning the Site*. Washington, DC: Government Printing Office.

University at Buffalo. n.d. Rudy Bruner Award Digital Archive. http://libweb1.lib.buffalo.edu/bruner/?subscribe=Visit+the+archive.

University at Buffalo and Beyer Blinder Belle Architects & Planners. 2009. Building UB: The Comprehensive Physical Plan. Buffalo, NY. See also http://www.buffalo.edu/facilities/cpg/Space-Planning/AttachmentA.html.

University of California at Berkeley. 1994. Electrophobia: Overcoming Fears of EMFs. *Wellness Letter*, November.

University of Florida. n.d. Street Tree Design Solutions. http://hort.ifas.ufl.edu/woody/street-trees.shtml.

University of Oregon Solar Radiation Monitoring Laboratory. n.d. Sun Path Chart Program. http://solardat.uoregon.edu/SunChartProgram.html.

University of Wisconsin. n.d. Suggested Trees for Streetside Planting in Western Wisconsin, USDA Hardiness Zone 4. http://www.dnr.wi.gov/topic/urbanforests/documents/treesstreetside.pdf.

Urban Design Associates. 2004. *The Architectural Pattern Book: A Tool for Building Great Neighborhoods*. New York: W. W. Norton.

Urban Design Associates. 2005. A Pattern Book for Gulf Coast Neighborhoods. Mississippi Renewal Forum. http://www.mississippirenewal.com/documents/rep_patternbook.pdf.

Urban Development Institute of Australia. 2013. EnviroDevelopment: National Technical Standards Version 2. http://www.envirodevelopment.com.au/_dbase_upl/National_Technical_Standards_V2.pdf.

Urban Land Institute. 2004. *Residential Development Handbook*. 3rd ed. Washington, DC: Urban Land Institute.

Urban Land Institute. 2005. Shanghai Xintiandi. Urban Land Institute Case Studies. https://casestudies.uli.org/wp-content/uploads/sites/98/2015/12/C035012.pdf.

Urban Land Institute. 2014. The Rise. Urban Land Institute Case Studies. http://uli.org/case-study/uli-case-studies-the-rise/.

Urstadt, Charles J., with Gene Brown. 2005. *Battery Park City: The Early Years*. Bloomington, IN: Xlibris Corporation.

US Army Corps of Engineers. 1992. Bearing Capacity of Soils. Engineer Manual no. 1110-1-1905, October 30.

US Army Corps of Engineers. 2003. Engineering and Design-Slope Stability. http://140.194.76.129/publications/eng-manuals/em1110-2-1902/entire.pdf.

US Green Building Council. 2013. LEED 2009 for Neighborhood Development (Revised 2013). Congress for New Urbanism, US Natural Resources Defense Council, and US Green Building Council. http://www.usgbc.org/resources/leed-neighborhood-development-v2009-current-version.

US Green Building Council. n.d. (a). Directory of LEED-ND Projects. http://www.usgbc.org/projects/neighborhood-development.

US Green Building Council. n.d. (b). Regional Credit Library. http://www.usgbc.org/credits.

Valentine, K. W. G., P. N. Sprout, T. E. Baker, and L. M. Lawkulich, eds. 1978. The Soil Landscapes of British Columbia. British Columbia Ministry of Environment, Resource Analysis Branch. http://www.env.gov.bc.ca/soils/landscape/index.html.

Vandell, Kerry D., and Jonathan S. Lane. 1989. The Economics of Architecture and Urban Design: Some Preliminary Findings. *AREUEA Journal* 17 (2): 235–260.

Van Meel, Juriaan. 2000. *The European Office: Office Design and National Context*. Rotterdam: 010 Publishers.

Van Melik, Rianne, Irina van Aalst, and Jan van Weesep. 2009. The Private Sector and Public Space in Dutch City Centres. *Cities* (London) 26:202–209.

Van Uffalen, Chris. 2012. *Urban Spaces: Plazas, Squares and Streetscapes*. Salenstein, Switzerland: Braun Publishers.

Vasconcellos, Eduardo Alcantara. 2001. Urban Transport, Environment and Equity – The Case for Developing Countries. Earthscan. http://www.earthscan.co.uk.

Vision Zero Initiative. n.d. http://www.visionzeroinitiative.com.

Voss, Jerold. 1975. Concept of Land Ownership and Regional Variations. In *Urban Land Policies and Land-Use Control Measures*, vol. VII, *Global Review*. New York: UN Department of Economic and Social Affairs.

Voss, Judy. 2011. Revisiting Office Space Standards. Haworth, London. http://www.thercfgroup.com/files/resources/Revisiting-office-space-standards-white-paper.pdf.

Vrscaj, Borut, Laura Poggio, and Franco Ajmone Marsan. 2008. A Method for Soil Environmental Quality Evaluation for Management and Planning in Urban Areas. *Landscape and Urban Planning* 88:81–94.

Vuchic, Vukan R. 1999. *Transportation for Livable Cities*. New Brunswick, NJ: Center for Urban Policy Research.

Vuchic, Vukan R. 2007. *Urban Transit: Systems and Technology*. Hoboken, NJ: Wiley.

Wagner, J., and S. P. Kutska. 2008. Denver's 128-Year-Old System: The Best Is Yet to Come. *District Energy* (October), 16.

Walker, M. C. 1992. Planning and Design of On-Street Light Rail Transit Stations. *Transportation Research Record* (1361).

Walton, Brett. 2010. The Price of Water: A Comparison of Water Rates, Usage in 30 US Cities. Circle of Blue. http://www.circleofblue.org/waternews/2010/world/the-price-of-water-a-comparison-of-water-rates-usage-in-30-u-s-cities/.

Washington Metropolitan Area Transit Authority. 2006. 2005 Development-Related Ridership Survey, Final Report. http://www.wmata.com/pdfs/business/2005_Development-Related_Ridership_Survey.pdf.

Washington State Department of Commerce. 2013. Evergreen Sustainable Development Standard, Version 2.2. http://www.comerce.wa.gov/Documents/ESDS-2.2.pdf.

Weast, R. C. 1981. *Handbook of Chemistry and Physics*. 62nd ed. Boca Raton, FL: CRC Press.

Weggel, J. Richard. n.d. Rainfalls of 12 July 2004 in New Jersey. Working Paper, Drexel University. http://idea.library.drexel.edu/bitstream/1860/772/1/2006042020.pdf.

Weiler, Susan K., and Katrin Scholz-Barth. 2009. *Green Roof Systems: A Guide to the Planning, Design and Construction of Landscapes over Structure*. Hoboken, NJ: Wiley.

Wheeler, Stephen M., and Timothy Beatley, eds. 2014. *Sustainable Urban Development Reader*. 3rd ed. London: Routledge.

Wholesale Solar. n.d. Off-Grid Solar Panel Calculator. https://www.wholesalesolar.com/solar-information/start-here/offgrid-calculator#systemSizeCalc.

Whyte, William H. 1979. A Guide to Peoplewatching. In Lisa Taylor, ed., *Urban Open Spaces*. New York: Cooper-Hewitt Museum.

Whyte, William H. 1980. *The Social Life of Small Urban Spaces*. Washington, DC: Conservation Foundation.

Wikipedia. n.d. List of 3D Rendering Software. https://www.wikipedia.com/en/List_of_3D_rendering_software.

William Lam Associates. 1976. New Streets and Cityscapes for Norfolk: A Master Plan for Lighting, Landscaping and Street Furnishings. Norfolk Redevelopment and Housing Authority. https://books.google.com/books/about/New_Streets_and_Cityscapes_for_Norfolk.html?id=MPKUHAAACAAJ.

Wilson, James E. 1999. *Terroir: The Role of Geology, Climate and Culture in the Making of French Wines*. Berkeley: University of California Press.

Wolf, Kathleen L. 2004. Public Value of Nature: Economics of Urban Trees, Parks and Open Space. In D. Miller and J. A. Wise, eds., *Design with Spirit: Proceedings of the 35th Annual Conference of the Environmental Design Research Association*. Edmond, OK: Environmental Design Research Association.

World Bank. 1999. Municipal Solid Waste Incineration. Technical Guidance Report. http://www.worldbank.org/urban/solid_wm/erm/CWG%20folder/Waste%20Incineration.pdf.

World Bank. 2002. Cities on the Move: A World Bank Urban Transport Strategy Review. World Bank, Washington, DC. https://openknowledge.worldbank.org/handle/10986/15232.

World Health Organization. 2013. Pedestrian Safety: A Road Safety Manual for Decisionmakers and Practitioners. World Health Organization, Geneva. http://www.who.int/roadsafety/en/.

World Health Organization. 2014a. Health Impact Assessment. http://www.who.int/hia/tools/process/en/.

World Health Organization. 2014b. Working across Sectors for Health: Using Impact Assessments for Decision-Making. http://www.who.int/kobe_centre/publications/policy_brief_health.pdf?ua=1.

World Health Organization. n.d. Electromagnetic Fields and Public Health. http://www.who.int/peh-emf/publications/facts/fs322/en/.

Wyle. 2011. Updating and Supplementing the Day-Night Average Sound Level (DNL). Wyle Report 11-04 prepared for the Volpe National Transportation Systems Center, US Department of Transportation. https://www.faa.gov/about/office_org/headquarters_offices/apl/research/science_integrated_modeling/noise_impacts/media/WR11-04_Updating&SupplementingDNL_June%202011.pdf.

Yang, Bo. 2009. Ecohydrological Planning for The Woodlands: Lessons Learned after 35 Years. PhD dissertation, Texas A&M University.

Yang, Bo, Ming-Han Li, and Shujuan Li. 2013. Design-with-Nature for Multifunctional Landscapes: Environmental Benefits and Social Barriers in Community Development. *International Journal of Research in Public Health.* 10:5433–5458.

Zeisel, John. 2006. *Inquiry by Design: Environment/Behavior/Neuroscience in Architecture, Interiors, Landscape and Planning.* New York: W. W. Norton.

Zhang, Henry H., and David F. Brown. 2005. Understanding Urban Residential Water Use in Beijing and Tianjin, China. *Habitat International* 29:469–491.

Zhu, Da, P. U. Asnani, Christian Zurbrugg, Sebastian Anapolsky, and Shyamala K. Mani. 2007. Improving Municipal Solid Waste Management in India: A Sourcebook for Policymakers and Practitioners. World Bank, WBI Development Series.

Zinco, Inc. n.d. System Solutions for Thriving Green Roofs. http://www.zinco-greenroof.com/EN/downloads/index.php.

Zonneveld, Isaak S. 1989. The Land Unit – A Fundamental Concept in Landscape Ecology and Its Applications. *Landscape Ecology* 3 (2): 67–86. doi:10.1007/BF00131171.